普通高等教育"十三五"规划教材

AutoCAD 2016 使用教程

主　编　孙海波　姚新港
副主编　谭　超　洪从华
参　编　张洪伟　张燕杰　黄孝龙　阴　妍
主　审　庄宗元

U0345401

机 械 工 业 出 版 社

本书是讲述如何使用AutoCAD 2016的基础教程。全书共15章，内容包括基本操作、二维绘图命令、图层和对象特性、精确绘图与环境设置、图形编辑、显示控制、创建文字、图案填充和编辑、块及其属性的使用、尺寸标注、图形数据的查询与共享、设计中心、三维实体造型基础、三维实体造型与编辑以及输出图形。

　　本书按照命令的功能、激活命令的方法、候选命令选项的说明、操作中应该注意的问题以及给出具体实例的结构模式，对各个知识点进行了详细的讲解，具有格式统一、条理清晰和便于读者学习等特点。本书光盘内容为教师授课用电子教案，选用本书的教师可登录机工教育服务网（www.cmpedu.com）下载。

　　本书可用作高等工科院校（包括本科和高职高专）各专业计算机绘图课程的教材，也可用作相关机构的培训教材以及有关工程技术人员的参考用书。

图书在版编目（CIP）数据

AutoCAD 2016 使用教程 / 孙海波，姚新港主编 . — 北京：机械工业出版社，2016.6（2019.1 重印）

普通高等教育"十三五"规划教材

ISBN 978-7-111-53883-7

Ⅰ.①A… Ⅱ.①孙… ②姚… Ⅲ.①AutoCAD软件—高等学校—教材 Ⅳ.① TP391.72

中国版本图书馆 CIP 数据核字（2016）第 113638 号

机械工业出版社（北京市百万庄大街 22 号　邮政编码 100037）

策划编辑：蔡开颖　责任编辑：蔡开颖　吴晋瑜　任正一

责任校对：陈延翔　封面设计：张　静

河北鑫兆源印刷有限公司印刷

2019 年 1 月第 1 版第 3 次印刷

184mm × 260mm · 24 印张 · 593 千字

标准书号：ISBN 978-7-111-53883-7

　　　　　　ISBN 978-7-89386-078-2（光盘）

定价：48.00 元

凡购本书，如有缺页、倒页、脱页，由本社发行部调换

电话服务　　　　　　　　　　　网络服务

服务咨询热线：010-88379833　机 工 官 网：www.cmpbook.com

读者购书热线：010-88379649　机 工 官 博：weibo.com/cmp1952

　　　　　　　　　　　　　　　教育服务网：www.cmpedu.com

封面无防伪标均为盗版　　　　金 书 网：www.golden-book.com

前 言

  AutoCAD 是由美国 Autodesk 公司于 1982 年为微型计算机上应用 CAD 技术而开发的交互式通用微型计算机绘图软件包。由于其具有功能强大、操作方便、体系结构开放、二次开发方便、价格合理、能适应各种软硬件平台等优点，所以受到各国工程技术人员的欢迎，成为当今世界上最为流行的二维计算机绘图软件之一。

  AutoCAD 具有良好的用户界面，直观易学、实践性强，通过交互菜单或命令行方式便可以进行各种操作。读者很快就可以入门。它的多文档设计环境让非计算机专业人员也能很快地学会使用，并在不断实践的过程中更好地掌握它的各种应用和开发技巧，从而不断提高工作效率。但是它也给读者留有很大的发展空间，建议读者：在掌握命令的基础上充分发挥创造力，用活命令，增强技巧，提升能力；充分利用 AutoCAD 强大的图形编辑、修改功能，通过复制、插入等操作快速修改已有的图形和构建新的图形，提高绘图效率。在动手绘图以前，读者应该分析所绘图形的特点，以结构化的方式组织图形，尽量避免简单的图线堆积；建立和积累与专业图形有关的图库，收到事半功倍的效果。读者如果能掌握计算机图形学的基础知识，将有助于加深对 AutoCAD 的理解。AutoCAD 提供了默认的用户环境设置，专业用户则可结合本行业的相关规定和自己的使用习惯，适当进行定制，这样使用起来将更加得心应手。

  AutoCAD 自推出以后，经历了初级阶段、发展阶段、高级发展阶段、完善阶段和进一步完善阶段五个阶段，版本也有二十余次的更新。最新的版本 AutoCAD 2016 于 2015年推出，在界面和操作风格方面的变化较大：从概念设计到草图和局部详图，提供了创建、展示、记录和共享构想所需的所有功能；将惯用的 AutoCAD 命令和熟悉的用户界面与更新的设计环境结合起来，从而提高了绘图效率。

  本书主要针对 AutoCAD 2016 编写，共 15 章，全面系统地讲解了 AutoCAD 2016 软件在绘图环境的设置、绘图工具的使用、图形的绘制、编辑和修改、尺寸和文字标注等方面的具体应用、使用方法、操作技巧。

  本书在内容的编排上，与许多传统的讲解 CAD 软件的书籍不同之处在于：不是集中介绍软件的菜单选项和相应命令，而是采用基于任务的方式着重讲解完成某一特定任务所要遵循的过程和步骤，从而使读者在学习过程中，不仅学会了如何使用软件的菜单选项和软件命令，还掌握了零件建模、装配、工程图创建……的基本方法和思路。

本书由孙海波（编写第 1、2、5 章）和姚新港（编写第 7、8、10 章）担任主编，谭超（编写第 13、14 章）和洪从华（编写第 3、4、11 章）担任副主编，庄宗元主审。参加编写的还有张洪伟（编写第 9 章）、张燕杰（编写第 15 章）、黄孝龙（编写第 6 章）和阴妍（编写第 12 章）。

因作者水平有限，书中难免会有不足之处，欢迎广大读者批评指正。

编　者

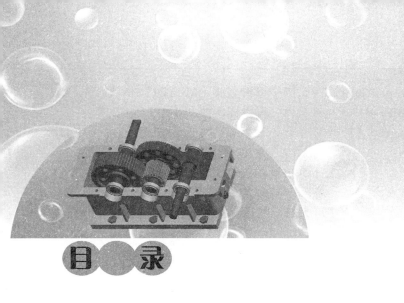

目　录

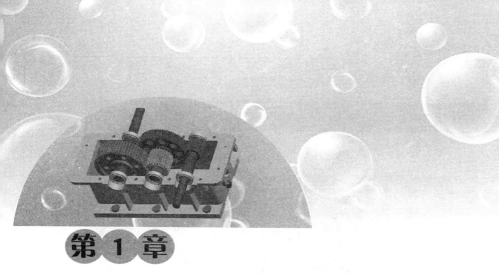

第1章

基本操作

AutoCAD 是由美国 Autodesk 公司为在微机上应用 CAD 技术而开发的开放式交互绘图及设计软件，自 1982 年推出 1.0 版以来一直深受广大用户所喜爱，经过不断地完善，现已成为国际上广为流行的二维绘图软件，广泛应用于机械、建筑、电子、航天和水利等工程领域。AutoCAD 2016 是 AutoDesk 公司 2015 年 3 月发布的最新版本。

1.1 AutoCAD 2016 的新功能

AutoCAD 2016 的"开始"界面在启动 AutoCAD 2016 应用程序时直接打开，如图 1-1 所示。AutoCAD 2016 和以前的版本相比，除了具有速度更快、性能更好的特点之外，在优化界面、新选项卡、功能区库、命令预览、帮助窗口、地理位置、实景计算、Exchange 应用程序、计划提要等方面都有所改进，并新增了暗黑色调界面，界面色调深沉，有利于工作；底部状态栏整体优化更实用便捷；硬件加速效果相当明显。其功能主要体现在以下几个方面。

1. 界面更加人性化

在快速访问工具栏上有"切换工作空间"选项；功能区选项卡也比以前的版本更加优化与规范，在选项卡上新增了"插件""联机"选项；在状态栏上新增了"推断约束""三维对象捕捉""显示/隐藏透明度"和"选择循环"四个图标；在"草图设置"对话框，增加了"三维对象捕捉"和"选择循环"选项卡。

2. 关联阵列

AutoCAD 2016 可以在二维平面和三维空间创建矩形阵列和环形阵列，还可以使阵列沿任意轨迹线进行排列 [详见 5.6.5 "对象的阵列（ARRAY 命令）"和 5.6.6 "关联阵列的编辑"]。

3. 命令行自动完成功能

AutoCAD 2016 提供了自动完成选项，自动完成选项可以帮助用于更有效地执行命令。当用户输入命令时，系统自动提供一份清单，其中列出了匹配的命令名称、系统变量和命令别名（详见 1.3 节 "命令的用法"）。

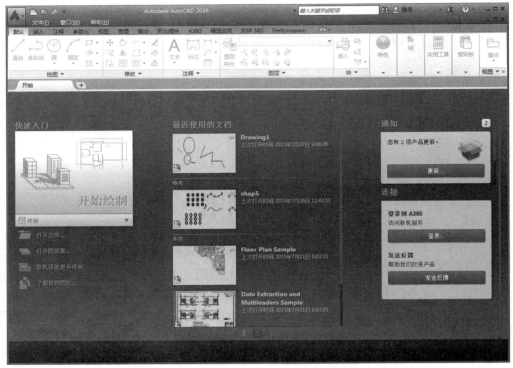

图 1-1　AutoCAD 2016 的 "开始" 界面

4. 夹点编辑功能更强

AutoCAD 2016 中的多功能夹点命令，支持直接操作，能够加速并简化编辑工作。相比以前的版本，其功能更加强大，可以直接应用于直线、多段线、圆弧、椭圆弧、尺寸和多重引线。在一个夹点上悬停鼠标，即可查看相关命令和选项（详见 5.11 "利用夹点编辑和多功能夹点"）。

5. In-Canvas 视口控制

视口控制显示在每个视口的左上角，提供了方便的形式来修改视图、视觉型式和其他设定（详见 13.5 "三维图形观察"）。

6. UCS 坐标可以进行直接操作

在 AutoCAD 之前的版本中，UCS 坐标是不能被选取的，但在 AutoCAD 2016 中可以直接使用鼠标左键单击 UCS 坐标系进行选择和夹点操作，另外还可通过 VIEWCUBE 命令对 UCS 进行更改和控制 [详见 13.5.3 "ViewCube 导航工具（NAVVCUBE 命令）"]。

7. 新增加的 Content Explorer 工具

在设计中心（Design Center）的基础上增加了类似 Google 搜索器的功能。Design Center 沿用了 Windows 经典界面，而 Explorer Content 则是 Ribbon 的界面，并兼具网上搜索的功能。

8. 可以导入更多格式的外部数据

AutoCAD 2016 的模型文件相对于之前的版本更加完美，其中三维模型支持 UG、

SolidWorks、IGES、CATIA、Rhinoceros、Pro/ENGINEER、STEP 等多种文件格式的导入（详见 11.3 "图形文件格式的转换"）。

1.2 AutoCAD 2016 用户界面

启动 AutoCAD 2016，便可进入 AutoCAD 2016 的用户界面。

下面首先介绍"工作空间"的概念。

工作空间实际上是一个绘图环境，它是经过分组和组织的菜单、工具栏、选项卡和面板的集合，使用户可以在自定义的、面向任务的绘图环境中工作。在使用某一个工作空间时，只会显示与任务相关的菜单、工具栏和选项卡。例如，在创建三维模型时，可以使用"三维建模"工作空间。在"三维建模"的工作空间中，仅包含与三维建模相关的工具栏、菜单和选项卡，而三维建模不需要的界面会被隐藏，所以不会显示有关二维绘图的工具栏或者面板内容，这样就使得用户的工作屏幕区域最大化。

用户可以在图 1-2 所示的快速访问工具栏的"工作空间"列表中或者通过图 1-3 所示的应用程序状态栏的"切换工作空间"按钮 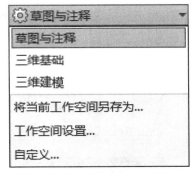 方便地在已有定义的工作空间中进行切换。AutoCAD 2016 中已经预先定义了"草图与注释""三维基础"和"三维建模"三个工作空间。用户可以根据自己的习惯和要求创建新的绘图环境（即工作空间），以便仅显示所选择的那些菜单、选项卡和面板，并将之保存以便随时调用，也可以修改已有工作空间的配置。

图 1-2 "工作空间"列表

下面以图 1-3 所示的"草图与注释"工作空间为例来说明界面的组成。在图示界面中，已经使用"OPTIONS"命令打开"选项"对话框的"显示"选项卡，将应用程序窗口元素的配色方案从默认的"暗"改为"明"，同时将图形区域的背景从系统默认的黑色改为白色。此外，单击快速访问工具栏右侧的"上溢控制"箭头 ，从弹出的菜单中勾选"显示菜单栏"选项，可使默认状态下不显示的下拉菜单显示在功能区的上方。

AutoCAD 2016 默认的"草图与注释"工作空间主要由标题栏、菜单栏、绘图窗口、命令窗口、状态栏、模型 / 布局选项卡、滚动条等组成。与经典空间相比，没有了传统的"工具栏"，但是多了一个"功能区"。这样，就把绘图、修改、注释等命令，都集中到了绘图区域上方的功能区，方便命令的查找和执行。

1. 快速访问工具栏

快速访问工具栏位于 AutoCAD 2016 应用程序窗口的顶部。它提供了对常用命令和工具的快速访问方法，如用于打开和保存文件、撤销（放弃）、重做、切换工作空间等工具按钮。可以单击快速访问工具栏右侧的"上溢控制"箭头 自定义快速访问工具栏中显示的内容。此外，如果要将某个命令图标加入快速访问工具栏，可以直接右击面板中的该按钮，从弹出的快捷菜单中选择"添加到快速访问工具栏"选项；如果要从快速访问工具栏中移除某个图标，可直接右击快速访问工具栏中的该按钮，从弹出的快捷菜单中选择"从快速访问工具栏中删除（R）"选项。

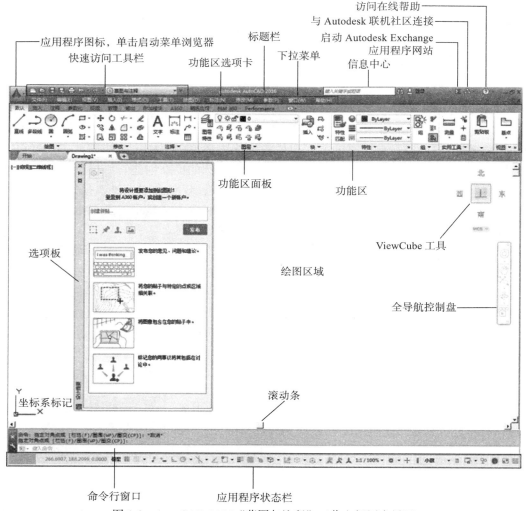

图 1-3　AutoCAD 2016 "草图与注释" 工作空间用户界面

2. 标题栏

标题栏列出了软件名称和版本号、当前正在编辑的图形文件名，AutoCAD 2016 的默认文件名是 "Drawing1.dwg"。单击位于标题栏右边的各按钮，可分别实现窗口的最小化、还原（或最大化）以及关闭等操作。当窗口处于最大化状态时，程序的执行速度最快。单击标题栏最左侧的应用程序图标，则会打开 "应用程序" 菜单浏览器，如图 1-4 所示。通过 "应用程序" 菜单浏览器能更方便地访问公用工具。用户可新建、打开、保存、打印和发布 AutoCAD 文件，将当前图形作为电子邮件附件发送，制作电子传送集。此外，还可以执行图形维护，例如查核和清理，并关闭图形。

"应用程序" 菜单浏览器右上方有一搜索框，可供用户查询快速访问工具、应用程序菜单以及当前加载的功能区，以定位命令、功能区面板名称和其他功能区控件。此外，"应用程序" 菜单浏览器还提供了快捷访问最近使用的文档列表或打开文档的功能，除了可按大小、类型和规则将最近的文档列表排序外，还可将其按照日期排序。

图1-4 "应用程序"菜单浏览器

3. 绘图窗口

绘图窗口即屏幕绘图区域，是显示和绘制图形的窗口。用户可根据实际需要关闭不用的选项板或者改变命令行窗口的高度，以调整绘图区域的大小。

4. 功能区

功能区包含按逻辑分组的一系列选项卡，每个选项卡都用于显示与基于任务的工作空间相关联的面板。面板提供了与当前工作空间相关操作的单个界面元素，使用户无须显示多个工具栏，从而使得应用程序窗口更加整洁。功能区包括选项卡名称、命令面板、命令图标按钮、对话框启动程序按钮和面板展开器按钮等。图1-5所示为"默认"选项卡中的部分命令面板。

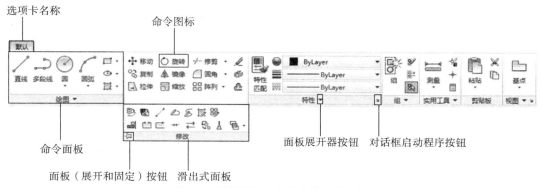

图1-5 "默认"选项卡中的部分面板

关于功能区选项卡和面板的说明如下：

1）用户可以控制在功能区显示哪些选项卡和面板。在功能区上右击，然后从弹出的快捷菜单中单击或清除快捷菜单上列出的选项卡或面板的名称，如图1-6所示。

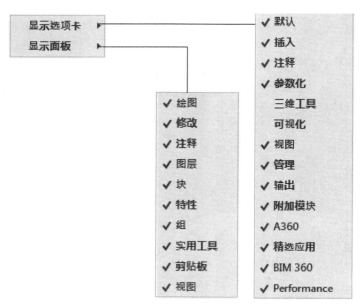

图 1-6　控制选项卡和面板显示的快捷菜单

2）在每个命令面板中，相关命令按钮分为一组。一些面板还提供了对与该面板相关的对话框的访问功能。要显示相关的对话框，只要单击面板右下角处的"对话框启动程序"按钮即可。

3）部分面板内容没有全部显示出来，如果单击面板标题中间的"面板展开器"按钮，面板将展开并显示其他工具和控件。默认情况下，当单击其他面板时，滑出式面板将自动关闭。要使面板保持展开状态，可以单击滑出式面板左下角的"面板展开和固定"按钮；如果需要关闭，可以单击滑出式面板左下角的"面板固定取消"按钮。

4）不同的选项卡在特定的模式或环境中时自动显示处于可用或禁用状态。当选择特定类型的对象或启动特定的命令时，将显示上下文功能区选项卡，与特定环境相关的选项卡及其命令按钮会自动被打开或关闭。当结束命令时，上下文选项卡会关闭，相关内容参见5.6.5"对象的阵列（ARRA命令）"。

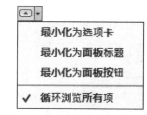

图 1-7　最小化功能区和面板

5）可以单击功能区选项卡右方的按钮来折叠功能区，使功能区或面板最小化以获得更大的绘图区域，如图1-7所示。用户还可以通过添加、移除或移动按钮来自定义功能区。

6）面板的浮动和固定。可以单击并拖动命令面板的标题栏将面板从功能区选项卡中拖放到其他位置，成为浮动面板，如图1-8所示。浮动面板将一直处于打开状态（即使切换功能区选项卡），直到将其放回到功能区并自动固定。

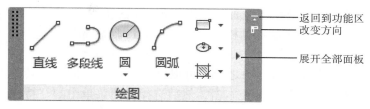

图 1-8 浮动面板

7）功能区的浮动、固定和关闭。功能区在默认情况下固定在绘图区域的顶部。在功能区选项卡的空白处右击，从弹出的快捷菜单中选择"浮动"选项，可以将它放置在绘图区域中间，此时的功能区是浮动的。如果单击并拖动功能区的标题栏部分，则可以将它固定在绘图区域的顶部、左边或者右边。从弹出的快捷菜单中选择"关闭"命令，则关闭功能区使其不显示。

功能区的显示可以直接在命令行输入"RIBBON"命令或者选择"工具（T）"菜单→"选项板"→"功能区（B）🖳"进行。

5. 命令行窗口

命令行窗口用于显示用户输入的命令、AutoCAD 发出的信息并显示帮助用户完成命令序列的提示，如图 1-9 所示。默认时，在窗口中保留最后三行。将光标指向绘图窗口与命令行窗口的分界线，当光标变为上下箭头时，拖动光标可改变命令行窗口的大小。

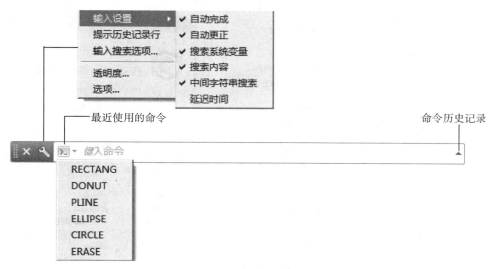

图 1-9 命令提示行

6. 工具选项板

"工具选项板"是由一组选项卡组成的窗口，它们提供了一种用来组织、共享和放置块、填充图案及其他工具的有效方法。从"工具选项板"中拖动块和填充图案可以将这些对象快速放置到图形中。工具选项板中还可以包含由第三方开发人员提供的自定义工具。图 1-10 所示为工具选项板。

1）工具选项板的打开或关闭可以通过选择"视图"选项卡→"选项板"→"工具选项板"按钮🗂或者"工具（T）"菜单→"选项板"→"工具选项板（T）"实现。

2）工具选项板的大小形状、位置、是否固定、锚点位置、是否自动隐藏、透明度等设置可以通过右击工具选项板的标题栏所弹出的图 1-11 所示的快捷菜单的上面三组命令实现。

3）在将这些对象放置到图形中之前，可以修改对象的比例、旋转角度等特性值。要更改工具特性，可在某个工具图标上右击，然后选择快捷菜单中的"特性（R）"命令，以显示"工具特性"对话框，如图 1-12 所示。"工具特性"对话框中包含以下两类特性：

● "插入"特性或"图案"特性。控制与对象有关的特性，例如比例、旋转和角度。

● "常规"特性。替代当前图形特性设置，例如图层、颜色和线型。

公制六角螺母的"工具特性"对话框如图 1-12 所示。

4）选择快捷菜单中的"自定义选项板（Z）"选项，可以自定义工具选项板和工具选项板组。

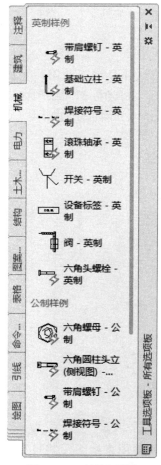

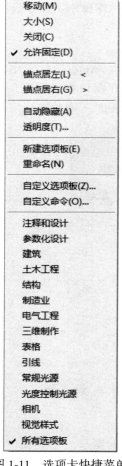

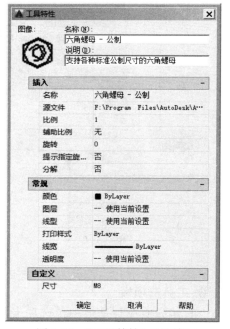

图 1-10　工具选项板　　图 1-11　选项卡快捷菜单　　图 1-12　"工具特性"对话框

7. 滚动条

单击水平或垂直滚动条上带箭头的按钮或拖动滚动条上的滑块，可以相对模型空间或图纸空间在水平或垂直方向移动窗口，改变窗口显示的内容。

8. 菜单

AutoCAD 2016 提供两种形式的菜单：下拉菜单和快捷菜单。

（1）下拉菜单 AutoCAD 2016 的下拉菜单具有 Windows 系统的风格，显示在标题栏下方，如图 1-13 所示。单击其中的某一项，就会弹出相应的下拉菜单。下拉菜单包括了 AutoCAD 的多数命令。但是在 AutoCAD 2016 环境中，下拉菜单默认是处于关闭状态的，可以单击快速访问工具栏右侧的"上溢控制"按钮▼，从弹出的快捷菜单中选中"显示菜单栏"选项，使得默认状态下不显示的下拉菜单显示在功能区的上方。

文件(F)	编辑(E)	视图(V)	插入(I)	格式(O)	工具(T)	绘图(D)	标注(N)	修改(M)	参数(P)	窗口(W)	帮助(H)

图 1-13 AutoCAD 的主菜单

AutoCAD 2016 提供了"文件（F）""编辑（E）""视图（V）""插入（I）""格式（O）""工具（T）""绘图（D）""标注（N）""修改（M）""参数（P）""窗口（W）""帮助（H）"等主菜单。各菜单的主要功能如下：

1）"文件（F）"菜单主要用于对图形文件进行设置、管理和打印发布等。

2）"编辑（E）"菜单主要用于对图形进行一些常规的编辑，包括复制、粘贴、链接等命令。

3）"视图（V）"菜单主要用于调整和管理视图，以方便视图内图形的显示等。

4）"插入（I）"菜单用于向当前文件中引用外部资源，如块、参照、图像等。

5）"格式（O）"菜单用于设置与绘图环境有关的参数和样式等，如绘图单位、颜色、线型及文字、尺寸样式等。

6）"工具（T）"菜单为用户设置了一些辅助工具和常规的资源组织管理工具。

7）"绘图（D）"菜单是一个二维和三维图元的绘制菜单，几乎所有绘图和建模工具都组织在此菜单内。

8）"标注（N）"菜单是一个专用于为图形标注尺寸的菜单，它包含了所有与尺寸标注相关的工具。

9）"修改（M）"菜单是一个很重要的菜单，用于对图形进行修整、编辑和完善。

10）"参数（P）"菜单是用于管理和设置图形创建的各种参数。

11）"窗口（W）"菜单用于对 AutoCAD 文档窗口和工具栏状态进行控制。

12）"帮助（H）"菜单主要用于为用户提供一些帮助性的信息。

图 1-14 所示为"绘图（D）"下拉菜单及其子菜单。AutoCAD 下拉菜单的特点如下：

1）当光标指向（或单击）右边带有黑三角的菜单项时，将弹出下一级子菜单。

2）单击右面带有省略号的选项，将激活一个对话框。

3）单击不带省略号和黑三角标识的选项，可直接执行相应的命令。

4）对于标有快捷键的选项，输入快捷键可直接选择该选项。

（2）快捷菜单 快捷菜单又称上下文菜单，是 AutoCAD 2016 提供的快速获取与当前操作相关联命令的一种菜单，可利用它快速、高效地完成绘图操作。图 1-15 所示为"对象捕捉"的快捷菜单。

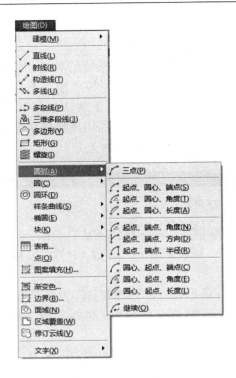

图 1-14 "绘图（D）"下拉菜单及其子菜单　　　图 1-15 "对象捕捉"快捷菜单

9. 工具栏

在 AutoCAD 的早期版本中，一直使用的是人们称之为"AutoCAD 经典空间"的界面。在开发了以功能区和面板为主的"草图与注释""三维基础""三维建模"等工作空间的界面以后，中间从 2006 ~ 2014 年的几个版本，允许"AutoCAD 经典空间"和其他工作空间并存，用户可以自行选择使用什么样的界面。2014 年以后的 AutoCAD 版本中取消了"AutoCAD 经典空间"的配置，用户如果需要可以自己使用"CUI"命令来定制。

工具栏用按钮形象直观地表示命令，将表示相关命令的按钮组织在一起，以便于管理和使用。可以通过右击任何工具栏的空白处或者选择"工具（T）"菜单→"工具栏"→"AutoCAD"，从打开的 AutoCAD 2016 的 52 种工具栏中勾选要显示的工具栏的名称来打开工具栏。在工具栏列表框中，若工具栏名称前面有"√"标识，则表示其已被打开。用户也可以自己定义工具栏。

工具栏包含启动命令的按钮，将鼠标移到该工具栏按钮上时，将自动显示按钮的名称。右下角带有小黑三角形的按钮是包含相关命令的弹出工具栏，单击该按钮，则可使工具栏显示出来。

在"AutoCAD 经典"工作空间的初始状态下显示如图 1-16 所示的七个工具栏。其中标准、样式、工作空间、图层、特性工具栏固定在绘图区域的上方，绘图工具栏则在绘图区域的左侧，修改工具栏在绘图区域的右侧。

标准工具栏

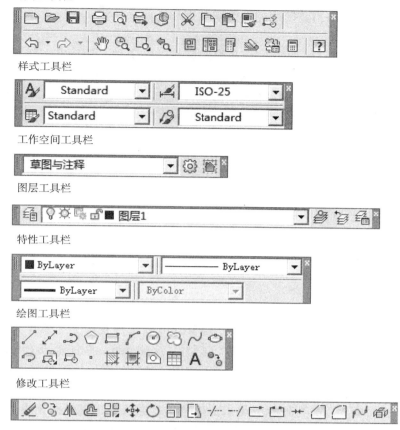

样式工具栏

工作空间工具栏

图层工具栏

特性工具栏

绘图工具栏

修改工具栏

图 1-16 "AutoCAD 经典"工作空间中常用的工具栏

工具栏可以是浮动的或固定的。浮动工具栏的标题栏是可见的,单击并拖动标题栏可将其定位在绘图区域的任意位置。可以在浮动工具栏的边框上拉动,使其以单行、单列或多行多列的方式显示。如果将浮动工具栏移动到绘图区域四周并使之成为固定的工具栏,则此时工具栏的标题栏不可见,缩成一个小条。单击并拖动固定工具栏的标题栏小条,可使它再次成为浮动工具栏。

10. 状态栏

状态栏提供了对某些最常用的绘图工具的快速访问。状态栏中显示了当前光标位置处的坐标值,并带有打开和关闭图形工具的若干按钮。可以通过单击状态栏右侧的"自定义"按钮 ,打开如图 1-17 所示的项目列表,从中指定要在状态栏上显示的项目。状态栏上显示的工具可能会发生变化,具体取决于当前的工作空间以及当前显示的是"模型"选项卡还是"布局"选项卡。

图 1-17 在状态栏中可显示的项目列表

11. 坐标系标记

坐标系标记用于指明当前使用的坐标系类别和方向。

12. ViewCube 工具

ViewCube 工具在默认情况下显示在绘图区域的右上角，用于在二维模型空间或三维视觉样式中处理图形时显示的导航工具，也可以直接在标准视图和等轴测视图间切换。有关该工具的设置和详细说明见 13.5.3 节的内容。

1.3 命令的用法

1.3.1 命令的激活和命令选项

1. 命令的激活

当 AutoCAD 的命令窗口出现"输入命令："提示时，可以用如下多种方式激活一个命令。

（1）命令行输入　在命令行窗口由键盘输入 AutoCAD 命令的全名或别名（不区分大小写），然后按〈Enter〉键，称为命令行输入方式。它是激活 AutoCAD 命令最基本的方法。

所谓命令别名指的是在命令提示下代替整个命令名而输入的缩写。例如，可以输入"C"代替"CIRCLE"来执行 CIRCLE 命令。可以选择菜单"工具（T）"→"自定义（C）"→"编辑程序参数（acad.pgp）（P）"打开"acad.pgp"文件来查看所有命令别名的定义；或者在命令行中输入"AI_EDITCUSTFILE"命令，然后从键盘输入"acad.pgp"进行查看。

（2）菜单、面板、工具栏输入　单击下拉菜单、面板或工具栏的相应选项，或使用功能键、控制键，可以直接执行 AutoCAD 的大部分命令和相应的操作。

（3）命令的重复　有以下三种方法可以重复最近使用的命令：

1）在命令提示下，按〈Enter〉键或空格键，将重复使用的上一条命令。

2）单击命令行左侧的 ▶_ 按钮，可打开最近使用过的命令列表，从中选择命令并激活。

3）在绘图区右击，从弹出的快捷菜单中选择"最近的输入"选项，即可打开最近使用的命令列表，从中选择相应选项并激活。

（4）命令的透明使用　部分 AutoCAD 命令允许在其他命令的对话过程中使用，称为命令的透明使用，透明命令经常用于更改图形设置或显示选项。要透明使用一个命令，需在输入的命令名前加"'"（西文的单引号）。透明的命令被执行完成后，继续返回原来执行的命令的中断处继续往下执行。例如，在某一个命令的执行过程中输入"'HELP"透明地使用帮助功能，将激活该命令的帮助文件，这是一种很好的获得帮助的方法。

（5）以命令行方式输入参数　部分命令在通常情况下执行将激活一个对话框，当希望采用命令行方式输入参数时，可在输入的命令名前加"-"（减号），如从键盘输入"-UNITS"，将通过命令行的形式设置图形单位。

另外，需要说明的是，在 AutoCAD 2016 中具有命令的自动完成和自动更正的功能。也就是当用户在命令行输入命令时会显示一个有效选择列表，供用户从中直接选择。例如，当用户输入"L"的同时，在命令行上方会同时出现按字母顺序排列的 AutoCAD 中所有以"L"开头的命令或者系统变量名称，用户可以直接选择。另外，对于经常拼写错误的命令，系统可以自动进行更正。这样，用户就不必担心有些命令可能会记得不太完整了，如图 1-18 所示。

2. 命令选项的操作

在 AutoCAD 中，命令大多以人 - 机对话的方式执行。当在"输入命令:"提示下输入一条命令后，系统就会出现下一步的命令提示，提示用户输入候选的命令选项或是数值。当所需要的信息输入完毕后，这个命令就被执行。CIRCLE（画圆）命令的提示如下:

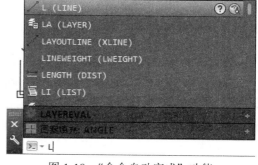

图 1-18　"命令自动完成"功能

命令 : CIRCLE

指定圆的圆心或 [三点 (3P)/ 两点 (2P)/ 切点、切点、半径 (T)]: (指定一点)

指定圆的半径或 [直径 (D)]〈50.0000〉:

"指定圆的圆心"为该命令的默认项，可直接按提示回答。

尖括号内表示默认选项的当前值，直接按〈Enter〉键，则使用默认选项的当前值。

方括号内用"/"分隔的为命令的其他选项，使用这些选项时可以直接单击相应的选项或者在命令行输入选项圆括号内的字符。使用命令快捷菜单也可以选择相应的命令选项。

输入命令、命令选项、命令参数后，应按〈Enter〉键或空格键结束输入。

注意: 在 AutoCAD 2016 中输入命令后，单击鼠标右键不能直接代替〈Enter〉键，需要在弹出的快捷菜单中选择"确认（E）"选项。

3. 命令的中断

在命令过程结束前，可随时按〈Esc〉键中断当前命令的运行，使系统重新返回到"输入命令:"提示状态。也可以直接单击工具栏中的命令按钮或选择下拉菜单中的选项，这样可以中断正在执行的命令，并激活新的命令。

1.3.2　放弃操作（UNDO 命令）

放弃已执行的命令。可放弃刚执行的一条命令或按后执行先放弃的顺序放弃已执行的命令，直至退回到最后一次存盘时的状态。

〈**访问方法**〉

快速访问工具栏:"放弃"按钮。

菜　单:"编辑（E）"→"放弃（U）"选项。

命令行:UNDO 或 U。

〈**操作说明**〉

命令 :UNDO

当前设置 : 自动 = 开，控制 = 全部，合并 = 是，图层 = 是

输入要放弃的操作数目或 [自动 (A)/ 控制 (C)/ 开始 (BE)/ 结束 (E)/ 标记 (M)/ 后退 (B)]〈1〉:

〈**选项说明**〉

（1）"输入要放弃的操作数目"　按指定的数量放弃此前的命令操作。

（2）"自动（A）" 若选用该选项，则系统提示如下：

输入 UNDO 自动模式 [开 (ON)/ 关 (OFF)]〈On〉：

如果选用"开（ON）"选项，执行某一菜单项时，系统将自动插入一个"开始（BE）"，当退出此菜单项时，又自动插入一个"结束（E）"，AutoCAD 就把执行任一菜单项的工作看作一个单独的命令，从而可用 U 命令将其放弃。

（3）"控制（C）" 用于限制或完全放弃 UNDO 功能，选择该选项后系统提示：

输入 UNDO 控制选项 [全部 (A)/ 无 (N)/ 一个 (O)/ 合并 (C)/ 图层 (L)]〈全部〉：

选用"全部（A）"将保留 UNDO 的全部功能；选用"无（N）"将放弃 UNDO 命令的全部功能；选用"一个（O）"将只允许使用 UNDO 命令放弃一个操作。"合并（C）"为放弃和重做操作控制是否将多个、连续的缩放和平移命令合并为一个单独的操作。"图层（L）"控制是否将图层对话操作合并为单个放弃操作。

（4）"开始（BE）/ 结束（E）" 在绘图操作期间，UNDO 命令的"BEgin"和"End"选项（必须配对）将在其间执行的命令操作看作一个命令组，使用 U 命令可以把该组操作全部放弃。

（5）"标记（M）" 用 UNDO 命令的"标记（M）"选项可在后续执行的命令序列前做标记，在执行多个命令后仅需执行一次 U 命令即可退回到该标记点处。用"后退（B）"选项也可以直接退回到此标记处。在绘图操作过程中用户可根据需要做若干个标记。

（6）后退（B） 放弃已执行的一些操作，返回用"标记（M）"选项所做的标记处。如果在执行"后退（B）"选项之前没有使用"标记（M）"选项做标记，系统提示：

这将放弃所有操作。确定?〈Y〉：

如果直接按〈Enter〉键，则放弃进入图形屏幕后所做的所有操作；如果输入"N"，则不执行"后退（B）"选项功能。

单击"放弃"图标右侧的黑三角按钮，可在下拉列表中直接选择要放弃的操作。

1.3.3 重做操作（REDO 命令）

恢复由 UNDO 或 U 命令放弃的操作。

〈访问方法〉

快速访问工具栏："重做"按钮。

菜 单："编辑（E）"→"重做（R）"选项。

命令行：REDO。

该命令没有选项，仅能在执行 UNDO 或 U 命令后立即使用，恢复刚被放弃的操作，当连续使用多个放弃命令后，可以连续使用多个 REDO 命令，也可以单击图标右侧的黑三角按钮，在下拉列表中直接选择要重做的次数。

1.4 功能键定义

AutoCAD 2016 提供的预定义的功能键见表 1-1，可用以快速实现某些操作。

表 1-1　功能键的定义

功能键	功　　能	说　　明
〈F1〉	帮助	显示活动工具提示、命令、选项板或对话框的帮助
〈F2〉	命令文本窗口切换	在命令窗口中显示展开的命令历史记录
〈F3〉	对象捕捉开关	对象自动捕捉控制开关
〈F4〉	三维对象捕捉开关	三维对象捕捉控制开关
〈F5〉	等轴测平面切换	二维等轴测平面循环切换方式
〈F6〉	动态 UCS 开关	动态 UCS 控制开关
〈F7〉	栅格显示开关	栅格显示模式控制开关
〈F8〉	正交开关	锁定光标按水平或垂直方向移动
〈F9〉	栅格捕捉开关	限制光标按指定的栅格间距移动
〈F10〉	极轴追踪开关	引导光标按指定的角度移动
〈F11〉	对象捕捉追踪开关	从对象捕捉位置水平和垂直追踪光标
〈F12〉	动态输入开关	显示光标附近的距离和角度

1.5　数据的输入

1.5.1　坐标系的概念

坐标系用于确定一个对象的方位。掌握各种坐标系以及正确的数据输入方法，对于正确、快捷地作图是至关重要的。AutoCAD 的坐标系属于笛卡儿坐标系，默认状态下，X 轴水平放置，向右为正；Y 轴垂直放置，向上为正；Z 轴垂直于绘图平面，指向用户为正方向。

每一幅图在创建时由系统定义一个世界坐标系（WCS），用户不能对它进行改变。用户可以从任何角度来观察 WCS 以及在 WCS 空间建立的模型，以便在作图时定位对象，用户可以使用 UCS 命令基于 WCS 建立一个或多个用户坐标系（UCS）。无论存在多少个坐标系，都只有一个坐标系为当前坐标系，作图中输入的绝对坐标都使用当前坐标系，当前坐标系的 XOY 平面是当前的作图平面。下面的命令序列以（200，100）为原点建立一个与 WCS 平行的 UCS：

命令：UCS

当前 UCS 名称：* 世界 *

指定 UCS 的原点或 [面 (F)/ 命名 (NA)/ 对象 (OB)/ 上一个 (P)/ 视图 (V)/ 世界 (W)/X/Y/Z/Z 轴 (ZA)]〈世界〉:200,100

指定 X 轴上的点或〈接受〉:（〈Enter〉键接受当前的 X 轴方向）

新定义的用户坐标系被设置为当前坐标系后，仍可使用 UCS 命令的"世界（W）"选项将 WCS 恢复为当前坐标系。

1.5.2 点的输入方法

在 AutoCAD 中绘图时，可以按对象的真实尺寸来绘图，在布局或打印输出时，再设置比例，从而避免了作图时的比例换算。点是最常用的命令输入形式，例如画直线时要指定直线的端点、画圆时要指定圆心点等。当 AutoCAD 中提示要求指定一个点时，可采用如下方式确定点的位置：

1. 用鼠标等定点设备在屏幕上拾取点

移动鼠标，将光标移到所需位置，然后单击鼠标左键。在状态行的左端将以动态直角坐标、动态极坐标或静态坐标方式显示当前光标所在的位置。可用〈F6〉快捷键或者〈Ctrl+D〉键打开、关闭或切换状态行坐标显示方式。

2. 捕捉对象的特征点

利用对象捕捉功能，只要简单选择对象，就可以方便、精确地捕捉到所选对象的指定几何特征点，如圆心、中点、端点、垂足点等。

3. 直接输入点的坐标

通过键盘以直角坐标或极坐标方式输入点的绝对坐标或相对坐标。

（1）绝对坐标　绝对坐标是相对于当前坐标系原点的坐标。

1）直角坐标方式。顺序输入用逗号隔开的点的 x、y、z 坐标值（若没有 z 坐标，则可在 y 坐标后不输入逗号）。

格式：x,y[,z]

如要输入一个点，其坐标为（297，420），则在提示输入点时输入：

297, 420

2）极坐标。以当前坐标系原点到某点的距离及这两点连线与 X 轴正方向的夹角来确定点的位置。

格式：距离＜角度

例如，要输入一个二维点，它与坐标系原点的距离为 100，它与原点的连线与 X 轴正方向的夹角为 60°，则在提示输入点时输入：

100<60

（2）相对坐标　相对坐标是指相对于前一点的坐标。相对坐标也分为直角坐标方式和极坐标方式，输入格式与绝对坐标相同，只是需要在第一个坐标值前加上一个 "@" 符号，表示再选上一点的坐标。如要输入与上一点距离为 5，且与上一点的连线与 X 轴正方向的夹角为 25°的点时应输入：

@5<25

4. 在指定的方向上通过给定距离确定点

当提示用户输入一个点时，可以通过定标设备将光标移到希望输入点的方向上，在出现对齐路径后再输入一个距离值，则在该方向上且距当前点为指定值的点被确定。

1.6　图形屏幕的重画与重新生成

在绘图操作过程中，用户常在系统界面中留下若干作图痕迹，如无用的标记符号、部分对象的残缺显示等，这些会影响到作图，AutoCAD 提供了五条与图形屏幕重画与重新生成操作相关的命令。表 1-2 简要介绍了它们的功能与访问方法。

表 1-2　图形屏幕重画与重新生成命令

命　令	功　能	访问方法	说　明
REDRAW	重画当前视口		
REGEN	在当前视口中重新生成整个图形、重新计算所有对象的屏幕坐标、重新创建图形数据库索引，优化显示和对象选择的性能	下拉菜单："视图（V）" → "重生成（G）" 命令行：REGEN	有几个 AutoCAD 命令会自动执行 REGEN 命令。 重生成可以改善圆等曲线被缩放后的折线效果
REDRAWALL	重画所有视口	下拉菜单："视图（V）" → "重画（R）" 命令行：REDRAWALL	
REGENALL	在全部视口中重新生成整个图形、重新计算所有对象的屏幕坐标、重新创建图形数据库索引，优化显示和对象选择的性能	下拉菜单："视图（V）" → "全部重生成（A）" 命令行：REGENALL	
REGENAUTO	控制自动重新生成。若打开自动重新生成，则在对图形进行编辑时，会自动重新生成整个图形	命令行：REGENAUTO	默认为打开状态

1.7　图形文件的管理

建立新的图形文件、打开已存在的图形文件、文件保存等操作属于图形文件的管理。

1.7.1　建立新的图形文件（NEW 命令）

NEW 命令用于创建新的图形文件，开始绘制新图。

〈访问方法〉

快速访问工具栏："新建"按钮。

菜单浏览器："新建"。

菜单："文件（F）" → "新建（N）"选项。

命令行：NEW。

〈操作说明〉

执行创建新图形文件的命令，AutoCAD 将弹出如图 1-19 所示的"选择样板"对话框。用户可以从"选择样板"对话框的列表中选择一个样板文件后，单击对话框中的 打开(O) 按钮。AutoCAD 进入如图 1-3 所示的用户界面，就可以进行绘制新图的操作。

样板图是绘制新图的样板和起点，样板文件可以使用系统提供的，也可以由用户自己建立。用户可预先根据任务或工程项目标准的要求进行统一的图形设置，把绘制所有新图所需要的一些标准配置一起组织在样板图中，以保证图形设置的一致性和提高工作效率。这些配置可以包括以下几个方面：

1）单位类型和精度。

2）标题栏、边框和徽标。

3）图层设置。

4）捕捉、栅格和正交设置。

5）栅格界限。

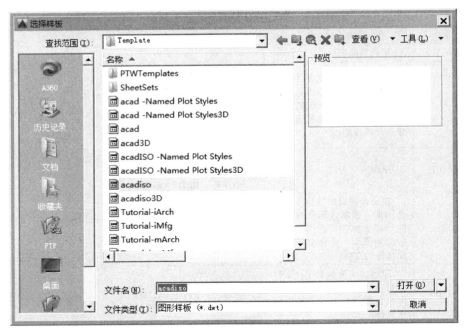

图 1-19 "选择样板"对话框

6）标注样式。

7）文字样式。

8）线型。

任何已创建的图形都可以作为样板图文件保存，为避免被无意修改或区别于一般的图形文件，样板图文件的扩展名是 .dwt。默认情况下，样板文件通常保存在 Template 文件夹下以便访问。如果不指定样板文件，默认的公制样板文件为"acadiso.dwt"，英制样板文件为"acad.dwt"；对于三维建模工作空间，默认的公制和英制图形的样板文件分别是"acad3D.dwt"和"acadiso3D.dwt"。

〈命令说明〉

如果系统变量"STARTUP"的值为 1，则执行 NEW 命令后，系统将弹出如图 1-20 所示的"创建新图形"对话框。在该对话框中，用户可以选择使用以下三种方式之一开始绘制新图。

1）默认设置。使用默认设置开始绘新图，在选择公制或英制单位后，单击 确定 按钮。

2）选择样板。使用样板文件作为绘制新图的模板，接下来会要求用户选择一个样板文件。

3）选择向导。按照向导的提示开始绘制新图。

图 1-20 "创建新图形"对话框

可选择快速设置和高级设置。在快速设置中设置新图的度量单位和图幅界限。在高级设置中还可以设置角度的单位、起始方向和增量方向等。

1.7.2　打开已存在的图形文件（OPEN 命令）

执行 OPEN 命令，即可打开已经存在的图形文件。

〈访问方法〉

快速访问工具栏："打开"按钮 📂。

菜单浏览器："打开" 📂。

菜单："文件（F）" → "打开（O）"选项 📂。

命令行：OPEN。

执行 OPEN 命令后，AutoCAD 弹出如图 1-21 所示的"选择文件"对话框，以便用户方便地搜索、选择和预览已有的图形文件。

图 1-21　"选择文件"对话框

1.7.3　多个图形同时工作

AutoCAD 2016 支持多文档工作环境，即在一个 AutoCAD 进程中，可以同时打开多个图形文件，以便同时在多幅图形中工作，提高效率。当利用"选择文件"对话框选择要打开的文件时，按下〈Shift〉键或〈Ctrl〉键，可以同时选择要打开的多个文件。在打开一个或多个图形文件后，还可以再打开其他图形文件。

在打开的多个图形窗口中，有且只有一个当前窗口，当前窗口的标题栏用深色显示。AutoCAD 界面的各种工具、命令作用于当前窗口。用户可以在打开的图形间复制对象或对象特性。可以在命令的对话过程中，切换到另一个窗口操作，然后再切换回原来的窗口继续完成命令的对话过程。

"窗口（W）"下拉菜单及平铺的两个图形窗口如图 1-22 所示。

1）若选择"层叠（C）"选项，即可用层叠方式显示打开的多个图形文件窗口。

2）若选择"水平平铺（H）"选项，即可用上下平铺方式显示图形文件窗口（窗口分界线呈水平）。

3）若选择"垂直平铺（T）"选项，即可用左右平铺方式显示图形文件窗口（窗口分界线呈竖直）。

4）若选择"排列图标（A）"选项，即可用于重排最小化的图形文件窗口在 AutoCAD 窗口中的位置。

菜单下端显示打开的图形文件列表，单击文件名，可将其设置为当前窗口。单击图形窗口的任一位置，也可以将该图形窗口设置为当前窗口。

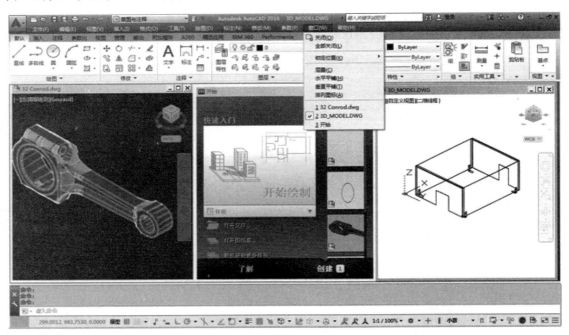

图 1-22　窗口菜单及多文档窗口

1.7.4　图形文件的保存和退出

AutoCAD 2016 中默认的图形文件类型是 2013 版的 .dwg 格式，此格式适用于文件压缩和网络上使用。用户可在图 1-23 所示的"图形另存为"对话框的"文件类型（T）"下拉列表中选择其他类型或早期版本。若保存为早期版本格式时可能会有数据丢失。AutoCAD 2016 的图形文件在 AutoCAD 2016 之前的版本中不能打开，但 AutoCAD 2016 以前版本的图形文件在 AutoCAD 2016 中均能正常打开。

图形文件的保存和退出命令及其功能见表 1-3。

另外，如果关闭改动后没有保存图形文件，系统会出现如图 1-24 所示的提示信息，提醒用户是否保存。

当使用"另存为"将文件保存时，不仅可以更改文件的名称，还可以更改文件的类型，如图 1-23"图形另存为"对话框中的"文件类型"下拉列表框中，除了各个 AutoCAD 版本的 DWG 图形格式版本文件（*.dwg）以外，还包括图形标准文件（*.dws）、图形样板文件（*.dwt）和图形交换格式版本文件（*.dxf）等格式。

表 1-3　图形文件的保存和退出命令及其功能

命　令	访 问 方 式	功　能	说　明
SAVE	快速访问工具栏:"保存" 📧 菜单浏览器:"保存" 📧 菜单:"文件(F)"→"保存" 命令行:SAVE	将图形以当前文件名存盘	若该文件尚未命名,弹出"图形另存为"对话框,如图 1-23 所示,按用户指定的文件类型和文件名存盘
SAVEAS	快速访问工具栏:"另存为" 📧 菜单浏览器:"另存为" 📧 菜单:"文件(F)"→"另存为" 命令行:SAVEAS	将当前图形文件以新文件名保存,而不改变原图形文件内容	弹出"图形另存为"对话框,如图 1-23 所示,按用户指定的文件类型和新文件名存盘
CLOSE	菜单:"文件(F)"→"关闭" 命令行:CLOSE 单击绘图窗口右上角的"关闭"按钮	关闭当前图形文件,但不退出 AutoCAD	对于编辑后未存盘的图形文件,关闭前将询问是否存盘,如图 1-24 所示
QUIT	菜单:"文件(F)"→"退出" 命令行:QUIT 单击 AutoCAD 窗口右上角的关闭按钮	关闭打开的所有图形文件,退出 AutoCAD	对于编辑后未存盘的图形文件,关闭前将逐一询问是否存盘,如图 1-24 所示

图 1-23　"图形另存为"对话框

图 1-24　未存盘提示信息

AutoCAD 2016 提供了自动保存和备份文件的功能。在"选项"对话框（使用
"OPTIONS"命令打开）的"打开和保存"选项卡中可以查看和设置自动保存文件的时
间间隔和临时文件的扩展名，在"文件"选项卡中查看并设置临时图形文件的路径，如
图 1-25 所示。默认情况下，系统为自动保存的文件临时指定名称为"filename_a_b_nnnn.
sv$"。filename 为当前图形名，a、b、nnnn 参数由 AutoCAD 生成。AutoCAD 以常规方式
关闭图形时，会删除自动保存的文件。在计算机系统崩溃或出现电源故障时，自动保存的
文件依然存在。若要打开临时文件，则在资源管理器中将临时文件的扩展名从".sv$"改
为".dwg"即可。

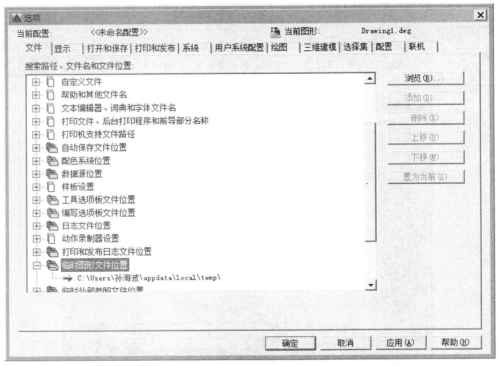

图 1-25　"选项"对话框"文件"选项卡设置临时文件的路径

1.7.5　图形文件的输出

AutoCAD 允许将图形文件输出为其他格式的文件，以便同其他软件进行数据交换。通
过"应用程序"菜单→"输出"可以直接输出 DWF、DWFx、三维 DWF、PDF、DGN 和
FBX 格式的文件。其他更多类型格式的文件可以通过输入"EXPORT"命令打开；或者选
择"应用程序"菜单→"输出"→"其他格式"选项，从弹出的"输出数据"对话框中指
定需要输出的文件类型格式，如图 1-26 所示。

1.7.6　图形实用工具

AutoCAD 2016 也提供了用于维护图形的一系列工具，如清理图形中未被使用过的命
名项目、修复损坏的图形等，可通过选择"应用程序"菜单→"图形实用工具"选项或
"文件（F）"菜单→"图形实用工具（U）"选项进行操作，如图 1-27 所示。

图 1-26　AutoCAD 2016 支持输出的文件格式

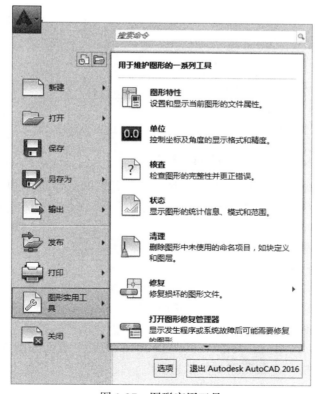

图 1-27　图形实用工具

1.8　AutoCAD 2016 中使用的主要文件类型

AutoCAD 中使用各种类型文件作为支持文件、输出文件，它们以不同的扩展名加以区别。AutoCAD 2016 常用的文件类型见表 1-4。

表 1-4　AutoCAD 2016 常用的文件类型

文　件	说　　明
*.cui	自定义文件（CUI 命令）
*.bak	图形备份文件
*.dwf	使用 Web 格式输出的图形文件。接收方不需安装 AutoCAD，只需使用查看器（Autodesk Express Viewer）即可查看或打印图形
*.dwg	图形文件
*.dws	图形标准文件
*.dwt	图形样板文件
*.dxb	图形交换文件（二进制格式）
*.dxf	图形交换文件（ASCII 或二进制）
*.lin	AutoCAD 线型定义文件（LINETYPE 命令）
*.lsp	AutoLISP 程序文件
*.mln	多线库文件（MLINE 命令）
*.mnl	菜单使用的 AutoLISP 文件
*.mns	传统菜单源文件
*.mnu	传统菜单样板文件
*.pat	填充图案文件
*.pgp	程序参数
*.arx	ObjectARX 文件
*.scr	脚本文件（SCRIPT 命令）
*.shp	形 / 字体定义源文件（SHAPE 命令）
*.shx	编译的形文件（COMPILE 命令）
*.sld	AutoCAD 创建的幻灯文件
*.sv$	自动保存的临时文件

1.9　使用帮助文件（HELP 命令）

AutoCAD 2016 提供了非常方便的帮助功能，可以有效帮助用户了解 AutoCAD 2016 的新特性、命令功能并获得与当前操作相关的信息。

〈访问方法〉

菜单浏览器：搜索命令框。

标题栏：⑦。

菜　单："帮助（H）"。

命令行：HELP（或输入"？"或"HELP"）。

其他：在任何时候按下〈F1〉快捷键。

执行 HELP 命令后，"Autodesk AutoCAD 2016- 帮助"界面如图 1-28 所示。在帮助窗口中，可以在左侧窗格中查找所需要的信息。

〈说明〉

1）在命令执行的过程中按下〈F1〉快捷键，随时可以激活与当前命令相关的帮助文件。例如，正在使用"CIRCLE"命令时按下〈F1〉快捷键，就会出现图 1-29 所示的帮助信息。

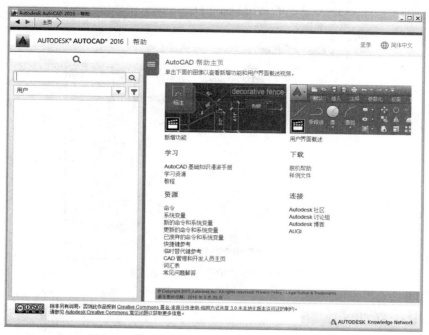

图 1-28 "Autodesk AutoCAD 2016- 帮助"界面

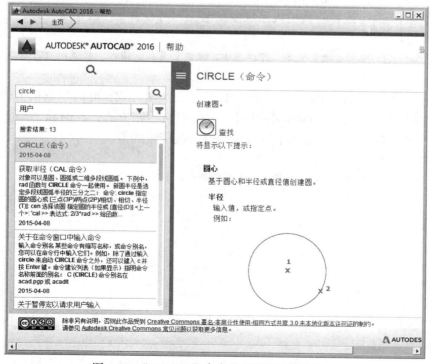

图 1-29 "CIRCLE"命令的在线帮助信息窗口

2）当光标悬停在工具图标上或当命令处于活动状态时按〈F1〉快捷键，就会随即显示出当前命令的简易帮助信息。图 1-30 所示为当光标在"默认"选项卡→"绘图"面板→"多边形"按钮⬠上悬停时显示的帮助提示信息。

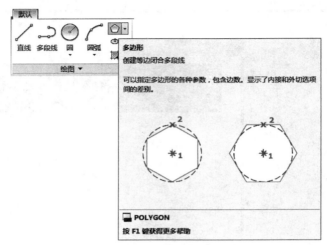

图 1-30 "多边形"帮助提示信息

1.10 使用系统变量

AutoCAD 系统将一些关于操作环境设置的参数值存放在相应的变量中，这些变量被称为"系统变量"，每个系统变量都有一个相应的类型，如整型、实型等。用户可以在命令行输入 SETVAR 命令或者直接输入系统变量名，即可查看、修改系统变量。

命令：SETVAR

输入变量名或 [?]:（输入系统变量名，可以显示、修改变量值，输入？将显示所有系统变量的当前值。）

例如，系统变量 ORTHOMODE=1 时，打开正交绘图方式，此时状态栏上的正交模式按钮⬜处于按下状态；ORTHOMODE=0 时，关闭正交绘图方式，此时状态栏上的正交模式按钮⬜处于浮起状态。可以使用下列方法更改系统变量的值。

命令：ORTHOMODE

输入 ORTHOMODE 的新值〈0〉:1（输入系统变量的新值）

第2章

二维绘图命令

AutoCAD 2016 提供了丰富的绘图命令，利用这些命令可以绘制出各种复杂的图样。任何工程图样最终都可看作由点、直线、圆、圆弧等基本元素组成的，因此，要用 AutoCAD 绘制图形，首先必须熟悉点、直线、圆、圆弧等基本元素的绘制。

本章主要介绍 AutoCAD 2016 的二维绘图命令，在"草图与注释"工作空间中通过图 2-1 所示的"默认"选项卡→"绘图"面板来完成这些对象的创建；或者直接在命令行输入相应的命令；也可以通过图 2-2 所示的"绘图"工具栏和图 2-3 所示的"绘图（D）"菜单来创建。

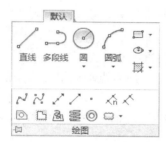

图 2-1　"草图与注释"工作空间
"默认"选项卡"绘图"面板

图 2-3　"绘图（D）"菜单

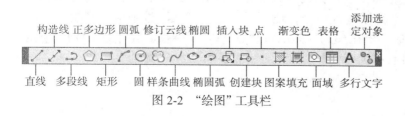

图 2-2　"绘图"工具栏

2.1 点的绘制（POINT 命令）

POINT 命令用于在指定的位置上绘制一个或多个点对象，用以显示标记或作为捕捉的参考点。

〈访问方法〉

选项卡："默认"→"绘图"面板→"多点"按钮 ⊡。

菜　单："绘图（D）"→"点（O）"→"单点（S）"选项。

　　　　"绘图（D）"→"点（O）"→"多点（P）"选项 ⊡。

工具栏："绘图"→"多点"按钮 ⊡。

命令行：POINT。

〈操作说明〉

执行 POINT 命令后，AutoCAD 将出现如下提示：

当前点模式：PDMODE=0 PDSIZE=0.0000

指定点：30，40(在坐标 30，40 处画出一个点；也可以直接移动鼠标到所需位置绘制点)

〈说明〉

1. 点的形状和大小

在几何学中，点是没有形状和大小的，但为了在图中标记一个点，可单击"默认"选项卡→"实用工具"面板→"点样式"按钮 ⊡，或者选择"格式（O）"菜单→"点样式（P）"选项，或者输入 DDPTYPE 命令，然后在图 2-4 所示的"点样式"对话框中设置点的标记样式及大小。

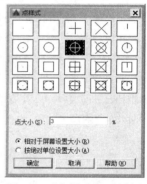

图 2-4　"点样式"对话框

在"点样式"对话框中，单击选用的图标样式即将选定的样式存入系统变量 PDMODE（当前值为 0，用小点表示）；在"点大小（S）"中输入的数值被存入系统变量 PDSIZE（当前值为 0，表示一个像素点的大小），可选择"相对于屏幕设置大小（R）"按相对屏幕尺寸设置点的大小，或者选择"按绝对单位设置大小（A）"按绝对单位设置点的大小。点的样式和大小被改变后，所有点均以最后指定的形状和大小来显示。

也可以通过设置系统变量 PDMODE 和 PDSIZE 的值来改变点的样式和大小。

2. 其他与点有关系的命令

在 AutoCAD 2016 中还有两个与点有关系的命令，就是 DIVIDE 命令和 MEASURE 命令，下面做一简单介绍。

（1）DIVIDE　定数等分，即将所选的对象等分为指定数目的相等长度。该命令并不将对象实际等分为单独的对象，而仅仅是标明定数等分的位置，以便将它们作为几何参考点。除了在"命令："提示符下直接输入命令，还可以通过"默认"选项卡→"绘图"面板→"定数等分"按钮 ⊡或者"绘图（D）"菜单→"点（O）"→"定数等分（D）"选项来激活该命令，其命令序列如下：

选择要定数等分的对象：

输入线段数目或 [块 (B)]：

（2）MEASURE 定距等分，即将所选的对象在指定的长度处做上点的标记。该命令并不将对象实际分为单独的对象，而仅仅是在指定间隔处以点标记，以便将它们作为几何参考点。从最靠近用于选择对象的点的端点处开始放置。需要说明的是定距等分对象的最后一段可能要比指定的间隔短。除了在"命令："提示符下直接输入命令，还可以单击"默认"选项卡→"绘图"面板→"定距等分"按钮或者选择"绘图（D）"菜单→"点（O）"→"定距等分（M）"选项来激活该命令，其命令序列如下：

选择要定距等分的对象：

指定线段长度或 [块 (B)]：

如果点标记显示为默认的单点状态，可能看不到等分间距，则此时可以使用 DDPTYPE 命令改变点的显示模式以使点的标记可见。图 2-5 所示为以上两个命令的使用示例。

图 2-5　DIVEDE 命令和 MEASURE 命令

a）将指定的对象等分为五等分　b）将指定的对象以指定的间隔分割

2.2 绘制直线（LINE 命令）

LINE 命令用于绘制直线、折线和封闭线段。

〈访问方法〉

选项卡："默认"→"绘图"面板→"直线"按钮。

菜　单："绘图（D）"→"直线（L）"选项。

工具栏："绘图"→"直线"按钮。

命令行：LINE。

〈操作说明〉

输入命令后，AutoCAD 将出现如下提示：

指定第一点：100，100

指定下一点或 [放弃 (U)]：200，100(绝对坐标表示法)

指定下一点或 [放弃 (U)]：@100<60(极坐标表示法，距上一点距离为 100，角度为 60°)

指定下一点或 [闭合 (C)/ 放弃 (U)]：@100<120

指定下一点或 [闭合 (C)/ 放弃 (U)]：@-100,0(相对坐标表示法，距上一点 X、Y 方向增量分别为 -100 和 0)

指定下一点或 [闭合 (C)/ 放弃 (U)]：@100<-120

指定下一点或 [闭合 (C)/ 放弃 (U)]：C(封闭多边形，结束 LINE 命令)

绘制出的图形如图 2-6a 所示。

〈说明〉

1）可用点的各种输入方法回答 LINE 命令关于起点和下一点的提示。

2）用"U"回答"指定下一点或 [放弃（U）]："或"指定下一点或 [闭合（C）/ 放弃（U）]："提示，可删除刚画完的最后一条直线，返回到上一直线的终点，并可从此点继续画线。

3）用"C"回答"指定下一点或 [闭合（C）/ 放弃（U）]："提示，AutoCAD 自动在当前点和第一点间绘制一条直线，形成一个封闭的多边形，并结束命令（见图 2-6a）。

4）若按空格键或〈Enter〉键回答"指定第一点："提示，则新绘制直线的起点为上次最后绘制的直线或圆弧的终点。若最后绘制的是圆弧，则新绘制的直线和圆弧相切，如图 2-6b 所示。

a）

b）

图 2-6　直线的绘制

a）直线的绘制　b）直线和圆弧的连接

2.3　绘制射线（RAY 命令）

RAY 命令用于以给定点为起点，绘制一条或多条单方向无限延长的射线。

〈访问方法〉

选项卡："默认"→"绘图"面板→"射线"按钮。

菜　单："绘图（D）"→"射线（R）"选项。

命令行：RAY。

〈操作说明〉

绘制图 2-7 所示的射线的过程如下：

命令：RAY

指定起点：30,40（输入射线的起始点）

指定通过点：70,80（输入射线通过的点，确定方向）

指定通过点：50,50（输入另一通过点，绘制起点相同的另一条射线）

指定通过点：（当所有射线画完时，结束命令）

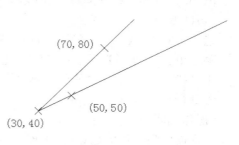

图 2-7　绘制射线

2.4　绘制构造线（XLINE 命令）

XLINE 命令用于绘制一组从一个指定点开始，通过另一点或沿指定方向，向两端无限延伸的直线。

〈访问方法〉

选项卡："默认"→"绘图"面板→"构造线"按钮。

菜　单："绘图（D）"→"构造线（T）"选项。

工具栏："绘图"→"构造线"按钮。

命令行：XLINE。

执行 XLINE 命令后，AutoCAD 将出现如下提示：

指定点或 [水平 (H)/ 垂直 (V)/ 角度 (A)/ 二等分 (B)/ 偏移 (O)]：

〈选项说明〉

（1）指定点　指定构造线上第一点，接着反复提示："指定通过点："，每指定一点，就过该点和第一点绘制一条构造线。直至按空格键或〈Enter〉键结束该命令。

（2）水平（H）　绘制通过指定点且平行于当前 UCS 的 X 轴的构造线。

（3）垂直（V）　绘制通过指定点且平行于当前 UCS 的 Y 轴的构造线。

（4）角度（A）　绘制过指定点且与 X 轴或指定直线成指定角度的构造线。进一步提示：输入构造线的角度（0）或 [参照（R）]：

（5）二等分（B）　绘制一组通过顶点且平分由指定三点所确定的角的构造线。

以下命令序列将用于绘制一条构造线，该构造线通过顶点（50，40），且平分由顶点（50，40）和另外两个点（100，50）和（30，80）所确定的角，如图 2-8 所示。

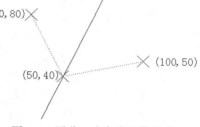

图 2-8　平分一个角度的构造线

命令：XLINE

指定点或 [水平 (H)/ 垂直 (V)/ 角度 (A)/ 二等分 (B)/ 偏移 (O)]：B

指定角的顶点：50，40

指定角的起点：100，50

指定角的端点：30，80

指定角的端点：(按空格键或〈Enter〉键结束命令)

（6）偏移（O）　绘制与指定直线平行的构造线，进一步提示为：

指定偏移距离或 [通过（T）]〈通过〉：

若直接输入一距离，则绘制与指定直线距离为指定距离的构造线；输入 "T"，则绘制通过指定点与指定直线相平行的构造线。

2.5　绘制圆（CIRCLE 命令）

CIRCLE 命令用于在指定位置绘制圆。

〈访问方法〉

选项卡："默认"→"绘图"面板→"圆"按钮组，如图 2-9 所示。

菜　单："绘图（D）"→"圆（C）"选项。

工具栏："绘图"→"圆"按钮 。

命令行：CIRCLE。

图 2-9　"圆"命令
按钮组

〈操作说明〉

执行 CIRCLE 命令后，AutoCAD 将出现如下提示：

指定圆的圆心或 [三点 (3P)/ 两点 (2P)/ 切点、切点、半径 (T)]：

〈选项说明〉

使用 CIRCLE 命令可以用六种方式绘制圆。

1. 圆心 - 半径方式

这是绘制圆的默认方式。执行如下命令序列可绘制以（100，100）为圆心，40 为半径的圆，如图 2-10 所示。

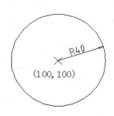

图 2-10　圆心 - 半径方式绘制圆

命令：CIRCLE

指定圆的圆心或 [三点 (3P)/ 两点 (2P)/ 切点、切点、半径 (T)] ：100,100

指定圆的半径或 [直径 (D)]〈当前值〉：40

当提示输入圆的半径时，可直接拾取一点，AutoCAD 将自动以该点到圆心的距离作为圆的半径绘制圆。

2. 圆心 - 直径方式

若在上面的"指定圆的半径或 [直径（D）]〈当前值〉："提示下选择"D"选项，则选择以圆心 - 直径方式绘制圆。AutoCAD 进一步提示输入圆的直径时，可直接输入直径的数值或者指定一个点，AutoCAD 将自动地以该点到圆心的距离作为圆的直径绘制圆。

3. 三点（3P）方式

如下命令序列通过三个指定点绘制圆，结果如图 2-11 所示。

指定圆的圆心或 [三点 (3P)/ 两点 (2P)/ 切点、切点、半径 (T)] ：3P

指定圆上的第一个点：(指定 P1 点)

指定圆上的第二个点：(指定 P2 点)

指定圆上的第三个点：(指定 P3 点)

4. 两点（2P）方式

"指定圆的圆心或 [三点（3P）/ 两点（2P）/ 切点、切点、半径（T）] ："提示下输入"2P"，则选择以两点方式绘制圆，AutoCAD 要求指定两个点，并将这两个点作为圆上直径的两个端点来绘制圆。

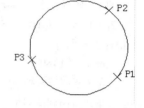

图 2-11　三点画圆

5. 相切、相切、半径（T）方式

如下命令序列以指定半径，绘制与两个指定的对象相切的圆，如图 2-12 所示。

指定圆的圆心或 [三点 (3P)/ 两点 (2P)/ 切点、切点、半径 (T)] ：T

指定对象与圆的第一个切点：(指定 P1 点)

指定对象与圆的第二个切点：(指定 P2 点)

指定圆的半径〈当前值〉：40

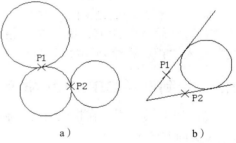

a)　　　　　b)

图 2-12　切点 - 切点 - 半径方式绘制圆

a) 圆与两个圆相切　b) 圆与两条直线相切

指定要相切的对象时，选择目标的点的位置不同，最后得到的结果有可能不同。如图 2-13 所示，当选择目标的点位于 P1、P2 点时，绘制的圆在左下方；当选择目标的点位于 P3、P4 点时，绘制的圆在右上方。当有多个圆符合指定的条件时，所绘制出来的圆的切点与选定点的距离最近。这也引申出在使用 AutoCAD 时必须要牢牢记住的一条准则，那就是图形绘制、编辑和修改的结果对于选择对象的点的位置具有依从关系。

6. 绘制与三个对象相切的圆

该方法实际上是三点画圆的一种特例。如图 2-14 所示，要绘制一个与三条直线相切的圆，可以直接单击"默认"选项卡→"绘图"面板→"圆"命令按钮组的或者选择"绘图（D）"菜单→"圆（C）"→"相切、相切、相切（A）"选项。其命令序列如下：

指定圆的圆心或 [三点 (3P)/ 两点 (2P)/ 相切、相切、半径 (T)] ：_3P

指定圆上的第一个点：_tan 到 (点 P1 位置，选取第一条与圆相切的直线)

指定圆上的第二个点：_tan 到（点 P2 位置，选取第二条与圆相切的直线）

指定圆上的第三个点：_tan 到（点 P3 位置，选取第三条与圆相切的直线）

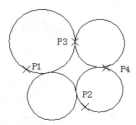

图 2-13　切点、切点、半径方式
中选择切点位置对画圆的影响

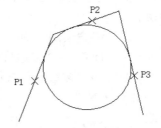

图 2-14　圆和三条直线相切

2.6　绘制圆环（DONUT 命令）

DONUT 命令用于绘制圆环或实心圆，如图 2-15 所示。

〈访问方法〉

选项卡："默认" → "绘图" 面板→ "圆环" 按钮◎。

菜　单："绘图（D）" → "圆环（D）" 选项◎。

命令行：DONUT（或 DOUGHNUT）。

〈操作说明〉

绘制图 2-15a 所示圆环的命令序列如下：

命令：DONUT

指定圆环的内径〈当前值〉：30

指定圆环的外径〈当前值〉：60

指定圆环的中心点或〈退出〉：100，100

指定圆环的中心点或〈退出〉：(按〈Enter〉键结束命令)

〈说明〉

1）当以 "0" 回答 "指定圆环的内径〈当前值〉：" 提示时，将生成实心圆，如图 2-15b 所示。

2）DONUT 命令中，"指定圆环的中心点或〈退出〉：" 这一提示将反复出现，可通过指定不同的圆心来生成多个相同的圆环或实心圆。

3）如果用 FILL 命令设置填充模式为 OFF，则所绘制的圆环或实心圆将不被填充，如图 2-16 所示。

a）　　　　b）　　　　　　　　a）　　　　b）

图 2-15　使用 DONUT 命令绘制圆环和实心圆　　图 2-16　填充模式为 OFF 时的圆环和实心圆

a）圆环　b）实心圆　　　　　　　a）圆环　b）实心圆

4）当使用 FILL 命令改变了填充模式后，必须使用 REGEN 命令重新生成图形。

2.7　绘制正多边形（POLYGON 命令）

POLYGON 命令用于绘制边数为 3 ~ 1024 的正多边形。

〈访问方法〉

选项卡："默认"→"绘图"面板→"多边形"按钮⬠。

菜　单："绘图（D）"→"多边形（Y）"选项⬠。

工具栏："绘图"→"多边形"按钮⬠。

命令行：POLYGON。

〈操作说明〉

执行 POLYGON 命令后，AutoCAD 将出现如下命令提示：

输入侧面数〈当前值〉:（指定所画多边形的边数）

指定正多边形的中心点或 [边 (E)] :（指定多边形的中心点或选择 Edge 选项）

〈选项说明〉

1. 指定正多边形的中心点

此选项要求用户指定所画正多边形的中心点。然后，AutoCAD 出现如下提示：

输入选项 [内接于圆 (I)/ 外切于圆 (C)]〈I〉:

（1）内接于圆（I）　所绘制的正多边形内接于一个假想的圆，该圆在实际作图中并不绘制出来。绘制图 2-17a 所示正多边形的命令序列如下：

输入侧面数〈当前值〉: 6

指定正多边形的中心点或 [边 (E)] : 100,150

输入选项 [内接于圆 (I)/ 外切于圆 (C)]〈I〉: I

指定圆的半径: 80（指定假想外接圆的半径）

图 2-17a 中，虚线圆为假想的外接圆，实际作图过程中并不绘制出来。

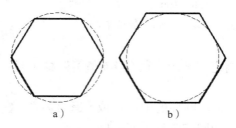

a）　　　　　　　　　b）

图 2-17　外接圆和内切圆方式绘制正多边形

a）内接于假想的外接圆方式　b）外切于假想的内切圆方式

（2）外切于圆（C）　所绘制的正多边形外切于一个假想的圆，该圆在实际作图中并不绘制出来。绘制图 2-17b 所示正多边形的命令序列如下：

输入侧面数〈当前值〉: 6

指定正多边形的中心点或 [边 (E)] : 300,150

输入选项 [内接于圆 (I)/ 外切于圆 (C)]〈I〉: C

指定圆的半径: 80（指定假想内切圆的半径）

图 2-17b 中，虚线圆为假想的内切圆，实际作图过程中并不绘制出来。

2. 边（E）

通过指定正多边形一条边的两个端点来设定正多边形，以第一点到第二点的连线为边，按逆时针方向绘制一个正多边形。绘制图 2-18 所示正多边形的命令序列如下：

命令：POLYGON

输入侧面数〈当前值〉：5

指定正多边形的中心点或 [边 (E)]：E

指定边的第一个端点：(指定点 P1)

指定边的第二个端点：(指定点 P2)

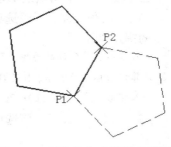

图 2-18　以边的方式绘制正多边形

如果指定的 P1、P2 点的顺序相反，则所绘制出的正多边形如图 2-18 中虚线所示。

2.8　绘制矩形（RECTANG 命令）

RECTANG 命令用于绘制矩形。

〈访问方法〉

选项卡："默认"→"绘图"面板→"矩形"按钮□。

菜　单："绘图（D）"→"矩形（G）"选项□。

工具栏："绘图"→"矩形"按钮□。

命令行：RECTANG。

〈操作说明〉

命令：RECTANG

指定第一个角点或 [倒角 (C)/ 标高 (E)/ 圆角 (F)/ 厚度 (T)/ 宽度 (W)]：(指定 P1 点)

指定另一个角点或 [面积 (A)/ 尺寸 (D)/ 旋转 (R)]：(指定 P2 点，结果如图 2-19a 所示)

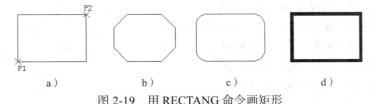

a）　　　　　b）　　　　　c）　　　　　d）

图 2-19　用 RECTANG 命令画矩形

a）一般矩形　b）带有倒角　c）带有圆角　d）具有宽度

〈选项说明〉

1. 指定第一个角点的选项

（1）"倒角（C）"　该选项用于设置倒角距离，绘制带倒角的矩形，效果如图 2-19b 所示。详见 CHAMFER 命令。

（2）"标高（E）"　该选项用于设置所画矩形的标高，用于三维绘图。

（3）"圆角（F）"　该选项用于设置圆角半径，绘制带圆角的矩形，效果如图 2-19c 所示。详见 FILLET 命令。

（4）"厚度（T）"　该选项用于设置所画矩形的厚度，用于三维绘图。

（5）"宽度（W）"　该选项用于设置所画矩形的线宽，绘制带有宽度的矩形，效果如图 2-19d 所示。AutoCAD 默认的线宽设置为 0。

2. 指定另一个角点的选项

（1）"面积（A）" 该选项通过指定矩形的面积与长度或者宽度的方式来创建矩形。进一步的提示如下：

输入以当前单位计算的矩形面积〈当前值〉：

计算矩形标注时依据 [长度 (L)/ 宽度 (W)]〈当前值〉：L(指定是以长度或者宽度为依据)

输入矩形长度〈当前值〉：20

（2）"尺寸（D）" 该选项通过指定矩形的长度和宽度尺寸来创建矩形。进一步的提示如下：

指定矩形的长度〈当前值〉：

指定矩形的宽度〈当前值〉：

（3）"旋转（R）" 该选项创建的矩形将围绕第一个角点旋转指定的角度。该选项所指定的旋转角度将持续起作用，直到下次改变为止。进一步的提示如下：

指定旋转角度或 [拾取点 (P)]〈当前值〉：(可以直接输入一个具体的角度值，或者指定一个点，AutoCAD 将自动计算该点到矩形第一个角点之间连线的角度并将之设为矩形旋转的角度)

指定另一个角点或 [面积 (A)/ 尺寸 (D)/ 旋转 (R)]：

2.9　绘制圆弧（ARC 命令）

ARC 命令用于绘制圆弧。可用如下 11 种方式绘制圆弧。

1）三点画弧（3P）。

2）起点 - 圆心 - 端点（简写为 SCE）。

3）起点 - 圆心 - 角度（简写为 SCA）。

4）起点 - 圆心 - 弦长（简写为 SCL）。

5）起点 - 端点 - 角度（简写为 SEA）。

6）起点 - 端点 - 起始方向（简写为 SED）。

7）起点 - 端点 - 半径（简写为 SER）。

8）圆心 - 起点 - 端点（简写为 CSE）。

9）圆心 - 起点 - 角度（简写为 CSA）。

10）圆心 - 起点 - 弦长（简写为 CSL）。

11）绘制与前一条直线或圆弧相切的圆弧（连续）。

〈访问方法〉

选项卡："默认" → "绘图" 面板 → "圆弧" 按钮组，如图 2-20 所示。

菜　单："绘图（D）" → "圆弧（A）" 选项。

工具栏："绘图" → "圆弧" 按钮 。

命令行：ARC。

〈操作说明〉

1. 三点画弧（3P）

指定三点画圆弧，第一点和第三点分别为圆弧的起始点和端点。绘制图 2-21 所示的圆弧的命令序列如下：

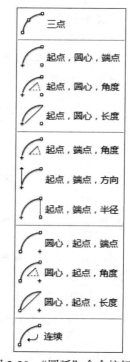

图 2-20 "圆弧" 命令按钮组

指定圆弧的起点或 [圆心 (C)]：(指定 P1 点)

指定圆弧的第二个点或 [圆心 (C)/ 端点 (E)]：(指定 P2 点)

指定圆弧的端点：(指定 P3 点)

2.起点 - 圆心 - 端点（SCE）

以圆心到起点的距离为半径绘制圆弧，圆弧终止于过端点的径向线上，但不一定通过端点。绘制出图 2-22 所示的圆弧的命令序列如下：

图 2-21　三点方式绘制圆弧

指定圆弧的起点或 [圆心 (C)]：(指定 P1 点)

指定圆弧的第二个点或 [圆心 (C)/ 端点 (E)]：C

指定圆弧的圆心：(指定 O 点)

指定圆弧的端点（按住〈Ctrl〉键以切换方向）或 [角度 (A)/ 弦长 (L)]：(指定 P2 点)

系统默认是由起点到端点按逆时针方向绘制圆弧，如果要按顺时针方向绘制圆弧，在指定圆弧端点的同时按下〈Ctrl〉键即可。

图 2-22　起点 - 圆心 - 端点
方式绘制圆弧

3.起点 - 圆心 - 角度（SCA）

以给定的起点和圆心，跨过给定的角度绘制一段圆弧。绘制如图 2-23 中 P1P2 弧的命令序列如下：

指定圆弧的起点或 [圆心 (C)]：(指定 P1 点)

指定圆弧的第二个点或 [圆心 (C)/ 端点 (E)]：C

指定圆弧的圆心：(指定 O 点)

指定圆弧的端点（按住〈Ctrl〉键以切换方向）或 [角度 (A)/ 弦长 (L)]：A

指定夹角（按住〈Ctrl〉键以切换方向）：45

当直接输入角度的数值时，角度为正，逆时针画圆弧，如 P1P2 弧；角度为负，顺时针画圆弧，如 P1P3 弧。也可以直接拖动鼠标以确定圆弧所对的圆心角，此时系统默认的方式是按逆时针方向绘制圆弧；如果要按顺时针方向绘制圆弧，在拖动鼠标的同时按下〈Ctrl〉键即可。

图 2-23　起点 - 圆心 - 角度
方式绘制圆弧

4.起点 - 圆心 - 弦长（SCL）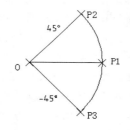

由起点开始逆时针画圆弧，使其所对的弦长等于给定值。绘制图 2-24 所示的 P1P2 弧的命令序列如下：

指定圆弧的起点或 [圆心 (C)]：(指定 P1 点)

指定圆弧的第二个点或 [圆心 (C)/ 端点 (E)]：C

指定圆弧的圆心：(指定 O 点)

指定圆弧的端点（按住〈Ctrl〉键以切换方向）或 [角度 (A)/ 弦长 (L)]：L

指定弦长（按住〈Ctrl〉键以切换方向）：90

当直接输入弦长的数值时，弦长为正，画小圆弧，如 P1P2 弧；弦长为负，画大圆弧，

图 2-24　起点 - 圆心 - 弦长
方式绘制圆弧

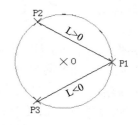

如 P1P2P3 弧。也可以直接拖动鼠标以确定圆弧的弦长，此时系统默认的方式是按逆时针方向绘制一段小弧，如果要绘制大弧，则在拖动鼠标的同时按下〈Ctrl〉键即可。

5. 起点 - 端点 - 角度（SEA）

以给定的起点和端点，跨过给定的角度绘制一段圆弧。绘制图 2-25 所示的 P1AP2 弧的命令序列如下：

指定圆弧的起点或 [圆心 (C)] : (指定 P1 点)

指定圆弧的第二个点或 [圆心 (C)/ 端点 (E)] : E

指定圆弧的端点 : (指定 P2 点)

指定圆弧的中心点 (按住〈Ctrl〉键以切换方向) 或 [角度 (A)/ 方向 (D)/ 半径 (R)] : A

指定夹角 (按住〈Ctrl〉键以切换方向) : 110

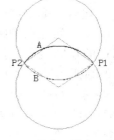

图 2-25　起点 - 端点 - 角度方式绘制圆弧

当直接输入圆心角的数值时，圆心角为正，由起点到端点按逆时针方向绘制圆弧，如 P1AP2 弧；圆心角为负时，由起点到端点按顺时针方向绘制圆弧，如 P1BP2 弧。也可以直接拖动鼠标以确定圆弧所对的圆心角，此时系统默认的方式是按逆时针方向绘制圆弧，如果要顺时针方向绘制圆弧，则在拖动鼠标的同时按下〈Ctrl〉键即可。

6. 起点 - 端点 - 起始方向（SED）

由起点到端点按给定的起始方向绘制一段圆弧。当圆弧的起点和端点确定时，圆弧的起始方向不同，绘制的圆弧也不相同。绘制图 2-26 所示的圆弧的命令序列如下：

指定圆弧的起点或 [圆心 (C)] : (指定 P1 点)

指定圆弧的第二个点或 [圆心 (C)/ 端点 (E)] : E

指定圆弧的端点 : (指定 P2 点)

指定圆弧的中心点 (按住〈Ctrl〉键以切换方向) 或 [角度 (A)/ 方向 (D)/ 半径 (R)] : D

指定圆弧起点的相切方向 (按住〈Ctrl〉键以切换方向) : 45

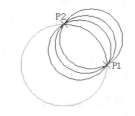

图 2-26　起点 - 端点 - 起始方向绘制圆弧

图中由 P1 到 P2 点绘制的圆弧，由上而下分别是圆弧起始方向为 30°、45°、60°、90°、-60°、-45° 和 -30° 时所绘制的圆弧。

在拖动鼠标指定圆弧起始方向的同时按下〈Ctrl〉键，可以绘制与当前屏幕上显示的圆弧在同一个圆上的另外一段圆弧。

7. 起点 - 端点 - 半径（SER）

由起点到端点按逆时针方向绘制圆弧。绘制如图 2-27 中所示 P1AP2 弧的命令序列如下：

指定圆弧的起点或 [圆心 (C)] : (指定 P1 点)

指定圆弧的第二个点或 [圆心 (C)/ 端点 (E)] : E

指定圆弧的端点 : (指定 P2 点)

指定圆弧的中心点 (按住〈Ctrl〉键以切换方向) 或 [角度 (A)/ 方向 (D)/ 半径 (R)] : R

指定圆弧的半径 (按住〈Ctrl〉键以切换方向) : 40

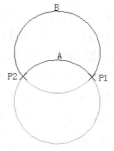

图 2-27　起点 - 端点 - 半径方式绘制圆弧

半径为正，绘制小圆弧（劣弧），如 P1AP2 弧；半径为负，绘制大圆弧，如 P1BP2 弧（优弧）。在拖动鼠标指定圆弧半径的同时按下〈Ctrl〉键，可以绘制与当前屏幕上显示的圆弧在同一个圆上的另外一段圆弧。

8. 绘制与前一条直线或圆弧相切的圆弧

若用空格键或〈Enter〉键来回答"指定圆弧的起点或 [圆心（C）]："提示，则自动进入 SED 方式绘制圆弧，并以上一段直线或圆弧的端点和终止方向作为新圆弧的起点和起始方向。如图 2-28 所示，P1P2 弧是最后一次使用 ARC 命令绘制的圆弧，P1 为起点，P2 为端点，绘制和前一段弧相切的 P2P3 弧的命令序列如下：

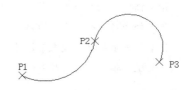

图 2-28 绘制与前一条圆弧（或直线）相切的圆弧

指定圆弧的起点或 [圆心 (C)]：(空格键或〈Enter〉键自动进入 SED 方式)

指定圆弧的端点 (按住〈Ctrl〉键以切换方向)：(指定 P3 点)

在拖动鼠标指定圆弧端点的同时按下〈Ctrl〉键，可以绘制与当前屏幕上显示的圆弧在同一个圆上的另外一段圆弧。

其余的几种绘制圆弧的方式 CSE、CSA 和 CSL，和前面所介绍的 SCE、SCA、SCL 方式相类似，此处不再重复。

2.10 绘制椭圆和椭圆弧（ELLIPSE 命令）

ELLIPSE 命令用于绘制椭圆和椭圆弧。

〈访问方法〉

选项卡："默认"→"绘图"面板→"椭圆"按钮组，如图 2-29 所示。

菜　单："绘图（D）"→"椭圆（E）"选项。

工具栏："绘图"→"椭圆"按钮。

命令行：ELLIPSE。

〈操作说明〉

执行 ELLIPSE 命令后，AutoCAD 将出现如下提示：

指定椭圆的轴端点或 [圆弧 (A)/ 中心点 (C)]：

各选项说明如下。

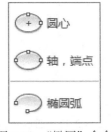

图 2-29 "椭圆"命令按钮组

1. 指定椭圆的轴端点

此选项要求用户通过指定椭圆轴的端点来绘制椭圆，又分以下两种情况。

1）根据椭圆一条轴上的两个端点以及另一条轴的半长绘制椭圆，如图 2-30 所示。其命令序列如下：

命令：ELLIPSE

指定椭圆的轴端点或 [圆弧 (A)/ 中心点 (C)]：(指定 P1 点)

指定轴的另一个端点：(指定 P2 点)

指定另一条半轴长度或 [旋转 (R)]：30

2）根据椭圆长轴的两个端点以及转角绘制椭圆。

实际上，这种方式是将以指定的两个端点的连线为直径的

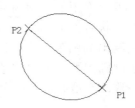

图 2-30 通过一轴的两个端点和另一半轴长绘制椭圆

圆，以给定的角度值绕直径旋转，再向绘图平面上作投影所形成的椭圆。输入值越大，椭圆的离心率就越大。输入 0 将绘制一个圆。如图 2-31 所示，其命令序列如下：

命令：ELLIPSE

指定椭圆的轴端点或 [圆弧 (A)/ 中心点 (C)] : (指定 P1 点)

指定轴的另一个端点：(指定 P2 点)

指定另一条半轴长度或 [旋转 (R)] : R

指定绕长轴旋转的角度：30

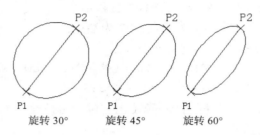

图 2-31　通过椭圆一条轴上的两个端点以及转角绘制椭圆

2. 中心点（C）选项 ⊙

此选项要求通过指定椭圆的中心点和一条轴的一个端点来代替前面指定一条轴的两个端点方式，随后还需指定另一半轴长或指定由中心和半轴端点所确定的圆绕轴旋转的角度来绘制椭圆，效果如图 2-32 和图 2-33 所示。

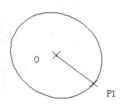

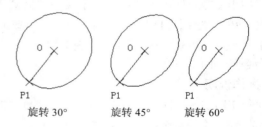

图 2-32　通过椭圆的中心点、一轴的
端点及另一半轴长绘制椭圆

图 2-33　通过椭圆的中心点、一轴的
端点及转角绘制椭圆

3. 椭圆弧（A）选项 ↻

该选项用于绘制椭圆弧。其操作与前面介绍的绘制椭圆的过程完全相同，当确定了椭圆的形状后，AutoCAD 出现提示要求输入椭圆弧的有关参数（如起始角、终止角等），即可绘制出椭圆弧。也可以通过选择"绘图（D）"菜单→"椭圆（E）"→"圆弧（A）"选项绘制椭圆弧。需要注意的是，椭圆弧的 0° 方向与所指定的椭圆的第一条轴的第一个端点一致，不是通常所认为的水平向右的方向。

2.11　绘制二维多段线（PLINE 命令）

多段线由具有宽度的彼此相连的直线段和圆弧构成，使用 PLINE 命令绘制，它被作为单个的图形对象来处理。多段线还具有一些附加的特性：可指定线宽，各段宽度可以不相等，同一段首末端宽度也可以不相等；可用多种线型来绘制；可在多段线上实现曲线拟合；可用宽多段线构成实心圆或环形；可对多段线方便地倒圆和倒角。图 2-34 所示即为使用 PLINE 命令画出的图。用户可用 PEDIT 命令对多段线进行各种编辑。

图 2-34 二维多段线

〈访问方法〉

选项卡："默认"→"绘图"面板→"多段线"按钮 。

菜　单："绘图（D）"→"多段线（P）"选项 。

工具栏："绘图"→"多段线"按钮 。

命令行：PLINE。

〈操作说明〉

执行 PLINE 命令后，AutoCAD 将出现如下提示：

命令：PLINE

指定起点：

当前线宽为〈当前值〉

指定下一个点或 [圆弧 (A)/ 半宽 (H)/ 长度 (L)/ 放弃 (U)/ 宽度 (W)]: (指定点或输入选项)

指定下一个点或 [圆弧 (A)/ 闭合 (C)/ 半宽 (H)/ 长度 (L)/ 放弃 (U)/ 宽度 (W)] : (指定点或输入选项)

〈选项说明〉

1. 直线方式

（1）"指定下一个点"　这是默认选项，直接输入一点，AutoCAD 将从上一点到该点绘制一段直线。该提示将反复出现，直到按空格键或〈Enter〉键来结束命令。

（2）"圆弧（A）"　该选项用于将 PLINE 命令切换到绘制圆弧方式，并显示绘制圆弧的相应提示。

（3）"闭合（C）"　在当前点与多段线的起点间绘制一段直线，使多段线首尾相连成为封闭线，并结束命令。该选项只有在当前的多段线有两段以上的直线或弧线时才会出现。

（4）"半宽（H）"　该选项用于设置多段线下一段线首末端的半宽度，即输入值是多段线宽度的一半。AutoCAD 进一步提示：

指定起点半宽〈当前值〉：

指定端点半宽〈当前值〉：

当起点、端点指定的半宽度值相等时，绘制等宽线。当起点、端点指定的半宽度值不相等时，绘制变宽线，且指定的端点半宽度值将被保留，作为后续各线段的起点、端点的半宽度值，直至被再次修改为止。

（5）"长度（L）"　AutoCAD 将沿前一段直线或圆弧的终止方向绘制一段指定长度的

直线。若前一段为直线，则所绘直线与其斜率相同；若前一段为圆弧，则所绘直线与圆弧在端点处相切。执行该选项，AutoCAD 会进一步提示：

指定直线的长度：

（6）"放弃（U）" 该选项用于取消所画多段线的最后一段，返回到上一段线的端点，并继续显示 PLINE 命令的提示行。该选项可连续使用，直至返回到多段线的起始点。利用该选项，可及时修改在绘制多段线过程中出现的错误。

（7）"宽度（W）" 该选项用于设置多段线的宽度。AutoCAD 进一步提示：

指定起点宽度〈0.0000〉：

指定端点宽度〈0.0000〉：

2. 圆弧（A）

将 PLINE 命令从绘制直线方式切换到绘制圆弧方式。相应的提示为：

指定圆弧的端点（按住〈Ctrl〉键以切换方向）或

[角度(A)/圆心(CE)/闭合(CL)/方向(D)/半宽(H)/直线(L)/半径(R)/第二个点(S)/放弃(U)/宽度(W)]：

各选项含义如下：

（1）"指定圆弧的端点" 该选项用于确定圆弧的端点，是多段线绘制圆弧方式的默认项。执行该选项后，AutoCAD 将绘制过两端点，且以上一次所绘直线或圆弧的终止方向为起始方向的圆弧。

（2）"角度（A）" 该选项用于设置圆弧所包含的圆心角。AutoCAD 进一步提示：

指定夹角：45

指定圆弧的端点（按住〈Ctrl〉键以切换方向）或 [圆心(CE)/半径(R)]：（此时可通过指定圆弧的端点或圆心或半径的方式绘制圆弧）

（3）"圆心（CE）" 该选项用于设置圆弧的圆心。AutoCAD 进一步提示：

指定圆弧的圆心：

指定圆弧的端点（按住〈Ctrl〉键以切换方向）或 [角度(A)/长度(L)]：（此时可通过确定圆弧的端点或所包含的圆心角或圆弧所对应的弦长的方式绘制圆弧）

（4）"闭合（CL）" 和直线方式下的闭合（C）选项相类似，但它是用圆弧来封闭所画的多段线。该选项也只有在当前的多段线有两段以上的直线或弧线时才会出现。

（5）"方向（D）" 该选项用于指定圆弧起始点处的切线方向。AutoCAD 进一步提示：

指定圆弧的起点切向：（用户可直接输入一角度值作为圆弧起始方向和水平方向的夹角，也可输入一点，AutoCAD 自动将圆弧的起点和该点的连线作为圆弧的起始方向）

指定圆弧的端点（按住〈Ctrl〉键以切换方向）：

（6）"半宽（H）" 该选项用于确定圆弧起始点和终止点的半宽度，其操作与直线方式下相类似。

（7）"直线（L）" 该选项用于将 PLINE 命令从绘制圆弧方式切换到绘制直线方式。

（8）"半径（R）" 该选项用于绘制指定半径的圆弧。AutoCAD 进一步提示：

指定圆弧的半径：

指定圆弧的端点（按住〈Ctrl〉键以切换方向）或 [角度(A)]：（此时可通过确定圆弧的端点或中心角绘制圆弧）

（9）"第二个点（S）" 该选项用于过三点画弧。AutoCAD 进一步提示：

指定圆弧上的第二个点：

指定圆弧的端点：

（10）"放弃（U）"　该选项用于取消刚绘制的多段线的最后一段。

（11）"宽度（W）"　该选项用于确定所绘制圆弧的起始点和终止点宽度，操作与直线方式下相类似。

图 2-35　二维多段线绘图实例

例 2-1　试用 PLINE 命令绘制图 2-35 所示的图形，以 A 点为起点，顺时针方向绘制。

命令：PLINE

指定起点：40,20

当前线宽为 0.0000

指定下一个点或 [圆弧 (A)/ 半宽 (H)/ 长度 (L)/ 放弃 (U)/ 宽度 (W)]：W

指定起点宽度〈0.0000〉：1.5

指定端点宽度〈1.5000〉：(按〈Enter〉键接受默认值)

指定下一个点或 [圆弧 (A)/ 半宽 (H)/ 长度 (L)/ 放弃 (U)/ 宽度 (W)]：40,65

指定下一点或 [圆弧 (A)/ 闭合 (C)/ 半宽 (H)/ 长度 (L)/ 放弃 (U)/ 宽度 (W)]：W

指定起点宽度〈1.5000〉：0

指定端点宽度〈0.0000〉：3

指定下一点或 [圆弧 (A)/ 闭合 (C)/ 半宽 (H)/ 长度 (L)/ 放弃 (U)/ 宽度 (W)]：110,65

指定下一点或 [圆弧 (A)/ 闭合 (C)/ 半宽 (H)/ 长度 (L)/ 放弃 (U)/ 宽度 (W)]：A

指定圆弧的端点 (按住〈Ctrl〉键以切换方向) 或

[角度 (A)/ 圆心 (CE)/ 闭合 (CL)/ 方向 (D)/ 半宽 (H)/ 直线 (L)/ 半径 (R)/ 第二个点 (S)/ 放弃 (U)/ 宽度 (W)]：W

指定起点宽度〈3.0000〉：6

指定端点宽度〈6.0000〉：2

指定圆弧的端点 (按住〈Ctrl〉键以切换方向) 或

[角度 (A)/ 圆心 (CE)/ 闭合 (CL)/ 方向 (D)/ 半宽 (H)/ 直线 (L)/ 半径 (R)/ 第二个点 (S)/ 放弃 (U)/ 宽度 (W)]：150,30

指定圆弧的端点 (按住〈Ctrl〉键以切换方向) 或

[角度 (A)/ 圆心 (CE)/ 闭合 (CL)/ 方向 (D)/ 半宽 (H)/ 直线 (L)/ 半径 (R)/ 第二个点 (S)/ 放弃 (U)/ 宽度 (W)]：W

指定起点宽度〈6.0000〉：4

指定端点宽度〈4.0000〉：(按〈Enter〉键)

指定圆弧的端点 (按住〈Ctrl〉键以切换方向) 或

[角度 (A)/ 圆心 (CE)/ 闭合 (CL)/ 方向 (D)/ 半宽 (H)/ 直线 (L)/ 半径 (R)/ 第二个点 (S)/ 放弃 (U)/ 宽度 (W)]：S

指定圆弧上的第二个点：120,10

指定圆弧的端点：110,30

指定圆弧的端点 (按住〈Ctrl〉键以切换方向) 或

[角度 (A)/ 圆心 (CE)/ 闭合 (CL)/ 方向 (D)/ 半宽 (H)/ 直线 (L)/ 半径 (R)/ 第二个点 (S)/ 放弃 (U)/ 宽度 (W)]：L

指定下一点或 [圆弧 (A)/ 闭合 (C)/ 半宽 (H)/ 长度 (L)/ 放弃 (U)/ 宽度 (W)]：W

指定起点宽度〈4.0000〉：2

指定端点宽度〈2.0000〉：(按〈Enter〉键)

指定下一点或 [圆弧 (A)/ 闭合 (C)/ 半宽 (H)/ 长度 (L)/ 放弃 (U)/ 宽度 (W)] : L

指定直线的长度：10

指定下一点或 [圆弧 (A)/ 闭合 (C)/ 半宽 (H)/ 长度 (L)/ 放弃 (U)/ 宽度 (W)] : C

2.12 绘制样条曲线（SPLINE 命令）

SPLINE 命令用于绘制经过或靠近一组拟合点或由控制框的顶点定义的非均匀有理 B 样条曲线（NURBS）的曲线，简称样条曲线。

〈访问方法〉

选项卡："默认"→"绘图"面板→"样条曲线拟合"按钮或"样条曲线控制点"按钮。

菜　单："绘图（D）"→"样条曲线（S）"选项。

工具栏："绘图"→"样条曲线"按钮。

命令行：SPLINE。

〈操作说明〉

执行 SPLINE 命令后，AutoCAD 将根据当前的样条拟合方式分别出现不同的主提示。当样条曲线的当前拟合方式是"拟合"时，其提示如下：

当前设置：方式＝拟合　节点＝弦

指定第一个点或 [方式 (M)/ 节点 (K)/ 对象 (O)] :

当样条曲线的当前拟合方式是"控制点"时，其提示如下：

当前设置：方式＝控制点　阶数＝〈当前值〉

指定第一个点或 [方式 (M)/ 阶数 (D)/ 对象 (O)] :

〈选项说明〉

1. 指定第一个点

按照当前的拟合方式指定样条曲线的第一个点，即起始点。

2. 方式（M）

控制是使用拟合点还是使用控制点来创建样条曲线。AutoCAD 进一步提示：

输入样条曲线创建方式 [拟合 (F)/ 控制点 (CV)]〈当前值〉：

（1）拟合（F）　　　样条曲线通过指定的拟合点。在公差值大于 0（零）时，样条曲线必须在各个点指定的公差范围内。在命令执行的同时会出现一条橡皮筋线跟随光标移动，显示出一段从第一点开始、通过第二点并终止于当前光标位置的样条曲线。其后续提示为：

输入下一个点或 [起点切向 (T)/ 公差 (L)]:

输入下一个点或 [端点相切 (T)/ 公差 (L)/ 放弃 (U)]:

输入下一个点或 [端点相切 (T)/ 公差 (L)/ 放弃 (U)/ 闭合 (C)]:

1）在此提示下，用户可以输入"T"指定起点或者端点切向。指定起点切向时，在当前光标点与起始点之间出现一根橡皮筋直线以表示样条曲线在起始点处的切线方向。拖动鼠标，这个切线方向也会随之改变。指定端点切向时，其操作过程与指定起点处切向相同。

2）输入"L"用于指定样条曲线的拟合公差以确定样条曲线相对于指定点的接近程

度。AutoCAD 接着提示：

指定拟合公差〈当前值〉：(输入一个非负的拟合公差数值)

输入"0"，将迫使样条曲线通过所指定的控制点，正值使样条在一定范围内逼近所选定的点，范围的大小由输入值的大小决定。图 2-36 中的曲线是拟合公差为 0 时的样条曲线，图 2-37 中的曲线是拟合公差为 0.4 时的样条曲线。

图 2-36　拟合公差为 0 时的样条曲线　　　　图 2-37　拟合公差为 0.4 时的样条曲线

（2）控制点（CV）　　通过指定控制点来创建样条曲线。在命令执行的同时会出现一个虚线显示的特征多边形以显示样条曲线的形状，如图 2-38 所示。通过移动控制点调整样条曲线形状的方法通常可以提供比拟合点更好的效果。其后续提示为：

输入下一个点：

输入下一个点或 [放弃 (U)]:

输入下一个点或 [闭合 (C)/ 放弃 (U)]:

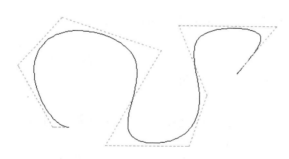

图 2-38　样条曲线及其特征多边形

1）用"U"回答，可删除刚画完的最后一段线，返回到上一段样条线的终点，并可从此点继续画线。

2）用"C"回答，AutoCAD 自动用第一段样条的起点作为最后一段样条的终点，并结束样条曲线命令。

3. 节点（K）

该选项用于指定节点参数化，它是一种计算方法，用来确定样条曲线中连续拟合点之间的零部件曲线如何过渡。

4. 阶数（D）

用于输入样条曲线的阶数。

5. 对象（O）

该选项用于将按样条拟合的多段线变成样条曲线。转换后就可以用 SPLINEDIT 命令对其进行编辑。其命令序列如下：

命令：SPLINE

指定第一个点或 [方式 (M)/ 阶数 (D)/ 对象 (O)] : O

选择多段线：(选取要转换的样条曲线)

2.13　绘制多线（MLINE 命令）

MLINE 命令用于绘制由 1 ~ 16 条平行线段组成的多线，类似于将多段线平行偏移一次或多次，常用在建筑制图上。应用 MLINE 命令绘制多线的示例如图 2-39 所示。

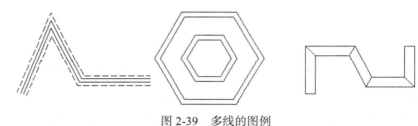

图 2-39　多线的图例

〈访问方法〉

菜　单："绘图（D）"→"多线（U）"选项 。

命令行：MLINE。

〈操作说明〉

执行 MLINE 命令后，AutoCAD 将出现如下提示：

命令：MLINE

当前设置：对正 = 当前对正方式，比例 = 当前比例值，样式 = 当前样式

指定起点或 [对正 (J)/ 比例 (S)/ 样式 (ST)] :

〈选项说明〉

（1）"指定起点"　此选项是默认选项，AutoCAD 将以当前的样式、比例和对齐方式绘制多线，其操作过程与 LINE 命令类似。

（2）"对正（J）"　通过三个子选项设置多线各元素端点与用户指定点之间的相对位置关系。图 2-40 表示，当从点 1 画一段多线到点 2 时，不同的对正类型的效果。选取该选项后，AutoCAD 提示：

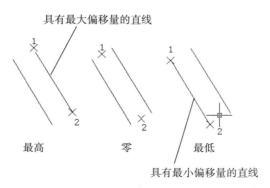

图 2-40　Mline 的三种对正方式

输入对正类型 [上 (T)/ 无 (Z)/ 下 (B)]〈当前值〉：

1）"上（T）"表示当从左向右绘制多线时，多线最上端元素的端点将随着光标点移动，即在光标的下方绘制多线。

2）"无（Z）"表示当绘制多线时，多线的原点（即零偏移量元素的端点）将随着光标点移动。

3）"下（B）"表示当从左向右绘制多线时，多线最下端元素的端点将随着光标点移动，即在光标的上方绘制多线。

（3）比例（S）　在此设定的比例值和在多线样式中设定的偏移量的乘积决定画多线时的实际偏移量。例如，如果比例为 3.0，多线样式中设定偏移量为 0.5 和 -1.5 的元素将分别以 1.5 和 -4.5 的偏移量画出。如果比例为负值，那么实际偏移量将变号，使得在画线时各元素的偏移方向与多线样式中设定的相反。比例为 0，则各元素的偏移量均为 0，重合为一直线。

（4）样式（ST）　该选项用于指定绘制多线时所使用的多线样式。AutoCAD 进一步提示：

输入多线样式名或 [?]：（指定一个已定义的多线样式名称或输入"?"列出当前图形中所有已经加载的多线样式）

2.14　定义多线样式（MLSTYLE 命令）

MLSTYLE 命令用于创建、修改和管理多线样式。AutoCAD 允许在所定义的多线样式中，包含 1~16 条平行线（称为元素），各多线元素可以定义不同的线型、颜色及与基线的偏移量，还可以定义多线的端头形状、背景颜色等。定义的多线样式可以命名保存，需要时调用。

AutoCAD 提供名为 STANDARD 的默认样式，它由两个平行元素组成。

〈访问方法〉

菜　单："格式（O）"→"多线样式（M）"选项。

命令行：MLSTYLE。

〈操作说明〉

1."多线样式"对话框

执行 MLSTYLE 命令后，AutoCAD 将激活如图 2-41 所示的"多线样式"对话框。"多线样式"对话框包含多线样式列表、预览区域、说明区域和一些命令按钮。

（1）"样式（S）"区　显示已加载到图形中的多线样式列表。当前正在被使用的多线样式被突出显示。

（2）"说明"区　显示被选定的多线样式的说明文字。

（3）"预览"区　显示被选定的多线样式的名称和图像示例。

（4）置为当前(U) 按钮　将选中的某个多线样式设置为后续创建多线的当前多线样式。

（5）新建(N)... 按钮　创建新的多线样式，系统将弹出"新建多线样式"对话框，如图 2-42 所示，在此对话框中可以创建新的多线样式。

（6）修改(M)... 按钮　编辑修改选定的多线样式，系统将弹出与图 2-42 类似的"修改多线样式"对话框。注意：用户不能对 STANDARD 样式和在图形中已经被使用过的多线样式进行修改。

图 2-41 "多线样式"对话框

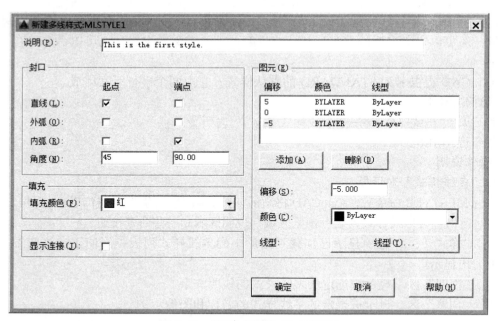

图 2-42 "新建多线样式"对话框

（7）重命名(R) 按钮 将选定的多线样式重新命名。注意：用户不能对 STANDARD 样式和在图形中已经被使用过的多线样式重新命名。

（8）删除(D) 按钮 从样式列表中删除当前选定的多线样式。注意：只有图形中未被使用过的多线样式，才可以被删除。

（9）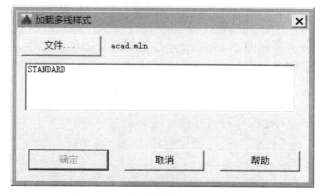按钮 激活"加载多线样式"对话框，从多线样式库中装入多线样式，如图2-43所示。

图2-43 "加载多线样式"对话框

（10） 保存(A)... 按钮 将多线样式保存或复制到多线库（MLN）文件。如果指定了一个已存在的MLN文件，新样式定义将添加到此文件中，并且不会删除其中已有的定义。默认的文件名是acad.mln。

2. "新建多线样式"对话框

（1）"图元（E）"选项组 主要用于设置多线的元素特性。

"图元"选项组的上部是一个元素列表框，其中列出了多线样式中各元素的特性。每个元素占一行，按偏移量从大到小的顺序自上而下排列。

1）添加(A) 按钮。用于向当前多线样式中增添新元素。

2）删除(D) 按钮。用于从当前多线样式中，删除突出显示的元素。

3）"偏移（S）"。在此文本框中，为被选中的元素指定偏移量。偏移量可正可负，偏移量修改后，元素列表将重新按序排列。

4）"颜色（C）"。为被选中的元素指定颜色，默认的颜色是"随层"——ByLayer。

5）"线型"。为被选中的元素指定线型，默认的线型是"随层"——ByLayer。

（2）"封口"选项组 分两列定义起点和终点端头的四种形状，如图2-44所示。

a） b） c） d）

图2-44 端头形状

a）端头内部圆弧连接 b）端头用指定角度的直线连接（45°） c）端头用直线封闭 d）端头外部圆弧连接

1）"直线（L）"。在指定端头画封口直线。

2）"外弧（O）"。在指定端头的最外面两元素之间，画圆弧。

3）"内弧（R）"。在指定端头的内部每两个对应元素之间，画圆弧。如果元素数量为奇数，则留下中间元素不画。

4）"角度（<u>N</u>）"文本框。控制端头的角度，有效范围为 10°~170°，默认值为 90°。

（3）"填充颜色（<u>F</u>）"下拉列表框　控制多线样式的背景填充颜色，默认为不填充背景颜色。

（4）"显示连接（<u>J</u>）"　如图 2-45 所示，若选中此复选框，将在多线的各段转折处，显示接缝；否则，不显示接缝。

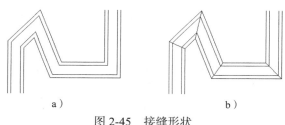

图 2-45　接缝形状

a）不显示接缝　b）显示接缝

3."修改多线样式"对话框

"修改多线样式"对话框和"新建多线样式"对话框操作类似，在此不再说明。

2.15　绘制修订云线（REVCLOUD 命令）

在检查或用红线圈阅图形时，可以使用修订云线功能亮显标记以提醒看图者注意图形的某个部分。REVCLOUD 命令用于创建由连续圆弧组成的多段线以构成云线形对象，如图 2-46 所示。

图 2-46　云线

〈访问方法〉

选项卡："默认"→"绘图"面板→"样条曲线"按钮组。

"注释"→"标记"面板→"样条曲线"按钮组，如图 2-47 所示。

菜　单："绘图（D）"→"修订云线（<u>V</u>）"选项。

工具栏："绘图"→"修订云线"按钮。

命令行：REVCLOUD。

〈操作说明〉

执行 REVCLOUD 命令后，AutoCAD 将出现如下命令提示：

图 2-47　"样条曲线"
按钮组

最小弧长：当前值　最大弧长：当前值　样式：当前值　类型：当前值

指定第一个角点或 [弧长 (A)/ 对象 (O)/ 矩形 (R)/ 多边形 (P)/ 徒手画 (F)/ 样式 (S)/ 修改 (M)]〈对象〉:(根据所绘制的修订云线的不同形状，"指定第一个角点"的提示可能为"指定起点"或"指定第一个点")

〈选项说明〉

1．"指定第一个角点／起点／第一个点"

（1）▢按钮 徒手画修订云线。单击指定起点后，直接拖动鼠标以绘制云线，按〈Enter〉键结束。

（2）▢按钮 矩形修订云线。需要指定矩形的第一个角点和对角点。

（3）▢按钮 多边形修订云线。需要一次指定多边形的各个顶点，直至按〈Enter〉键结束。

2．"弧长（A）"

该选项用于指定云线中弧线的长度，AutoCAD 进一步提示：

指定最小弧长〈当前值〉：(指定最小弧长的值)

指定最大弧长〈当前值〉：(指定最大弧长的值)

指定起点或 [弧长 (A)/ 对象 (O)/ 样式 (S)]〈对象〉：

注意：最大弧长不能超过最小弧长的三倍。

3．"对象（O）"

该选项用于将圆、圆弧、椭圆（弧）、多段线、圆环或样条曲线转换为修订云线，AutoCAD 进一步提示：

选择对象：(选择要转换为修订云线的对象)

反转方向 [是 (Y)/ 否 (N)]〈否〉：(输入 "Y" 以反转修订云线中的弧线方向，如图 2-48 所示；或按〈Enter〉键保留弧线的原样，如图 2-46 所示)

图 2-48　弧线方向反转后的修订云线

当系统变量 DELOBJ 的值为 1 时，所选的对象转换为修订云线后要删除原有的对象；而为 0 时则保留原有的对象，其区别如图 2-49 所示。

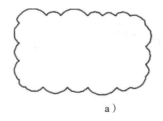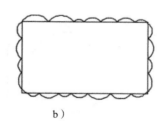

a) b)

图 2-49　矩形对象转换为修订云线后

a）DELOBJ 的值为 1 时　b）DELOBJ 的值为 0 时

4．"矩形（R）／多边形（P）／徒手画（F）"

上述选项分别用于将修订云线的绘制方式切换到矩形、多边形和徒手画的方式。

5．"样式（S）"

该选项用于指定修订云线的样式为"普通"还是"手绘"，手绘模式下的弧线带有渐变的宽度。

6．修改（M）

该选项用于从现有修订云线添加或删除侧边。

2.16　创建面域（REGION 命令）

REGION 命令用于将包含封闭区域的对象转换为面域对象。所谓"面域"，是使用闭合的环对象创建的二维闭合区域。环可以是直线、多段线、圆、圆弧、椭圆、椭圆弧和样条曲线。

〈访问方法〉

选项卡："默认" → "绘图" 面板 → "面域" 按钮 ⊡。

菜　单："绘图（D）" → "面域（N）" 选项 ⊡。

工具栏："绘图" → "面域" 按钮 ⊡。

命令行：REGION。

〈操作说明〉

执行 REGION 命令后，AutoCAD 将出现如下命令提示：

选择对象：找到 1 个（选择对象的提示将反复出现，直到按下〈Enter〉键结束选择集）

选择对象：找到 n 个，总计 n 个

已提取 n 个环。

已创建 n 个面域。

〈选项说明〉

1）组成面域的图形对象所围成的区域必须是完全独立并且是封闭的。

2）可以对面域进行面积的计算，也可以通过拉伸或者旋转面域的方法创建三维实体模型。

3）面域之间可以分别使用 UNION、INTERSECT、SUBTRACT 命令进行并、交、差集的集合运算，其运算示例如图 2-50 所示。

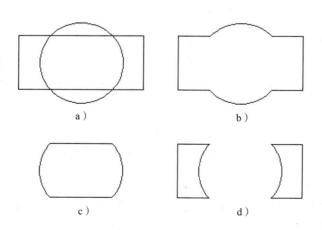

图 2-50　面域的集合运算

a）两个独立的面域　b）UNION 后的面域　c）INTERSECT 后的面域

d）从矩形面域中 SUBTRACT 圆形面域后的结果

2.17　插入表格（TABLE 命令）

标题栏在每一张工程图样中都是不可或缺的，它以表格的形式体现。这一节介绍的"插入表格"命令用于在图形中插入一张空白的表格，还可以将表格链接至 Microsoft Excel 电子表格中的数据。至于表格中文本的书写请参见第 7 章文字标注的内容。

〈访问方法〉

选项卡："默认"→"注释"面板→"表格"按钮▦。"注释"→"表格"面板→"表格"按钮▦。

菜　单："绘图（D）"→"表格"选项▦。

工具栏："绘图"→"表格"按钮▦。

命令行：TABLE。

〈操作步骤〉

1）执行 TABLE 命令后，AutoCAD 将弹出如图 2-51 所示的"插入表格"对话框。

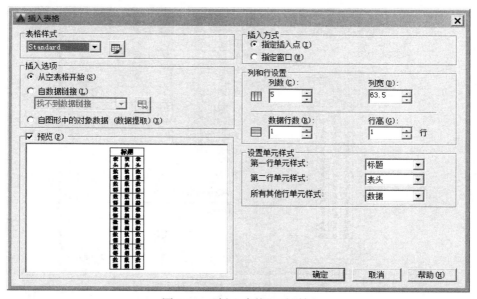

图 2-51　"插入表格"对话框

① 可以在对话框的"表格样式"区域的下拉列表框中选用当前图形中已经定义的表格样式；也可以单击▣按钮启动图 2-52 所示的"表格样式"对话框（或选择"注释"选项卡→"表格"面板→"对话框启动程序"按钮▾直接激活），单击该对话框的 新建(N)... 按钮输入新创建的表格样式的名称就可以在图 2-53 所示的"新建表格样式"对话框中对表格的"单元样式""常规""文字""边框"等特性进行设置并保存。

② 然后对于要创建的表格的行数、列数等进行设置，单击按钮 确定 就可以按照设定要求建立一张新的空表。

2）在所建立的空表的单元格中单击，就可以输入表格中的文字，同时 AutoCAD 弹出图 2-54 所示的"表格单元"选项卡，以便于用户对表格进行插入或删除行列、合并单元格、插入公式等编辑修改。

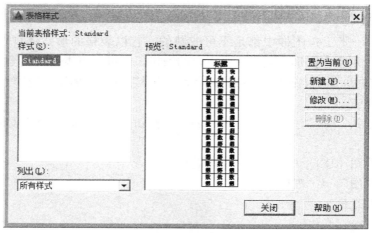

图 2-52 "表格样式"对话框

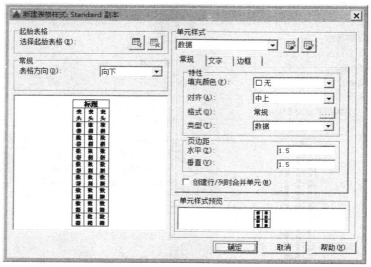

图 2-53 "新建表格样式"对话框

图 2-54 "表格单元"选项卡

3）AutoCAD 2016 中的表格功能同以前的版本相比，功能有了很大的增强。首先，表格样式得到增强，添加了用于表格和表格单元中边界及边距的其他格式选项和显示选项；还可以从图形中的现有表格快速创建表格样式。其次，可以将表格数据链接至 Microsoft Excel 中的数据。数据链接可以包括指向整个电子表格、单个单元或多个单元区域的链接；此外，由于对于数据链接进行的更新是双向的，因此无须单独更新表格或外部电子表格。由于涉及内容过多，本书不再展开叙述，读者如有需要，可以查看 AutoCAD 中的有关帮助文件。

2.18　绘制区域覆盖（WIPEOUT 命令）

WIPEOUT 命令用于在现有对象上生成一个空白的多边形区域，用来添加注释或者其他说明信息。

〈访问方法〉

选项卡："默认"→"绘图"面板→"区域覆盖（W）"按钮 。"注释"→"标记"面板→"区域覆盖（W）"按钮 。

菜　单："绘图（D）"→"区域覆盖（W）"选项 。

命令行：WIPEOUT。

〈操作说明〉

执行 WIPEOUT 命令后，AutoCAD 将出现如下命令提示：

指定第一点或 [边框 (F)/ 多段线 (P)]〈多段线〉：

〈选项说明〉

1."指定第一点"

根据一系列点确定区域覆盖对象的多边形边界。

系统进一步提示：

指定下一点或 [闭合 (C)/ 放弃 (U)]：

2."边框（F）"

该选项用于确定是否显示所有区域覆盖对象的边。系统进一步提示：

输入模式 [开 (ON)/ 关 (OFF)/ 显示但不打印 (D)]〈当前值〉：

输入"ON"将显示所有区域覆盖的边框；输入"OFF"将不显示所有区域覆盖边框；输入"D"将显示区域覆盖边框但在打印输出时不打印。

3."多段线（P）"

该选项用于选定已有的封闭多段线作为区域覆盖对象的多边形边界。

系统还会进一步询问"是否要删除多段线？[是（Y）/ 否（N）]"，根据需要回答即可。图 2-55 所示是绘制区域覆盖用于添加"说明"两个字的实例（具体的添加文本标注的过程请参见后面有关章节）。

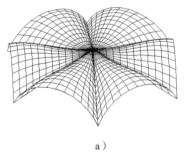
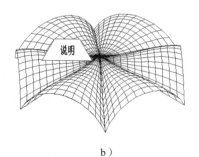

a）　　　　　　　　　　　　　　　　b）

图 2-55　绘制区域覆盖用于添加"说明"两个字的图例

a）原图　b）使用梯形的区域覆盖并添加了文字后的图形

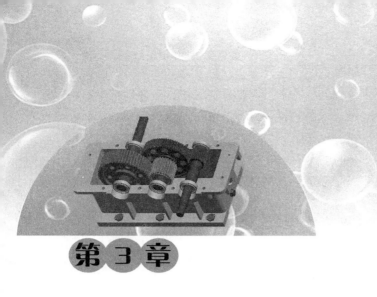

第 3 章

图层和对象特性

在图样中常用颜色、线型、线宽等给图线赋予不同的含义，传递非几何信息。在 AutoCAD 中绘制的每个对象都具有图层、颜色、线型以及线宽等常用特性。通过图层可以方便地组织和管理图形信息。通过颜色、线型和线宽可以区分对象的类型，提高图形的表达能力，增强图形的表达效果。本章主要介绍图层、颜色、线型、线宽的设置和使用以及对象特性的观察、修改与匹配。本章涉及的"草图与注释"工作空间中"默认"选项卡→"图层"面板、"默认"选项卡→"特性"面板、"图层"工具栏、"特性"工具栏和"图层Ⅱ"工具栏分别如图 3-1 ~ 图 3-5 所示。

图 3-1 "图层"面板

图 3-2 "特性"面板

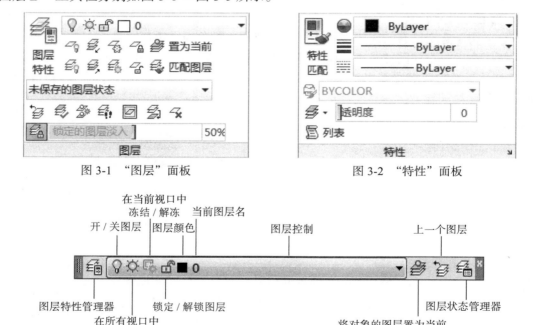

图 3-3 "图层"工具栏

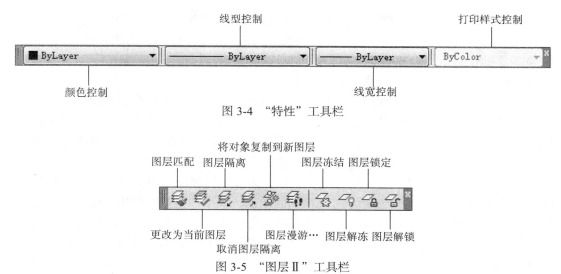

图 3-4　"特性"工具栏

图 3-5　"图层Ⅱ"工具栏

3.1　图层的概述

　　用户在绘制复杂图形时，每个对象都具有很多特性，尤其会有大量相同特性如线型、线宽、颜色、状态等，AutoCAD 存储这些对象时，必须存储每个对象的各种特性，从而形成大量冗余信息，浪费了存储空间。为此，AutoCAD 提供了一种称为"图层"的容器对象，可以将图层理解为没有厚度、坐标完全对准的"透明纸"，用户可以根据使用和管理的需要，建立一系列图层，将所绘制的对象分类存放在不同的图层上。通过图层统一控制放置在该层上的对象是否可见、能否被选择修改、可否被打印输出以及使用的颜色、线型、线宽等信息。这样既节省大量的存储空间，又方便作图。

1. 图层的特点

　　1）一个图形中所能设置的图层数目和每个图层上所能存放的对象数目均没有任何限制。图形中的每个对象能且只能绘制在一个确定的图层上。绘制新图时，AutoCAD 自动创建名为"0"的特殊图层，并自动使用 7 号颜色（白色或黑色，由背景色决定）、Continuous 线型、"默认"线宽以及 NORMAL 打印样式。

　　注意：用户不能对"0"层进行重命名或删除操作；用户也不能对因尺寸标注而自动生成的"Defpoints"层进行删除操作，但可以重命名。

　　2）每个图层都用唯一的名字识别，用户创建新图层时，系统自动为其取名为"图层 n"（n=1，2，…），用户可将其更改为有意义的图层名称。

　　3）各图层使用相同的坐标系、绘图界限、显示时的缩放倍数。用户可以对位于不同图层上的对象同时进行编辑操作。

　　4）为了便于控制，一般同类的对象绘制在同一图层上，并且同一图层上的对象都采用所在图层的颜色、线型和线宽等特性。用户也可以随时通过改变图层的颜色、线型、线宽和状态来改变对象的显示状态。

　　5）在任一时刻有且仅有一个图层被设置为当前图层，并且只能在当前图层上用绘图命令绘制对象。用户可以随时改变当前图层，AutoCAD 在"图层"工具栏显示当前图层的名称以及颜色、开 / 关、冻结 / 解冻和锁定 / 解锁等状态信息。

用户可以对各图层进行开 / 关、在所有视口冻结 / 解冻、在当前视口中冻结 / 解冻、锁定 / 解锁等操作，以决定各图层上对象的可见性与可操作性。

2. 图层和对象的颜色、线型、线宽特性

每个图层都具有颜色、线型和线宽特性，用户可根据需要随时改变图层的颜色、线型和线宽设置。不同图层的颜色、线型和线宽特性可以相同，也可以不同。通常创建新层时默认设置为白色、Continuous（实线）和默认线宽，为简便操作，也可以先选择一个已有的图层再单击"新建图层"按钮 ，则新创建的图层将复制所选图层的特性。

每个对象也都具有颜色、线型和线宽特性，为便于管理通常将对象的颜色、线型和线宽特性都设置为 ByLayer（随层），对象显示的颜色、线型和线宽将随所在图层的变化而变化。因为图层上所设置的各种特性是针对该图层上的所有对象的，而使用"特性"工具栏设置对象的各种具体特性是针对个体对象的，不便于管理，所以一般不建议使用"特性"工具栏设置对象的各种具体特性。

3.2 使用图层（LAYER 命令）

图层命令用于管理图层及其特性。其主要功能是图层的创建、删除、重命名及设置当前图层；设置图层的颜色、线型、线宽、透明度和打印样式；切换图层的打开 / 关闭、冻结 / 解冻、锁定 / 解锁、打印 / 不打印状态以及图层状态的管理。

〈访问方法〉

选项卡："默认"→"图层"面板→"图层特性管理器"按钮 。"视图"→"选项板"面板→"图层特性管理器"按钮 。

菜　单："格式（O）"→"图层（L）"选项 。"工具（T）"→"选项板"→"图层（L）"选项 。

工具栏："图层"→"图层特性管理器"按钮 。

命令行：LAYER（或 'LAYER，用于透明使用）。

〈操作过程〉

执行 LAYER 命令，AutoCAD 将弹出图 3-6 所示的"图层特性管理器"对话框。

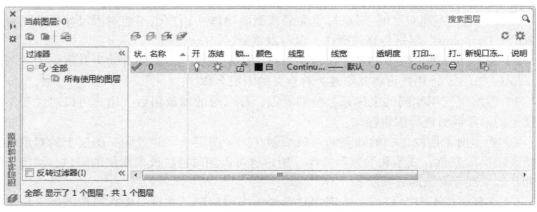

图 3-6　"图层特性管理器"选项板

〈对话框说明〉

"图层特性管理器"选项板的主要功能如下：

1. 图层过滤器特性

"图层过滤器特性"对话框用来确定图层列表中符合指定条件的图层。用户可在"图层特性管理器"左窗格中选择"全部""所有使用的图层"以及用户自己设置的过滤器，确定在图层列表中显示的图层类型。用户也可单击左窗格上面的"新建特性过滤器"按钮，在弹出的"图层过滤器特性"对话框中基于过滤器名称、状态（正在使用 / 未使用）、图层名称、开 / 关、冻结 / 解冻、锁定 / 解锁、颜色、线型、线宽、打印样式、是否打印以及冻结 / 解冻新视口等确定过滤条件。包含"新建特性过滤器"功能的"图层过滤器特性"对话框如图 3-7 所示。

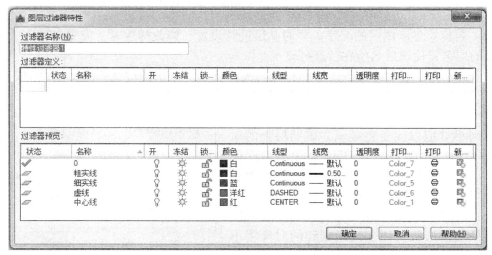

图 3-7 包含"新建特性过滤器"功能的"图层过滤器特性"对话框

在"图层特性管理器"对话框的左窗格中，选中"反转过滤器"复选框，则在图层列表中只显示被过滤掉的图层。

"新建特性过滤器"是基于图层名称中含有相同符号或具有共同特性筛选图层的，而"新建组过滤器"是基于给定图层组列出图层的，而不考虑其名称或特性。通过将图层从图层列表拖动到组过滤器，可以将图层添加到图层组过滤器。图层组过滤器可包含嵌套图层特性过滤器和图层组过滤器。包含"新建组过滤器"功能的"图层特性管理器"选项板如图 3-8 所示。

2. 当前图层

此处显示当前图层的层名。

3. 图层列表

此处显示过滤的图层及其相关设置的列表。列宽可由用户调整，列表的标题同时是一种排序按钮，单击列标题，可使图层列表按该列的状态重排。标题行包含的 13 项内容如下：

（1）状态 显示图层状态的类型有图层过滤器、正在使用的图层、空图层或当前图层。

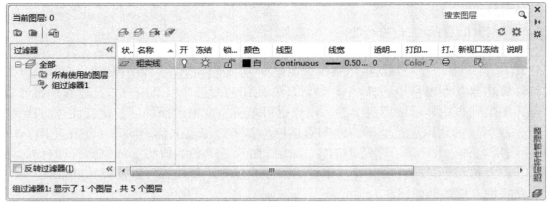

图 3-8　包含"新建组过滤器"功能的"图层特性管理器"对话框

（2）名称　显示图层的名字。要对某层进行设置、修改特性时，应先在列表中单击选中该层的层名，使该层名所在行高亮显示。

（3）开 / 关　显示或切换图层的打开与关闭状态。如果图层被打开，小灯泡以浅黄色显示，该图层上的对象被显示或可以在绘图仪上输出（当"打印"选项打开时）。如果图层被关闭，则小灯泡以浅蓝色显示，该图层上的对象不被显示，也不能在绘图仪上输出（即使"打印"选项是打开的），但参与处理过程中的运算。当前层不应当被关闭，若试图关闭当前层，AutoCAD 将会显示警告信息，如图 3-9 所示。如果当前层被关闭，则新创建的对象将不被显示。

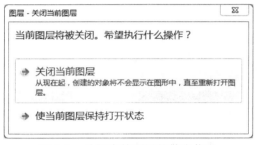

图 3-9　关闭当前图层的警告信息

重复单击小灯泡图标可实现图层的打开与关闭状态的切换。

（4）冻结 / 解冻　显示或改变图层的冻结与解冻状态。解冻的图层用太阳表示，冻结的图层用雪花表示。重复单击该图标可实现图层的冻结与解冻状态的切换。被冻结图层上的图形对象不仅不能被显示或绘制，而且也不参与处理过程中的运算，如渲染、隐藏等。在复杂的图形中冻结不需要的图层可以加快 ZOOM、PAN 和许多其他操作的运行速度，增强对象选择的性能并减少复杂图形的重生成时间。当前层不能被冻结。如果要冻结当前层，或者要将冻结层设置为当前层，AutoCAD 都会显示警告信息，如图 3-10、图 3-11 所示。

图 3-10　冻结当前图层的警告信息

图 3-11　将冻结图层置为当前图层的警告信息

（5）锁定 / 解锁　显示或改变图层的锁定与解锁状态。分别用打开或关闭的锁形图标表示图层处于解锁或锁定状态。图层的锁定状态不影响图层上图形对象的显示，但用户不能对锁定层上的对象进行编辑操作。如果锁定层是当前层，用户仍可以用绘图命令在该层上创建对象。对于锁定的图层，用户可以改变图层的颜色、线型，使用查询命令和对象捕捉命令等。

重复单击锁形图标可实现图层的锁定与解锁状态的切换。

（6）颜色　显示或改变与选定图层相关联的颜色。单击要改变图层颜色的颜色图标，AutoCAD 弹出"选择颜色"对话框（参见 3.3 中的图 3-20），从中选择即可。

（7）线型　显示、修改与选定图层相关联的线型。单击要改变图层线型的线型名称，AutoCAD 将弹出"选择线型"对话框（见图 3-12），从已加载的线型列表中选择即可。如果指定线型未被加载，单击 加载(L)... 按钮，AutoCAD 将弹出"加载或重载线型"对话框（见图 3-13），可通过该对话框从线型定义文件中加载线型。

图 3-12　"选择线型"对话框

图 3-13　"加载或重载线型"对话框

（8）线宽　显示、修改与选定图层相关联的线宽。单击要改变图层线宽的线宽图标，AutoCAD 将弹出"线宽"对话框（见图 3-14），可从中进行选择。

（9）透明度　根据需要降低特定图层上所有对象的可见性，设定图层和布局视口的透明度以提升图形品质。在"图层特性管理器"中设定图层（或布局视口）的透明度。

将透明度应用于某个图层后，将以相同的透明度级别显示添加到该图层的所有对象。该图层上所有对象的透明度特性将设定为 ByLayer。

单击要改变透明度的图层的透明度值，AutoCAD 将弹出"图层透明度"对话框（见图 3-15），可从中进行选择。图 3-16 为未设置图层透明度的原图与设置透明度值为 50 的图样效果对比。

图 3-14　"线宽"对话框

图 3-15　"图层透明度"对话框

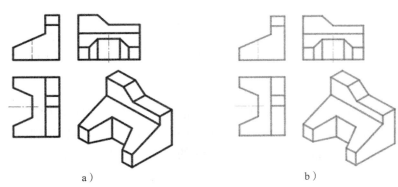

a)   b)

图 3-16　未设置图层透明度与设置透明度值为 50 的图样对比

a）未设置图层透明度　b）设置透明度值为 50

（10）打印样式　显示、修改与选定图层相关联的打印样式。如果正在使用颜色相关打印样式（PSTYLEPOLICY 系统变量设定为 1），则不能改变打印样式。

（11）打印 / 不打印　可控制选定的图层是否被打印。用于在保持图形显示可见性不变的前提下控制图形的打印特性。此功能只对被解冻且打开的图层起作用，被冻结或关闭的图层的打印特性无论是打开或关闭，该图层上的图形对象均不能被打印。重复单击图层的打印机图标可进行打印 / 不打印特性的切换。

（12）新视口冻结　该列显示对应图层是否在新视口中冻结。

（13）说明　显示或更改描述图层或图层过滤器的说明。

4. 新建图层

建立新的图层。单击"新建图层"按钮，AutoCAD 会自动建立名为"图层 n"的图层（其中 n=1，2，3，…），用户可以修改此图层名。图层名由汉字、字母、数字、连字符等组成，但不能使用下列括号内的 13 个符号（＜ ＞ ／ ＼ " ：；？ ＊ ｜ ，＝ `），且长度不超过 255 个字符。图层列表是按字母顺序排序的：首先是特殊字符、按值的顺序排列的数字，然后是按字母顺序排列的 Alpha 字符。

通常新创建的图层默认设置为白色 / 黑色、Continuous（实线）和"默认"线宽，为简便操作，也可以在创建新层前先选择一个已有的图层，则新创建的图层将继承所选图层的特性。

5. 所有视口中都被冻结的新图层视口

创建新图层，然后在所有现有布局视口中将其冻结。可以在"模型"选项卡或"布局"选项卡上访问此按钮。

6. 删除图层

删除已选定的图层。先在图层列表中选择要删除的图层，再单击"删除图层"按钮即可。注意：只能删除没被参照的图层，被参照的图层包括图层 0、图层 Defpoints、含有图形对象（包括块定义中的图形对象）的图层、当前图层及依赖于外部参照的图层。如果试图删除被参照的图层，AutoCAD 将拒绝删除并给出图 3-17 所示的警告信

图 3-17　删除被参照图层的警告信息

息。没被参照的图层可以用 PURGE 命令删除。

7. 置为当前

将指定图层设置为当前层。先在图层列表中选择图层，再单击"置为当前"按钮，或者双击图层列表中的图层名字，可将所选图层设置为当前层。

注意：还有三种方法可以设置当前层：①可以通过单击"图层 II"工具栏上的"更改为当前图层"按钮将已选定的某个对象所在层设置为当前层；②可以通过单击"图层"面板上的"置为当前"按钮将已选定的某个对象所在层设置为当前层；③可以通过在"图层"面板上的"图层"下拉列表中选择某个图层为当前层。

8. 刷新

通过单击"刷新"按钮扫描图形中的所有图元来刷新图层使用信息。

9. 使用新图层通知设置

单击右上角的"使用新图层通知设置"按钮，AutoCAD 将弹出"图层设置"对话框（见图 3-18），可进行新图层通知设置，以便在执行某些任务（例如打印、保存或恢复图层状态）之前，如

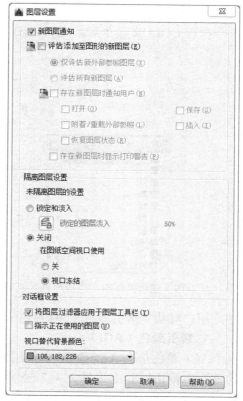

图 3-18　"图层设置"对话框

果有新图层等添加到图形中，通知用户。用户可以避免潜在问题（例如打印通过添加新图层添加到图形中的对象）。通过设置可以控制何时评估新图层的图形，可以指定哪些命令（例如 SAVE 或 PLOT）将触发程序以检查图层列表并在出现新图层时警告用户。这可以包括已添加到附着的外部参照的新图层。

3.3　对象的颜色（COLOR 命令）

COLOR 命令用于设置新对象的颜色，此后所创建的新对象，都采用该颜色，直到再次设置为止。通常将当前颜色设置为 ByLayer（随层），统一使用所在图层的颜色，不单独为对象指定颜色。使用颜色可以直观地将对象编组，可以通过图层指定对象的颜色，也可以不依赖图层而明确地指定对象颜色。通过图层指定颜色可以在图形中方便识别每个图层，便于统一修改同一图层上对象的颜色特性；明确地指定个体对象的颜色会使同一图层的对象之间产生区别，但不利于颜色的统一管理。颜色也可用在颜色相关打印样式表中设置不同的出图线宽。

〈访问方法〉

选项卡："默认"→"特性"面板→"对象颜色"右侧的下拉列表框。

菜　单："格式（O）"→"颜色（C）"选项。

工具栏："特性"→"颜色控制"下拉列表框，如图 3-19 所示。

命令行：COLOR（或 'COLOR 作透明使用）。

〔操作过程〕

执行 COLOR 命令后，AutoCAD 将弹出图 3-20 所示的"选择颜色"对话框。

图 3-19　颜色控制的"选择颜色"选项

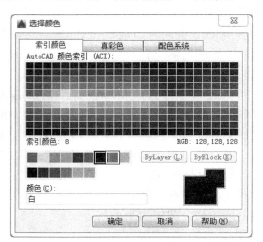

图 3-20　"选择颜色"对话框

用户可从"索引颜色""真彩色"和"配色系统"中选择对象的颜色。

1. 索引颜色（ACI）

ACI 颜色是在 AutoCAD 中使用的标准颜色。每一种颜色用一个 ACI 编号（1 ~ 255 的整数）标识，其中编号 1 ~ 7 号仅适用于标准颜色，见表 3-1。选择具体的颜色作为对象颜色后，新创建的对象将以该颜色显示，不再随所在图层的颜色设定而变化。一般不提倡单独为对象设定颜色。

表 3-1　标准颜色编号与名称对照表

颜色号	颜色名（英文）	颜色名（中文）
1	Red	红
2	Yellow	黄
3	Green	绿
4	Cyan	青
5	Blue	蓝
6	Magenta	洋红
7	White/Black	白 / 黑

8 ~ 255 的颜色号在一定程度上也是标准的，但依赖于显示器能够显示的颜色数。颜色号 250 ~ 255 用于 6 种灰度，250 最暗，255 最亮。

移动颜色选择框时，将显示对应的 ACI 颜色值和 RGB 颜色值，当按下左键选择时，所选颜色对应的名称或编号将显示在"颜色"框里，作为当前颜色。用户也可选择 ByLayer（随层）或 ByBlock（随块），它们的区别如下：

（1）ByLayer　所建立对象的颜色总是与所在图层的颜色相一致，这是最常用的方式。

（2）ByBlock　将颜色设置成 ByBlock 方式后，所创建新对象的颜色暂定为白色（或黑色，取决于背景色）。当这些对象被定义成块并插入后，块的插入实例继承当前颜色设置。

注意："ByLayer"和"ByBlock"选项不适用于 LIGHT 命令。

2. 真彩色

真彩色使用 24 位定义 16M 色（2^{24}），可以使用 HSL 模式或 RGB 颜色模式进行设定。HSL 模式是以人类对颜色的感觉为基础，描述了颜色的三种基本特性即颜色的色调（H）、饱和度（S）和亮度（L）；RGB 模式源于有色光的三原色原理即各种颜色可以由红（R）、绿（G）、蓝（B）三种颜色叠加而成。

3. 配色系统

AutoCAD 中包含几种标准 PANTONE 配色系统，还有 DIC、RAL 等其他配色系统，也可以输入用户定义的配色系统进一步扩充可供使用的颜色选择。

3.4　对象的线型（LINETYPE 命令）

线型是由线段、点和间隔组成的图线样板。绘图时常使用不同的线型表示不同的含义，常用的线型有实线、虚线、点画线等。AutoCAD 2016 在 ACAD.LIN（使用英制测量系统）和 ACADISO.LIN（使用公制测量系统）线型库文件中提供丰富的线型，可供用户从中选用。用户也可以自定义带有符号、文字的线型，以满足特殊需要。

"线型"命令用于建立、加载和设置线型。通常设置为 ByLayer（随层），统一使用所在图层的线型设置，一般不单独为对象指定线型。

受线型影响的图形对象有直线、射线、构造线、多段线、圆、圆弧、样条曲线以及多线等。如果一条线过短不能用指定线型画出，AutoCAD 将在两个端点之间画成实线。

〈访问方法〉

选项卡："默认"→"特性"面板→"对象线型"右侧的下拉列表框。

菜　单："格式（O）"→"线型（N）"选项。

工具栏："特性"→"线型控制"下拉列表框，如图 3-21 所示。

命令行：LINETYPE（或 'LINETYPE，用于透明使用）。

图 3-21　线型控制的其他选项

〈操作过程〉

执行 LNIETYPE 命令后，AutoCAD 弹出图 3-22 所示的"线型管理器"对话框。

〈对话框说明〉

1. 线型过滤器

设置过滤条件，确定在线型列表中显示哪些线型。可在下拉列表中框选择"显示所有线型""显示所有使用的线型"或"显示所有依赖于外部参照物的线型"。设置后 AutoCAD 在线型列表中只显示装入的满足条件的线型。

选中"反转过滤器"复选框，将符合反向过滤条件的线型显示在线型列表中。

图 3-22 "线型管理器"对话框

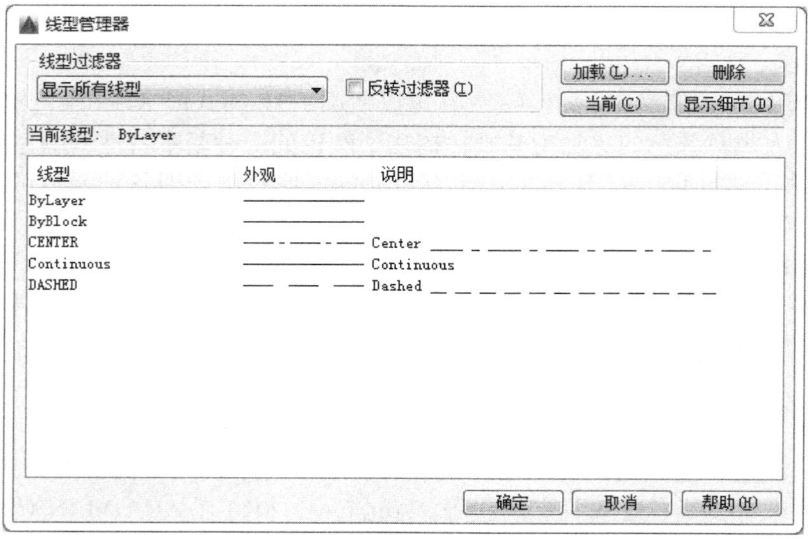

2. 当前线型

显示当前所使用的线型。

3. 线型列表

显示满足过滤条件的已加载线型。"名称""外观""说明"显示线型的名称、显示样例和说明，可以单击 显示细节(D) 按钮在"详细信息"区中对它们进行编辑修改。但 ByLayer、ByBlock、Continuous 和依赖外部参照的线型不能重命名。

4. 加载(L)... 按钮

单击 加载(L)... 按钮，AutoCAD 弹出图 3-13 所示的显示"加载或重载线型"对话框，可通过该对话框选择线型库文件和线型，将其加载到图形中并添加到线型列表。

5. 删除 按钮

在线型列表中选择要删除的线型，再单击 删除 按钮，如果该线型没有被使用或参照，则可以被删除。否则 AutoCAD 拒绝删除此线型，并给出图 3-23 所示的警告信息。被删除的线型定义仍保留在 acad.lin 或 acadiso.lin 线型库文件中，可被重新加载。

图 3-23 拒绝删除线型的警告信息

6. 当前(C) 按钮

将选择的线型设置为当前线型。各种选择方式的功能如下：

（1）ByLayer 随层方式，即所创建对象的线型与所在图层的线型一致，这是最常用的选择。

（2）ByBlock 随块方式，此时所创建对象的线型为 Continuous，在该线型设置下绘制的对象定义成块后，如果块插入时的当前线型为 ByBlock 方式，则继承块的线型；如果块插入时的当前线型为 ByLayer 方式，插入后块成员的线型与当前层的线型一致。

（3）设置成某种具体线型　新创建的对象均使用该线型，与所在图层的线型设置无关，一般不建议使用。

7. 显示细节(D) 或 隐藏细节(D) 按钮

单击这两个按钮，控制在线型列表的下部显示或隐藏"详细信息"部分。

8. 详细信息

显示或设置线型的细节。

1）"名称（N）"和"说明（E）"显示在线型列表中选择的线型的名字与说明。用户可对其进行编辑。

2）"全局比例因子（G）"显示和设置所有线型的全局比例因子。

3）"当前对象缩放比例（O）"为新建对象设置线型比例因子（CELTSCALE 系统变量）。最终使用的比例因子是全局比例因子和该对象缩放比例因子的乘积。

4）"ISO 笔宽（P）"确定 ISO 线型的笔宽。将线型比例设置为标准 ISO 值列表中的一个。最终的比例因子是全局比例因子与该对象比例因子的乘积。

5）"缩放时使用图纸空间单位（U）"按相同的比例在图纸空间和模型空间缩放线型。当使用多个视口时，该选项很有用。

3.5　线型比例（LTSCALE 命令）

为满足不同图样对线型的要求，AutoCAD 提供多种线型供选用。除了 Continuous 外，线型由不同长度的线段、空白段和点的序列定义其图案单元，线型比例控制显示时对象所使用的图案单元数和各组成部分的显示长度。显示时，对象所使用的图案单元数与线型比例值成反比，构成图案的各小线段和空白段的长度与线型比例值成正比。默认情况下，全局和单个线型比例均为 1.0。

LTSCALE 命令设置全局线型比例对所有新老对象的线型均起作用。系统变量 LTSCALE 保存线型比例的当前设置；在布局中，系统变量 PSLTSCALE 控制图纸空间线型比例。

〈访问方法〉

菜　单："格式（O）"→"比例缩放列表（E）"选项。

命令行：LTSCALE。

〈操作过程〉

执行 LTSCALE 设置全局比例因子命令后，系统进一步提示：

输入新线型比例因子〈当前值〉：(输入所需新线型的比例因子值)

3.6　设置线宽（LWEIGHT 命令）

设置当前线宽、线宽单位和线宽显示控制。它可以在模型空间或图纸空间，将线宽信息赋予各类图形对象（除 TrueType 字体、光栅图像、点和二维填充对象外）或对象所在的图层。通过设置并显示线宽，可以区分对象，增强图形的显示和打印效果，减少绘图工作量。通常线宽特性设置为 ByLayer，统一使用所在图层的线宽，不单独为对象指定线宽。

图 3-24 为线宽关闭时的图形，图 3-25 为线宽打开后的图形。

图 3-24　线宽关闭时的图形　　　　　　　图 3-25　线宽打开后的图形

〈访问方法〉

菜　单："格式（O）"→"线宽（W）"选项。

工具栏："特性"→"线宽控制"下拉列表框。

命令行：LWEIGHT（或 'LWEIGHT，用于透明使用）。

快捷菜单：在状态栏的"显示/隐藏线宽"按钮 🖿 上单击鼠标右键，并在弹出的快捷菜单中选择"线宽设置"选项。

激活命令后 AutoCAD 显示图 3-26 所示的"线宽设置"对话框。

〈对话框说明〉

1."线宽"下拉列表框

该下拉列表框中显示 ByLayer、ByBlock、默认和一组标准线宽设置值列表供选择。默认线宽值由系统变量 LWDEFAULT 设置，其默认值为 0.01in（1in=2.54cm）或 0.25mm。所有新建的图层采用默认线宽设置。值为 0 的线宽在打印时使用设备提供的最细线打印，在模型空间则以一个像素宽显示。

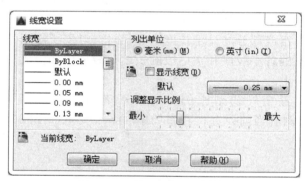

图 3-26　"线宽设置"对话框

2."当前线宽"选项区

此处显示当前选择的线宽。

3."列出单位"选项区

选择使用"毫米"或"英寸"作为线宽的单位，该值保存在系统变量 LWUNITS 中。

4."显示线宽（D）"复选框

若选中该复选框，则将在模型空间和图纸空间显示线宽。当线宽使用一个以上的像素表示时，会使图形的重新生成时间增加。此选项不影响对象打印的方式。系统变量 LWDISPLAY=1 时显示线宽，LWDISPLAY=0 时不显示线宽。

5."默认"下拉列表框

不单独指定线宽的图层和对象使用默认的线宽，其默认值为 0.01in 或 0.25mm。用户可为其设定新值，该值保存在系统变量 LWDEFAULT 中。

6."调整显示比例"滑块

用滑块调整在模型空间线宽的显示比例。如果使用高分辨率的显示器，则可以调整线宽的显示比例，从而更好地显示不同的线宽。

〈说明〉

1）通常对象线宽采用 ByLayer 设置，对于不需要特别指定线宽的图层采用默认线宽设置，也可以根据需要设置默认线宽为一特定值；对于需要特别指定线宽的对象按线宽分类存放在另外的图层上，并为这些图层指定各自的线宽值，从而保证显示或打印输出时线宽的一致和修改的方便。

2）设置的线宽在模型空间用像素点显示，相同线宽的不同对象的显示宽度可能不同，打印输出时反映真实宽度。

3）设置线宽后，单击状态栏上的"显示/隐藏线宽"按钮，可方便地打开或关闭线宽显示。

4）也可以在对象特性工具栏的"线宽"控制中指定线宽。

3.7　观察和修改对象特性

AutoCAD 统一了对象特性的管理，使对象特性的编辑修改更为方便。

在 AutoCAD 中查看和修改对象特性主要有以下三种形式：

1）通过"图层"工具栏和"特性"工具栏快速查看和修改所有对象的图层、图层特性、颜色、线型、线宽以及打印样式等通用特性。

2）通过"标准"工具栏中的"对象特性"按钮激活"特性"选项板，查看和修改对象特性。它是查看和修改对象特性的主要方法。

3）使用保留的 CHANGE 命令和 CHPROP 命令，以命令行方式编辑对象特性。CHANGE 命令只能修改对象的通用特性。CHPROP 命令既能改变对象通用特性，又能改变对象的某些几何特性。

3.7.1　"图层"工具栏与"特性"工具栏

AutoCAD 在图 3-3 和图 3-4 所示的"图层"工具栏和"特性"工具栏中提供了快速查看和修改所有对象的图层、图层特性、颜色、线型、线宽以及打印样式等通用特性的选项。此方式不能改变锁定图层中的对象的特性。

〈操作过程〉

1）选择想要改变特性的对象。

2）在"图层"工具栏、"特性"工具栏上，选择想要修改的对象特性控制。

3）在列表中选择新值或者选择"其他"，在弹出的列表中做进一步选择。AutoCAD 将新指定的特性值，应用于所选的对象。

〈操作说明〉

1."将对象的图层置为当前"按钮

单击该按钮，将设置所选择的对象所在的图层为当前层。如果单击该按钮前没有选择对象，则 AutoCAD 提示：

选择将使其图层成为当前图层的对象：(选择一对象)

AutoCAD 将所选对象所在的图层作为当前层并显示如下信息：

nnn 现在是当前图层（nnn 为图层名）。

2. "图层特性管理器"按钮

通过"图层特性管理器"选项板，管理图层及其特性。

3. 图层列表

切换当前层，设置图层特性。下拉列表中列出当前图形中设置的图层，在层名上双击，可将该层设置为当前层。在打开 / 关闭、冻结 / 解冻、锁定 / 解锁等图标上单击可实现相应状态的切换。

4. 颜色、线型、线宽和打印样式控件

均为下拉列表，分别用于为新建对象设置颜色、线型、线宽和打印样式，也可用于改变所选对象的颜色、线型、线宽和打印样式。

当没有对象被选择时，各个特性控制显示当前设置值，新建的对象采用该值。当有一个对象被选择时，各个特性控制显示的是所选对象的特性值。当有多个对象被选择时，若各个对象的特性值相同，则显示其共同值，否则显示空白。

3.7.2 使用"特性"选项板（PROPERTIES 命令）

由 PROPERTIES 命令可打开"特性"选项板，提供选定对象特性的完整列表，可方便地查询、修改所选对象的特性。

〈**访问方法**〉

选项卡："视图"→"选项板"面板→"特性"按钮🖼。

菜　单："工具（**T**）"→"选项板"→"特性（**P**）"选项🖼。

　　　　"修改（**M**）"→"特性 P"按钮🖼。

工具栏："标准"→"特性"按钮🖼。

命令行：PROPERTIES。

快捷键：在任何时候，按〈Ctrl+1〉组合键即可激活"特性"选项板。

激活"特性"命令后，AutoCAD 显示图 3-27 所示的"特性"选项板。

1. "特性"选项板的主要特点

1）以简单的表格列出所选对象的各种特性，统一了对象特性的管理。表中左列为特性名称，右列为特性值。上半部是基本特性，下半部是对象的几何图形特性。根据所选对象的不同，表格中的内容也将不同。

2）选择单个对象时，列出该对象的全部通用特性和几何特性，如图 3-28 所示。

3）选择了多个同类对象时，列出所选择的多个对象的共有特性，如图 3-29 所示，由于所选的圆具有不同的圆心、半径，所以相应的特性值为 "* 多种 *"。

4）选择了多个不同类型对象时，列出所选择的全部对象的共有特性和各类对象的共有特性。如图 3-30 所示，用户可在最上边的下拉列表中选择直线对象、圆对象或全部被选对象的共有特性。

5）未选择对象时，显示整个图形的共同特性，如图 3-27 所示。

6）用户可以选择特性的排列方式。单击每类特性右边的" - "或" + "按钮，可以将相应的特性项隐藏或展开显示。

图 3-27　"特性"选项板

图 3-28　单条直线的特性

图 3-29　多个圆的共有特性

　　"特性"选项板的大小可调、位置可以移动。在"特性"选项板的标题栏内右击，弹出如图 3-31 所示的快捷菜单，可以对选项板进行移动、改变大小、关闭、允许固定、自动隐藏等操作。如选择"允许固定（D）"，可将"特性"选项板固定在图形屏幕的侧边。工作时，将"特性"选项板留在屏幕上，可以随时观察和修改所选对象的特性。也可以选用"自动隐藏（A）"，当光标离开"特性"选项板后，系统自动将其隐藏为一个标题栏；只有当光标指向该标题栏时，系统才会自动展开，方便观察与修改。

图 3-30　多个圆和直线的共有特性

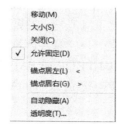

图 3-31　"特性"选项板快捷菜单

单击选项板的关闭按钮，或在选项板内右击，并在弹出的快捷菜单中选择"关闭（C）"选项都可以关闭"特性"选项板。再次激活时将在上次显示的位置显示。

7）单击"特性"选项板右上角的"快速选择"按钮，将弹出"快速选择"对话框，如图3-32所示。

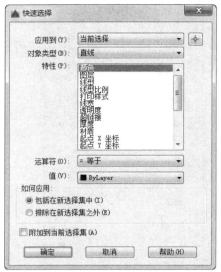

图3-32 "快速选择"对话框

2. 使用"特性"选项板编辑对象特性

（1）对象特性值的修改方法 单击要修改的特性值，使该项特性加亮显示，然后根据特性值的特点，用下列方法修改。

1）输入一个新值。

2）从下拉列表框中选择一个值，如在"层名"下拉列表框中选择另一个层名，改变对象的层。

3）从附加对话框中选择特性值。

4）用"拾取"按钮改变点的坐标值，如单击坐标值右边的"拾取"按钮，可返回图形屏幕选择一点，用新点的坐标代替原来的值。

（2）对象的通用特性的统一修改 当需要修改一组对象的通用特性时，应先选择要修改的对象，然后在要修改的特性值位置，用上述方法指定新值即可，无论修改前的特性值是否相同，都取新输入的特性值。通用特性值包括颜色、图层、线型、线型比例、打印样式、线宽、超级链接及厚度。

（3）对象的几何特性的统一修改 当需要修改一组对象的几何特性时，应先选择要修改的对象，然后在要修改的特性值位置，用上述方法指定新值即可。如选择一组圆后，若修改其圆心坐标，则将使它们具有相同的圆心坐标，成为同心圆；若修改其半径或直径值，则可以将它们改为大小相同的圆。

3.8 对象的特性匹配（MATCHPROP 命令）

MATCHPROP 命令用于在一个图形内或不同的图形之间，将所选对象的全部或部分特性复制到另一个对象或更多的其他对象上。由于执行该命令后光标会变成刷子状，因此本功能又被形象地称为"特性刷"。

〈访问方法〉

选项卡："默认"→"特性"面板→"特性匹配"按钮。

菜　单："修改（M）"→"特性匹配（M）"选项。

工具栏："标准"→"特性匹配"按钮。

命令行：MATCHPROP 或 PAINTER（或 'MATCHPROP，用于透明使用）。

执行 MATCHPROP 命令后，AutoCAD 提示：

选择源对象：

选择目标对象或 [设置(S)]：

〈选项说明〉

1）"选择目标对象"。选择要与源对象特性匹配的目的对象。

2）"设置（S）"。激活"特性设置"对话框，如图 3-33 所示。用户可从中选择要复制的特性，所选择的特性将保留到再次选择为止，默认选择全部特性。

3）单击 确定 按钮或按〈Enter〉键，结束命令。

4）"选择目标对象或 [设置（S）]"提示反复出现。可将源对象的选定特性复制到指定的目的对象上。

可复制的特性包括颜色、图层、线型、线型比例、线宽、厚度、打印样式等基础特性，以及在某些情况下的尺寸、文本、填充符号、标注和视口等。

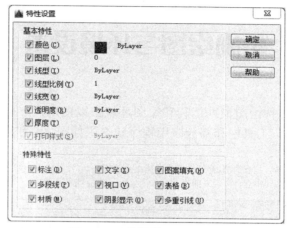

图 3-33 "特性设置"对话框

第4章

精确绘图与环境设置

AutoCAD 提供了各种绘图辅助工具和绘图环境，以便用户、迅速、准确地绘制图形。本章涉及的"对象捕捉"工具栏和部分应用程序状态栏如图 4-1 和图 4-2 所示。

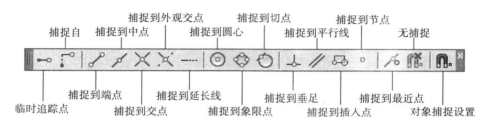

图 4-1 "对象捕捉"工具栏

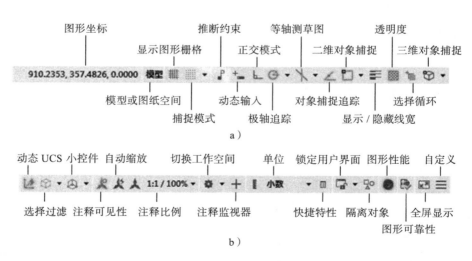

图 4-2 应用程序状态栏

a）应用程序状态栏第一部分 b）应用程序状态栏第二部分

4.1　辅助工具

当在屏幕上绘制或编辑对象时，需要在屏幕上指定一些点。指定点的最快捷方法是用鼠标直接在屏幕上拾取点，但精度不高。精确指定点的最直接方法是输入点的坐标值，但不快捷，特别是可能需要大量烦琐的计算后才能得到点的坐标值，甚至无法精确输入。为了精确、快速定点，使绘图及设计工作更为简便易行，AutoCAD 提供了"捕捉"（SNAP）、"栅格"（GRID）、"正交"（ORTHO）、"对象捕捉"（OSNAP）及"自动追踪"（AUTO TRACK）等多种绘图辅助工具。这些绘图辅助工具将快捷和精确相结合，使绘图过程简单易行。

4.1.1　捕捉模式（SNAP 命令）

SNAP 命令用于提供一个不可见的捕捉栅格。打开捕捉模式后，移动光标时，将迫使光标落在最近的栅格点上，不能用鼠标拾取非捕捉栅格上的点。设置合适的栅格间距，打开栅格捕捉模式可以用鼠标快速、准确地拾取所需要的点。从键盘上输入点的坐标或在关闭栅格捕捉模式后拾取点，不受栅格捕捉的影响。

〈访问方法〉

菜　　单："工具（T）"→"绘图设置（F）"选项。

状态栏：右击"捕捉"按钮▨→"捕捉设置"。

命令行：SNAP 或者 DSETTINGS。

〈操作说明〉

1）执行 SNAP 命令后，AutoCAD 将激活"草图设置"对话框，其中"捕捉和栅格"选项卡如图 4-3 所示，可进行捕捉设置。

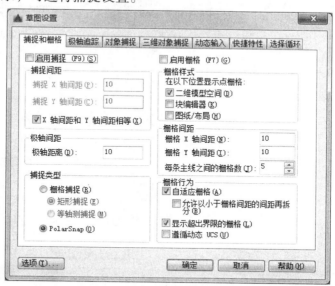

图 4-3　"草图设置"对话框的"捕捉和栅格"选项卡

2）选择或取消选择"启用捕捉"复选框将打开或关闭捕捉模式。按〈F9〉快捷键、单击状态栏上的"捕捉"按钮▨或使用〈Ctrl+S〉组合键也可以打开或关闭捕捉模式。在打开捕捉模式后，当使用定点设备移动光标时，光标只能拾取栅格上的点。关闭捕捉模式后移动光标可以拾取任意点。

3）"捕捉间距"选项区用于设置捕捉栅格 X 方向和 Y 方向的间距值。该设置值将保持有效，直到被重新设置为止。在工作时，可以打开或关闭"栅格"与"捕捉"，还可以改变栅格和捕捉间距。捕捉间距不需要和栅格间距相同。例如，可以设定较宽的栅格间距用作参照，但使用较小的捕捉间距以保证定位点时的精确性。

4）"捕捉类型"选项区用于选择捕捉的类型：栅格捕捉与极轴捕捉（PolarSnap）。当设定栅格捕捉为矩形捕捉类型且打开"栅格"时，光标将捕捉矩形捕捉栅格，即捕捉正交方向上的点；当设定栅格捕捉为等轴测捕捉类型且打开"栅格"时，光标将捕捉等轴测捕捉栅格，便于二维等轴测图形的绘制。当选择极轴捕捉时，捕捉沿极轴对齐角度方向进行捕捉，"极轴间距"选项区可用于设置沿极轴捕捉的增量距离。

5）用户也可以在命令行直接输入"SNAP"以命令行的方式设置捕捉。

4.1.2 栅格显示（GRID 命令）

GRID 命令用于在屏幕上显示网格阵列，如图 4-4 所示。栅格打开时只在图形界限范围内显示（需要在"捕捉和栅格"选项卡的"栅格行为"中取消"显示超出界限的栅格"复选框的选择），可以直观地观察图形界限的范围及各图形对象的相对位置与大小。栅格仅是绘图的辅助工具，不是图形的一部分，不会被打印。当在"栅格样式"中不选择二维模型空间时，栅格以矩形网格形式显示，如图 4-4 所示；反之，则以栅格点的形式显示。

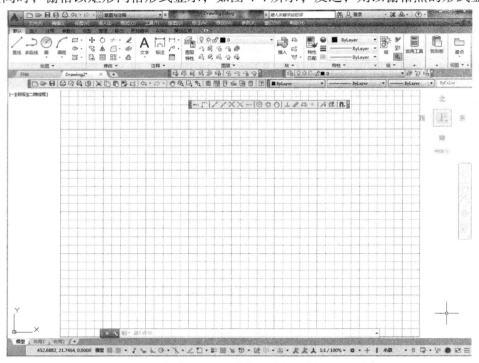

图 4-4　打开栅格显示后的 AutoCAD 2016 界面

请初学者注意："捕捉模式"的捕捉栅格不显示，只用于捕捉；而"栅格显示"设置的栅格只用于显示，不能捕捉，使用时可将二者结合。

〈访问方法〉

菜　单："工具（T）"→"绘图设置（F）"选项。

状态栏：右击"栅格"按钮▦→"网格设置"。

命令行：GRID 或 DSETTINGS。

〈操作说明〉

1）在"捕捉和栅格"选项卡中选中"启用栅格"复选框、按〈F7〉快捷键、单击状态栏上的"栅格"按钮▦或使用〈Ctrl+G〉组合键可切换栅格的打开和关闭状态。

2）在"栅格间距"选项区中可以设置栅格的间距，通常栅格间距设置为与捕捉间距相等或为捕捉间距的整数倍。

3）用户也可以在命令行直接输入"GRID"以命令行的方式设置栅格显示。

4.1.3　正交模式（ORTHO 命令）

ORTHO 命令用于设置正交模式。正交模式打开后，当用定点设备画线时，将迫使所画的线平行于 X 轴或 Y 轴。此命令在画水平线或竖直线时十分有用。当栅格捕捉为等轴测模式时，它将迫使所画直线平行于三个等轴测轴中的一个。正交模式不影响从命令行输入坐标或对象捕捉模式画线。

〈访问方法〉

命令行：ORTHO。

〈操作过程〉

输入模式 [开 (ON)/ 关 (OFF)]〈关〉:（选择其中一个选项以控制正交状态）

〈操作说明〉

1）"开（ON）"和"关（OFF）"选项用于打开或关闭正交模式。

2）按〈F8〉快捷键、单击状态栏上的"正交"按钮▙也可以打开或关闭正交模式。

3）在正交模式下，移动光标时，只能在竖直或水平方向画线或指定距离。如果移动光标时 X 方向的移动距离比 Y 方向大，则画水平线；反之，则画竖直线。

4.2　对象捕捉（OSNAP 命令）

当需要输入点时，对象捕捉（Object Snap）可用于捕捉所选择对象的特征点。这些特征点包括直线和圆弧的端点、中点，圆和圆弧的圆心，圆周上的四个象限点、切点、垂足，文本和块的插入点等，为精确、高效地绘制图形提供了极大的方便。

例如，当需要用一个圆的圆心作为直线的端点时，只需在回答"指定第一点"提示时捕捉圆心作为所画直线的端点。

对象捕捉模式与栅格捕捉模式意义不同，对象捕捉模式捕捉的是所选对象的特征点，而栅格捕捉的是栅格上的点。

4.2.1　对象捕捉模式的两种使用方式

（1）单一捕捉　也称"手动捕捉"。在系统要求指定一个点时，用户用特定的对象捕捉模式响应提示。因此，也称为"一次性"用法。

（2）执行对象捕捉　也称"自动捕捉"。用户可以将常用的特征点设置为自动捕捉模式，并打开对象捕捉功能，每当系统要求指定一个点时，用户将光标移到对象上，就会自动进入捕捉模式捕捉特征点。所设置的对象捕捉模式在被改变设置前始终有效，当关闭对象捕捉功能时，不执行对象的自动捕捉功能。

这两种方式各有优点，单一捕捉方式针对性强，但操作相对麻烦；执行对象捕捉有时在不需要捕捉特征点时会自动捕捉而干扰作图。用户可根据需要选用。

1. 单一捕捉方式

在系统需要指定一个点时，用户可用下列三种方法激活单一捕捉方式。

1）在命令行输入对象捕捉模式关键字（只需输入前三个字符，也可以输入完整关键字）。

2）在图 4-1 所示的"对象捕捉"工具栏上选择相应的对象捕捉模式图标。

3）快捷方法：按住〈Shift〉键同时右击绘图区，从弹出的快捷菜单（见图 4-5）中选择对象捕捉模式。

2. 执行对象捕捉

执行对象捕捉方式的设置步骤如下：

1）打开"草图设置"对话框设置对象的自动捕捉模式。激活图 4-3 所示的"草图设置"对话框，切换至"对象捕捉"选项卡，如图 4-6 所示。各种捕捉方式的说明见表 4-1。

2）启用对象捕捉。在"对象捕捉"选项卡中选中"启用对象捕捉（F3）（O）"复选框。单击应用程序状态栏上的"对象捕捉"按钮或按〈F3〉快捷键也可以打开或关闭自动对象捕捉模式。

图 4-5 "对象捕捉"弹出式快捷菜单

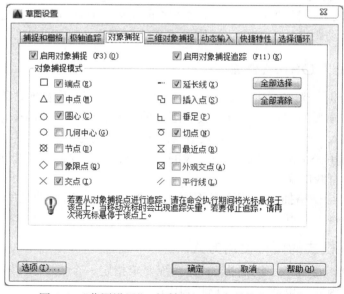

图 4-6 "草图设置"对话框的"对象捕捉"选项卡

3）实施对象自动捕捉。只要对象捕捉模式处于打开状态，当要求指定一个点时，所设置的捕捉模式就自动起作用。当移动光标到一个对象上时，AutoCAD 根据光标所指的对象类型和光标在对象上的位置，自动选择相应的特征点，并显示相应的捕捉标记和提示。

表 4-1 各种捕捉方式的说明

图 标	模式名	命令行	工具提示	功 能
	临时追踪点	TT	临时追踪点	创建对象捕捉所使用的临时点
	临时参考点	FROM	捕捉自	从临时参照点偏移
	端点	END	捕捉到端点	捕捉线段或圆弧的最近端点
	中点	MID	捕捉到中点	捕捉线段或圆弧的中点
	交点	INT	捕捉到交点	捕捉线段、圆、圆弧等对象的交点
	外观交点	APP	捕捉到外观交点	捕捉两个对象的外观交点
	延长线	EXT	捕捉到延长线	在线段或圆弧的延长线上捕捉一点
	圆心	CEN	捕捉到圆心	捕捉圆或圆弧的圆心
	象限点	QUA	捕捉到象限点	捕捉圆或圆弧的象限点
	切点	TAN	捕捉到切点	捕捉到圆或圆弧的切点
	垂足	PER	捕捉到垂足	捕捉到垂直于直线、圆或圆弧上的点
	平行线	PAR	捕捉到平行线	在选定线的平行线上捕捉一点
	插入点	INS	捕捉到插入点	捕捉块、形、文字或属性的插入点
	节点	NOD	捕捉到节点	捕捉到点对象
	最近点	NEA	捕捉到最近点	捕捉离拾取点最近的线段、圆、圆弧或点等对象上的点
	无捕捉	NON	无捕捉	关闭对象捕捉模式
	对象捕捉设置		对象捕捉设置	设置自动捕捉模式
	几何中心点	GCE	捕捉到几何中心点	捕捉到封闭的多段线或面域的几何中心点

4.2.2 对象捕捉模式

1."端点"模式（END）

捕捉到圆弧、椭圆弧、直线、多线、多段线、样条曲线、面域或射线最近的端点或捕捉宽线、实体或三维面域的最近角点。

2."中点"模式（MID）

捕捉直线、圆弧、椭圆弧、多线、多段线、构造线、实体或样条曲线的中点。

例 4-1 如图 4-7 所示，在矩形 ABCD 的中心画半径为 20 的圆。

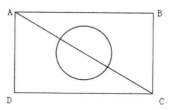

图 4-7 利用对象捕捉在矩形中心画圆

作图过程是先用"端点"模式捕捉对角顶点作对角线 AC，再用"中点"模式捕捉 AC

的中点为圆心，最后用 ERASE 命令擦除辅助线 AC。手动捕捉的命令序列如下：

命令：LINE

指定第一点：END(激活端点捕捉)于(将选择框移到直线 AD 或 AB 上靠近 A 点的一端，选定点 A)

指定下一点或 [放弃(U)]：END(激活端点捕捉)于(选定点 C)

指定下一点或 [放弃(U)]：(按〈Enter〉键结束对角线 AC 的绘制)

命令：CIRCLE

指定圆的圆心或 [三点(3P)/两点(2P)/相切、相切、半径(T)]：MID(激活中点捕捉)于(选择对角线 AC，选定其中心点)

指定圆的半径或 [直径(D)]〈当前值〉：20

3.“圆心”模式（CEN）

捕捉圆弧、圆、椭圆或椭圆弧的圆心。

例 4-2 在图 4-8 中，从直线的一端画直线到圆心，当要求指定直线的端点时，可以从键盘输入“CEN”表示捕捉圆的圆心，然后将选择框移到圆周上即可选定圆心。

4.“象限点”模式（QUA）

捕捉圆、圆弧、椭圆或椭圆弧的象限点。象限点位于圆或圆弧的 0°、90°、180°和 270°处。象限点位置由圆或圆弧的中心和当前坐标系的 0°方向决定。捕捉四个象限点中的哪一个，由选择框在圆周上的位置决定。

值得注意的是，被旋转的图块中的圆和圆弧及象限点也相应旋转。但旋转不在图块中的圆或圆弧时，象限点不旋转。

5.“垂足”模式（PER）

捕捉到圆、圆弧、椭圆、椭圆弧、直线、多线、多段线、射线、面域、实体、样条曲线或参照线的垂足。垂直于圆弧、椭圆弧的直线垂直于弧上过垂足的切线。

例 4-3 如图 4-9 所示，画钝角三角形 ABC 的两条高 AD 和 CE。

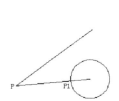

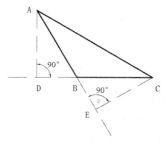

图 4-8　从直线的端点到圆心画直线　　　图 4-9　用垂足捕捉模式画三角形的高

命令：LINE

指定第一点：END(激活端点捕捉模式)于(选定点 A)

指定下一点或 [放弃(U)]：PER(激活垂足捕捉模式)到(选择 BC 边，得到垂足 D)

指定下一点或 [放弃(U)]：(按〈Enter〉键结束命令)

命令：LINE

指定第一点：END(激活端点捕捉模式)于(选定点 C)

指定下一点或 [放弃(U)]：PER(激活垂足捕捉模式)到(选择 AB 边，得到垂足 E)

指定下一点或 [放弃 (U)]:(按〈Enter〉键结束命令)

当画一直线垂直于另一直线时，捕捉的点可能会在所选直线段的延长线上，但新直线仍画到垂足，如图 4-8 中的高 AD、CE。

6."切点"模式（TAN）

捕捉与圆弧、圆、椭圆、椭圆弧或样条曲线相切的切点。

例 4-4 如图 4-10 所示，画两个圆的内、外公切线。

命令 :LINE

指定第一点 :TAN(激活切点捕捉模式) 到 (在左边大圆的上半部分适当位置选择圆)

指定下一点或 [放弃 (U)]: TAN(激活切点捕捉模式) 到 (在右边小圆的上半部分适当位置选择圆，画外公切线)

指定下一点或 [放弃 (U)]:(按〈Enter〉键结束命令)

命令 : LINE

指定第一点 :TAN(激活切点捕捉模式) 到 (在左边大圆的右下部分适当位置选择圆)

指定下一点或 [放弃 (U)]: TAN(激活切点捕捉模式) 到 (在右边小圆的左上部分适当位置选择圆，画内公切线)

指定下一点或 [放弃 (U)]:(按〈Enter〉键结束命令)

选择圆时，选择点的位置不同，所画的切线也不同，如图 4-11 所示，因此选择对象时要注意选择点的位置。

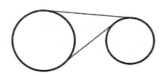

图 4-10 画两圆的公切线

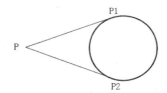

图 4-11 不同选择点位置对切点捕捉的影响

7."交点"模式（INT）

"交点"模式包含"交点"和"延长线交点"两种模式，"交点"模式捕捉直线、圆弧、椭圆弧、多线、多段线、射线、构造线和样条曲线的交点；"延长线交点"模式还将捕捉上述对象延长线上的交点。

例 4-5 如图 4-12 所示，以两已知直线的延长线交点为圆心，画半径为 15 的圆。

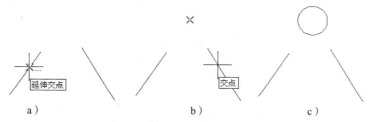

图 4-12 以两已知直线的延长线交点为圆心画圆

a) 移动光标到一直线上，待出现延伸交点捕捉标记时按下左键确定 b) 移动光标到另一直线上，待在延伸交点处出现交点捕捉标记时按下左键确定 c) 输入半径，在两直线交点处画圆

命令 :CIRCLE

CIRCLE 指定圆的圆心或 [三点 (3P)/ 两点 (2P)/ 相切、相切、半径 (T)]:

（ 在捕捉工具栏或捕捉快捷菜单上选择"交点"，激活延长线交点捕捉模式。移动光标到一直线上停顿一会，等待出现"延长线交点"捕捉标记及提示后按左键确定；移动光标到另一直线上停顿一会，等待出现"交点"捕捉标记及提示后按左键确定；拾取所要的交点为圆心)

指定圆的半径或 [直径 (D)]:15(画半径为 15 的圆)

8."外观交点"模式（APP）

"外观交点"模式包含"外观交点"和"延长线外观交点"两种模式。"外观交点"模式捕捉在三维空间不相交、但在当前视图中投影相交的两个对象（圆弧、圆、椭圆、椭圆弧、直线、多线、多段线、射线、样条曲线或参照线）的外观交点；"延长线外观交点"模式可用于捕捉在三维空间和在当前视图中的投影都不相交，但在当前视图中沿它们投影的自然路径延长将会相交的两个对象的延长线外观交点。

"外观交点"和"延长线外观交点"可用于面域和曲线的边，但不能用于三维实体的边或角点。

注意：如果同时打开"交点"和"外观交点"执行对象捕捉，可能会得到不同的结果，因此最好在运行对象捕捉模式中，不要同时设置"外观交点"与"交点"模式。

9."节点"模式（NOD）

捕捉点对象、标注定义点、标注文字原点或等分点等。

注意：为了便于观察，可以在"点样式"对话框中选择一个点样式来标记点对象。

10."最近点"模式（NEA）

选择除了文字和形（Shape）以外的任何对象时，AutoCAD 捕捉离光标最近的一个对象上的最近点。 如捕捉最近点时在圆外指定一点，此时将该点与圆心相连后与圆周的交点即为最近点。

11."插入点"模式（INS）

捕捉块、形、文本串、属性的插入点。

12."捕捉自"模式（FROM）

本捕捉模式不同于其他捕捉模式。其他捕捉模式都是直接捕捉选定对象上的几何特征点作为输入点，而本模式将捕捉到的特征点作为临时参考点（也称为基点），要求用户再给定偏移距离来确定输入点。偏移距离必须以相对于基点的相对坐标给定。实际应用中，常与其他捕捉模式配合使用，以其他捕捉模式捕捉得到的点作为临时参考点再进行偏移。

例 4-6 如图 4-13 所示，要求从已知圆的圆心右方 40、上方 15 处向圆作切线 AB、AC。

为获得切线的起点，可将"捕捉自"模式与"圆心"模式配合使用。

命令 : LINE

指定第一点 :FRO(激活临时参考点捕捉模式)

基点 : CEN(捕捉圆的圆心为基准点) 〈偏移〉: @40,15(确定切线的起点 A)

指定下一点或 [放弃 (U)]:(捕捉上半圆周位置的切点，绘制切线 AB)

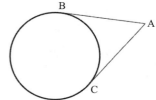

图 4-13 使用"捕捉自"模式作图

指定下一点或 [放弃 (U)]:(按〈Enter〉键结束 AB 的绘制)(切线 AC 由读者自己完成)

指定偏移量时，也可以使用相对极坐标模式。如将上例的条件改为要求切线的起点距离圆心 60，圆心与起点的连线与水平方向成 30°夹角。则将上述命令序列中关于偏移量的一行改为：

〈偏移〉:@60<30(用相对极坐标确定直线起点)

13.“延长线”模式（EXT）

在直线或圆弧延长线上捕捉点。当提示确定一个点时，使用“延长线”模式的步骤如下：

1）激活“延长线”模式。

2）将光标移到要延长的对象上靠近端点处停顿一会，等待在该对象的端点上出现“+”号，表明要延长的直线或圆弧已被选中。

3）沿着延长线方向移动光标，屏幕上显示以虚线表示的延长线，且有“×”符号跟踪延长线，提示框显示光标移动的距离和角度，当光标移到合适的位置时，按下拾取键捕捉需要的点。也可在显示延长线时输入距离值捕捉需要的点。

只要拾取时延长线存在，捕捉的点就被锁定在选定对象的延长线上。如果光标离开延长线较远，延长线消失，调整光标位置又可以使延长线重新显示。

例 4-7　如图 4-14 所示，要求在 AB 直线的延长线上，离 B 端 20 处向右画长度为 50 的水平线 CD。为获取 C 点，可使用“延长线”捕捉模式。命令序列如下：

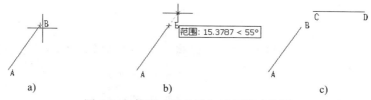

图 4-14　使用“延长线”捕捉模式作图

a）移动光标到 B 点，停顿一会，等待出现“+”号后移开光标　b）沿 AB 线的延伸方向移动光标，保持显示延伸线状态，输入距离值 20 获取水平线的起点 C　c）输入 @50,0 向右画长为 50 的水平线 CD

命令 :LINE

指定第一点 :EXT(激活“延长线”捕捉) 于 (移动光标到 AB 直线的端点 B 处停顿一会，等待出现“+”号;沿延长线方向移动光标，保持延长线跟随移动;输入距离值 20 获取 AB 延长线上距 B 点为 20 的点)

指定下一点或 [放弃 (U)]: @50,0(用相对坐标方式，向右画长为 50 的水平线 CD)

指定下一点或 [放弃 (U)]:(按〈Enter〉键结束命令)

14.“平行线”模式（PAR）

捕捉选定直线的平行线。若要画平行于已有直线的直线，可在 LINE 命令提示“指定下一点或 [放弃（U）:”时，按如下步骤使用“平行线”模式：

1）激活“平行线”模式。

2）移动光标到被平行的已有直线上停顿一会（选择框内只能有准备选择的直线对象），直到在该直线出现“∥”符号，表明已将该直线作为平行参照线。然后移开光标，参照线上的“∥”符号变为“+”号。

3）移动光标，在橡皮筋与选定参照线基本平行时，屏幕上显示用虚线表示的对齐路径，且所平行的参照线上的"+"号变为"//"符号。

4）沿对齐路径移动光标到适当位置，按下拾取键，画与选定参照线平行的直线。

当使用 LINE 命令画折线时，可以选择多个参照线，当橡皮筋与某个参照线平行时，就显示相应的对齐路径，可以方便地绘制分别平行于不同参照线的折线。

例 4-8 如图 4-15 所示，过等腰梯形 ABCD 的顶点 A 作直线 AM，平行于腰 DC、交底边 BC 于 M。

使用"执行对象捕捉"方式，首先在"对象捕捉"选项卡中，打开"平行""交点"和"启用对象捕捉"，关闭其他选项。然后运行如下命令序列：

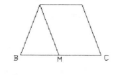

图 4-15 用"平行线"
捕捉模式作图

命令：LINE

指定第一点：END(激活端点捕捉模式，选择 A 点)

指定下一点或 [放弃 (U)]: PAR(激活平行线捕捉模式，移动光标到 DC 边，待显示"//"符号后，移动光标使橡皮筋与 DC 线基本平行，沿显示的参照线移动光标，当在参照线与 BC 边的交点处出现交点捕捉标记时，拾取该点，完成 AM 线的绘制)

指定下一点或 [放弃 (U)]:(按〈Enter〉键结束命令)

4.2.3 自动捕捉（AUTOSNAP）设置

可通过"选项"对话框的"绘图"选项卡设置与捕捉相关的功能和特性，如图 4-16 所示。

图 4-16 "选项"对话框中"绘图"选项卡设置自动捕捉

〈**访问方法**〉

选项卡："视图"→"界面"面板→"对话框启动程序"按钮，激活"选项"对话框，切换至"绘图"选项卡。

应用程序菜单：选项按钮。

菜　单："工具（T）"→"选项（N）"选项✓。

命令行：OPTIONS。

快捷菜单：右击图形区域或者命令行空白处，从弹出的快捷菜单中选择✓ 选项(O)... 选项。

〈选项说明〉

（1）"标记（M）" 用于打开或关闭捕捉标记的显示。

（2）"磁吸（G）" 若选中该复选框，当靶框移近捕捉点时，被吸引并锁定在捕捉点位置，帮助快速捕捉。

（3）"显示自动捕捉工具提示（T）" 用于打开或关闭捕捉提示显示。

（4）"显示自动捕捉靶框（D）" 若选中该复选框，在捕捉时会在十字光标的中心显示捕捉靶框。

（5）"颜色（C）" 弹出"图形窗口颜色"对话框，可以设置各种背景和界面元素的颜色（包括自动捕捉标记的颜色）。

（6）"自动捕捉标记大小（S）" 设置自动捕捉标记的大小。

（7）"靶框大小（Z）" 设置自动捕捉靶框的大小。

4.3　自动追踪（AUTOTRACK 命令）

自动追踪功能包括极轴追踪和对象捕捉追踪，它们可以单独使用，也可以配合使用。极轴追踪是按事先设定的角度增量进行追踪，将拾取点锁定在设定角度的直线上。对象捕捉追踪和对象捕捉模式配合，按与选定对象的特定关系进行追踪。

4.3.1　极轴追踪

极轴追踪功能可以在要求指定一个点时，在按设定角度出现的对齐路径上移动光标，确定符合要求的点。

例如，如果需要画一条长度为 105、与 X 轴成 25°的直线，可以用极轴追踪功能来实现。

1）打开极轴追踪并设置角度增量为 25°。

2）移动光标当橡皮筋接近 25°方向（或以 25°为增量的角度方向）时，出现对齐路径和工具提示，提示相对于起点的距离和角度。

3）沿着对齐路径移动光标直到工具提示显示距离为 105 个单位时按左键拾取该点。也可以直接输入距离值，得到满足要求的点。

使用极轴追踪功能定点与采用相对极坐标方式定点相类似。但前者角度事先设定，长度可以输入，也可以用光标指定，还可以与"交点"模式和"外观交点"模式配合捕捉对齐路径与其他对象的交点。

4.3.2　极轴追踪的设置

极轴追踪默认的角度增量是 90°。可以选用或自行设置其他角度作为极轴追踪的增量角度。另外，还可以改变角度的测量方式。极轴追踪设置的步骤如下：

1）打开"草图设置"对话框并切换至"极轴追踪"选项卡，如图 4-17 所示。

图 4-17 "草图设置"对话框中的"极轴追踪"选项卡

2）在选项卡中选中"启用极轴追踪（F10）（P）"复选框，激活角度追踪功能。

3）在"增量角（I）"下拉列表框中选择角度增量值。可选的值为 90，45，30，22.5，18，15，10，5 等。

想增添新的角度增量值，先选中"附加角（D）"复选框，再选择单击 新建(N) 按钮并输入新值。想删除一个自定义的角度增量值，须在选取该值后单击 删除 按钮。

4）"极轴角测量"选项区。指定角度的测量方式。

①"绝对（A）"。追踪的角度基于当前 UCS 的 X 轴和 Y 轴。

②"相对上一段（R）"。追踪的角度相对于最后所画或所选直线方向。如果是画第一条直线，则基于当前 UCS 的 X 轴和 Y 轴。

4.3.3　追踪角度的重新设置

在 AutoCAD 2016 中，当要求指定一个点时，用户可以重新设置临时追踪角度（在"草图设置"对话框的"极轴追踪"选项卡中设置附加角），也可以手工输入。输入重置的临时追踪角度前要输入一个"<"符号。例如，以下的命令重置临时追踪角度为 36°。

命令：LINE

指定第一点：

指定下一点或 [放弃 (U)]:〈36(设置临时追踪角度为 36°)

角度替代：36

指定下一点或 [放弃 (U)]:(此时只能绘制一段与 X 轴方向成 36°的直线段，随后临时追踪角度就会失效)

注意：临时追踪角度仅对于设置后所绘制的第一段线起作用，其后仍然是用"草图设置"对话框中的极轴角设置；此外，不能同时打开正交模式和极轴追踪功能；在状态栏上单击"极轴追踪"按钮 或按〈F10〉快捷键可打开或关闭极轴追踪功能。

4.3.4　对象捕捉追踪

对象捕捉追踪将以捕捉到的点为基点，按设定的角度显示对齐路径进行追踪。在使用对象捕捉追踪前，必须先打开对象捕捉（"单一捕捉"或"执行对象捕捉"）。

使用对象捕捉追踪功能的基本步骤如下：

1）激活一个要求输入点的绘图命令或编辑命令（如 COPY 和 MOVE）。

2）移动光标到一个对象捕捉点上方（不要按下左键），等待显示"+"号，表示已获取该捕捉点。用相同的方法可以获取多个捕捉点。如果希望清除已得到的捕捉点，可以将光标移回到获取标记上方，AutoCAD 自动清除该点的获取标记。

3）从获取点移动光标，将基于获取点显示对齐路径。

4）沿显示的对齐路径移动光标，追踪到所希望的点。

例 4-9　如图 4-18 所示，要求从 A 点画线段 AC，AC 长 80，AC 的延长线与圆相切。

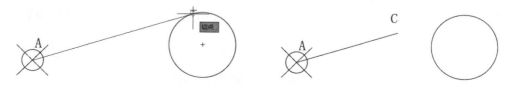

图 4-18　应用对象捕捉追踪功能作图

首先打开"草图设置"对话框"对象捕捉"选项卡，选中"切点"模式和"启动对象捕捉"模式，然后单击 确定 按钮。在状态栏打开"对象捕捉"和"对象追踪"模式。

命令：LINE

指定第一点：NOD(指定 A 点）

指定下一点或 [放弃 (U)]:(移动光标在上半圆周上停留，等待出现相切捕捉标记。

向着标记移动光标，当出现相切捕捉标记时，输入长度值 80)

指定下一点或 [放弃 (U)]:(按〈Enter〉键结束命令）

例 4-10　如图 4-19 所示，要求在矩形 ABCD 内画半径为 30 的圆，圆心位于以 AB 为斜边的等腰直角三角形的直角顶点上。

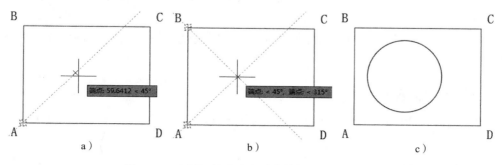

图 4-19　应用极轴追踪和对象捕捉追踪功能作图

a）移动光标到 A 点，待出现"+"标记后移动光标到 B 点，等待出现"+"标记　b）沿 45°移动光标，当过 A 点和 B 点的 45°对齐线同时出现时，在交点处按下左键拾取圆心　c）输入半径，以两直线交点为圆心画圆

具体操作步骤为：首先切换至"草图设置"对话框中的"对象捕捉"选项卡，选中"端点"模式；然后切换至"极轴追踪"选项卡设置增量角为 45°，并选择"用所有极轴角设置追踪"及采用"绝对"极轴角测量；最后单击 确定 按钮。在状态栏打开"对象捕捉""极轴"和"对象追踪"模式。执行如下命令：

命令 :CIRCLE

指定圆的圆心或 [三点 (3P)/ 两点 (2P)/ 相切、相切、半径 (T)]:(移动光标到 AB 下段，等到在 A 点处出现捕捉标记；移动光标到 AB 上段，等到在 B 点处出现捕捉标记；移动光标显示过 B 点的 45°方向对齐路径，沿对齐路径移动光标，当出现过 A 点的对齐路径时，在两条路径交点处按左键，获取圆心)

指定圆的半径或 [直径 (D)]: 30(指定半径)

在状态栏上单击"对象追踪"按钮或按〈F11〉快捷键，可打开或关闭对象捕捉追踪功能。

4.3.5　自动追踪的设置

可通过"选项"对话框的"绘图"选项卡对追踪过程中的工具显示进行设置，如图4-16 所示。

〈对话框说明〉

1）"AutoTrack 设置"选项组用于设置辅助线的显示模式。

①"显示极轴追踪矢量（P）"复选框。当极轴追踪打开时，将沿指定角度显示一个矢量。

②"显示全屏追踪矢量（F）"复选框。选中时显示的对齐路径穿过整个窗口；否则，只从对象捕捉点到当前光标位置显示对齐路径。

③"显示自动追踪工具提示（K）"复选框。选中时会在沿对齐路径移动光标时显示自动追踪提示。该提示显示了对象捕捉的类型、对齐路径的角度以及从对齐点到当前光标位置的距离。

2）"对齐点获取"选项组用于设置在使用对象捕捉追踪时，获取对齐点的方法。

①"自动（U）"。当光标通过对象捕捉点时，会自动获取对象特征点。在按住〈Shift〉键时，光标通过对象捕捉点，不会获取对象特征点。

②"按 Shift 键获取（Q）"。当光标通过对象捕捉点时，只有按住〈Shift〉键才能获取对象特征点。

3）"靶框大小（Z）"选项组用滑块控制靶框的大小，控制追踪时允许光标与对齐路径的偏离程度。

4.4　使用动态输入

使用动态输入功能可以在指针位置处显示标注输入和命令提示等信息，极大地方便了用户绘图。

4.4.1　启用指针输入

在"草图设置"对话框的"动态输入"选项卡中，选中"启用指针输入（P）"复选框可以启用指针输入功能，如图 4-20 所示。单击"指针输入"选项组中的 设置(S)... 按钮，在弹出的"指针输入设置"对话框设置可以控制打开指针输入时显示在工具栏提示中的坐标格式和可见性，如图 4-21 所示。

（1）"格式"选项组　控制打开指针输入时显示在工具栏提示中的坐标格式。

（2）"可见性"选项组　控制何时显示指针输入。

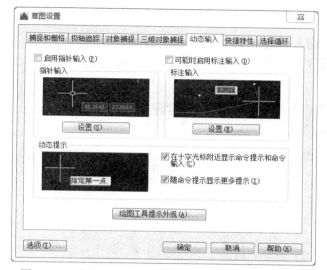

图 4-20　"草图设置"对话框中的"动态输入"选项卡

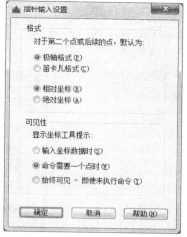

图 4-21　"指针输入设置"对话框

4.4.2　启用标注输入

在"草图设置"对话框的"动态输入"选项卡中，选中"可能时启用标注输入（D）"复选框，可以启用标注输入功能。单击"标注输入"选项组中的"设置（E）"按钮，在弹出的"标注输入的设置"对话框中设置标注的可见性，如图 4-22 所示。

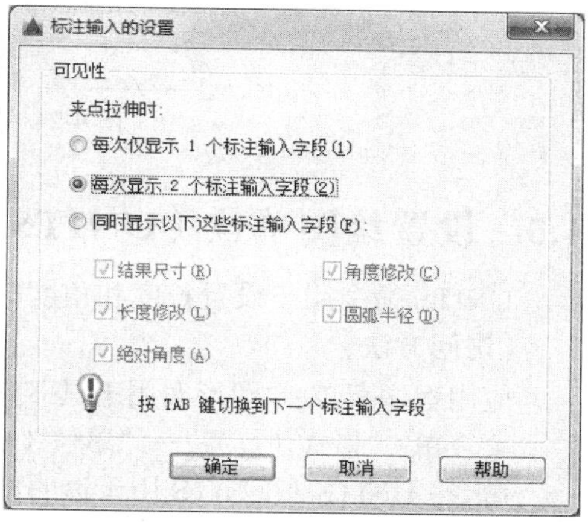

当命令提示输入第二个点或距离时，将显示标注和距离值与角度值的工具栏提示。标注工具栏提示中的值将随光标移动而更改。可以在工具栏提示中输入值，而不用在命令行上输入值。

4.4.3　显示动态提示

图 4-22　"标注输入的设置"对话框

在"草图设置"对话框的"动态输入"选项卡中，选中"动态提示"选项组中的"在十字光标附近显示命令提示和命令输入（C）"复选框，可以在光标附近显示命令提示，如图 4-23 所示。

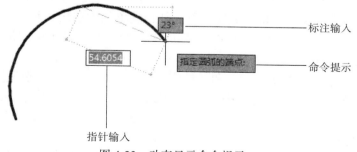

图 4-23　动态显示命令提示

4.4.4　设置工具栏提示外观

在"草图设置"对话框的"动态输入"选项卡中，单击 绘图工具提示外观(A)... 按钮，弹出"工具提示外观"对话框，可以设置工具栏提示的颜色、大小、透明度以及应用范围，如图 4-24 所示。

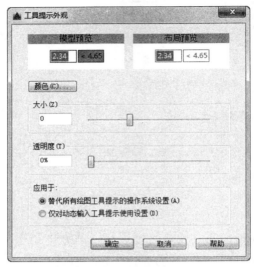

图 4-24　"工具提示外观"对话框

4.5　设置绘图单位（UNITS 命令）

UNITS 命令用于设置长度和角度的单位、精度和显示格式。

〈访问方法〉

应用程序菜单："图形实用工具" ✏ →"单位" 🔢 。

菜　单："格式（O）"→"单位（U）"选项 🔢 。

命令：UNITS（'UNITS 用于透明使用）。

〈操作过程〉

执行 UNITS 命令后，系统将激活图 4-25 所示的"图形单位"对话框，用户可在此设置绘图时使用的单位及精度。

1. **长度单位的设置**

"长度"选项组的"类型（T）"下拉列表框用来设置绘图的长度单位，用户可从"分数""工程""建筑""科学"和"小数"等五种长度单位中选用一种。"精度（P）"下拉列表框用于选择长度的显示精度。默认的长度单位是"小数"，显示精度是四位小数。

2. **角度单位的设置**

"角度"选项组的"类型（Y）"和"精度（N）"下拉列表框用来设置角度单位类型和精度。若选中"顺时针（C）"复选框，表示角度测量方向是顺时针为正；否则，以逆时针为正。

3. **插入时的缩放单位**

控制使用工具选项板（例如设计中心）拖动图形或块到当前图形时的测量单位。如果块或图形创建时使用的单位与该选项指定的单位不同，则在插入这些块或图形时，将对其按比例缩放。插入比例是源块或图形使用的单位与目标图形使用的单位之比。如果插入块时不按指定单位缩放，请选择"无单位"。

注意："拖放比例"设置为"无单位"时，源块或目标图形将使用"选项"对话框的"用户系统配置"选项卡中的"源内容单位"和"目标图形单位"设置。

4.0° 角方向的设定

单击图 4-25 所示的 <u>方向(D)...</u> 按钮，将弹出图 4-26 所示的"方向控制"对话框，可选用"东""北""西"或"南"作为 0° 角的方向，也可以选择"其他（O）"以指定其他任意方向作为 0° 角的方向。默认的 0° 角方向是"东"（即地图上的"东向"，或时钟上的 3 点钟方向）。

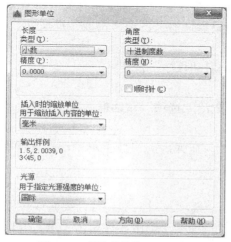

图 4-25 "图形单位"对话框

图 4-26 "方向控制"对话框

4.6 设置图幅界限（LIMITS 命令）

LIMITS 命令用于设置图幅边界和栅格显示的范围。

〈访问方法〉

菜　单："格式（O）"→"图形界限（I）"。

命令行：LIMITS（'LIMITS 用于透明使用）。

〈操作过程〉

设置竖放 A4 图幅（210mm×297mm）的图纸边界的对话过程如下：

命令：LIMITS

重新设置模型空间界限：

指定左下角点或 [开 (ON)/ 关 (OFF)]〈0.0000,0.0000〉:

指定右上角点〈420.0000,297.0000〉: 210,297

命令：ZOOM

指定窗口角点，输入比例因子 (nX 或 nXP)，或者

[全部 (A)/ 中心点 (C)/ 动态 (D)/ 范围 (E)/ 上一个 (P)/ 比例 (S)/ 窗口 (W)/ 对象 (O)]〈实时〉: A

正在重生成模型。

〈选项说明〉

使用 ZOOM 命令 All 选项，将所设定的图幅尽可能大地显示在图形窗口中。

"开（ON）/关（OFF）"选项用于打开（或关闭）边界检验功能。当边界检验功能打开，用户使用定点设备指定点时，仅在图幅边界范围内的点有效。当边界检验功能关闭时，AutoCAD 不对指定的点进行边界检查。

4.7　设置绘图环境（OPTIONS 命令）

OPTIONS 命令用于激活"选项"对话框，在 11 个选项卡中，可对 AutoCAD 的绘图环境进行定制。由于定制涉及的内容很广，既涉及用户界面的一般设置，又涉及高级应用，初学者通常只需要使用默认设置。但为了引导用户用好 AutoCAD，克服学习中的一些困惑，本节将集中介绍与初学者有关的设置，另一部分定制内容将在有关的章节介绍，还有一部分内容本书不做详细介绍，有兴趣的读者请参阅有关的参考书或帮助文件。

〈访问方法〉

选项卡："视图"→"界面"面板→"对话框启动程序"按钮￼。

应用程序菜单：￼按钮。

菜　单："工具（T）"→"选项（N）"￼，激活"选项"对话框。

命令行：OPTIONS。

快捷菜单：右击图形区域或者命令行空白处，在弹出的快捷菜单中选择￼ 选项(O)... 选项。

〈操作过程〉

执行 OPTIONS 命令后，激活图 4-27 所示的"选项"对话框。打开要修改设置的选项卡，并对选定的项目进行修改，完成设置后单击 应用(A) 按钮，再单击 确定 按钮。单击 取消 按钮将取消所做的修改，返回图形窗口。

对话框中有"文件""显示""打开和保存""打印和发布""系统""用户系统配置""绘图""三维建模""选择集""配置"和"联机"等选项卡，下面简要介绍有关的功能。

1. "文件"选项卡

该选项卡用来确定 AutoCAD 搜索支持文件、驱动程序文件、菜单文件和其他文件时的路径以及用户定义的一些设置，为保证正常运行请使用默认值。

请读者特别注意"自动保存文件位置"，便于恢复未能正常保存的文件。

2. "显示"选项卡

该选项卡用于定制 AutoCAD 工作界面的显示形式，图 4-27 显示默认设置，主要选项的含义如下。

（1）"窗口元素"选项组　控制 AutoCAD 绘图窗口有关元素的显示特性。

1）"在图形窗口中显示滚动条（S）"。选中时，在图形窗口中显示滚动条。

2）"配色方案"。以深色或浅色控制界面元素（例如状态栏、标题栏、功能区栏、选项板和应用程序菜单边框）的颜色设置。

3）"在工具栏中使用大按钮"。选中后，以 32×32 像素的更大格式显示图标按钮。

4）"将功能区图标调整为标准大小"。选中后，当功能区图标不符合标准图标的大小时，将小图标缩放为 16×16 像素，将大图标缩放为 32×32 像素。

图 4-27 "选项"对话框中的"显示"选项卡

5)"显示工具提示"。控制工具提示在功能区、工具栏及其他用户界面元素中的显示。可以选择在工具提示中是否显示快捷键〈Alt+按键〉〈Ctrl + 按键〉;也可以控制扩展工具提示是否显示。"延迟的秒数"设置显示基本工具提示与显示扩展工具提示之间的延迟时间。

6)"显示鼠标悬停工具提示"。控制当光标悬停在对象上时鼠标悬停工具提示是否显示。

7)"显示文件选项卡"。是否显示位于绘图区域顶部的"文件"选项卡。

8) 颜色(C)... 按钮。激活"颜色选项"对话框,用于设定图形窗口、命令窗口的背景及相关元素的颜色。

9) 字体(F)... 按钮。激活"命令行窗口字体"对话框,用于指定命令行窗口文字的字体与大小。

(2)"布局元素"选项组 AutoCAD 通过图纸空间的布局有效地组织图形打印输出,"布局元素"选项区用于设置与布局有关的一般设置。

1)"显示布局和模型选项卡(L)"。选中时在绘图区域的底部显示"布局"和"模型"选项卡。若取消"显示布局和模型选项卡"复选框的选中,则在图形窗口的底边将不显示"模型""布局 1""布局 2"等选项卡。

2)"新建布局时显示页面设置管理器(G)"复选框。若选中,则在第一次选择布局选项卡时,将显示"页面设置"对话框。"页面设置"对话框用于设置与图纸和打印设置相关的选项。

3)"在新布局中创建视口(N)"。若选中,则在创建新布局时自动创建单个视口。

(3)"显示精度"选项组 控制圆弧等曲线对象显示的光滑程度,其值增大,显示效果好,但影响更新速度。

（4）"显示性能"选项组　控制光栅图像、填充实体、标注文字、三维实体的轮廓曲线的显示性能。打开应用实体填充复选框、使用 FILL 命令的 ON 选项或设置系统变量 FILLMODE=1，将使带宽度的多段线、圆环、实心区域等填充显示，否则只显示轮廓。

（5）"十字光标大小（Z）"选项组　输入值、移动滑块或使用系统变量 CURSORSIZE 都可设置光标十字线的长短。

（6）"淡入度控制"选项组　控制 DWG 外部参照和 AutoCAD 中参照编辑的淡入度的值。

3. "打开和保存"选项卡

该选项卡用于确定保存图形文件的格式、文件安全措施、文件打开、应用程序菜单、外部参照和 ObjectARX 应用程序等。

请读者特别注意三点：

1）在"另存为（S）"中选择文件保存格式问题。一般建议选择"AutoCAD 2004/LT2004 图形"格式，以防高版本文件在其他计算机上不能打开。

2）设置自动保存间隔时间为 5min。

3）选择"每次保存时均创建备份副本"，以防不测。

4. "打印和发布"选项卡

该选项卡用于控制新图形的默认打印机、打印样式等设置。

5. "系统"选项卡

其中包含硬件加速、当前定点设备、触摸体验、布局重生成选项、常规选项、安全性、信息中心和数据库连接选项等有关内容。

6. "用户系统配置"选项卡

该选项卡用于按用户的爱好、习惯优化 AutoCAD 的工作模式，如图 4-28 所示。

图 4-28　"用户系统配置"选项卡

（1）"双击进行编辑"　该复选框用来控制绘图区域中的双击编辑操作。

（2）"绘图区域中使用快捷菜单（**M**）"　若选中该复选框，则在绘图区域内右击时将弹出相应的快捷菜单；否则，将相当于按下〈Enter〉键以重复刚才执行的最后一条命令。

（3）"自定义右键单击（**I**）"按钮　单击该按钮，将弹出自定义右键单击对话框进行自定义右击功能。一般来讲，自定义右键单击表示快捷菜单。

7. "绘图"选项卡

打开或关闭对象自动捕捉设置、自动追踪功能，捕捉标记和工具提示显示控制，设置捕捉标记的颜色及大小、捕捉靶框的大小、设计工具提示设置、光线轮廓设置和相机轮廓设置等。详见 4.2 节的"对象捕捉（OSNAP 命令）"。

8. "三维建模"选项卡

用户可在此设置在三维中使用实体和曲面的选项。

9. "选择集"选项卡

控制对象选择集模式、夹点功能的设置、拾取框大小以及夹点大小等。详细内容参见第 5 章。

10. "配置"选项卡

用户可在此实现系统配置的新建、输入、输出、置为当前、重命名、删除等操作。

11. "联机"选项卡

用户可在此设置用于使用 Autodesk A360 联机工作的选项，并提供对存储在云账户中的设计文档的访问。

4.8　图形样板文件的创建与使用

当进行新的绘图任务时，对系统和绘图环境进行设置是必不可少的，一批图样常要求使用相同的风格，因此将常用的系统设置和绘图环境的设置以文件的形式保存起来，以便以后使用，可以简化操作、统一风格。这种文件在 AutoCAD 中称为样板文件。当创建新图形时可选择"使用样板"文件方式创建新图形，以选择的样板文件为基础进行绘图和编辑。

样板文件一般包括绘图环境、常用的图层、线型、颜色、块定义、文本样式以及标注样式等相关内容的设置。样板文件还可以包括图框、标题栏以及用户认为应当放在样板图中的各个图形文件的共同内容。当采用该样板创建新文件时，样板各项内容就成为新文件的内容，可以直接使用，也可以修改。

下面介绍一个常用、简单样板文件的创建与使用过程。创建的样板只包括绘图环境的设置、图层的创建与设置等，其他内容读者在学完后续章节后可自行添加。

1. 设置绘图环境

绘图环境与系统的设置步骤如下：

1）启动 AutoCAD，建立一个新的图形文件。

2）选择"格式（**O**）"菜单→"单位（**U**）"选项，根据实际情况对长度和角度的单位制和精度进行设置。

3）选择"格式（**O**）"菜单→"图形界限（**I**）"选项，设置图幅边界，并根据实际情况绘制相应的粗、细边框和标题栏。

4）创建工程图中常用的图层，如：粗实线、细实线、中心线、虚线、文字标注、尺寸标注、辅助线等。根据实际情况对各图层分别设置相应的颜色、线型、线宽等特性。

5）根据实际情况对捕捉、栅格、动态输入、对象捕捉、对象捕捉追踪、极轴追踪和线宽显示等进行设置。

在学习了后面章节的内容之后，还可以在样板文件中添加下列内容：

6）使用 STYLE 命令设置文字样式，并填写标题栏的部分内容（详见第 7 章）。

7）使用 DIMSTYLE 命令设置尺寸标注的样式（详见第 10 章）。

8）创建带有属性的块（详见第 9 章）。

2. 样板文件的保存

选择"快速访问工具栏"→"另存为"🖫或者"应用程序菜单"→"另存为"🖫，在"图形另存为"对话框中，选择文件类型为"AutoCAD 图形样板（*.dwt）"，指定文件的存储路径和名称，即将上述文件保存成 AutoCAD 图形样板文件（*.dwt），可供今后使用。

AutoCAD 样板文件默认存放在安装目录下的 Template 子文件夹中。

请读者特别注意：图形样板文件也有版本问题。例如，想创建一个在新、旧版本的 AutoCAD 中都能用的样板文件，就应该选择一个较低版本（一般选择 AutoCAD 2004）的图形文件（*.dwg）进行各种设置，然后保存为样板文件即可。

3. 使用样板文件创建新图形

当创建新图形时，在图 4-29 所示的"选择样板"的对话框中选择所需样板文件。

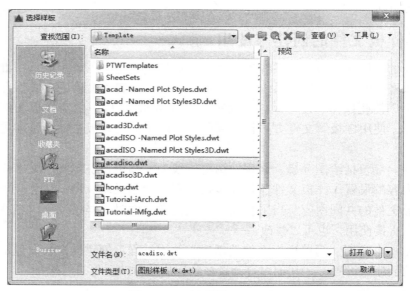

图 4-29　"选择样板"对话框

4.9　CAD 标准的应用

在多人进行合作绘图时，可以创建标准文件以定义常用属性来确保图形文件的一致性。为了增强一致性，用户可以创建、应用和核查 AutoCAD 图形中的标准，这在多人协同工作的环境下尤其有用。

可以为图层、文字样式、线型和标注样式等对象创建标准。

1．标准的定义

用户只需在一个图形文件中对图层、文字样式、线型和标注样式进行定义，并将该文件保存成以 .dws 为扩展名的标准文件，即可完成 CAD 标准的定义。此后可以将标准文件同一个或多个图形文件关联，并定期检查该图形，以确保它遵循标准。

2．建立图形与标准文件的关联

为了检查图形文件对标准的贯彻情况，首先应在该图形文件中建立与标准文件的关联。具体的操作步骤如下：

1）单击"管理"选项卡→"CAD 标准"面板→"配置"按钮；或选择"工具（T）"菜单→"CAD 标准（S）"→"配置（C）" 选项；或直接输入"STANDARDS"命令，都将弹出"配置标准"对话框，切换至"标准"选项卡，如图 4-30 所示。"与当前图形关联的标准文件（F）"列表框中列出了与当前图形文件关联的标准文件。

图 4-30 "配置标准"对话框"标准"选项卡

2）单击"添加"按钮，将弹出"选择标准文件"对话框，可以指定要与当前图形相关联的标准文件，完成与标准文件的关联。

3）返回"配置标准"对话框，在"与当前图形关联的标准文件"列表框中即出现刚加载的标准文件名称，如图 4-31 所示。

图 4-31 "配置标准"对话框显示加载后的标准文件

4）进行标准检查时也可以指定只检查部分标准类型。切换至"配置标准"对话框的

"插件"选项卡（见图 4-32），可以选择与当前图形相关联的标准类型，包括标注样式、图层、文字样式和线型等，前面打"√"的选项表示已经与图形建立关联。

图 4-32　在"插入模块"设置关联的标准类型

5）单击 设置(S)... 按钮，将弹出图 4-33 所示的"CAD 标准设置"对话框，用户可以设置禁用标准的通知方式，如警告信息提示、状态栏图标是否提示等。在"检查标准设置"选项区中，用户可以设置系统是否自动修复非标准特性和显示忽略的问题。

6）连续两次单击 确定 按钮，完成 CAD 标准关联的建立。

3. 用关联的标准来检查图形

当图形与 CAD 标准建立关联后，就可以在绘图过程中提示用户不符合标准的操作以及对已经完成的图形进行检查。

图 4-33　"CAD 标准设置"对话框

（1）检查单个图形　可以单击"管理"选项卡→"CAD 标准"面板→"检查"按钮 ✓；或选择"工具（T）"菜单→"CAD 标准（S）"→"检查（K）" ✓选项；或直接输入"CHECKSTANDARDS"命令，查看当前图形中的所有标准冲突。"检查标准"对话框报告所有非标准对象并给出建议的修复方法。

（2）检查多个图形　可以使用标准批处理检查器分析多个图形，然后通过 HTML 格式的报告总结找到的标准冲突。要运行批处理标准核查，首先必须创建标准检查（CHX）文件。CHX 文件是配置文件和报告文件，它包含图形文件、标准文件的列表和标准检查生成的报告。

（3）在绘图过程中启动标准检查　可以在"CAD 标准设置"对话框中设定通知选项，也可以使用 STANDARDSVIOLATION 系统变量设定通知选项。如果选择了对话框中的"标准冲突时显示警告"，那么在工作时如果发生冲突，将显示警告。如果选择了"显示标准状态栏图标"，那么在打开与标准文件相关联的文件以及在创建或修改非标准对象时，将显示图标。

（4）转换图层　通过图层转换器，可以将某个图形中的图层转换为已定义的图层标准。

第 5 章

图 形 编 辑

AutoCAD 2016 提供了对已有的图形对象进行移动、旋转、修剪、拉伸、缩放、复制等各种操作，可帮助用户合理地组织和构造图形、精确高效地生成新图形。

多数编辑命令都要求先选择一个或多个编辑对象。AutoCAD 2016 同时支持先发出命令后选择对象和先选择对象后指定编辑命令两种编辑方式。大多数编辑命令可通过"草图与注释"空间中"默认"选项卡→"修改"面板（见图 5-1）进行，或通过图 5-2 所示的"修改"和"修改 II"工具栏或者图 5-3 所示的"修改（M）"下拉菜单实现，也可以直接在命令行输入相应的命令来激活。

图 5-1 "草图与注释"工作空间→"默认"选项卡→"修改"面板

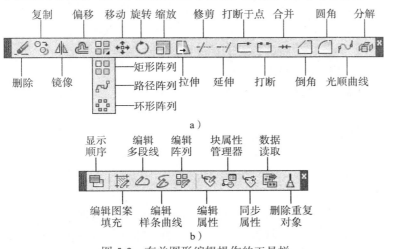

a）

b）

图 5-2 有关图形编辑操作的工具栏

a）"修改"工具栏 b）"修改 II"工具栏

图 5-3 "修改（M）"下拉菜单

5.1 选择对象

要对图形对象进行编辑修改，首先应确定要编辑和修改的对象是什么。多数 AutoCAD 的编辑命令，要求提供包含处理对象集合的选择集。选择集中可包含一个或多个对象。用户可以用各种方法选择对象，AutoCAD 用加亮的虚线显示被选中的对象。

5.1.1 构造选择集（SELECT 命令）

当 AutoCAD 命令要求选择对象时，屏幕上的十字光标被一个称为"对象选择靶"的小方框所代替。系统进入对象选择状态并提示：

选择对象：

可重复使用各种选择方式，在绘图区通过人－机交互的方式选择对象。有些命令只允许用指定点选择一个对象，用户选择对象后 AutoCAD 即对所选对象进行指定的操作；多数命令允许选择多个对象，被选择的对象将加亮显示，"选择对象："提示将反复出现，直至按空格键或〈Enter〉键回答"选择对象："提示，完成选择集构造并结束选择操作。按〈Esc〉键将中断选择操作，废除该选择集。若输入"？"或其他非法的关键字，则将显示对象选择命令行提示：

需要点或窗口 (W)/上一个 (L)/窗交 (C)/框 (BOX)/全部 (ALL)/栏选 (F)/圈围 (WP)/圈交 (CP)/编组 (G)/添加 (A)/删除 (R)/多个 (M)/前一个 (P)/放弃 (U)/自动 (AU)/单个 (SI)/子对象 (SU)/对象 (O)

选择对象：

AutoCAD 提供多种选择对象的方法。

1. 指定点

指定点（单点选择）选择是系统默认的对象选择方式，可用鼠标移动拾取框，在要选取的对象上单击。系统搜索并选择被拾取的对象，加亮显示选择的对象（见图 5-4a）。

在多个对象相交处进行点选择操作，可能得不到预期的结果。

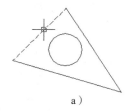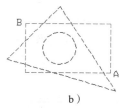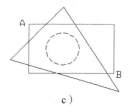

图 5-4　对象选择操作

a）点选择　b）窗交（C）选择方式　c）窗口（W）选择方式

2. 窗交（C）和窗口（W）

系统提示输入矩形的两个对角顶点：

指定第一个角点：(指定点 A)

指定对角点：(指定点 B)

找到 n 个

对于窗交（C）选择方式，在指定第一个角点后，随着光标的移动将出现一个虚线的矩形框（如果屏幕的背景是黑色，该矩形框的填充色是绿色；如果屏幕的背景是白色，该矩形框的填充色是浅绿色），指定对角点后，AutoCAD 选择所有完全或部分落入窗口内的可见对象（如图 5-4b 所示）。

对于窗口（W）选择方式，在指定第一个角点后，随着光标的移动将出现一个实线的矩形框窗口（如果屏幕的背景是黑色，该矩形框的填充色是蓝色；如果屏幕的背景是白色，该矩形框的填充色是浅蓝色），在指定对角点后，AutoCAD 选择所有完全落入窗口内的可见对象，而仅有部分落入窗口内的可见对象不被选择（如图 5-4c 所示）。

默认状态下选择操作处于"自动"模式。若移动选择框在对象上单击，则选择该对象；若移动选择框在空白处单击，则该点被作为选择窗口的第一个角顶点，当右移鼠标时，将有实线框跟随移动，确定对角点后，自动引用窗口（W）选择方式；当左移鼠标时，将有虚线框跟随移动，确定对角点后，自动引用窗交（C）选择方式。

注意： 在 AutoCAD 2016 中还支持一种称为"套索"的选择方式，在"选择对象"的提示下，按下鼠标左键并拖动到适当的位置释放鼠标。在按下鼠标的同时向右移动，将出现一个实线的封闭图形（如果屏幕的背景是黑色，该图形框的填充色是蓝色；如果屏幕的背景是白色，该图形框的填充色是浅蓝色），该图形由鼠标起点到当前位置的直线段和鼠标移动路径的曲线组成，在释放鼠标后，完全落入该封闭图形内的可见对象被选择。相反，如果在按下鼠标的同时向左移动，将出现一个虚线的封闭图形（如果屏幕的背景是黑色，该图形框的填充色是绿色；如果屏幕的背景是白色，该图形框的填充色是浅绿色），该图形由鼠标起点到当前位置的直线段和鼠标移动路径的曲线组成，在释放鼠标后，只要部分落入该封闭图形内的可见对象都被选择。

3. 圈围（WP）/ 圈交（CP）

通过指定多边形各顶点，定义多边形来选择对象，对话过程如下：

第一个圈围点或拾取 / 拖动光标：（指定多边形的第一个顶点）

指定直线的端点或 [放弃 (U)] ：（指定下一个顶点，或退回到上一个顶点）

找到 n 个

对于圈围（WP）选择方式，在指定第二点后，随着光标的移动显示一个实线多边形，多边形的边数随着指定点的增加而增加，当用户用空格键或〈Enter〉键结束顶点指定时，完全落入多边形内的对象被选择。

圈交（WC）选择方式与圈围（WP）选择方式类似，区别在于在指定顶点的过程中，随着光标的移动显示的是虚线多边形，结束顶点指定时，完全落入或部分落入多边形内的对象均被选择。

圈围（WP）/ 圈交（WC）方式，定义的多边形的各边不允许自行相交。

4. 其他选择方式

其他选项的功能说明见表 5-1。

表 5-1 选择对象的其他选项功能

选项关键字	功　能
添加（A）	切换到"添加"模式。此后所选择的对象都将被添加到选择集中，"添加"模式是对象选择操作的默认模式
全部（ALL）	选择解冻的图层上的所有对象。也可以单击"默认"选项卡→"实用工具"→"全部选择"按钮 ┿ 进行选择

（续）

选项关键字	功　能
自动（AU）	切换到"自动"选择模式。"自动"和"添加"为默认模式
框（BOX）	矩形框（由两点确定）选择。与窗口选择或交叉窗口选择等价
类（CL）	按照应用程序为对象添加的分类特性选择对象
栏选（F）	指定一系列顶点，构建折线选择栏，选择与选择栏相交的所有对象
编组（G）	选择指定编组中的所有对象
上一个（L）	选择最近一次创建的可见对象
多个（M）	指定多次选择而不亮显对象，等到结束选择操作后，统一到数据库中查找匹配的对象，从而加快对复杂对象的选择过程
前一个（P）	选择最近创建的选择集
单个（SI）	切换到"单选"模式。选择指定的第一个或第一组对象而不继续提示进一步选择
删除（R）	切换到"删除"模式。使用任何一种对象选择方式都可以将对象从当前选择集中删除，即撤销选择
放弃（U）	取消选择最近添加到选择集中的对象
子对象（SU）	使用户可以逐个选择原始形状，这些形状是复合实体的一部分或三维实体上的顶点、边和面。
对象（O）	结束选择子对象的功能。使用户可以使用对象选择方法

5.1.2　选择方式的设置

激活"选项"对话框的"选择集"选项卡，如图 5-5 所示。可以设置更符合个人习惯的对象选择方式，使选择操作更为方便、快捷，得心应手。

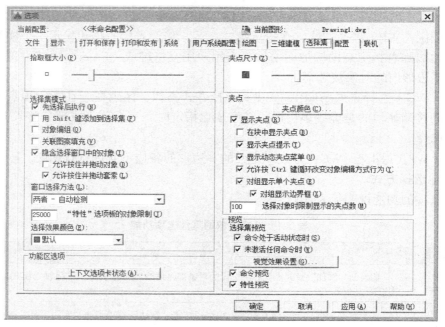

图 5-5　"选项"对话框中的"选择集"选项卡

〈**访问方法**〉

选项卡：单击"视图"→"界面"面板→"对话框启动程序"按钮▣，激活"选项"对话框，切换至"选择集"选项卡。

应用程序菜单：选项按钮。

菜　单："工具（T）"→"选项（N）"☑，激活"选项"对话框，切换至"选择集"选项卡。

快捷菜单：右击图形区域或者命令行空白处，从弹出的快捷菜单中选择☑ 选项(O)...。

命令行：OPTIONS。

〈**选项说明**〉

（1）"拾取框大小（P）"　移动滑块可以调整选择操作时显示的拾取框的大小。

（2）"先选择后执行（N）"　若选中该复选框，则允许在启动命令之前选择对象，被调用的命令对先前选定的对象产生影响；否则，需要先发出命令然后提示用户选择对象。TRIM、EXTEND、CHAMFER、FILLET 等命令不支持该种方式。

（3）"用〈Shift〉键添加到选择集（F）"　若选中该复选框，则必须按住〈Shift〉键再选择对象，才能将所选对象加入选择集；否则，所选对象将替代原选择集。若取消该复选框的选中，则所选对象自动加入选择集。

（4）"对象编组（O）"　若选中该复选框，当选择用 GROUP 命令编组的一个成员时，如果该组被设置为可选择的，则该组的全体成员都被选择。

（5）"关联图案填充（V）"　若选中该复选框，当选择以关联图案方式填充的图案时，边界也将被选择。

（6）"隐含选择窗口中的对象（I）"　若选中该复选框，使用隐含窗口方式。当在屏幕的空白处指定一点时，该点被作为窗口的第一角点，进入"W"或"C"方式。

"先选择后执行（N）""对象编组（O）"和"隐含选择窗口中的对象（I）"三个复选框是默认选中的。

（7）"特性"选项板的对象限制（J）　确定可以使用"特性"和"快捷特性"选项板一次更改的对象数量限制。

（8）命令处于活动状态时（S）　若选中该复选框，仅当某个命令处于活动状态并显示"选择对象"提示时，才会出现选择预览。

（9）未激活任何命令时（W）　若选中该复选框，即使未激活任何命令，也显示选择预览。

5.1.3　快速选择（QSELECT 命令）

QSELECT 命令用于创建按对象类型和特性过滤的选择集，然后在其后的编辑操作中在"选择对象"提示下使用"上一个"选项访问该选择集。

〈**访问方法**〉

选项卡："默认"→"实用工具"面板→"快速选择"按钮▣。

命令行：QSELECT。

〈**选项说明**〉

执行 QSELECT 命令后，AutoCAD 将弹出图 5-6 所示的"快速选择"对话框。

（1）"应用到（Y）" 将过滤条件应用到整个图形或当前选择集。

（2）"选择对象"按钮 ✛ 临时退出"快速选择"对话框，允许用户选择要对其应用过滤条件的对象，然后返回到"快速选择"对话框中。

（3）"对象类型（B）" 指定要包含在过滤条件中的对象类型。

（4）"特性（P）" 列出指定对象类型的可用特性。

（5）"运算符（O）" 控制过滤的范围。根据选定的特性，选项可包括"等于""不等于""大于""小于"和"* 通配符匹配"。"* 通配符匹配"只能用于可编辑的文字字段。使用"全部选择"选项将忽略所有特性过滤器。

（6）"值（V）" 指定过滤器的特性值。

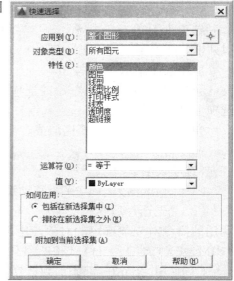

图 5-6 "快速选择"对话框

（7）"如何应用" 指定是否将符合给定过滤条件的对象包括在新选择集中。选择"包括在新选择集中"将创建其中只包含符合过滤条件的对象的新选择集。选择"排除在新选择集之外"将创建其中只包含不符合过滤条件的对象的新选择集。

（8）"附加到当前选择集（A）" 指定是由 QSELECT 命令创建的选择集替换还是附加到当前选择集。

5.2 对象的删除和恢复

5.2.1 删除对象（ERASE 命令）

ERASE 命令用于删除选择的对象。

〈访问方法〉

选项卡："默认"→"修改"面板→"删除"按钮 ✐。

菜　单："修改（M）"→"删除（E）"选项 ✐。

工具栏："修改"→"删除"按钮 ✐。

命令行：ERASE。

〈操作过程〉

命令：ERASE

选择对象：(选择对象)

用各种对象选择方式回答提示，并按〈Enter〉键结束选择，则所选的对象被删除。

5.2.2 恢复被删除的对象（OOPS 命令）

在命令行输入 OOPS，可恢复最近一次 ERASE 命令删除的对象，该命令没有参数。在执行 BLOCK 命令后，也可以使用 OOPS 命令恢复因定义为块而被删除的对象。

5.2.3 删除重复对象（OVERKILL 命令）

〈访问方法〉

OVERKILL 命令用于删除重复或重叠的直线、圆弧和多段线。此外，还可以合并局部重叠或连续的对象。

选项卡："默认"→"修改"面板→"删除重复对象"按钮 Ａ。
菜　单："修改（M）"→"删除重复对象"选项 Ａ。
工具栏："修改Ⅱ"→"删除重复对象"按钮 Ａ。
命令行：OVERKILL。

〈操作过程〉
命令：OVERKILL

选择对象：（选择对象，直到按〈Enter〉键结束选择）

系统弹出图 5-7 所示的"删除重复对象"对话框，用户可以在此对话框中对如何处理直线、圆弧和多段线等进行设置。

图形中删除多余的几何图形，例如重复的对象副本、在圆的某些部分上绘制的圆弧、与多段线线段重叠的重复的直线或圆弧段都会被删除，而以相同角度绘制的局部重叠的线被合并到单条线。利用此功能不仅可以清除图样中的冗余图形，还可以避免因图形重叠而引起的编辑、打印等相关问题。

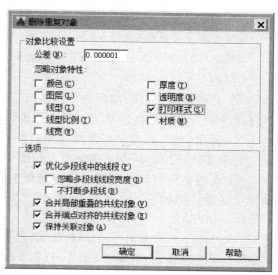

图 5-7 "删除重复对象"对话框

5.3 对象的打断（BREAK 命令）

BREAK 命令用于打断直线、圆、圆弧、多段线、椭圆、样条曲线、构造线和射线。如图 5-8 所示，选择不同的断点，可以擦除中间一段、一端或分成相邻的两段。

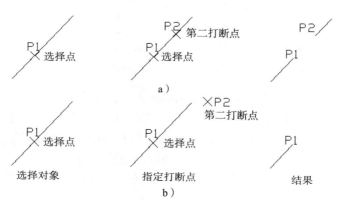

图 5-8 用 BREAK 命令打断图线
a）打断中间一段　b）打断一端

〈访问方法〉

选项卡:"默认"→"修改"面板→"打断"按钮 。

菜　单:"修改(M)"→"打断(K)"选项 。

工具栏:"修改"→"打断"按钮 。

命令行:BREAK。

〈操作过程〉

打断时,需要选择被打断对象,指定打断的起点(第一断点)和终点(第二断点)。AutoCAD 默认将选择对象的选择点直接作为第一断点。用户也可以另外指定第一断点。

命令:BREAK

选择对象:(用指定点选择方式选择待打断对象)

指定第二个打断点或 [第一点(F)]:(指定第二打断点)

〈说明〉

1)若指定第二打断点回答"指定第二个打断点或 [第一点(F)]:"提示,系统使用选择点作为起点,用指定第二打断点作为终点,删除两点间部分。

2)若用"F"回答"指定第二个打断点或 [第一点(F)]:"提示,系统将提示输入第一打断点和第二打断点,删除两点间部分。

3)在指定两打断点时可以捕捉对象上的特征点,从而保证在准确位置打断,如图 5-9 所示。命令序列如下:

命令:BREAK

选择对象:(在 P1 处单击,选择矩形上面的一条水平边)

指定第二个打断点或 [第一点(F)]:F(选择输入第一切断点方式)

指定第一个打断点:(捕捉第一个打断点 P2)

指定第二个打断点:(捕捉第二个打断点 P3)

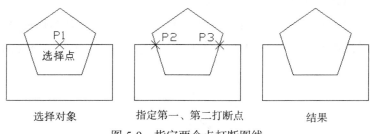

选择对象　　　　　指定第一、第二打断点　　　　　结果

图 5-9　指定两个点打断图线

4)第二打断点并不一定要在对象上,AutoCAD 会自动找出对象上离第二打断点最近的点。例如要打断直线、粗线、弧或多段线的一端,则第二点可在远离此端的某处。

5)若只想将对象一分为二而不做任何删除,可在 AutoCAD 请求第二打断点时,输入"@0,0"或"@"(上一点坐标),则用两个相同的点作为分割点。

6)当打断圆时,删除从第一个打断点 P1 沿逆时针方向至第二个打断点 P2 的一段圆弧,如图 5-10 所示。

7)在"修改"面板中还有一个"打断于点"的按钮 ,直接用于在单个点处打断选定的对象,包括直线、开放的多段线和圆弧。该命令对于闭合的对象无效。

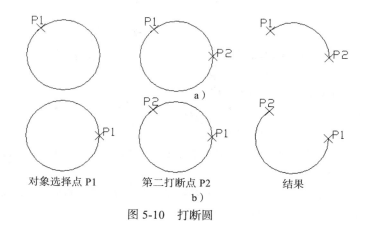

P1　　　　P1　　　　P1
　　　　　　　　　P2　　　　　　P2

a）

P2　　　　P2　　　　P2
　　P1　　　　　P1　　　　　P1

对象选择点 P1　　　第二打断点 P2　　　结果

b）

图 5-10　打断圆

5.4　对象的修剪和延伸

5.4.1　对象的修剪（TRIM 命令）

使用 TRIM 命令可用指定的一个或多个对象作为边界剪切被修剪的对象，使它们精确地终止于剪切边界上。可以被修剪的对象包括圆弧、圆、椭圆弧、直线、多段线、射线、构造线和样条曲线等。

〈访问方法〉

选项卡：“默认”→“修改”面板→“修剪”按钮 ⊹ 。

菜　　单：“修改（M）”→“修剪（T）”选项 ⊹ 。

工具栏：“修改”→“修剪”按钮 ⊹ 。

命令行：TRIM。

〈操作过程〉

先选择作为剪切边界线的对象，再逐个选择被修剪的对象，图线将沿剪切边界线被修剪，如图 5-11 所示。

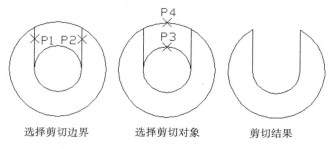

P4
P1 P2　　　　　P3

选择剪切边界　　　选择剪切对象　　　剪切结果

图 5-11　用 TRIM 命令修剪图形

命令：TRIM

当前设置：投影＝当前值，边＝当前值

选择剪切边 …

选择对象或〈全部选择〉：(选择一个或多个对象，或者按〈Enter〉键选择所有的对象。在此选择剪

切边界线 P1)

找到 1 个

选择对象：(选择剪切边界线 P2)

找到 1 个，总计 2 个

选择对象：(按〈Enter〉键结束边界选择)

选择要修剪的对象，或按住〈Shift〉键选择要延伸的对象，或 [栏选 (F)/ 窗交 (C)/ 投影 (P)/ 边 (E)/ 删除 (R)/ 放弃 (U)] : (选择被修剪的对象 P3)

选择要修剪的对象，或按住〈Shift〉键选择要延伸的对象，或栏选 (F)/ 窗交 (C)/ 投影 (P)/ 边 (E)/ 删除 (R)/ 放弃 (U)] : (选择被修剪的对象 P4)

选择要修剪的对象，或按住〈Shift〉键选择要延伸的对象，或 [栏选 (F)/ 窗交 (C)/ 投影 (P)/ 边 (E)/ 删除 (R)/ 放弃 (U)] : (按〈Enter〉键结束命令)

〈选项说明〉

（1）"按住〈Shift〉键选择要延伸的对象" 延伸选定对象而不是修剪它们。此选项提供了一种在修剪和延伸之间切换的简便方法。

（2）"栏选（F）" 选择与选择栏相交的所有对象。选择栏是一系列临时线段，它们是用两个或多个栏选点指定的。选择栏不构成闭合环。

（3）"窗交（C）" 使用矩形的交叉窗口选择被修剪的对象。

（4）"投影（P）" 指定在修剪对象时采用的投影方式，默认设置为 UCS 方式。AutoCAD 进一步提示：

输入投影选项 [无 (N)/UCS(U)/ 视图 (V)]〈当前值〉：

①"无（N）"。指定非投影方式，在空间交点处修剪。

②"UCS（U）"。指定投影到当前 UCS 坐标系的 XY 平面，修剪在三维空间不相交的对象。

③"视图（V）"。指定沿着当前的投影方向，在视图上修剪。

（5）"边（E）" 选择该子选项后，AutoCAD 提示：

输入隐含边延伸模式 [延伸（E）/ 不延伸（N）]〈当前值〉：

（1）"延伸（E）"。当所选的修剪对象与修剪边界的交点在修剪边界的延长线上时，也被修剪，如图 5-12 所示。

（2）"不延伸（N）"。不与修剪边界直接相交的对象不会被修剪。

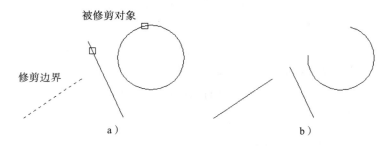

图 5-12 TRIM 命令的边"延伸"方式

a）指定修剪边界和被修剪对象 b）修剪结果

（6）"删除（R）"删除选定的对象。此选项提供了一种用来删除不需要的对象且无须退出 TRIM 命令的简便方式。

（7）"放弃（U）"撤销由 TRIM 命令所做的最后一次修改。

〈说明〉

1）修剪的边界线可以使用任意的对象选择方法进行选择，当所有剪切边界选择完毕后按〈Enter〉键表示选择集结束。

2）被修剪的对象常用点选择的方式。要求选择修剪对象的提示将反复出现，每次修剪一个对象，直至按〈Enter〉键结束命令；也可以采用栏选或窗交的方式选择。

3）一个对象既可以作为修剪的边界线，也可以作为被修剪的对象。如图 5-13 所示，图中的四条直线同时是修剪的边界线和被修剪的对象。

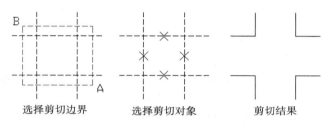

图 5-13 一个对象可同时作为剪切边和剪切对象

4）在 2.5 节中曾经提到过：在 AutoCAD 中，图形绘制和编辑修改的结果对于选择对象的点的位置具有依从关系。对于 TRIM 命令也是一样，系统会自动检查被修剪的对象与每一个剪切边界相交情况，使用离修剪对象选择点最近的候选边界作剪切边。若选择点在对象的一端点与交点之间，则剪去该端。若选择点在两交点之间，则剪去两交点之间的部分，该对象被分割为两部分。修剪圆至少必须有两个交点，剪去离选择点最近的两交点之间的圆弧段，如图 5-14 所示。

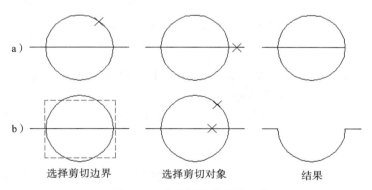

图 5-14 修剪圆和线段的一端

5.4.2 对象的延伸（EXTEND 命令）

EXTEND 命令用于在图中延伸现有对象，使其端点精确地落在指定的边界线上。EXTEND 执行的结果实际上和 TRIM 命令相反。

〈访问方法〉

选项卡："默认"→"修改"面板→"延伸"按钮⊣。

菜　单："修改（M）"→"延伸（D）"选项⊣。

工具栏："修改"→"延伸"按钮⊣。

命令行：EXTEND。

〈操作过程〉

应先指定延伸边界线，再逐个选择延伸对象，如图 5-15 所示。

命令：EXTEND

当前设置：投影＝当前值，边＝当前值

选择边界的边 ...

选择对象或〈全部选择〉：（选择一个或多个对象，或者按〈Enter〉键选择所有的对象。在此指定 P1 点）

找到 1 个 总计 1 个

选择对象：（按〈Enter〉键结束边界对象选择）

选择要延伸的对象，或按住〈Shift〉键选择要修剪的对象，或 [栏选 (F)/ 窗交 (C)/ 投影 (P)/ 边 (E)/ 放弃 (U)]：（选择延伸对象，在此分别选择 P2、P3、P4 点）

选择要延伸的对象，或按住〈Shift〉键选择要修剪的对象，或 [栏选 (F)/ 窗交 (C)/ 投影 (P)/ 边 (E)/ 放弃 (U)]：（按〈Enter〉键结束命令）

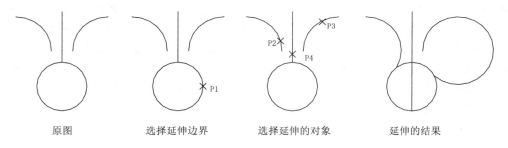

原图　　　　　选择延伸边界　　　　选择延伸的对象　　　　延伸的结果

图 5-15　用 EXTEND 命令延伸对象

〈选项说明〉

1）按住〈Shift〉键选择要修剪的对象——修剪选定对象而不是延伸它们。此选项提供了一种在修剪和延伸之间切换的简便方法。

2）[栏选（F）/ 窗交（C）/ 投影（P）/ 边（E）/ 放弃（U）]：与 TRIM 命令类似，不再介绍。

〈说明〉

1）延伸的边界线可以使用任意的对象选择方法进行选择，当所有延伸边界选择完毕后按〈Enter〉键表示选择集结束。如果选择宽度不为零的二维多段线作为延伸的边界，其宽度将被忽略，对象将延伸到多段线的中心线。

2）被延伸的对象一般用点选择的方式。要求选择延伸对象的提示将反复出现，每次延伸一个对象，直至按〈Enter〉键结束命令；也可以采用栏选或窗交的方式选择。

3）对象沿着离选择点最近的那个端点方向延伸，直到与指定边界线之一准确相交。

如果指定了多个边界，对象延伸到最近的边界，还可以再次选取该对象以延伸到下一个边界。（参见图 5-15 中两条关于直线对称的圆弧，选择对象的点的位置不一样，对象延伸的方向也不一样，从而得到不同的延伸结果）

4）只有开放的多段线才能延伸。如果延伸带有锥度的多段线，则该线段保持原来的锥度直至达到新的端点。如果出现负宽度，则将强迫新端点的宽度为 0，另一端宽度不变，调整图线的锥度，如图 5-16 所示。

图 5-16　延伸带锥度的多段线

5.4.3　对象的拉长（LENGTHEN 命令）

LENGTHEN 命令用于修改线性对象的长度和圆弧所包含的圆心角。

〈访问方法〉

选项卡："默认"→"修改"面板溢出部分→"拉长"按钮 。

菜　单："修改（M）"→"拉长（G）"选项 。

命令行：LENGTHEN 。

〈操作过程〉

命令：LENGTHEN

选择要测量的对象或 [增量 (DE)/ 百分比 (P)/ 总计 (T)/ 动态 (DY)]〈总计 (T)〉：

〈选项说明〉

（1）"选择要测量的对象"　当选择一直线或圆弧后，显示其长度和圆弧所包含的角度，并再次显示该提示。

（2）"增量（DE）"　以指定增量的方式修改对象的长度，在靠近选择点一端延伸或修剪所选中的对象。输入正值则为延伸操作，输入负值则为修剪操作。对于圆弧的角度操作相类似，下同。

（3）"百分比（P）"　以指定相对于对象当前长度的百分比来修改对象的长度，在靠近选择点的一端伸缩所选对象。输入值大于 100 时伸长，小于 100 时缩短。

（4）"总计（T）"　以指定对象的总的长度值的方式来修改对象的长度或圆弧包含的角度。

以上三种选择方式，在输入了数值后，AutoCAD 都要提示选择修改的对象。

（5）动态（DY）　根据光标位置动态改变对象的端点。

5.5　对象的倒角和倒圆角

5.5.1　对象的倒角（CHAMFER 命令）

CHAMFER 命令用于用指定的倒角距离对相交两直线、多段线、构造线和射线进行倒角。

〈访问方法〉

选项卡："默认"→"修改"面板→"倒角"按钮 。

菜　单："修改（M）"→"倒角（C）" 选项。

工具栏："修改"→"倒角"按钮 。

命令行：CHAMFER。

〈操作过程〉

如图 5-17 所示，设置第一、第二两个倒角距离分别为 10 和 5，对两直线倒角的命令序列如下：

命令：CHAMFER

（"修剪"模式）当前倒角距离 1＝当前值 1，距离 2＝当前值 2 （当前处于修剪模式）

选择第一条直线或 [放弃 (U)/ 多段线 (P)/ 距离 (D)/ 角度 (A)/ 修剪 (T)/ 方式 (E)/ 多个 (M)]：D

指定第一个倒角距离〈当前值〉：10(指定第一倒角距离)

指定第二个倒角距离〈10.0000〉：5(指定第二倒角距离，默认值与第一个倒角距离相同)

选择第一条直线或 [放弃 (U)/ 多段线 (P)/ 距离 (D)/ 角度 (A)/ 修剪 (T)/ 方式 (E)/ 多个 (M)]：(指定第一条倒角边)

选择第二条直线，或按住〈Shift〉键选择直线以应用角点或 [距离 (D)/ 角度 (A)/ 方法 (M)]：(指定第二条倒角边，与此同时，图形区域预览显示倒角后的图形效果)

指定第一倒角边　　　　指定第二倒角边　　　　倒角结果

图 5-17　对两直线倒角

〈选项说明〉

（1）"选择第一条直线"　默认选项，选择第一条倒角边，随后 AutoCAD 提示：

选择第二条直线，或按住〈Shift〉键选择直线以应用角点或 [距离（D）/ 角度（A）/ 方法（M）]：

在此提示下可以直接选择第二条倒角边，即按设定的方式和值创建倒角；或者按住〈Shift〉键选择一条边，在所选择的两条直线之间建立一个尖角（即两个倒角距离都为 0）。

（2）"放弃（U）"　放弃在命令中执行的上一次操作。

（3）"多段线（P）"　对多段线一次性倒角。AutoCAD 顺序将所选多段线的各段作为"第一倒角边"，尾随的直线段作为"第二倒角边"，进行倒角，并用倒角代替多段线中的圆弧。对于闭合多段线，当到达最后一条线段时，最初的第一线段就被当成"第二倒角边"进行倒角。

（4）"距离（D）"　以两倒角边交点到倒角顶点的距离定义倒角，称为距离法。从两线交点到第一、第二倒角边上倒角顶点的距离，分别称为第一、第二倒角距离，如图 5-18a 所示。

所设定的倒角距离在再次设定之前保持有效。输入零倒角距离，可以将不平行的两直线延伸直至相交。

（5）"角度（A）"　提示输入倒角线在第一倒角边上的起点到两倒角边交点的距离，随后提示输入倒角线与第一倒角边的夹角。这种设定倒角距离的方法称为角度法，如图 5-18b 所示。AutoCAD 进一步提示：

指定第一条直线的倒角长度〈0.0000〉: 20

指定第一条直线的倒角角度〈0〉: 30

倒角的距离和角度设定后，在再次设定之前保持有效。

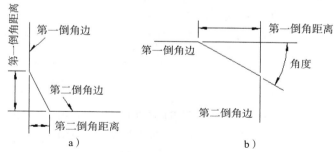

图 5-18　倒角的定义方法

a）距离法　b）角度法

（6）"修剪（T）"　切换修剪或不修剪方式。当选择修剪方式时，将修剪倒角边上超出倒角顶点的部分。

（7）"方式（E）"　控制是按照距离法还是角度法来创建倒角。

（8）"多个（M）"　创建多组对象的倒角。CHAMFER 将重复显示主提示和"选择第二个对象"的提示，直到用户按〈Enter〉键结束命令。

例 5-1　设定倒角线长 10，与第一倒角边夹角为 30°，对整个多段线倒角，如图 5-19 所示。

命令：CHAMFER

（"修剪"模式）当前倒角距离 1 = 当前值 1，距离 2 = 当前值 2

选择第一条直线或 [放弃 (U)/ 多段线 (P)/ 距离 (D)/ 角度 (A)/ 修剪 (T)/ 方式 (E)/ 多个 (M)] : D

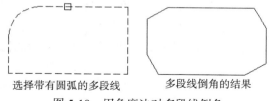

选择带有圆弧的多段线　　　多段线倒角的结果

图 5-19　用角度法对多段线倒角

指定第一条直线的倒角长度〈当前值〉: 10

指定第一条直线的倒角角度〈当前值〉: 30

选择第一条直线或 [放弃 (U)/ 多段线 (P)/ 距离 (D)/ 角度 (A)/ 修剪 (T)/ 方式 (E)/ 多个 (M)] : P

选择二维多段线或 [距离 (D)/ 角度 (A)/ 方法 (M)] : (选择多段线)

4 条直线已被倒角

〈说明〉

1）影响 AutoCAD 对整个多段线倒角的因素，都将被统计并显示出来。

2）倒角后，倒角线成为多段线的新线段，不能用零倒角距离废除多段线的倒角线。

3）如果用倒角连接的两线段位于同一层，则倒角也在该层，并取该层的颜色、线型和线宽；否则，将位于当前层，取当前层设定的颜色、线型和线宽。

5.5.2　对象的倒圆角（FILLET 命令）

用指定半径的圆弧光滑连接相交两直线、弧或者圆，还可以对多段线的各个顶点一次性倒圆角。在修剪方式下，将自动调整原来的线段、弧的长度，使它们正好与指定半径的圆弧相切。

〈访问方法〉

选项卡："默认"→"修改"面板→"圆角"按钮▢。

菜 单："修改（M）"→"圆角（F）"▢选项。

工具栏："修改"→"圆角"按钮▢。

命令行：FILLET。

〈操作过程〉

命令：FILLET

当前设置：模式 = 修剪，半径 = 当前值

选择第一个对象或 [放弃 (U)/ 多段线 (P)/ 半径 (R)/ 修剪 (T)/ 多个 (M)]：

选择第二个对象，或按住〈Shift〉键选择对象以应用角点或 [半径 (R)]：

〈选项说明〉

（1）"选择第一个对象" 默认选项，指定要用圆角连接的两个边回答。

（2）"放弃（U）" 放弃在命令中执行的上一次操作。

（3）"多段线（P）" 提示"选择二维多段线或 [半径（R）]："，选择多段线后，对多段线进行一次性倒圆。多段线中原有的圆弧段被指定半径的圆角弧代替。

（4）"半径（R）" 提示"指定圆角半径〈当前值〉："，指定倒圆半径后，此半径在重新指定前一直保持有效。使用"0"半径倒圆法，可以废除多段线的圆角。

（5）"修剪（T）" 提示"输入修剪模式选项 [修剪（T）/ 不修剪（N）]〈当前值〉："，用于设置修剪模式。当处于修剪模式时，系统会对圆角弧尖角的边沿部分进行修剪；否则，不予修剪。

（6）"多个（M）" 重复显示圆角命令的主提示，用户可以用不同的圆角半径、修剪方式对不同的线段进行倒圆角的操作，直至按空格键或〈Enter〉键结束命令。

例 5-2 以圆角半径 20 将指定的两条相交线段倒圆，如图 5-20 所示。

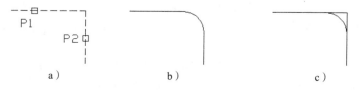

图 5-20 对两相交线段倒圆

a）倒圆前 b）修剪（T）方式倒圆 c）不修剪（N）方式倒圆

命令：FILLET

当前设置：模式 = 修剪，半径 = 当前值

选择第一个对象或 [放弃 (U)/ 多段线 (P)/ 半径 (R)/ 修剪 (T)/ 多个 (M)]：R(指定圆角半径)

指定圆角半径〈当前值〉:20

选择第一个对象或 [放弃 (U)/ 多段线 (P)/ 半径 (R)/ 修剪 (T)/ 多个 (M)]：(选择一直线)

选择第二个对象，或按住〈Shift〉键选择对象以应用角点或 [半径 (R)]：(选择另一直线，与此同时，图形区域预览显示圆角后的图形效果)

例 5-3 以圆角半径 R20 对整个多段线倒圆,如图 5-21 所示。

命令:FILLET

当前设置:模式 = 修剪,半径 = 当前值

选择第一个对象或 [放弃 (U)/ 多段线 (P)/ 半径 (R)/ 修剪 (T)/ 多个 (M)]:R(指定圆角半径)

指定圆角半径〈当前值〉:20

选择第一个对象或 [放弃 (U)/ 多段线 (P)/ 半径 (R)/ 修剪 (T)/ 多个 (M)]:P

选择二维多段线或 [半径 (R)]:(选择多段线)

4 条直线已被倒圆角

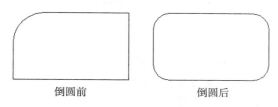

图 5-21　对多段线倒圆角

〈**说明**〉

1)如果两直线段之间有一段弧线,倒圆时,这段弧线被设定的圆弧所代替。

用圆角连接线段、弧、圆时,AutoCAD 往往要对线段、弧进行延伸或修剪。选择点的位置的不同,将会产生不同的效果,如图 5-22 所示。

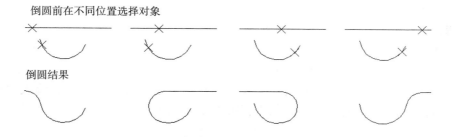

图 5-22　选择点位置不同对结果的影响

2)用 R=0 倒圆,可废除多段线的圆角。

3)如果试图对两平行线倒圆角,AutoCAD 将以第一条线的端点为起点画一个半圆,连接两直线,如图 5-23 所示。如果两直线的端点不平齐,并且处于修剪模式,第二条线的端点被修剪或延伸。

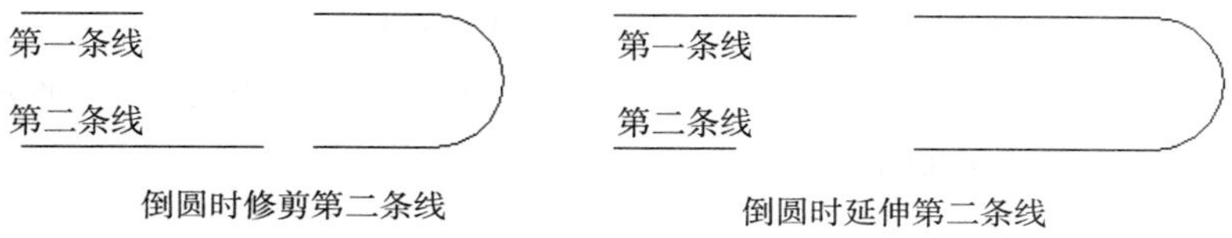

图 5-23　对两平行线倒圆

4）如果用圆角连接的两线段位于同一层，则圆角也将位于该层，并取两线段的颜色、线型和线宽；否则，圆角将位于当前层，并取当前层设定的颜色、线型和线宽。

5.6 对象的复制操作

对象的复制操作包括原样复制（COPY）、平行偏移（OFFSET）、镜像操作（MIRROR）和创建阵列（ARRAY）等命令。

5.6.1 对象的复制（COPY 命令）

COPY 命令用于在当前图形内复制一个或多个对象。复制的对象与原对象处于同一层，具有相同的特性。

〈访问方法〉

选项卡："默认"→"修改"面板→"复制"按钮。

菜　单："修改（M）"→"复制（Y）"选项。

工具栏："修改"→"复制"按钮。

命令行：COPY。

〈操作过程〉

命令：COPY

选择对象：(选择要复制的对象，按〈Enter〉键表示选择集结束)

当前设置：复制模式 =〈当前值〉

指定基点或 [位移 (D)/ 模式 (O)]〈位移〉：(指定基点或输入选项)

〈操作说明〉

1. "模式（O）"

AutoCAD 进一步提示：

输入复制模式选项 [单个 (S)/ 多个 (M)]〈单个〉：

输入"S"表示采用单一复制模式，只对选择集对象进行一次复制；输入"M"表示采用多重复制模式，可以对选择集对象进行多次复制操作。

2. 基点法

以单一复制为例来说明基点法和位移法的操作。首先要明确什么是基点，一般说来，基点和要复制的图形对象各个部分之间的相对位置关系保持不变。从理论上讲，基点可以是屏幕上的任意一点。但在实际操作中，为了简单方便，通常选择图形的一些特征点作为基点，例如圆的圆心点、矩形的左下角点等。

命令：COPY

选择对象：(选择要复制的对象，按〈Enter〉键表示选择集结束)

当前设置：复制模式 = 单个

指定基点或 [位移 (D)/ 模式 (O)]〈位移〉：(指定一个点作为基点)

指定第二个点或 [阵列 (A)]〈使用第一个点作为位移〉：(实际上相当于指定了基点的新位置)

例 5-4　基点法的多重复制举例。

命令：COPY

选择对象：(用交叉窗口的方式选择要复制的对象，按〈Enter〉键表示选择集结束)

当前设置：复制模式＝单个

指定基点或 [位移 (D)/ 模式 (O)]〈位移〉：O

输入复制模式选项 [单个 (S)/ 多个 (M)]〈单个〉：M(指定多重复制模式)

指定基点或 [位移 (D)/ 模式 (O)]〈位移〉：(捕捉圆心作为基点)

指定第二个点或 [阵列 (A)]〈使用第一个点作为位移〉：(捕捉右侧中心线交点作为位移的第二点)

指定第二个点或 [阵列 (A)/ 退出 (E)/ 放弃 (U)]〈退出〉：(捕捉右上方的中心线交点作为位移的第二点)

指定第二个点或 [阵列 (A)/ 退出 (E)/ 放弃 (U)]〈退出〉：(按〈Enter〉键结束命令)

每指定一个第二点，就相当于指定了一个基点的新位置，直到按〈Enter〉键结束命令，对选择集进行多次复制，如图 5-24 所示。

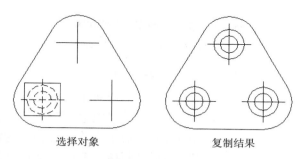

选择对象　　　　　　　　复制结果

图 5-24　用 COPY 命令复制对象

3. 位移法

在上一命令序列中的"指定基点或 [位移（D）/ 模式（O）/]〈位移〉："提示下回答"D"，则 AutoCAD 出现"指定位移〈当前值〉："的提示，直接输入复制对象在 X、Y 和 Z 方向上产生的位移量就可以了。如果是在 XY 平面内的操作，直接输入 X 和 Y 方向的位移量即可。位移法的复制操作只执行一次。

可以在使用基点法进行复制操作的"指定第二个点或 [阵列（A）]〈使用第一个点作为位移〉："的提示下用〈Enter〉键回答，系统自动以坐标原点到基点位置的坐标增量作为位移量进行复制。

4. 复制过程中的阵列操作

在使用基点法进行复制操作的"指定第二个点或 [阵列（A）]〈使用第一个点作为位移〉："提示下回答"A"可建立被复制对象的单方向线性阵列，下一步提示为：

输入要进行阵列的项目数：(包括被阵列复制的原始对象在内)

指定第二个点或 [布满 (F)]：

（1）"指定第二个点"　系统复制的阵列沿着基点和指定的第二个点方向排列，并自动以基点和指定的第二个点间的距离作为复制后产生的对象之间的间距。

（2）"布满（F）"　系统下一步提示为"指定第二个点或 [阵列（A）]："，阵列复制后的对象将均匀分布在基点和指定点之间。

以图 5-25 为例，阵列复制的原始对象是左下角的两个同心圆及中心线，基点为圆的圆心 P1，图 5-25a 是直接"指定第二个点"为 P2 的情况，图 5-25b 为"布满（F）"选项下"指定第二个点"为 P2 的情况。请仔细体会两者之间的区别。

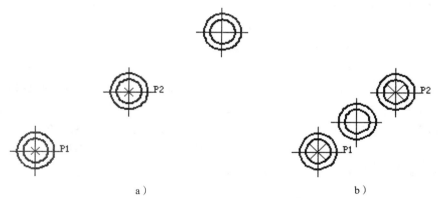

a) 　　　　　　　　　　　　　　 b)

图 5-25　按指定距离构造偏移图形

a）直接指定第二个点　 b）布满

5.6.2　带基点复制对象（COPYBASE 命令）

　　在 AutoCAD 中，可以通过剪贴板在当前图形或多个图形文件间进行图形对象的复制和粘贴操作。但这样的操作有时不能够对所复制的对象进行精确定位。

　　为了解决这个问题，可以通过 COPYBASE 命令在将所选择的对象复制到剪贴板的同时指定一个基点，然后在当前图形内或在图形之间精确定位所复制的对象。

　　〈访问方法〉

　　菜　单："编辑（E）"→"带基点复制（B）"🔳。

　　命令行：COPYBASE。

　　快捷菜单：右击图形区，在弹出的快捷菜单中选择"剪贴板"→"带基点复制（B）"选项。

命令：COPYBASE

指定基点：(指定基点)

选择对象：(选择要复制的对象，按〈Enter〉键结束对象选择)

5.6.3　图线的平行偏移（OFFSET 命令）

　　根据指定距离或通过一指定点构造所选对象的平行线。

　　〈访问方法〉

　　选项卡："默认"→"修改"面板→"偏移"按钮🔳。

　　菜　单："修改（M）"→"偏移（S）"选项🔳。

　　工具栏："修改"→"偏移"按钮🔳。

　　命令行：OFFSET。

　　〈操作过程〉

　　1. 按指定距离构造偏移图形（见图 5-26）

命令：OFFSET

当前设置：删除源 = 否 图层 = 源 OFFSETGAPTYPE= 当前值

指定偏移距离或 [通过 (T)/ 删除 (E)/ 图层 (L)]〈当前值〉：30(指定距离、输入选项或按〈Enter〉键)

选择要偏移的对象，或 [退出 (E)/ 放弃 (U)]〈退出〉：(用点选择偏移对象)

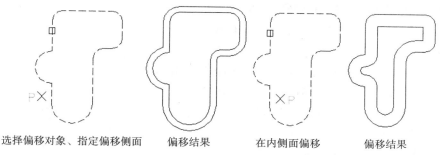

| 选择偏移对象、指定偏移侧面 | 偏移结果 | 在内侧面偏移 | 偏移结果 |

图 5-26　按指定距离构造偏移图形

指定要偏移的那一侧上的点，或 [退出 (E)/ 多个 (M)/ 放弃 (U)] 〈退出〉:（在要偏移的那一侧空白处单击）

选择要偏移的对象或 [退出 (E)/ 放弃 (U)] 〈退出〉:（继续选择对象或者按〈Enter〉键结束命令）

选择对象只能用点，不可用"窗口（W）""窗交（C）"或"上一个（L）"。指定偏移侧面的点 P 只说明在对象的逻辑侧面构造偏移图形，其偏移距离由输入值决定。

2. 通过指定点构造偏移图形

命令：OFFSET

当前设置：删除源 = 当前值 图层 = 当前值 OFFSETGAPTYPE= 当前值

指定偏移距离或 [通过 (T)/ 删除 (E)/ 图层 (L)] 〈当前值〉:T(选择过指定点方式)

选择要偏移的对象，或 [退出 (E)/ 放弃 (U)] 〈退出〉:（用点选择偏移对象）

指定通过点或 [退出 (E)/ 多个 (M)/ 放弃 (U)] 〈退出〉:（指定偏移图形将通过的点 P）

选择要偏移的对象或 [退出 (E)/ 放弃 (U)] 〈退出〉:（继续选择对象或者按〈Enter〉键结束命令）

〈选项说明〉

（1）"删除（E）"　指定在偏移后是否删除源对象。

（2）"图层（L）"　确定将偏移对象创建在当前图层上还是源对象所在的图层上。

（3）"退出（E）"　退出 OFFSET 命令。

（4）"放弃（U）"　放弃前一个偏移操作。

〈说明〉

1）有效的偏移对象包括直线、圆弧、圆、样条曲线和二维多段线。若选择其他类型对象，将出现如下错误信息：

无法偏移该对象。

2）当在内侧偏移时，如果偏移距离过大，将使圆角半径变为 0，引起图形失真，如图 5-26 所示。

3）若要平行偏移由多段直线或直线、圆弧构成的图形时，应先用多段线编辑 PEDIT 命令的"JOIN"选项，将它们合并转换为一条完整的多段线，否则偏移后将会产生重叠或间隙，如图 5-27 所示 [详见 5.12 "多段线编辑（PEDIT 命令"）]。

| 偏移前 | 在内侧偏移 | 在外侧偏移 |

图 5-27　偏移由多段直线和圆弧组成的图形

5.6.4 对象的镜像（MIRROR 命令）

MIRROR 命令用于创建所选对象的镜像副本。

〈访问方法〉

选项卡："默认" → "修改" 面板→ "镜像" 按钮⚟。

菜　单："修改（M）" → "镜像（I）" 选项⚟。

工具栏："修改" → "镜像" 按钮⚟。

命令行：MIRROR。

〈操作过程〉

先选择对象，再指定镜像线（即对称轴线）。镜像线可以是任意方向的。所选择的原图可以删去，也可以保留。

图 5-28 表示用 MIRROR 命令完成手柄的绘制。

命令：MIRROR

选择对象：(选择要进行镜像处理的对象)

选择对象：(按〈Enter〉键结束对象选择)

指定镜像线的第一点：(指定镜像线第一点)

指定镜像线的第二点：(指定镜像线第二点)

要删除源对象吗？[是 (Y)/ 否 (N)]〈N〉：(N 表示不删去源对象，Y 表示删去源对象)

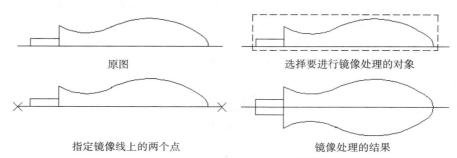

图 5-28　用 MIRROR 命令镜像图形

镜像线的确定要准确。可以使用对象捕捉方式来指定镜像线上的两个点。当镜像线为水平线或竖直线时，还可以打开正交方式，这样只需准确指定镜像线上的一个端点，再移动鼠标就可以方便地指定水平或竖直的镜像线。

〈说明〉

有时在执行 MIRROR 命令后，文字、属性以及属性定义均生成原选择对象的完全镜像，使文字与属性在镜像中颠倒和反向，不便阅读，如图 5-29 所示的 MIRRTEXT=1 时的情况。

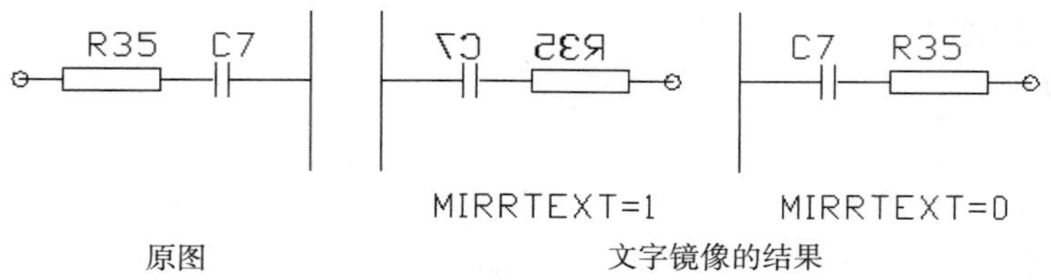

图 5-29　文字与属性的镜像

为在镜像图形时保留注释文字的可读性，应先将系统变量 MIRRTEXT 设置为 0。MIRROR 命令对文字（和属性）进行特殊处理，使它们在镜像图形中不致颠倒和反向，如图 5-29 中 MIRRTEXT=0 时的情况，这也是系统的默认设置。

5.6.5　对象的阵列（ARRAY 命令）

ARRAY 命令用于将指定对象复制成矩形、路径或环形阵列。用户可直接在命令行输入"ARRAY"命令后从系统弹出的选项中选择阵列的方式，或者输入相应的阵列命令，也可以通过"默认"选项卡→"修改"面板→"阵列"按钮组（见图 5-30）直接激活命令。

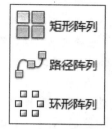

图 5-30　"阵列"按钮组

〈共同选项说明〉

关于三种不同形式阵列中存在的共同问题先作说明如下：

（1）"基点（B）"　指定阵列的基点，被阵列对象基点的默认位置是在所选图形对象的质心位置。从理论上来说，基点可以是屏幕上的任意一点。但为了操作上的直观简便，通常选择图形对象的关键点（即特征点）作为基点。基点只有一个。

（2）"关联（AS）"　指定在阵列过程中创建的图形对象是相互关联的还是互相独立的。如果是关联的模式，可以通过编辑阵列的源对象实现对所有阵列对象进行一次性同步更新；否则，对于阵列对象的修改都是相对独立的，不会影响到其他的阵列对象。图 5-31 所示为阵列是否关联时对阵列中原始对象进行操作的不同结果。

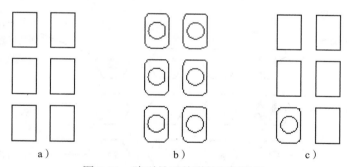

图 5-31　阵列是否关联的不同结果

a）原始阵列　b）关联阵列中对源对象的编辑修改，阵列对象同步更新　c）非关联对象

（3）"层（L）"　指定所建立的阵列的层级数，相当于三维阵列中 Z 坐标方向的阵列数量，需要改变视点（VPOINT 命令）或者 UCS 方向才可看到。

（4）"表达式（E）"　通过输入简单的数学公式或方程式来计算相关的参数。

1．矩形阵列

ARRAYRECT 命令用于创建所选对象的矩形阵列。

〈访问方法〉

选项卡："默认"→"修改"面板→"矩形阵列"按钮▦。

菜　单："修改（M）"→"阵列"→"矩形阵列"选项▦。

工具栏："修改"→"矩形阵列"按钮▦。

命令行：ARRAYRECT。

〈操作过程〉

命令：ARRAYRECT

选择对象：(选择要进行矩形阵列的源对象)

选择对象：(按〈Enter〉键结束对象选择)

类型 = 矩形 关联 = 当前值

选择夹点以编辑阵列或 [关联 (AS)/ 基点 (B)/ 计数 (COU)/ 间距 (S)/ 列数 (COL)/ 行数 (R)/ 层数 (L)/ 退出 (X)]〈退出〉：

在按下〈Enter〉键结束对象选择的同时在功能区会自动增加名为"阵列创建"的上下文功能区选项卡和"矩形阵列"创建面板，如图 5-32 所示。与此同时，在图形区域也会同步预览显示出对象矩形阵列的结果，如图 5-33 所示。用户既可以在"矩形阵列"创建面板设置阵列的行数、行间距、列数、列间距、级别数和级别间距（"级别"对应于命令行选项中的"层"）等参数，也可以通过命令行的命令选项进行设置，或者将两者结合起来完成矩形阵列的创建。

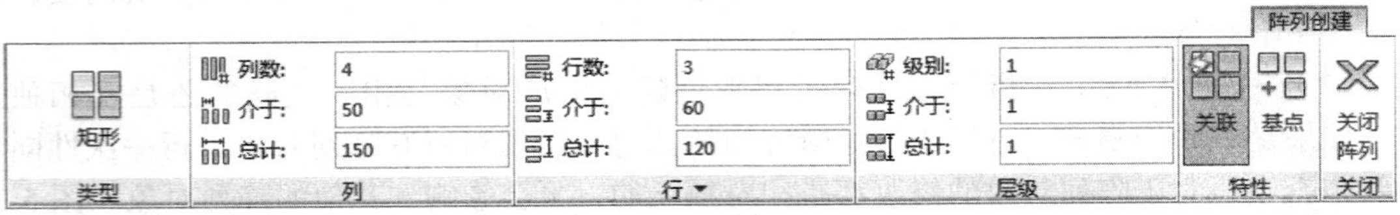

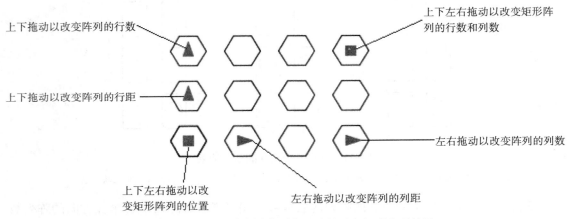

图 5-32 "矩形阵列"创建面板

图 5-33 图形区域中同步预览显示的对象矩形阵列结果

〈选项说明〉

（1）"选择夹点以编辑阵列" 在拖动鼠标指定各个不同夹点的过程中，对象矩形阵列的结果会同步预览显示出来。需要指出的是，此时预览显示的阵列对象的行数和列数已经明确，但间距尚未确定。

（2）"关联（AS）" 指定阵列中的对象是关联的还是独立的。

（3）"基点（B）" 重新指定用于在阵列中放置项目的基点。

（4）"计数（COU）" 指定矩形阵列的行数和列数。

（5）"间距（S）" 指定矩形阵列的行间距和列间距。系统会出现如下提示：

指定列之间的距离或 [单位单元 (U)] 〈133〉：

指定行之间的距离 〈42〉：

其中的"单位单元（U）"要求通过指定单位单元的两个角点来确定行间距和列间距。

注意：行间距为正，阵列产生的对象在原始对象的上方；行间距为负，阵列产生的对象在原始对象的下方。列间距为正，阵列产生的对象在原始对象的右方；列间距为负，阵列产生的对象在原始对象的左方。

（6）"列数（COL）" 指定阵列的列数和列间距。在指定了列数之后，AutoCAD 会进一步提示：

指定列数之间的距离或 [总计 (T)/ 表达式 (E)] 〈当前值〉：

用户可以直接指定列间距的数值，或者选择"总计（T）"选项输入起点和端点列数之间的总距离，系统自动计算相邻两列之间的间距；也可以选择"表达式（E）"选项基于数学公式或方程式导出值。

（7）"行数（R）" 指定阵列的行数和行间距。其步骤与指定列数相类似。此外，还需要指定行数之间的标高增量，即每个后续行的增大或减小的标高，与三维阵列有关，此处不再叙述。

（8）"层数（L）" 指定三维阵列的层数和层间距。

2. 环形阵列

ARRAYPOLAR 用于创建所选对象的环形阵列。

〈**访问方法**〉

选项卡："默认" → "修改" 面板 → "环形阵列" 按钮。

菜 单："修改（M）" → "阵列" → "环形阵列" 选项。

工具栏："修改" → "环形阵列" 按钮。

命令行：ARRAYPOLAR。

〈**操作过程**〉

命令：ARRAYPOLAR

选择对象：(选择要进行环形阵列的源对象)

选择对象：(按〈Enter〉键结束对象选择)

类型 = 极轴 关联 = 当前值

指定阵列的中心点或 [基点 (B)/ 旋转轴 (A)]：(指定阵列的基点或者由两个指定点定义的自定义旋转轴)

选择夹点以编辑阵列或 [关联 (AS)/ 基点 (B)/ 项目 (I)/ 项目间角度 (A)/ 填充角度 (F)/ 行 (ROW)/ 层 (L)/ 旋转项目 (ROT)/ 退出 (X)] 〈退出〉：

在指定完阵列的中心点以后，在功能区会自动增加名为"阵列创建"的上下文功能区选项卡和"环形阵列"创建面板，如图 5-34 所示。与此同时，在图形区域也会同步预览显示出对象环形 阵列的结果，如图 5-35 所示。用户既可以在"环形阵列"创建面板设置阵列的项目数（包括原始对象在内）、填充的角度、行数和行间距、级别数和级别间距（"级别"对应于命令行选项中的"层"）、逆时针方向或者顺时针方向填充阵列等参数，也可以通过命令行的命令选项进行设置，或者将两者结合起来完成环形阵列的创建。

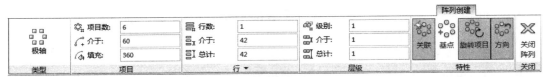

图 5-34 "环环阵列"创建面板

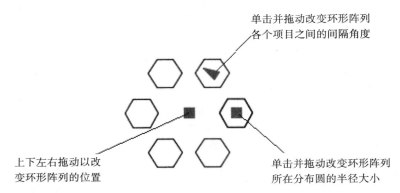

图 5-35 图形区域中同步预览显示的对象环形阵列结果

图 5-36 所示为使用 ARRAYPOLAR 命令在建立环形阵列的过程中对象不旋转和旋转的情况。

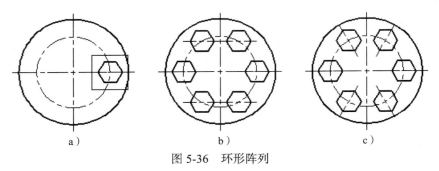

图 5-36 环形阵列

a）矩形窗口选择阵列源对象   b）阵列时对象不旋转   c）阵列时对象同时旋转

命令：ARRAYPOLAR

选择对象：(选择要进行环形阵列的源对象为正六边形和它的一条中心线)

选择对象：(按〈Enter〉键结束对象选择)

类型 = 极轴 关联 = 是

指定阵列的中心点或 [基点 (B)/ 旋转轴 (A)]：(指定阵列中心点为两条中心线交点)

选择夹点以编辑阵列或 [关联 (AS)/ 基点 (B)/ 项目 (I)/ 项目间角度 (A)/ 填充角度 (F)/ 行 (ROW)/ 层 (L)/ 旋转项目 (ROT)/ 退出 (X)]〈退出〉:F

指定填充角度 (+= 逆时针、-= 顺时针) 或 [表达式 (EX)]〈当前值〉:360

选择夹点以编辑阵列或 [关联 (AS)/ 基点 (B)/ 项目 (I)/ 项目间角度 (A)/ 填充角度 (F)/ 行 (ROW)/ 层 (L)/ 旋转项目 (ROT)/ 退出 (X)]〈退出〉:I

输入阵列中的项目数或 [表达式 (E)]〈当前值〉:6

按〈Enter〉键结束或 [关联 (AS)/ 基点 (B)/ 项目 (I)/ 项目间角度 (A)/ 填充角度 (F)/ 行 (ROW)/ 层 (L)/ 旋转项目 (ROT)/ 退出 (X)] : (按〈Enter〉键结束命令)

〈选项说明〉

1）环形阵列的参数设置分为"项目总数和填充角度"和"项目间的角度和项目总数"两种方式。

2）"旋转项目（ROT）"。指定在环形阵列过程中阵列对象是否要进行旋转。

3）"行（ROW）"。设置环形阵列过程中沿阵列中心点径向的阵列对象数目。图 5-37 所示为环形阵列过程中行数设置为 3 的情况。

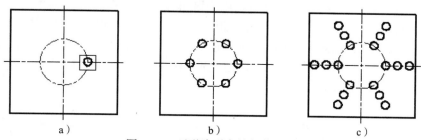

图 5-37　环形阵列中的行数设置

a）矩形窗口选择阵列源对象　b）项目总数为 6，填充角度 360°，行数为 1 时的结果

c）项目总数为 6，填充角度 360°，行数为 3 时的结果

3. 路径阵列

ARRAYPATH 命令用于创建所选对象的路径阵列，使对象沿着指定的直线、多段线、三维多段线、样条曲线、螺旋、圆弧、圆或椭圆等路径曲线均匀分布。需要特别说明的是，在路径阵列中如果阵列的原始阵列源对象与路径曲线的起点位置不重合的情况下，应该首先使用"基点（B）"选项指定基点为源对象的特征点或关键点。区别如图 5-38 所示，在不重新指定路径阵列基点的情况下，阵列创建在原始对象的位置。

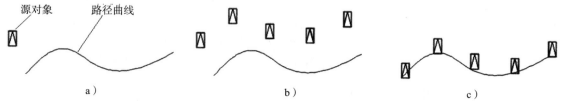

图 5-38　路径阵列中的基点位置的影响（阵列项目与路径曲线没有对齐）

a）要进行阵列的源对象和路径曲线　b）没有重新设置阵列基点

c）重新指定阵列的基点为源对象的左下角点

〈访问方法〉

选项卡："默认"→"修改"面板→"路径阵列"按钮 。

菜　　单："修改（M）"→"阵列"→"路径阵列"选项 。

工具栏："修改"→"路径阵列"按钮 。

命令行：ARRAYPATH。

〈操作过程〉

命令：ARRAYPATH

选择对象:(选择要进行环形阵列的源对象)

选择对象:(按〈Enter〉键结束对象选择)

类型＝路径 关联＝当前值

选择路径曲线:(选择阵列对象要沿之排列的路径曲线)

选择夹点以编辑阵列或 [关联 (AS)/ 方法 (M)/ 基点 (B)/ 切向 (T)/ 项目 (I)/ 行 (R)/ 层 (L)/ 对齐项目 (A)/ Z 方向 (Z)/ 退出 (X)]〈退出〉:

指定阵列的路径曲线以后，在功能区会自动增加名为"阵列创建"的上下文功能区选项卡和"路径阵列"创建面板，如图 5-39 所示。与此同时，在图形区域也会同步预览显示出对象路径阵列的结果，如图 5-40 所示。用户既可以在"路径阵列"创建面板设置阵列的项目数（包括原始对象在内）、行数和行间距、级别数和级别间距（"级别"对应于命令行选项中的"层"）、项目沿路径曲线定数等分还是定距等分排列、阵列过程中阵列项目是否要随着路径曲线旋转对齐等参数，也可以通过命令行的命令选项进行设置，或者将两者结合起来完成路径阵列的创建。

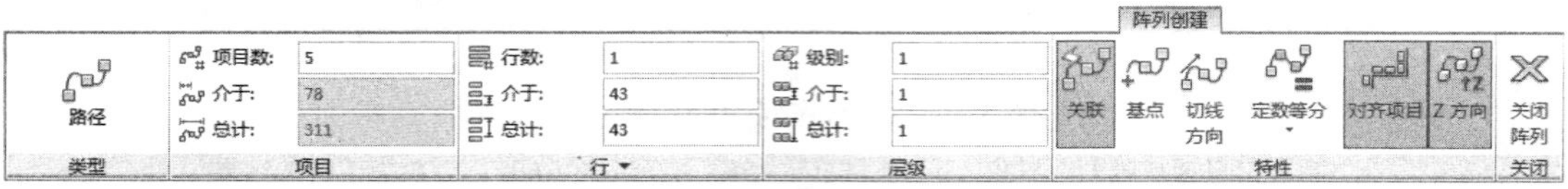

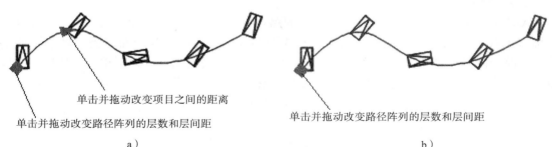

图 5-39 "路径阵列"创建面板

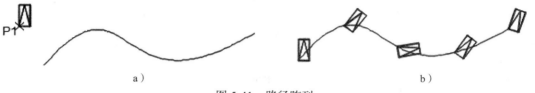

单击并拖动改变项目之间的距离

单击并拖动改变路径阵列的层数和层间距   单击并拖动改变路径阵列的层数和层间距

a)   b)

图 5-40 图形区域中同步预览显示的对象路径阵列结果

a）定距等分 b）定数等分

图 5-41 所示为使用 ARRAYPATH 命令建立路径阵列的情况。

P1

a)   b)

图 5-41 路径阵列

a）矩形窗口选择阵列源对象 b）结果

命令：ARRAYPATH

选择对象:(窗口选择要进行路径阵列的源对象为矩形及三角形)

选择对象:(按〈Enter〉键结束对象选择)

类型＝路径　关联＝当前值

选择路径曲线:(选择图中的样条曲线为路径曲线)

选择夹点以编辑阵列或 [关联 (AS)/ 方法 (M)/ 基点 (B)/ 切向 (T)/ 项目 (I)/ 行 (R)/ 层 (L)/ 对齐项目 (A)/ Z 方向 (Z)/ 退出 (X)]〈退出〉:B(选择基点选项)

指定基点或 [关键点 (K)]〈路径曲线的终点〉:(指定基点为 P1 点)

选择夹点以编辑阵列或 [关联 (AS)/ 方法 (M)/ 基点 (B)/ 切向 (T)/ 项目 (I)/ 行 (R)/ 层 (L)/ 对齐项目 (A)/ Z 方向 (Z)/ 退出 (X)]〈退出〉:M(设置沿路径曲线分布项目的方法)

输入路径方法 [定数等分 (D)/ 定距等分 (M)]〈定距等分〉:D(设置阵列项目沿路径曲线按指定数目等分)

选择夹点以编辑阵列或 [关联 (AS)/ 方法 (M)/ 基点 (B)/ 切向 (T)/ 项目 (I)/ 行 (R)/ 层 (L)/ 对齐项目 (A)/ Z 方向 (Z)/ 退出 (X)]〈退出〉:I

输入沿路径的项目数或 [表达式 (E)]〈当前值〉:5(指定阵列的项目数为 5)

选择夹点以编辑阵列或 [关联 (AS)/ 方法 (M)/ 基点 (B)/ 切向 (T)/ 项目 (I)/ 行 (R)/ 层 (L)/ 对齐项目 (A)/ Z 方向 (Z)/ 退出 (X)]〈退出〉:(按〈Enter〉键结束命令)

〈操作说明〉

1）路径可以是直线、多段线、三维多段线、样条曲线、螺旋线、圆弧、圆或椭圆。

2）默认情况下，阵列的基点位于路径曲线的起始端点处，它可以不在阵列源对象的任何一个关键点上，在阵列过程中，基点和阵列对象各部分的相对位置关系不变。但为了操作上的直观方便，通常需要重新指定基点，使其位于阵列源对象的某一个关键点上，在阵列的过程中，基点和路径曲线的起始端点重合。如图 5-41 所示的路径阵列，在重新指定基点位置为点 P1 以后，阵列过程中源对象的该点与路径曲线的起始端点重合。

3）切向（T）。设置在阵列过程中当阵列项目与路径对齐时，需要与路径曲线的切线方向保持一致的源图形对象中的方向。如图 5-42a 所示，要进行阵列的源对象为图中左边的矩形及三角形，在阵列过程中，重新指定点 P1 为基点，在阵列过程中，基点与路径曲线上的各等分点重合；并且，分别指定点 P1、P2 作为切向矢量的第一个点和第二个点，则阵列过程中所有项目的 P1P2 连线方向始终与路径曲线的切向保持一致，如图 5-42b 所示。

命令:ARRAYPATH

选择对象:(窗口选择要进行路径阵列的源对象为矩形及三角形)

选择对象:(按〈Enter〉键结束对象选择)

类型＝路径　关联＝当前值

选择路径曲线:(选择图中的样条曲线为路径曲线)

选择夹点以编辑阵列或 [关联 (AS)/ 方法 (M)/ 基点 (B)/ 切向 (T)/ 项目 (I)/ 行 (R)/ 层 (L)/ 对齐项目 (A)/ Z 方向 (Z)/ 退出 (X)]〈退出〉:B(选择基点选项)

指定基点或 [关键点 (K)]〈路径曲线的终点〉:(指定基点为点 P1)

选择夹点以编辑阵列或 [关联 (AS)/ 方法 (M)/ 基点 (B)/ 切向 (T)/ 项目 (I)/ 行 (R)/ 层 (L)/ 对齐项目 (A)/ Z 方向 (Z)/ 退出 (X)]〈退出〉:T

指定切向矢量的第一个点或 [法线 (N)]:(指定切向矢量的第一个点为 P1 点；如果选择法线 (NOR)，则 P1P2 连线在阵列过程中与路径曲线的法线方向保持一致)

指定切向矢量的第二个点 :(指定切向矢量的第二个点为点 P2)

选择夹点以编辑阵列或 [关联 (AS)/ 方法 (M)/ 基点 (B)/ 切向 (T)/ 项目 (I)/ 行 (R)/ 层 (L)/ 对齐项目 (A)/ Z 方向 (Z)/ 退出 (X)]〈退出〉:M(设置沿路径曲线分布项目的方法)

输入路径方法 [定数等分 (D)/ 定距等分 (M)]〈定距等分〉:D(设置阵列项目沿路径曲线按指定数目等分)

选择夹点以编辑阵列或 [关联 (AS)/ 方法 (M)/ 基点 (B)/ 切向 (T)/ 项目 (I)/ 行 (R)/ 层 (L)/ 对齐项目 (A)/ Z 方向 (Z)/ 退出 (X)]〈退出〉:I

输入沿路径的项目数或 [表达式 (E)]〈当前值〉:5(指定阵列的项目数为 5)

选择夹点以编辑阵列或 [关联 (AS)/ 方法 (M)/ 基点 (B)/ 切向 (T)/ 项目 (I)/ 行 (R)/ 层 (L)/ 对齐项目 (A)/ Z 方向 (Z)/ 退出 (X)]〈退出〉:A

是否将阵列项目与路径对齐？ [是 (Y)/ 否 (N)]〈否〉: Y

选择夹点以编辑阵列或 [关联 (AS)/ 方法 (M)/ 基点 (B)/ 切向 (T)/ 项目 (I)/ 行 (R)/ 层 (L)/ 对齐项目 (A)/ Z 方向 (Z)/ 退出 (X)]〈退出〉:(按〈Enter〉键结束命令)

4）"对齐项目（A）"：指定在阵列过程中阵列项目是否要随着路径曲线进行旋转对齐。图 5-42b 所示为阵列过程中设置将阵列项目与路径对齐的情况。如果设置将阵列项目与路径不对齐，则结果如图 5-42c 所示。

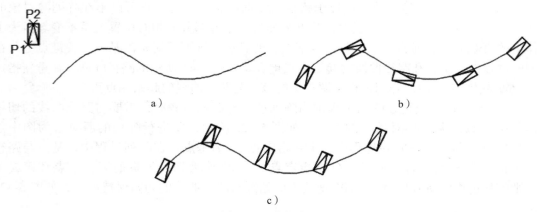

图 5-42　路径阵列

a）阵列源对象和路径曲线，点 P1、P2 分别为切向矢量的第一个点和第二个点

b）阵列项目与路径对齐　c）阵列项目与路径不对齐

5）路径阵列的参数设置分为"沿路径平均"定数等分和"沿路径的项目之间的距离"定距等分两种方式。

5.6.6　关联阵列的编辑

AutoCAD 2016 中可以对所建立的关联阵列进行统一的编辑和修改。

〈访问方法〉

选项卡："默认"→"修改"面板→"编辑阵列"按钮 ▦。

菜　单："修改（M）"→"对象（O）"→"阵列（A）"选项 ▦。

工具栏："阵列编辑"→"编辑阵列"按钮 ▦。

命令行：ARRAYEDIT。

在"草图与注释"工作空间中关联阵列的编辑是通过命令行对话的方式执行的。在发出命令并选择了一个关联的阵列之后，针对矩形、环形和路径阵列，系统会分别出现下列主提示：

输入选项 [源 (S)/ 替换 (REP)/ 基点 (B)/ 行 (R)/ 列 (C)/ 层 (L)/ 重置 (RES)/ 退出 (X)]〈退出〉：

输入选项 [源 (S)/ 替换 (REP)/ 基点 (B)/ 项目 (I)/ 项目间角度 (A)/ 填充角度 (F)/ 行 (R)/ 层 (L)/ 旋转项目 (ROT)/ 重置 (RES)/ 退出 (X)]〈退出〉：

输入选项 [源 (S)/ 替换 (REP)/ 方法 (M)/ 基点 (B)/ 项目 (I)/ 行 (R)/ 层 (L)/ 对齐项目 (A)/Z 方向 (Z)/ 重置 (RES)/ 退出 (X)]〈退出〉：

在"草图与注释"工作空间，也可以直接单击选择要进行编辑的关联阵列，系统会根据所选择的阵列的类型，在图形区域的上方会自动增加"阵列"选项卡和相应的关联阵列编辑面板，图 5-43、图 5-44、图 5-45 分别对应于选中图 5-33、图 5-35 和图 5-40 阵列图形时的阵列编辑面板。

图 5-43 "矩形阵列"编辑面板

图 5-44 "环形阵列"编辑面板

图 5-45 "路径阵列"编辑面板

〈选项说明〉

1）对于建立各种阵列所需要的一般参数，如基点、矩形阵列的行数及列数、环形阵列的填充角度等的修改，与创建阵列时的操作相类似，在此不再赘述。

2）"源（S）"。编辑来源。激活"阵列编辑状态"对话框，如图 5-46 所示，单击 确定 按钮进入阵列的编辑状态。在该状态下对于选定阵列中的对象的编辑修改（包括创建新的对象）都将同步反映到该阵列中的所有项目上。直到单击"默认"选项卡→"编辑阵列"面板→"保存修改"按钮 或者"放弃修改"按钮 ，或者直接从命令行输入 ARRAYCLOSE 命令，从弹出的"阵列关闭"对话框（见图 5-47）中选择是否保存修改并退出编辑状态。图 5-48a 所示为创建的半圆头螺钉的矩形关联阵列，如果要将所有半圆头螺钉更改为十字头螺钉，只需在阵列编辑状态下选中任意项目进行编辑修改，每一步的修改都会自动同步更新到其他所有项目上，如图 5-48b 所示。

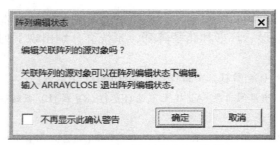
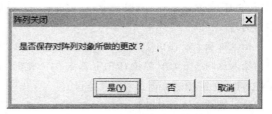

图 5-46 "阵列编辑状态"对话框 　　　　　图 5-47 "阵列关闭"对话框

3）"替换（REP）"。使用替换对象来个别替换阵列中选定的项目，如图 5-49 所示。其命令序列如下：

选择替换对象：（按〈Enter〉键结束对象选择）

选择替换对象的基点或 [关键点 (K)]〈质心〉：

选择阵列中要替换的项目或 [源对象 (S)]：（如果选择 S，则所有的阵列项目同时被替换。）

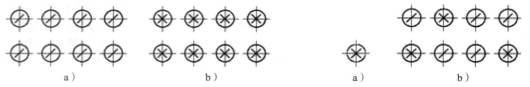

图 5-48 关联阵列的"编辑来源" 　　　　图 5-49 关联阵列的"替换项目"

a）原始矩形关联阵列　b）编辑过程中所有阵列项目同步更新 　　a）替换对象　b）阵列中选定的项目被替换的结果

4）阵列中个别项目的编辑及删除。按下〈Ctrl〉键并单击阵列中的项目，然后删除、移动、旋转或缩放选定的项目，而不会影响阵列中的其余项目。

5）"重置（RES）"。重置矩阵。恢复阵列中被删除的项目，并恢复以前所有被替换的项目。

6）关联阵列的夹点编辑。当一个阵列被选中后，其上会出现一些"夹点"（夹点的概念和相关操作请参见 5.11.2"使用夹点模式编辑"），当十字光标悬停在这些夹点上方时，会出现对应的上下文菜单（即快捷菜单）表明该夹点的作用。通过上下文菜单或者直接拖动这些不同位置的夹点可以改变阵列的相关参数，如图 5-50 所示。

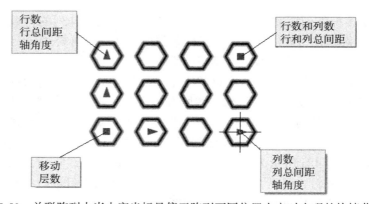

图 5-50 关联阵列中当十字光标悬停于阵列不同位置夹点时出现的快捷菜单

5.6.7 复制嵌套对象（NCOPY 命令）

NCOPY 命令用于把外部参照、图块或 DGN 参考底图里的几何对象直接复制到当前图形中，而不需要分解或绑定外部参照、图块或 DGN 参考底图。

〈访问方法〉

选项卡："默认"→"修改"面板→"复制嵌套对象"按钮 。

命令行：NCOPY。

〈操作过程〉

命令：NCOPY

当前设置：插入

选择要复制的嵌套对象或 [设置 (S)]:

〈选项说明〉

（1）"选择要复制的嵌套对象"　要复制的嵌套对象只能用点选择的方法，可以选择多个，直至按〈Enter〉键结束选择集。系统会进一步提示：

指定基点或 [位移 (D)/ 多个 (M)]〈位移〉:

指定第二个点或 [阵列 (A)]〈使用第一个点作为位移〉:

其后续操作和 COPY 命令相同，可以使用基点法和位移法进行单一或多重复制操作，还可以使用"阵列（A）"选项将所选对象复制成为单方向的线性阵列。

（2）"设置（S）"　用于设置与选定对象关联的命名对象是否会添加到图形中。系统进一步提示：

输入用于复制嵌套对象的设置 [插入 (I)/ 绑定 (B)]〈当前值〉:

1）"插入（I）"。将选定对象复制到当前图层，而不考虑命名对象。此选项与 COPY 命令类似。

2）"绑定（B）"。将与选定对象关联的命名对象如块、标注样式、图层、线型和文字样式等包括到图形中。

5.7　对象的平移（MOVE 命令）

MOVE 命令用于将所选择对象平移到指定位置。

〈访问方法〉

选项卡："默认"→"修改"面板→"移动"按钮 。

菜　单："修改（M）"→"移动（V）"选项 。

工具栏："修改"→"移动"按钮 。

命令行：MOVE。

〈操作过程〉

选择对象后，按确定位移量的方法不同，分为基点法和相对位移法两种。

命令：MOVE

选择对象：(选择准备移动的对象)

选择对象：(按〈Enter〉键结束选择集)

指定基点或 [位移 (D)]〈位移〉:(指定一个点作为基点)

指定第二个点或〈使用第一个点作位移〉:(实际上相当于指定基点的新的位置)

1. 基点法

同对象的复制 COPY 命令类似，首先要明确什么是基点。基点和要平移的图形对象各个部分之间的相对位置关系保持不变。从理论上讲，基点可以是屏幕上的任意一点。但在实际操作中，为了简单方便，通常选择图形的一些特征点作为基点，例如圆的圆心点、矩形的左下角点等。在具体操作时，应先指定一个点作为基点，然后指定基点的新位置即可。

2. 相对位移法

在上一命令序列中的"指定基点或 [位移（D）]〈位移〉："提示下回答"D"，则 AutoCAD 出现"指定位移〈当前值〉："的提示，然后直接输入对象在 X、Y 和 Z 方向上的位移量即可。如果是在 XY 平面上的操作，也可直接输入 X 和 Y 坐标。

也可以在"指定第二个点或〈使用第一个点作位移〉："的提示下用〈Enter〉键回答，系统自动以坐标原点到基点位置的坐标增量作为位移量进行移动。

5.8 对象的旋转（ROTATE 命令）

ROTATE 命令用于使选定对象绕指定基点（旋转中心）旋转。旋转时基点不动。

〈访问方法〉

选项卡："默认"→"修改"面板→"旋转"按钮 。
菜　单："修改（M）"→"旋转（R）"选项 。
工具栏："修改"→"旋转"按钮 。
命令行：ROTATE。

〈操作过程〉

在选定对象之后，应指定旋转中心和旋转角，如图 5-51 所示。

命令：ROTATE
UCS 当前的正角方向：ANGDIR= 逆时针 ANGBASE=0
选择对象：(选择要旋转的对象)
选择对象：(按〈Enter〉键结束对象选择)
指定基点：(指定基点)
指定旋转角度，或 [复制 (C)/ 参照 (R)]〈当前值〉：(指定旋转角度或 R 选项)

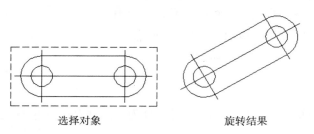

选择对象　　　　　旋转结果

图 5-51　按指定旋转角旋转图形

〈选项说明〉

1）"复制（C）"。创建要旋转的对象的副本。

2）对于"指定旋转角度，或 [复制（C）/ 参照（R）]："提示，可以直接输入一个角度值或者在屏幕上指定一点，系统自动取从基点到指定点的矢量与 X 轴正方向的夹角作为旋转角度。所选对象绕基点以给定的角度旋转。给定正角度时逆时针旋转，给定负角度时顺时针旋转。

3）如果用 "R" 回答最后提示，则使用参照角度的旋转方式，以当前的角度为参照，旋转到要求的新角度，如图 5-52 所示。

指定旋转角度，或 [复制 (C)/ 参照 (R)]〈当前值〉：R

指定参照角〈当前值〉：90(参照角度，通常为旋转前的角度)

指定新角度或 [点 (P)]〈0〉：45(指定旋转后的新角度或输入 P，使用两点来定义角度)

当知道一个对象旋转前后的绝对角度时，或者当知道两个对象的绝对角度、要对齐这两个对象时，使用参照角度的旋转方式较方便。

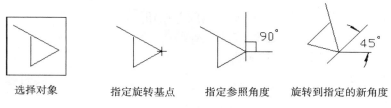

选择对象　　　　指定旋转基点　　指定参照角度　　旋转到指定的新角度

图 5-52　指定旋转前后的角度旋转对象

5.9　对象的拉伸（STRETCH 命令）

STRETCH 命令用于移动图形的某一局部而保持图形原有各部分的连接关系不变，如拉伸直线、弧线、多段线等。

〈访问方法〉

选项卡："默认" → "修改" 面板→ "拉伸" 按钮。

菜　单："修改（M）" → "拉伸（H）" 选项。

工具栏："修改" → "拉伸" 按钮。

命令行：STRETCH。

〈操作过程〉

如图 5-53 所示，使用拉伸命令移动门的位置，保持门与墙的连接关系不变。

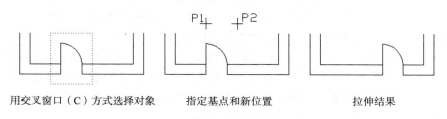

用交叉窗口（C）方式选择对象　　指定基点和新位置　　　　拉伸结果

图 5-53　用拉伸改变门的位置

命令：STRETCH

以交叉窗口或交叉多边形选择要拉伸的对象 ...

选择对象：C(用交叉窗口选择拉伸对象)

选择对象：(按〈Enter〉键结束对象选择)

指定基点或 [位移 (D)]〈位移〉：(指定基点 P1)

指定第二个点或〈使用第一个点作位移〉：(指定基点的新位置 P2)

〈说明〉

1）选择拉伸的对象时，必须采用交叉窗口或交叉多边形的方式进行选择。

2）在窗口内的顶点将按 STRETCH 命令产生精确的位移，而窗口以外的顶点保持不变，图形原有的连接关系保持不变（直线仍为直线，圆弧仍为圆弧）。

5.10　对象的比例变换（SCALE 命令）

SCALE 命令用于按给定的基点和缩放比例，沿 X、Y 和 Z 方向等比例缩放选定的对象。

〈访问方法〉

选项卡："默认"→"修改"面板→"缩放"按钮。

菜　单："修改（M）"→"缩放（L）"选项。

工具栏："修改"→"缩放"按钮。

命令行：SCALE。

〈操作过程〉

选定对象后，应指定基点和缩放的比例。基点可选在图形的任何地方，通常选择中心点或左下角点，当对象大小变化时，基点保持不动，如图 5-54 所示。

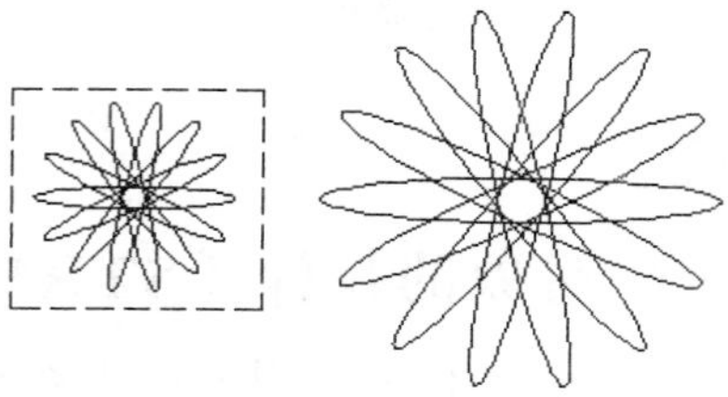

命令：SCALE

选择对象：(选择对象)

选择对象：(按〈Enter〉键结束对象选择)

指定基点：(指定基点)

指定比例因子或 [复制 (C)/ 参照 (R)]〈当前值〉：(指定比例因子或选择 R)

选择对象　　缩放结果

图 5-54　按指定的比例缩放对象

〈命令说明〉

1）需要强调的是，使用 SCALE 命令只能进行 X、Y 和 Z 方向相同的比例变换，如果要得到 X、Y 和 Z 方向不同的比例变换结果，只能通过将图形定义成块，然后在插入块的时候使用 X、Y 和 Z 方向不同的比例因子实现，具体参见"第 9 章 块及其属性的使用"。

2）"复制（C）"：创建要进行比例变换的对象的副本。

3）若用数值回答"指定比例因子或 [复制（C）/ 参照（R）]："提示，则以给定比例因子缩放所选对象。比例因子大于 1，放大对象；比例因子在 0 与 1 之间，缩小对象。

4）有时使用参照的方式通过指定当前长度和变换后的新长度来确定比例因子进行缩放更为方便。例如，现有一个用 PLINE 命令绘制的长度为 33 的矩形，要求比例变换后的矩形长度为 57。为了避免计算比例因子，可使用"参照（R）"选项，通过指定原有的参照长度和变换后的新长度进行缩放，如图 5-55 所示。

命令：SCALE

选择对象：(选择缩放的对象)

选择对象：(按〈Enter〉键结束对象选择)

指定基点：(指定基点为矩形的左下角点)

指定比例因子或 [复制 (C)/ 参照 (R)]〈当前值〉: R(选择 R 选项)

指定参照长度〈当前值〉: 33(输入参照长度)

指定新的长度或 [点 (P)] : 57(输入缩放后的新长度或输入 P, 使用两点之间的距离来定义长度)

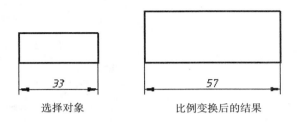

图 5-55　通过指定缩放前、后的尺寸进行比例变换

5.11　利用夹点编辑和多功能夹点

使用夹点编辑, 方便对所选的对象连续使用多种编辑命令实现快速编辑。

5.11.1　夹点的概念及其设置

夹点是一些实心的小方框。如果夹点是有效的, 在输入命令前使用定点设备指定对象时, 对象关键点上将出现夹点。可以拖动这些夹点对所选对象实施快速拉伸、移动、旋转、缩放或镜像等操作。

夹点的位置由所选择的对象类型决定, 图 5-56 所示为几种常见对象的夹点。

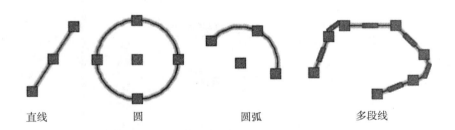

图 5-56　几种常见对象的夹点

光标单击对象时显示的夹点称为未选中夹点。光标在未选中夹点上单击将使其变成选中夹点, 选中夹点是夹点编辑操作的基点或控制点。要想选择多个夹点都成为选中夹点, 应在选择第一个夹点前按住〈Shift〉键, 然后依次选择各个夹点。当光标移到未选中夹点上停留时该夹点称为悬停夹点。按〈Esc〉键将取消夹点显示。

夹点的打开 / 关闭、相关方式设置是在"选项"对话框的"选择集"选项卡中进行。选择"工具 (T)"菜单→"选项 (N)"选项, 或者右击图形区域或者命令行空白处在弹出的快捷菜单中选择 ☑ 选项(O)... , 或在命令行输入"OPTIONS"命令, 激活的"选项"对话框的"选择集"选项卡如图 5-57 所示, 有关夹点的设置位于对话框的右部, 夹点的颜色设置可在图 5-58 所示的"夹点颜色"对话框中进行设置。

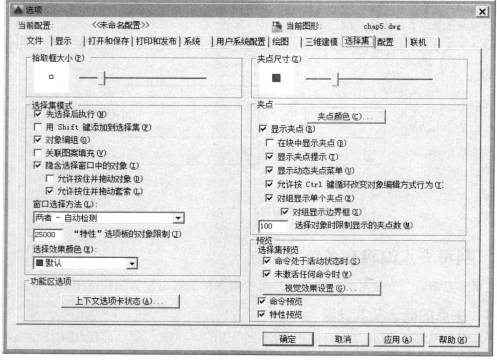

图 5-57 "选项"对话框的"选择集"选项卡

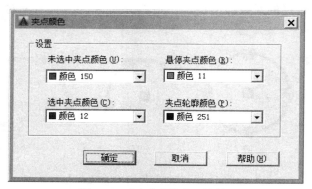

图 5-58 "夹点颜色"对话框

5.11.2 使用夹点模式编辑

若选择一个夹点，它被激活成选中夹点，并自动进入夹点模式。夹点模式编辑包含拉伸、移动、旋转、比例缩放、镜像等编辑模式，拉伸是默认模式。用户可以按下空格键或〈Enter〉键，周而复始地依次从一种模式顺序切换到另一种模式。也可以通过输入相应编辑命令的前两个字符或在激活的快捷菜单中选择，实现从当前模式到指定的夹点模式的切换。

完成一种夹点模式编辑操作后，AutoCAD 返回命令状态，但所选择的对象仍保持被选中状态。用户可以重新选择夹点和夹点模式，继续对选中的对象进行编辑。

1. 拉伸（Stretch）模式

** 拉伸 **

指定拉伸点或 [基点 (B)/ 复制 (C)/ 放弃 (U)/ 退出 (X)] :

"指定拉伸点"是拉伸模式的默认选项。若用户指定新点，将以选中的夹点或另外指定的基点作为基点，拉伸对象，功能与 STRETCH 命令相似。当选中的夹点为直线的端点时，将以指定的新点代替所选中的端点重画直线。当选中的夹点为圆的四个象限点之一时，将过指定的新点重画圆。图 5-59 表示以三角形的一个顶点为选中的夹点，拉伸三角形两条边的情况。

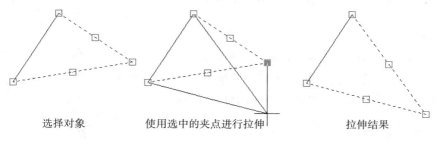

选择对象　　　　　使用选中的夹点进行拉伸　　　　　拉伸结果

图 5-59　用夹点拉伸三角形

拖动文字、块参照、直线中点、圆心和点对象上的夹点将进行移动的操作而不是拉伸操作。

以下几个选项，在其他四种夹点编辑模式中功能相同，在此处统一说明。

（1）"基点（B）" 用于指定新的基点。新指定的基点将代替选中夹点。

（2）"复制（C）" 用于在使用夹点模式编辑时复制原有的对象，原图形保持不变，可实现多重复制。

（3）"放弃（U）" 用于取消上一个"复制（C）"或"基点（B）"选项。

（4）"退出（X）" 退出夹点模式，返回到"命令："提示状态。

2. 移动（Move）模式

** 移动 **

指定移动点或 [基点 (B)/ 复制 (C)/ 放弃 (U)/ 退出 (X)] :

指定移动点是移动模式的默认选项，若用户指定一新点，则以选中夹点或指定的基点作为基点，移动所选对象到指定点。功能与 MOVE 命令相似。

3. 旋转（Rotate）模式

** 旋转 **

指定旋转角度或 [基点 (B)/ 复制 (C)/ 放弃 (U)/ 参照 (R)/ 退出 (X)] :

指定旋转角度是命令的默认选项，若指定一角度，则以选中夹点或指定的基点作为基点，旋转所选对象。功能与 ROTATE 命令相似。

参照（R）选项以参照方式旋转对象，AutoCAD 提示：

指定参照角〈0〉:30(指定参照角度，即旋转前的角度)

** 旋转 **

指定新角度或 [基点 (B)/ 复制 (C)/ 放弃 (U)/ 参照 (R)/ 退出 (X)] :65(即旋转后的角度)

4. 比例缩放（Scale）模式

** 比例缩放 **

指定比例因子或 [基点 (B)/ 复制 (C)/ 放弃 (U)/ 参照 (R)/ 退出 (X)] : R

指定比例因子是比例缩放模式的默认选项，若指定缩放的比例系数，则以选中夹点或指定的基点作为基点，缩放所选对象。功能与 SCALE 命令相似。

参照（R）选项以参照方式缩放对象，AutoCAD 提示：

指定参照长度〈当前值〉: 15(指定参照长度，即缩放前的长度)

** 比例缩放 **

指定新长度或 [基点 (B)/ 复制 (C)/ 放弃 (U)/ 参照 (R)/ 退出 (X)] : 10(指定缩放后的长度)

5. 镜像（Mirror）模式

** 镜像 **

指定第二点或 [基点 (B)/ 复制 (C)/ 放弃 (U)/ 退出 (X)] :

指定第二点是镜像模式的默认选项，若指定一点，则以该点与选中夹点或指定的基点的连线为轴，镜像所选对象。功能与 MIRROR 命令相似。

5.11.3 多功能夹点的使用

对于很多对象，也可以将光标悬停在夹点上以访问具有特定于对象（有时为特定于夹点）的编辑选项的菜单。按〈Ctrl〉键可循环浏览夹点菜单选项。

1. 具有多功能夹点的对象

多功能夹点可提供特定于对象（在某些情况下，特定于夹点）的上下文选项菜单。具有多功能夹点的对象包括以下几类。

（1）二维对象 直线、多段线、圆弧、椭圆弧和样条曲线。

（2）注释对象 标注对象和多重引线。

（3）三维实体 三维面、边和顶点。

2. 说明

1）锁定图层上的对象不显示夹点。

2）选择多个共享重合夹点的对象时，仍可以使用夹点模式编辑这些对象，但是任何特定于对象或夹点的选项将不再可用。

3. 使用夹点进行拉伸的技巧

1）要选择多个夹点，需按住〈Shift〉键进行每一个选择。当选择对象上的多个夹点来拉伸对象时，选定夹点间的对象的形状将保持原样。

2）当二维对象创建于当前 UCS 之外的其他平面上时，将在创建对象的平面上（而不是当前的 UCS 平面）进行对象的拉伸操作。

3）如果选择象限夹点来拉伸圆或椭圆，然后在输入新半径命令提示下指定距离（而不是移动夹点），此距离指的是从圆心而不是从选定的夹点开始测量的距离。

4）如果按下〈Ctrl〉键，用户可选择多段线中的单个圆弧或线段（也称为子对象）。

5.12 多段线编辑（PEDIT 命令）

PEDIT 命令用于编辑二维、三维多段线。该命令中有多层子命令，比较复杂。本节主要介绍二维多段线编辑。

〈**访问方法**〉

选项卡："默认"→"修改"面板→"编辑多段线"按钮◢。

菜　单："修改（M）"→"对象（O）"→"多段线（P）"选项◢。

工具栏："修改Ⅱ"→"编辑多段线"按钮◢。

命令行：PEDIT。

快捷菜单：选择多段线后右击，在弹出的快捷菜单中选择"编辑多段线（I）"选项。

〈**操作过程**〉

命令：PEDIT

选择多段线或 [多条 (M)] : (选择欲编辑的多段线)

若选择二维多段线，AutoCAD 显示二维多段线编辑主提示行，在编辑过程中，主提示行反复出现，直至按〈Enter〉键结束 PEDIT 命令，返回命令提示。

输入选项 [闭合 (C)/ 合并 (J)/ 宽度 (W)/ 编辑顶点 (E)/ 拟合 (F)/ 样条曲线 (S)/ 非曲线化 (D)/ 线型生成 (L)/ 反转 (R)/ 放弃 (U)]：

如果当前的多段线是封闭的，则"闭合（C）"被"打开（O）"代替。如果选择的是一条直线或者圆弧而不是多段线，AutoCAD 进一步提示：

选定的对象不是多段线

是否将其转换为多段线？〈Y〉

若回答"Y"则将它转换为一段二维多段线，显示二维多段线编辑主提示行，继续编辑，否则继续重新要求选择多段线的提示。

〈**选项说明**〉

1. 主提示行选项说明

（1）"闭合（C）" 将开口的多段线首尾相连形成一条封闭的多段线，如果多段线的最后一段是圆弧，则用过首端点且与最后一段圆弧相切的圆弧闭合多段线；否则，用直线段闭合多段线，如图 5-60 所示。

末段是直线段的开口多段线　　闭合结果　　末段是圆弧段的开口多段线　　闭合结果

图 5-60　封闭开口的多段线

（2）"打开（O）" 删除用"闭合（C）"选项画的最后一段线，使其成为开口的多段线。如果多段线首尾相连，但不是用"闭合（C）"选项画的，则不会显示"打开（O）"选项。

（3）"合并（J）" 将首尾相连的独立的直线、弧、多段线合并成一条多段线。选择"合并（J）"选项后，AutoCAD 提示选择要合并成一条多段线的各组成对象。可选择准备连接成多段线的各组成对象，多段线本身也可作为被选对象。一般情况下，只有首尾相连的独立的直线、弧和多段线才可以使用该命令进行合并。

（4）"宽度（W）" 修改多段线的整体宽度。

选择宽度（W）选项后，AutoCAD 提示：

指定所有线段的新宽度：

可输入宽度值，或者指定两点，AutoCAD 会计算两点间距离，作为宽度。一旦指定了宽度，就重新绘出相应宽度的多段线。

（5）"编辑顶点（E）" 进入顶点编辑方式。

（6）"拟合（F）" 创建圆弧拟合多段线。利用指定的切线方向，对多段线的所有顶点做光滑的圆弧拟合。曲线由一系列过各顶点、光滑连接的圆弧组成，如图 5-61 所示。

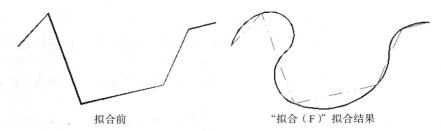

拟合前　　　　　　　　　　　　　　"拟合（F）"拟合结果

图 5-61　拟合的多段线

如果所得的曲线不理想，可先用非曲线化（D）选项删除曲线拟合，再利用编辑顶点（E）选项，调整所指定的切线的方向或加入更多的顶点，然后重新拟合。

（7）"样条曲线（S）" 根据顶点和切线方向信息用样条曲线拟合，如图 5-62 所示。

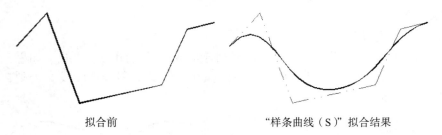

拟合前　　　　　　　　　　　　　　"样条曲线（S）"拟合结果

图 5-62　样条曲线拟合的多段线

（8）"非曲线化（D）" 删除多段线中的曲线段，包括原来的圆弧段和经"拟合（F）"或"样条曲线（S）"拟合后产生的曲线段，以相应的直线段代替。保留多段线顶点的切向信息，供以后的曲线拟合使用。

（9）"线型生成（L）" 控制在各顶点间，是否生成连续线型图案。AutoCAD 提示：

输入多段线线型生成选项 [开 (ON)/ 关 (OFF)] 〈当前值〉:(输入 ON 或 OFF)。

若回答"ON"，则线型图案在整条多段线间统筹安排，形成连续线型图案。若回答"OFF"，则线型图案只在相邻顶点间的段内规划，如图 5-63 所示。连续线型图案方式不能用于带有变宽度的多段线。

（10）"反转（R）" 反转多段线顶点的顺序。

（11）"放弃（U）" 取消上一次操作，可以重复使用放弃（U）选项依次退回到本次命令开始时状态。

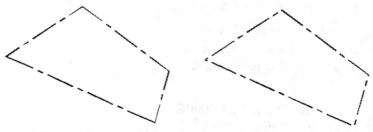

使用非连续线型图案　　　　　　　　使用连续线型图案

图 5-63　连续线型图案对多段线的影响

2. 顶点编辑子命令

当选用 PEDIT 命令"编辑顶点（E）"选项时，AutoCAD 将多段线的第一个顶点作为当前编辑的顶点，用"×"作标记。如果已指定了该顶点的切线方向，还显示箭头指示切线方向，在命令窗口显示顶点编辑子命令提示：

输入顶点编辑选项

[下一个 (N)/ 上一个 (P)/ 打断 (B)/ 插入 (I)/ 移动 (M)/ 重生成 (R)/ 拉直 (S)/ 切向 (T)/ 宽度 (W)/ 退出 (X)]〈N〉：

在顶点编辑过程中，该提示行重复出现，直到输入"X"退出顶点编辑为止。顶点编辑子命令说明如下：

（1）"下一个（N）"　将顶点标记"×"移到下一个顶点，将下一个顶点作为当前点。

（2）"上一个（P）"　将顶点标记"×"移到前一个顶点，将前一个顶点作为新的当前点。

（3）"打断（B）"　将带有"×"标记的顶点，作为切除的一个端点保存，并提示：

输入选项 [下一个 (N)/ 上一个 (P)/ 执行 (G)/ 退出 (X)]〈N〉：(选项)

移动"×"标记到切除的另一端点，输入"G"，可将两端点间的线段切除。若在选择 B 选项后，不移动"×"标记直接输入"G"选择"执行（G）"，则可将多段线在指定的两个顶点之间的线切除。图 5-64a 为打断多段线上两标记点之间的线段。

（4）"插入（I）"　在多段线中插入新顶点。其提示为：

为新顶点指定位置：(指定插入的新顶点位置)

指定新顶点后，在标有"×"的顶点之后插入新顶点，如图 5-64b 所示。

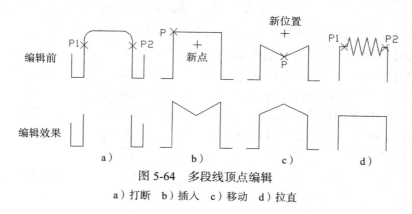

图 5-64　多段线顶点编辑

a）打断　b）插入　c）移动　d）拉直

（5）"移动（M）" 将标有"×"的当前顶点移到指定位置，并将与该点相关的线段重新画出，如图 5-64c 所示。其提示为：

为标记顶点指定新位置：(指定顶点的新位置)

（6）"重生成（R）" 多段线的重新生成，通常与"W"选项配合使用，重新生成改变宽度后的多段线。

（7）"拉直（S）" 删除两个标记顶点间的线段和顶点，并在这两个顶点间用一直线段连接。该选项保存标有"×"的当前顶点位置，并提示：

输入选项 [下一个 (N)/ 上一个 (P)/ 执行 (G)/ 退出 (X)] 〈N〉:

将"×"移到其他任何顶点，并输入"G"，则两顶点之间的线段和顶点都被删去，代之以一条直线，如图 5-64d 所示。

如果在选择"拉直（S）"选项后，不移动"×"标记，直接输入"G"，该顶点之后如果是弧线，则被拉直。

（8）"切向（T）" 给当前标记的顶点指定一个切线方向，供以后的曲线拟合使用。AutoCAD 进一步提示：

指定顶点切向：

可输入切线角度，也可用点指定切线方向。

（9）"宽度（W）" 改变当前标记的顶点与下一个顶点之间线段的起始宽度和终止宽度。可用于建立一段变宽的线段。其提示为：

指定下一条线段的起点宽度〈当前值〉:2(起始宽度)

指定下一条线段的端点宽度〈当前值〉:0(终止宽度)

指定新宽度后，该线段并不立即重生成，若要重生成，可用"重生成（R）"子选项。

（10）"退出（X）" 退出顶点编辑子命令，返回多段线编辑主提示。

5.13 对象的随层特性设置（SETBYLAYER 命令）

SETBYLAYER 命令用于将非锁定图层上选定对象和插入块的颜色、线型、线宽、材质、打印样式和透明度的特性替代更改为"ByLayer"，即"随层"。

〈访问方法〉

选项卡："默认"→"修改"面板→"设置为 ByLayer"按钮 。

命令行：SETBYLAYER。

〈操作过程〉

执行 SETBYLAYER 命令后，AutoCAD 将出现"选择对象或 [设置（S）]:"的提示，用户可以按照图 5-65 所示的"SetByLayer 设置"对话框中的"要更改为 ByLayer 的特性"的设置修改所选对象的颜色、线型、线宽、材质、打印样式和透明度的特性替代更改为"ByLayer"，即"随层"。

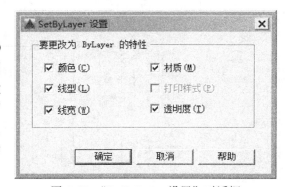

图 5-65 "SetByLayer 设置"对话框

5.14　对齐对象（ALIGN 命令）

ALIGN 命令用于在二维和三维空间中将对象与其他对象对齐。

〈访问方法〉

选项卡："默认"→"修改"面板→"合并"按钮⊡。

菜　单："修改（M）"→"三维操作（3）"→"对齐（L）"选项⊡。

命令行：ALIGN。

〈操作过程〉

先选择要对齐的对象，然后按提示要求输入源点和目标点。

图 5-66 所示为用 ALIGN 命令完成的矩形和下边图带有弦的圆弧图形的对齐操作。

命令：ALIGN

选择对象：(选择上方的矩形)

选择对象：(按〈Enter〉键结束选择集)

指定第一个源点：(指定矩形的左下角点 P1 点)

指定第一个目标点：(指定 P2 点，P1 点将与 P3 点重合)

指定第二个源点：(指定矩形的右下角点 P2 点)

指定第二个目标点：(指定 P4 点)

指定第三个源点或〈继续〉：(按〈Enter〉键继续)

是否基于对齐点缩放对象？[是（Y）/否（N）]〈否〉:N(或按〈Enter〉键接受当前设置并结束命令)

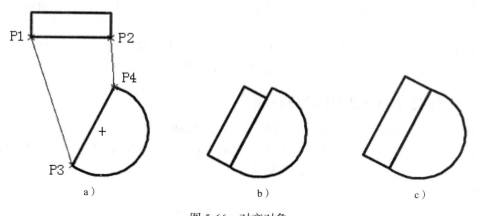

图 5-66　对齐对象

a）原始对象　b）不基于对齐点缩放对象的结果　c）基于对齐点缩放对象的结果

〈选项说明〉

1）关于"是否基于对齐点缩放对象？[是 (Y)/ 否 (N)]"的不同结果分别如图 5-66b 和图 5-66c 所示。

2）在对齐操作中，只有第一个源点和第一个目标点是严格重合的。

5.15　合并对象（JOIN 命令）

JOIN 命令用于将相同类型的不同对象合并以形成一个独立的对象。

〈访问方法〉

选项卡："默认"→"修改"面板→"合并"按钮 ⊶。

菜　单："修改（M）"→"合并（J）"选项 ⊶。

工具栏："修改"→"合并"按钮 ⊶。

命令行：JOIN。

〈操作过程〉

执行 JOIN 命令后，AutoCAD 出现如下提示：

选择源对象或要一次合并的多个对象：(任意的目标选择方式进行对象选择)

选择要合并的对象：(选择对象直到按〈Enter〉键结束选择集)

〈说明〉

1. 直线

直线对象如果原来共线，它们之间有间隙，则合并成一条直线段；如果不共线，则合并后成为一条多段线。

2. 多段线

对象可以是直线、多段线或圆弧。对象之间必须首尾相连，不能有间隙，并且必须位于与 UCS 的 XY 平面平行的同一平面上。

3. 圆弧

圆弧对象必须具有相同的圆心和半径，但是它们之间可以有间隙。

4. 椭圆弧

椭圆弧必须具有相同的中心点、相等的长轴和短轴，但是它们之间可以有间隙。

5. 样条曲线或螺旋线

样条曲线和螺旋线必须首尾相连，不得有间隙。结果对象是单个样条曲线。

注意：构造线、射线和闭合的对象无法进行合并操作。

5.16　分解对象（EXPLODE 命令）

分解多段线、图块、尺寸等复合对象为它们的构成对象。分解后形状不会发生变化，各部分可以独立进行编辑和修改。尺寸标注具有块的特性，EXPLODE 可以把尺寸标注分解为各个组成部分（直线、弧线、箭头和文字）。

〈访问方法〉

选项卡："默认"→"修改"面板→"分解"按钮 ⬚。

菜　单："修改（M）"→"分解（X）"选项 ⬚。

工具栏："修改"→"分解"按钮 ⬚。

命令行：EXPLODE。

〈命令说明〉

1）EXPLODE 每次只分解同组中的一级嵌套，需要时可再次使用本命令分解到下一级。

2）用 MINSERT 插入的块不能分解。

3）分解带有属性的块时，属性值被删除，只剩下属性定义。

4）具有宽度的多段线被分解时，将丢失宽度信息。

5.17　编辑多线（MLEDIT 命令）

编辑多线的交点特性，修改多线自身的一些特性。

〈访问方法〉

菜　单："修改（M）"→"对象（O）"→"多线（M）"选项 ✎。

命令行：MLEDIT。

执行 MLEDIT 命令后，系统将弹出"多线编辑工具"对话框，如图 5-67 所示。对多线的编辑只能通过在"多线编辑工具"对话框中单击对象菜单选择编辑命令实现。多线编辑命令分四组，按列排在对话框中。

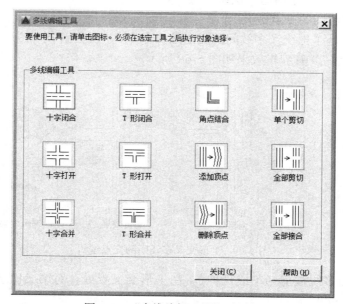

图 5-67　"多线编辑工具"对话框

〈对话框说明〉

1. 十字交叉多线间的交点

第一列表示的是十字交叉多线间的交点编辑命令，从上至下分别为"十字闭合""十字打开"及"十字合并"。其编辑效果如图 5-68 所示。

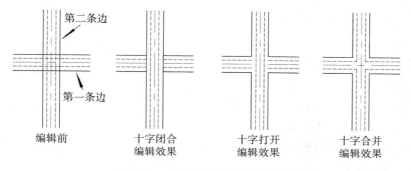

图 5-68　十字交叉多线间的交点编辑

AutoCAD 给出的提示为：

选择第一条多线：（指定第一条多线）

选择第二条多线：（指定第二条多线）

选择第一条多线或 [放弃 (U)]：（继续选择多线或输入 U 放弃前一步操作，或者按〈Enter〉键结束命令）

使用"十字闭合"和"十字打开"命令时，都是第一次选择的多线被切断（或者被延伸），而第二次选择的多线分别做闭合或开口处理。使用"十字合并"命令时，相交叉的两个多线的选择顺序无关，都是从外向内，对应单元画到交点。

"放弃（U）"选项用于回退一次编辑操作。

2. T 形交叉多线间的交点

第二列表示的是 T 形交叉多线间的交点编辑命令，从上至下分别为"T 形闭合""T 形打开"和"T 形合并"。其编辑效果如图 5-69 所示。

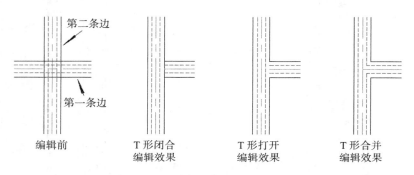

图 5-69　T 形交叉多线间的交点编辑

第一次选择的多线被剪切（或延伸）。在 T 形交叉点处，对第二次选择的多线分别做闭合、开口、合并处理。

此处"剪切"的概念与 TRIM 命令正好相反，本命令中是将选择点所在的一端保留，另一端被剪去。

3. 多线的顶点处理

第三列表示的是多线顶点编辑命令，从上至下分别为"角点结合""添加顶点"和"删除顶点"。

1）角点结合命令的提示为：

选择第一条多线：（指定第一条多线）

选择第二条多线：（指定第二条多线）

选择第一条多线或 [放弃 (U)]：（继续选择多线或输入 U、〈Enter〉）

以选择的两条多线互为剪切边，剪切超出交点的一端（见图 5-70），选择点所在的那一段多线被保留。如果所选择的两条多线尚未相交，则延伸至相交。

2）添加顶点命令的提示为：

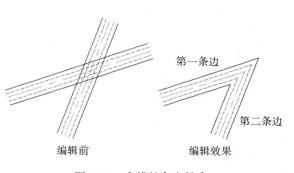

图 5-70　多线的角点结合

选择多线：（选择一多线）

AutoCAD 在选择点位置为用户选择的多线增添一个顶点。增加新的顶点后，从外观上看不出变化，但如果在命令状态下，选择这条多线时，在新顶点位置出现新的夹点，可以用夹点模式，进一步编辑新顶点的位置。

3）删除顶点命令的提示为：

选择多线：（选择一多线）

AutoCAD 在用户选择的多线上，删除离选择点较近的顶点，接着提示"选择多线或 [放弃（U）]："，可继续删除其他顶点。

4. 多线单元的剪切与接合

第四列表示的是多线单元的剪切与接合命令，从上至下，分别为"单个剪切""全部剪切"和"全部接合"。其编辑效果如图 5-71 所示。

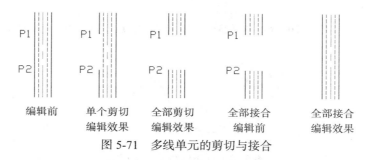

图 5-71　多线单元的剪切与接合

1）"单个剪切"和"全部剪切"命令的提示均为：

选择多线：（在断点处选择要切断的多线，该点同时也是切切的第一个断点）

选择第二个点：（选择第二个断点）

对于"单个剪切"命令，在回答"选择多线："提示时，选择点一定要放在准备切断的单元上。

2）"全部接合"命令的提示为：

选择多线：（选择要连接的多线的一端）

选择第二个点：（选择要连接的多线的另一端）

该命令使被切断的一条多线的两段恢复连接。此命令只能使原本属于一条多线的两段恢复连接。

5.18　编辑样条曲线（SPLINEDIT 命令）

通过修改拟合点的数量、位置、切线方向，样条曲线的拟合公差以及打开和闭合样条曲线，编辑样条曲线。

〈访问方法〉

选项卡："默认"→"修改"面板→"编辑样条曲线"按钮　。

菜　单："修改（M）"→"对象（O）"→"样条曲线（S）选项　。

工具栏："修改Ⅱ"→"编辑样条曲线"按钮　。

命令行：SPLINEDIT 。

〈操作过程〉

执行 SPLINEDIT 命令后，AutoCAD 提示：

选择样条曲线：(选择要编辑的样条曲线)

输入选项 [闭合 (C)/ 合并 (J)/ 拟合数据 (F)/ 编辑顶点 (E)/ 转换为多段线 (P)/ 反转 (R)/ 放弃 (U)/ 退出 (X)]〈退出〉：

如果选择的样条曲线是闭合的，则"闭合（C）"选项被"打开（O）"代替。

〈选项说明〉

1."拟合数据（F）"

编辑拟合数据。拟合数据包括所有拟合点、拟合公差及关联的正切值。选择"拟合数据（F）"后，在样条曲线上以夹点方式显示拟合点集，如图 5-72 所示。系统显示如下提示：

输入拟合数据选项

[添加 (A)/ 闭合 (C)/ 删除 (D)/ 扭折 (K)/ 移动 (M)/ 清理 (P)/ 切线 (T)/ 公差 (L)/ 退出 (X)]〈退出〉：

图 5-72　样条曲线的拟合点集

（1）"添加（A）"　向样条曲线添加拟合点。AutoCAD 出现如下提示：

在样条曲线上指定现有拟合点〈退出〉：

指定要添加的新拟合点〈退出〉：

指定要添加的新拟合点〈退出〉：

若选择了一个控制点，则该点及下一个控制点会加亮显示，将新点插入这两点之间，重新拟合曲线，加亮显示新点，如图 5-73 所示。用户可不断增加新的控制点，直到按〈Enter〉键，结束本选项操作。

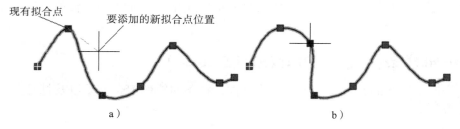

图 5-73　在样条曲线中增加新的控制点

a）指定现有拟合点和要添加的新拟合点　b）结果

若选择开式样条曲线的最后一点，则仅加亮显示该点，并将新点添加在其后面。若选择开式样条曲线的第一点，则可以在"指定新点或 [后面 (A)/ 前面 (B)]〈退出〉："提示下选择将指定的新点添加在其前面或后面。

（2）"闭合（C）" 闭合一条开式的样条曲线，并使它在端点处切线连续。

（3）"打开（O）" 删除封闭的样条曲线的最后一段线。

（4）"删除（D）" 删除指定的拟合点，并用剩下的点重新拟合样条曲线。

（5）"扭折（K）" 在样条曲线上的指定位置添加节点和拟合点，这不会保持在该点的相切或曲率连续性。

（6）"移动（M）" 将选定的拟合点移至新位置。选择此选项后，加亮显示起点，并提示：

指定新位置或 [下一个 (N)/ 上一个 (P)/ 选择点 (S)/ 退出 (X)] 〈下一个〉：

若指定一新位置，则将选定的控制点移至新位置。

"下一个（N）""上一个（P）"及"选择点（S）"选项用于指定新的当前控制点，并加亮显示。

（7）"清理（P）" 从图形数据库中删除所选样条曲线的拟合数据。

（8）"切线（T）" 编辑样条曲线首末端的切线，如图 5-74 所示。AutoCAD 提示：

指定起点切向或 [系统默认值 (S)] ：(指定首端切线方向)

指定端点切向或 [系统默认值 (S)] ：(指定末端切线方向)

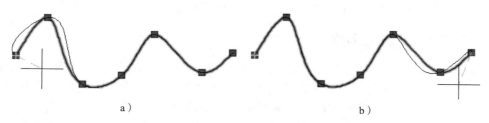

图 5-74　编辑样条曲线首末端的切线方向

a）指定起点切线方向　b）指定端点切线方向

可以指定一点，也可使用 TAN 或 PER 捕捉方式使样条曲线与所选对象相切或垂直。

若选择"系统默认值（S）"则由 AutoCAD 计算端点的正切。

对于闭合的样条曲线，则提示：

指定切向或 [系统默认值 (S)] ：

（9）"公差（L）" 改变当前样条曲线的拟合公差。样条曲线被重新拟合。AutoCAD 提示：

输入拟合公差 〈当前值〉：(输入新值或按〈Enter〉键)

如果设置 0 公差，样条曲线通过拟合点。输入大于 0 的值，允许样条曲线在指定的公差范围内偏离拟合点。

（10）"退出（X）" 结束数据拟合操作，返回 SPLINEDIT 主提示。

2."闭合（C）"

闭合开式样条曲线，并使它在端点处切线连续。如果样条曲线具有相同的首末端，则本操作使曲线在这两点处切线连续。

3."打开（O）"

删除封闭的样条曲线的最后一段线，使之成为开放的样条曲线。

4.编辑顶点（E）

编辑样条曲线的控制点，清除拟合点，加亮显示起点。提示：

输入顶点编辑选项 [添加 (A)/ 删除 (D)/ 提高阶数 (E)/ 移动 (M)/ 权值 (W)/ 退出 (X)]〈退出〉:

（1）"添加（A）" 增加控制部分样条曲线的控制点数。当按提示选择一控制点后，删除选定点，在其附近增加新点，新增加的控制点更加贴近曲线。

（2）"提高阶数（E）" 增加样条曲线的阶数，阶数越高，控制点越多。默认值为4，最大值为26，输入的值应大于等于当前值。

（3）"权值（W）" 改变样条曲线控制点的权重。AutoCAD 提示：

输入新权值 (当前值 = 1.0000) 或 [下一个 (N)/ 上一个 (P)/ 选择点 (S)/ 退出 (X)]〈下一个〉:

指定新权值。权重默认值为1.0。增加权值使样条曲线靠近选定的控制点。新权值不接受负数或 0 值。

5."转换为多段线（P）"

将样条曲线转换为多段线，AutoCAD 提示：

指定精度〈当前值〉: (输入 0 和 99 之间的整数，数值越小，精度越低)

6."反转（R）"

反转样条曲线的方向，但不删除拟合数据。该选项主要用于第三方应用程序。

5.19 为几何图形添加约束

在绘制、编辑和修改图形时，可以充分利用 AutoCAD 2016 提供的约束添加到几何图形中，以提高绘图的效率。例如可以通过约束图形中的几何图形来保持设计规范和要求，在尺寸标注约束中包含公式和方程式，通过更改变量值进行快速设计更改，等等。

在 AutoCAD 2016 中，为几何图形添加、删除约束等操作主要是通过"草图与注释"工作空间中的"参数化"选项卡（见图 5-75）和"参数（P）"下拉菜单（见图 5-76）来实现的，用户也可以通过"几何约束"工具栏（见图 5-77）、"标注约束"工具栏（见图 5-78）实现。当图形对象被添加了几何约束和标注约束后，在其上都会显示相对应的约束类型标记。

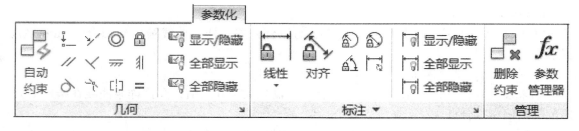

图 5-75　"参数化"选项卡

1.约束类型

（1）几何约束 控制对象本身即相互之间的几何关系，即形状约束。

（2）标注约束 控制对象的距离、长度、角度和半径等尺寸数值，即尺寸约束。

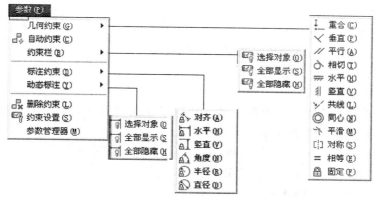

图 5-76　"参数（P）"菜单及其子菜单项

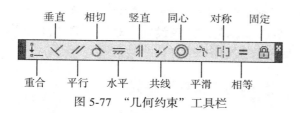

图 5-77　"几何约束"工具栏

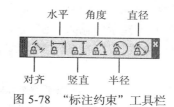

图 5-78　"标注约束"工具栏

2. 几何约束

几何约束命令的用途见表 5-2。

表 5-2　几何约束功能

按　钮	几何约束功能
⊥	约束两个点使其重合，或者约束一个点使其位于曲线或其延长线上
＜	使两线相互垂直，系统要求选择两条直线
∥	使两线平行，系统要求指定两条直线
♂	使两对象相切，系统要求选择两个相切的对象：直线、多段线线段或圆弧段、圆、圆弧或椭圆等
≡	使直线或两点连线成水平，系统要求选择一条直线或两个点
∦	使直线或两点连线成垂直，系统要求指定一条直线或两个点
↘	使两条直线共线，第二条线位于第一条线或其延长线上
◎	使两个圆、圆弧或者椭圆同心
⤳	将样条曲线约束为连续，并与其他样条曲线、直线、圆弧或多段线保持 G2 连续性
[┆]	使选定的两个点、直线、多段线线段或圆弧段、圆、圆弧或椭圆关于指定的直线对称，系统要求指定一条中心线和两个对象
＝	使两条线段等长度、两个圆或圆弧等半径，系统要求指定两条直线、圆或圆弧
🔒	将点和曲线锁定在位，即将固定约束应用于对象上的点时，会将节点锁定在位；可以围绕锁定节点移动对象。将固定约束应用于对象时，该对象将被锁定且无法移动

〈**访问方法**〉

选项卡："参数化"→"几何"面板。

菜　单："参数（P）"→"几何约束（G）"菜单。

工具栏："几何约束"→相应图标。

〈**说明**〉

1）自动几何约束的建立。使用下列方法可以建立自动的几何约束，用于在指定的公差范围内将几何约束应用至选定的图形对象上。

选项卡："参数化"→"几何"面板→"自动约束"按钮 ⬚。

菜　单："参数（P）"→"自动约束（C）" ⬚。

命令行：AUTOCONSTRAIN。

系统将出现下列提示：

选择对象或 [设置 (S)]：（系统将自动将公差允许范围内的几何约束应用到所选择的对象上）

在上述提示中输入"S"选项将弹出图 5-79 所示的"约束设置"对话框的"自动约束"选项卡，控制应用自动约束时约束类型以及优先级次序。

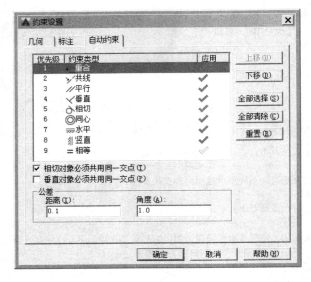

图 5-79 "约束设置"对话框的"自动约束"选项卡

2）在应用几何约束时选择两个对象的顺序十分重要。通常，所选的第二个对象会根据第一个对象进行调整。例如，应用垂直约束时，选择的第二个对象将调整为与第一个对象垂直。

3）几何约束的删除。在图形的约束图标上右击，从弹出的快捷菜单中选择"删除"选项即可；或者单击"参数化"选项卡→"管理"面板→"删除约束"按钮 ⬚；或者选择"参数（P）"菜单→"删除约束（L）" ⬚选项删除指定对象上的所有约束，包括标注约束。

3. 标注约束

标注约束命令的用途见表 5-3。

表 5-3　标注约束功能

按　钮	标注约束功能
🔒	约束对象上两个点之间或不同对象上两个点之间的倾斜距离
🔒	约束对象上两个点之间或不同对象上两个点之间的水平距离（X 方向）
🔒	约束对象上两个点之间或不同对象上两个点之间的垂直距离（Y 方向）
🔒	约束直线段或多段线线段之间的角度、圆弧或多段线圆弧段所对的圆心角、不在同一直线上的三个点所确定的角度
🔒	约束圆或圆弧的半径
🔒	约束圆或圆弧的直径

〈访问方法〉

选项卡："参数化"→"标注"面板→相应按钮。

菜　单："参数（P）"→"标注约束（D）"选项。

工具栏："标注约束"→相应按钮。

命令行：DIMCONSTRAINT。

〈操作过程〉

执行 DIMCONSTRAINT 命令后，AutoCAD 出现如下提示：

当前设置：约束形式 = 当前值

输入标注约束选项 [线性 (L)/ 水平 (H)/ 竖直 (V)/ 对齐 (A)/ 角度 (AN)/ 半径 (R)/ 直径 (D)/ 形式 (F)/ 转换 (C)] 〈当前值〉：(所有选项与菜单和工具栏图标命令相对应)

〈说明〉

1）标注约束的删除。使用下列方法可以删除所有的几何约束和标注约束。

选项卡："参数化"→"管理"面板→"删除约束"按钮 🔒。

菜　单："参数（P）"→"删除约束（L）" 🔒。

命令行：DELCONSTRAINT。

2）一般情况下，应先使用几何约束确定图形的形状，然后应用标注约束以确定对象的大小。

3）标注约束的管理。单击"参数化"选项卡→"管理"面板→"参数管理器"按钮 🔒 或者选择"参数（P）"→"参数管理器（M）"选项，在弹出的"参数管理器"对话框（见图 5-80）中对标注约束及相关参数进行查看、删除、编辑修改，建立标注约束之间的尺寸关联和其他管理。

4）标注约束的显示方式。单击"参数化"选项卡→"几何"面板→"对话框启动程序"按钮 ◢；或单击"参数化"选项卡→"标注"面板→"对话框启动程序"按钮 ◢；或者直接在命令行提示下输入"CONSTRAINTSETTINGS"命令，都将弹出图 5-81 所示的"约束设置"对话框，然后在"标注"选项卡中对标注名称的格式进行设置，指定为名称、值或者"名称和表达式"方式中的一种。

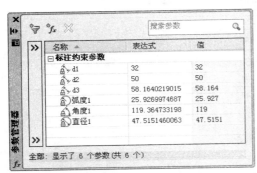

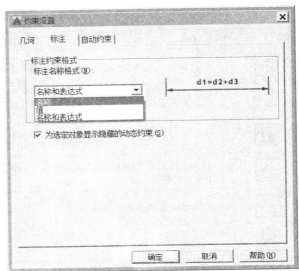

图 5-80 "参数管理器"对话框   图 5-81 "约束设置"对话框中的"标注"选项卡

5.20 对象的反转（REVERSE 命令）

REVERSE 命令用于反转选定直线、多段线、样条曲线和螺旋的顶点，对于具有包含文字的线型或具有不同起点宽度和端点宽度的多段线，此操作比较有用。

〈访问方法〉

选项卡："默认"→"修改"面板→"反转"按钮 ⇄。

命令行：REVERSE。

〈操作过程〉

执行 REVERSE 命令后，AutoCAD 出现如下提示：

选择要反转方向的直线、多段线、样条曲线或螺旋：

选择对象：(选择对象直至按〈Enter〉键结束选择集)

〈操作说明〉

当系统变量 PLINEREVERSEWIDTHS 的值为 1 时，反转多段线才会对线宽产生作用，如图 5-82 所示。

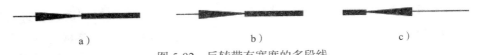

a)   b)   c)

图 5-82 反转带有宽度的多段线

a）带有宽度的多段线 b）PLINEREVERSEWIDTHS=0 c）PLINEREVERSEWIDTHS=1

5.21 更改重叠对象的绘图次序

当图形中同时存在具有粗线宽、宽多段线、图案填充和文字填充、注释和图像的对象时，必须能有效地控制这些对象的绘图次序，包括显示和打印顺序，如图 5-83 所示。在 AutoCAD 2016 中是通过"默认"选项卡→"修改"面板→"重置对象次序"按钮组实现的，如图 5-84 所示。

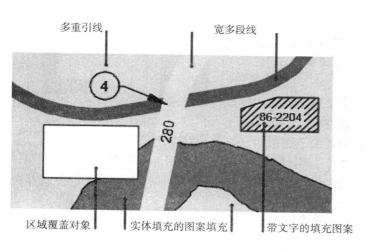

图 5-83　多个对象重叠时绘图次序控制示例

图 5-84　"重置对象
次序"按钮组

1. DRAWORDER 命令

DRAWORDER 命令用于更改图像和其他对象的绘制顺序。

〈访问方法〉

选项卡："默认"→"修改"面板→"前置"、"后置"、"置于对象之上"、"置于对象之下"。

工具栏："修改 Ⅱ"→"显示顺序"按钮。

命令行：DRAWORDER。

〈操作过程〉

执行 DRAWORDER 命令后，AutoCAD 出现如下提示：

选择对象:(指定要更改其绘图顺序的对象，直至按〈Enter〉键结束)

输入对象排序选项 [对象上 (A)/ 对象下 (U)/ 最前 (F)/ 最后 (B)]〈最后〉:

〈选项说明〉

（1）"对象上（A）"　将选定对象移动到指定参照对象的上面。

（2）"对象下（U）"　将选定对象移动到指定参照对象的下面。

（3）"最前（F）"　将选定对象移动到图形中对象顺序的顶部。

（4）"最后（B）"　将选定对象移动到图形中对象顺序的底部。

2. TEXTTOFRONT 命令

TEXTTOFRONT 命令用于将文字、引线和标注置于图形中的其他所有对象之前。

〈访问方法〉

选项卡："默认"→"修改"面板→"将文字前置"、"将标注前置"、"引线前置"、"所有注释前置"。

工具栏："绘图次序 注视前置"→"将文字前置" ，"将标注前置" 、"引线前置" 及"所有注释前置" 。

命令行：TEXTTOFRONT。

〈操作过程〉

执行 TEXTTOFRONT 命令后，AutoCAD 出现如下提示：

前置 [文字 (T)/ 标注 (D)/ 引线 (L)/ 全部 (A)] 〈全部〉：

〈选项说明〉

（1）"文字（T）"　将所有文字置于图形中所有其他对象之前。

（2）"标注（D）"　将所有标注置于图形中所有其他对象之前。

（3）"引线（L）"　将所有引线置于图形中所有其他对象之前。

（4）"全部（A）"　将所有文字、引线和标注对象置于图形中所有其他对象之前。

注意：无法将块和外部参照中包含的文字和标注从包含的对象中单独进行前置处理。

3. HATCHTOBACK 命令

HATCHTOBACK 命令用于将图形中所有图案填充的绘图次序设定为在所有其他对象之后。

〈访问方法〉

选项卡："默认"→"修改"面板→"将图案填充项后置"按钮 。

命令行：HATCHTOBACK。

〈操作过程〉

执行 HATCHTOBACK 命令后，AutoCAD 系统自动将所有图案填充对象置于其他对象的后面。

第6章

显 示 控 制

　　在图形编辑的过程中，为能方便地以不同的显示比例观察图形的不同部分，方便作图和实现所需要的显示效果，AutoCAD 提供了功能强大、使用方便的显示控制命令。本章介绍 ZOOM、PAN、VIEW 等命令。本章涉及的"视图（V）"菜单、"全导航控制盘 SteeringWheels"（"草图与注释"工作空间的"视图"菜单下 SteeringWheels）、"导航"工具栏、"标准"工具栏、"缩放"工具栏和"视图"工具栏分别如图 6-1~图 6-6 所示。

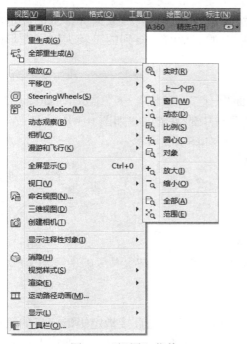

图 6-1 "视图"菜单

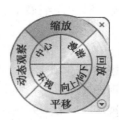

图 6-2 全导航控制盘 SteeringWheels

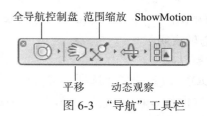

图 6-3 "导航"工具栏

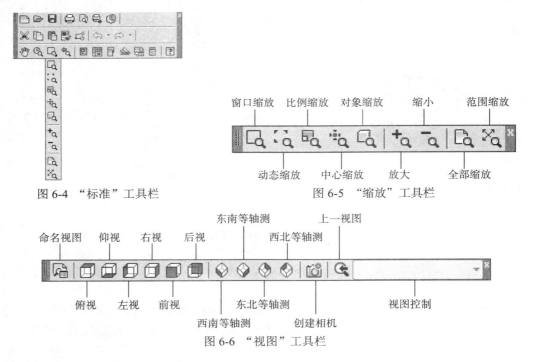

图 6-4 "标准"工具栏　　　　　图 6-5 "缩放"工具栏

图 6-6 "视图"工具栏

6.1 图形的缩放显示（ZOOM 命令）

ZOOM 命令可用于进行变焦缩放显示。其功能类似于摄影机上的变焦距镜头，可用来放大或缩小观察的对象，但并不改变对象的实际尺寸和位置。当放大屏幕上的图形时，得到的是较小区域图形的详细显示；当缩小屏幕上的图形时，得到的是较大区域图形的粗略显示。

〈访问方法〉

选项卡："视图"选项卡→"视口工具"面板→"导航栏"→"缩放"，如图 6-3 所示。

菜　　单："视图（V）"→"缩放（Z）"子菜单中的各选项，如图 6-1 所示。

　　　　　"视图（V）"→"SteeringWheels"，如图 6-2 所示。

工具栏："标准"→"缩放"，如图 6-4 所示。

　　　　　"缩放"工具栏，如图 6-5 所示。

命令行：ZOOM

执行 ZOOM 命令后，AutoCAD 提示：

指定窗口的角点，输入比例因子 (nX 或 nXP)，或者

[全部 (A)/ 中心 (C)/ 动态 (D)/ 范围 (E)/ 上一个 (P)/ 比例 (S)/ 窗口 (W)/ 对象 (O)]〈实时〉:

〈选项说明〉

1. 默认项

ZOOM 命令的默认选项是按窗口缩放即"窗口"项，先直接指定矩形窗口的第一个角点，然后根据 AutoCAD 提示指定矩形窗口的第二个对角点。AutoCAD 把矩形窗口范围内的图形放大到全屏显示。

也可以直接输入数值 n、nX 或 nXP，实现按指定比例变焦缩放显示，详见"比例"选项。

2. 实时缩放和平移

若直接按〈Enter〉键回答 ZOOM 命令提示，将激活实时动态变焦缩放显示功能。此时单击鼠标右键，将弹出如图 6-7 所示的快捷菜单。在该快捷菜单中带有"√"标记的为当前所处的状态，可以在平移和缩放之间进行切换。当处于"缩放"工作模式下时，光标变成放大镜形状 Q，此时，按住鼠标左键，自上向下拖动，放大镜状的光标变成 Q-，将缩小显示；反之，自下向上拖动，放大镜状的光标变成 Q+，将放大显示。缩放时的光标如图 6-8a 所示；当处于"平移"工作模式下时，光标变成手掌形状，如图 6-8b 所示；此时，按下鼠标左键拖动鼠标，将使图形向相同的方向移动。

图 6-7　实时缩放 / 平移快捷菜单

单击"标准"工具栏的"实时缩放"按钮，也将激活实时变焦缩放功能。在图形绘制或编辑修改的命令过程中，如果需要改变当前图形显示的大小，则将该种命令激活方式用作透明的命令使用会非常方便。

图 6-8　"缩放" / "平移"模式下的光标
a)"缩放"模式下的光标　b)"平移"模式下的光标

按〈Enter〉键、〈Esc〉键；或者单击鼠标右键，从弹出的快捷菜单中选择"退出"，都将结束 ZOOM 命令。

3. 比例（S）

选择"比例（S）"选项后，AutoCAD 提示：

输入比例因子 (nX 或 nXP):

（1）n（数值）　相对于"全部"（ZOOM ALL）选项放缩 n 倍。n 为正数，n>1 为放大，n<1 为缩小。如输入值为 2，则显示图形的大小为全视图的 2 倍。

（2）nX　相对于当前显示图形（1x）缩放 n 倍。n 为正数，n>1 放大，n<1 缩小。

（3）nXP　根据图纸空间单位相对于当前显示图形（1x）放缩 n 倍。

4. 全部（A）

该选项会引起图形的重新生成，其作用是尽可能大地显示整个图形。根据 LIMITS 设置的绘图界限及当前图形的实际扩展范围，在屏幕上尽可能大地显示两者之中较大的范围。一般来讲，LIMITS 命令相当于定义了一张"图纸"的大小，使所有图形均在这张"图纸"的范围内绘制。因此在使用 LIMITS 命令设置绘图界限后，立即执行 ZOOM 命令的 ALL 选项，此时可以打开"栅格显示"，可以看到栅格代表的图纸大小，也可以在绘图界限的范围内绘制一个同样大小的矩形来表达该"图纸"大小。

5. 范围（E）

将当前图中的全部图形对象尽可能大地显示在屏幕上，该选项也会引起图形的重新生成。注意：该选项与绘图界限无关。

6. 中心点（C）

将指定点置于屏幕中心，按指定的显示高度（以图形单位表示）或相对于当前缩放比例的倍数缩放显示。实现将指定范围的图形在屏幕上居中显示。该选项常用于三维绘图。

命令：ZOOM

指定窗口角点，输入比例因子 (nX 或 nXP)，或

[全部 (A)/ 中心点 (C)/ 动态 (D)/ 范围 (E)/ 上一个 (P)/ 比例 (S)/ 窗口 (W)]〈实时〉：C

指定中心点 :(在图形上指定置于屏幕中心的点)

输入比例或高度〈100〉：50(相对放缩倍数或指定显示高度)

例如，同样指定点 A 为中心点，如果输入的显示高度为 200，则相对于显示高度为 100 的图形需要显示更多的内容，实际上是缩小了一半。

7. 上一个（P）

恢复上一个视图。在编辑或生成图形时，常需对某一小区域进行放大设计，设计完后可用该选项返回上一个视图，然后移到另一个小区域进行设计。注意：最多可恢复此前的十个视图。

8. 窗口（W）

以指定窗口作为缩放区域，在屏幕上尽可能大地显示该区域内的图形，系统将提示指定矩形窗口的两个对角顶点。

9. 动态（D）

以动态方式移动或缩放代表图形屏幕的观察框选择要显示的图形区。当观察框的位置和大小达到要求时，用观察框内的图像充满屏幕，相当于执行 PAN 命令和 ZOOM 命令的组合。

当输入"D"时，屏幕上出现几个用不同颜色画出的方框，其各自对应的含义如下：

（1）图形范围　固定不动的蓝色虚线框表示图形扩展区，反映图幅与图形实际占用区域二者中的较大者，通常 PAN 和 ZOOM 操作就在此区域内。

（2）当前视图区　用绿色虚线框表示当前视图区，此区域内的信息充满了当前整个图形屏幕。

（3）平移视图框　中心画有一"×"号的实线框为观察框。开始时它与代表当前视图的绿色虚线框相重合，可用鼠标移动这个框，以确定观察窗口与图形的相对位置（相当于执行 PAN 命令）。当移到适当位置后单击鼠标右键，则框内的图形充满整个屏幕。

（4）缩放视图框　上下移动鼠标，将移动方框的位置，左右移动鼠标将改变方框的大小。方框与屏幕的绘图区保持相同的高宽比。方框的大小调整合适后，可单击鼠标右键，则框内的图形充满整个屏幕。

（5）平移视图框与缩放视图框之间的切换　单击鼠标左键，可以实现平移视图框与缩放视图框之间的切换，用户可以很方便地调整视图框的大小与位置。

10. 按预设比例放大和缩小

"缩放"子菜单和"缩放"工具栏上都有"放大"和"缩小"的选项或按钮（见图 6-1 和图 6-5），每选择一次，将使图形以预先设定的比例放大或缩小为当前屏幕图形的n倍（n 的默认值为 2）。

11. 鼠标智能缩放

向上滚动鼠标的滚轮可以放大图形，向下滚动则缩小图形。按住鼠标的滚轮并拖动将执行实时平移的操作。

6.2　图形的平移显示（PAN 命令）

使用 PAN 命令可以平移显示图形。平移显示用于在不改变显示比例的情况下，观察当前图形中屏幕以外的区域。平移显示不改变图形各部分的坐标，只是改变了观察窗口的位置。

〈访问方法〉

选项卡："视图"→"视口工具"面板→"导航栏"→"平移"按钮 。

菜　单："视图（V）"→"平移（P）"各选项，如图6-9所示。

　　　　　"视图（V）"→"SteeringWheels"，如图6-2所示。

工具栏："标准"→"实时平移"按钮 ，如图6-4所示。

命令行：PAN（'PAN 用于透明使用）。

拖动 AutoCAD 界面中的滚动条或滑块。

〈操作过程〉

命令：PAN

按〈Esc〉或〈Enter〉键退出，或单击鼠标右键显示快捷菜单。

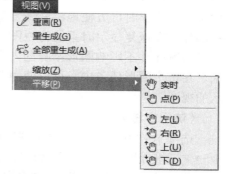

图6-9 "视图"菜单的"平移"子菜单

〈选项说明〉

1. 实时平移

PAN 命令一般为实时平移显示，绘图区的鼠标指针变为手掌形 。按住鼠标左键并移动鼠标，将拖动整个图形向相同的方向移动。

在实时平移方式下单击鼠标右键，弹出实时缩放/平移快捷菜单，如图6-7所示。选择"缩放"进入实时缩放模式，选择"退出"或按〈Enter〉键或〈Esc〉键即可退出实时平移模式。

2. "视图（V）"→"平移（P）"各选项

（1）" 实时" 这是 PAN 命令的默认选项。

（2）" 点（P）" 该选项要求提供位移矢量，用于实现大距离移动，选择该项后 AutoCAD 提示如下：

命令：'_-pan 指定基点或位移:(指定平移的起点或位移量)

指定第二点:(指定平移的终点或直接按〈Enter〉键)

若指定两点，则以起点到终点的矢量作为位移矢量；若直接按〈Enter〉键回答第二点提示，则以从原点到起点的矢量为位移矢量。

（3）" 左（L）"" 右（R）"" 上（U）"" 下（D）"选项 这四个选项分别提供了在左、右、上、下四个方向按预置距离移动，选择其中一项，图形将向对应的方向移动一段距离，该距离值近似等于系统变量 VIEWSIZE 当前值的一半。

3. 使用 AutoCAD 窗口滚动条

使用 AutoCAD 窗口滚动条或滑块可以实现 PAN 命令的功能。应当注意的是，鼠标拖动的方向是窗口移动的方向而不是内容移动的方向。

注意：全导航控制盘 SteeringWheels，也称作控制盘，将多个常用导航工具归于一个单一界面中，从而为用户节省了时间。控制盘是任务特定的，从中可以在不同视图中导航和定向模型，主要有全导航控制盘、二维导航控制盘、查看对象控制盘（基本控制盘）、巡视建筑控制盘以及全导航小控制盘、查看对象小控制盘、巡视建筑小控制盘。按住并拖动控制盘的按钮是交互操作的主要模式。显示控制盘后，单击其中一个按钮并按住定点设备上的按钮可激活导航工具；拖动以重新定向当前视图；松开按钮可返回至控制盘。具体操作请查阅帮助文件或相关参考书。

6.3　管理视图（VIEW 命令）

VIEW 命令用于实现模型空间视图、布局视图和预设视图的命名、保存和恢复显示。为了节省平移和缩放一个复杂图样所需要的时间，AutoCAD 提供了视图功能，用户可以将当前屏幕内容或者它的一部分定义为视图，指定视图名称，并保存该视图的名称、位置和大小。在需要时可方便地将其恢复显示在屏幕上。如果定义的视图是当前屏幕显示图形的一部分，在恢复显示时系统将视图尽可能大地显示在屏幕上。视图是一种命名实体，它的定义与删除并不影响图形本身的内容。一个图形所能定义的视图的数量只受系统资源的限制。在每个图形任务中，可以使用"缩放上一个"命令恢复最多十个以前在每个视口中显示的视图。

〈访问方法〉

选项卡："可视化"→"视图"面板→"视图管理器"按钮。"常用"→"视图"面板→"三维导航"→"视图管理器"。

菜　单："视图（V）"→"命名视图（N）"选项。

工具栏："视图"→"命名视图"选项。

命令行：VIEW。

弹出的"视图管理器"对话框如图 6-10 所示。

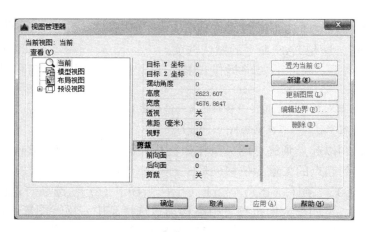

图 6-10　"视图管理器"对话框

〈选项说明〉

在"视图管理器"对话框中，用户可以创建、设置、重命名、修改和删除命名视图（包括模型命名视图）、相机视图、布局视图和预设视图。选择一个视图，即可在界面右侧显示该视图的特性。"视图管理器"对话框的主要功能如下：

（1）"查看（V）"列表框　该列表框中显示的是可用视图的列表。可以展开每个节点（"当前"节点除外）以显示该节点的视图。

1）选择"当前"，则在右侧界面中显示当前视图及其"查看"和"剪裁"特性。

2）选择"模型视图"，则在右侧界面中显示命名视图和相机视图列表，并列出选定视图的"常规""查看"和"剪裁"特性。

3）选择"布局视图"，则在定义视图的布局上显示视口列表，并列出选定视图的"常规"和"查看"特性。

4）选择"预设视图"，则在右侧界面中显示正交视图和等轴测视图列表，并列出选定视图的"常规"特性。

（2）"信息"区域　此处显示指定命名视图的详细信息，包括视图名称、分类、UCS及透视模式等。

（3）　置为当前(C)　按钮　单击该按钮，则将选中的命名视图设置为当前视图。

（4）　新建(N)...　按钮　单击该按钮，则弹出"新建视图/快照特性"对话框（见图6-11）。用户可在其中创建新的命名视图。在"视图名称"文本框中输入视图名称。视图名最长可为 31 个字符，可包含字母、数字及"$""-"""等专用符号。

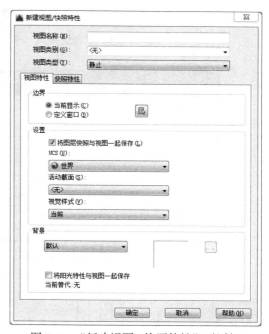

如想把当前屏幕显示的内容定义为一个视图，则可单击"当前显示（C）"单选按钮，再单击　确定　按钮，完成一个视图的创建。

如想另外指定视图的范围，则可单击"定义窗口（D）"单选按钮，并单击其右侧的"定义视图窗口"按钮，此时系统会临时切换到绘图屏幕，并要求用户定义一个窗口。窗口定义完成后，返回"新建视图"对话框，并显示所定义窗口的对角坐标，单击　确定　按钮，完成一个视图的创建。在"设置"选项区中可以设置是否"将图层快照与视图一起保存"，并可以通过"UCS"下拉列表框设置命名视图的

图 6-11　"新建视图/快照特性"对话框

UCS。在"背景"选项区中可以选择新的背景来替代默认的背景，且可以预览效果。

（5）　更新图层(L)　按钮　单击该按钮，可以使用选中的命名视图中保存的图层信息更新当前模型空间或布局视口中的图层信息。

（6）　编辑边界(B)...　按钮　单击该按钮，即可重新定义视图的边界。

（7）　删除(D)　按钮　单击该按钮，即可删除指定视图。

（8）"预设视图"　在"预设视图"中提供了六个基本视图和四个轴测图，以便用户从各个角度观察三维模型，如图6-12所示。在列表中选择一个视图名称（如俯视），单击　置为当前(C)　按钮，将使三维实体模型按所指定的视图样式显示。如图6-13所示，在四个视口中分别显示的是前视图（即我国国家标准中的"主视图"）、俯视图、左视图和西南等轴测图。（有关三维模型的建立内容参见第 14 ~ 15 章）

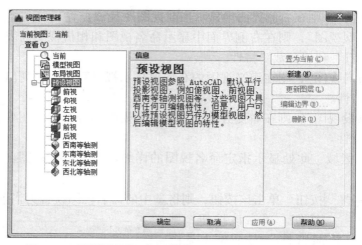

图 6-12　"预设视图"中提供的六个基本视图和四个轴测图

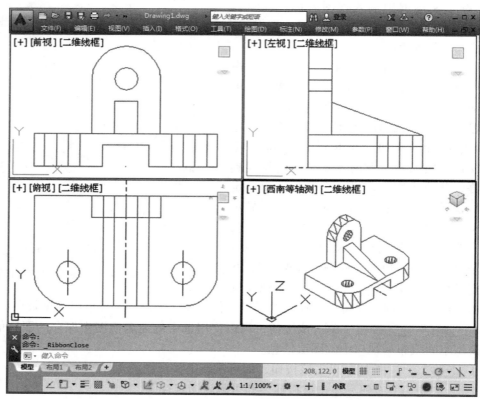

图 6-13　在不同的视口中显示三维实体的不同方向的预设视图

第7章

创 建 文 字

文字是工程图中不可或缺的组成部分，用以传递重要的非图形信息，如尺寸标注、图纸说明、技术要求、明细栏、标题栏等。文字和图形共同表达完整的设计思想。AutoCAD 2016 提供了强大的文字标注与编辑功能，还有特有的字体，并支持 Windows 系统字体。本章将介绍 AutoCAD 的文字创建与编辑功能。与文字创建与编辑相关的"默认"选项卡→"注释"面板、"注释"选项卡→"文字"面板选项卡和"文字"工具栏如图 7-1 ~ 图 7-3 所示。

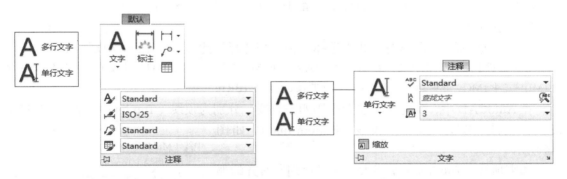

图 7-1 "默认"选项卡→"注释"面板 　　　图 7-2 "注释"选项卡→"文字"面板

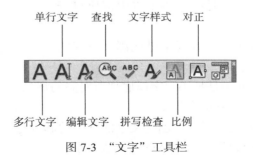

图 7-3 "文字"工具栏

7.1 创建单行文字（TEXT 命令）

对于不需要使用多种字体或多行的内容，可以使用单行文字（TEXT）命令创建单行或多行文字。单行文字对于创建标签非常方便，并且每行文字都是独立的对象，可以重新定位、调整格式或进行其他修改。

〈访问方法〉

选项卡："默认"选项卡→"注释"面板→"单行文字"按钮 **AI**。"注释"选项卡→"文字"面板→"单行文字"按钮 **AI**。

菜　单："绘图 D"→"文字（X）"→"单行文字（S）"选项 **AI**。

工具栏："文字"→"单行文字"按钮 **AI**。

命令行：TEXT。

〈操作说明〉

执行"单行文字"命令后，AutoCAD 将出现下列提示：

当前文字样式：当前值 文字高度：当前值 注释性：当前值 对正：当前值

指定文字的起点或 [对正 (J)/ 样式 (S)]:

〈选项说明〉

1. 指定文字的起点

此为默认选项，用以指定文字基线的左端点。当指定了起点后，AutoCAD 出现如下提示：

指定高度〈当前值〉:(指定文字的字高)

指定文字的旋转角度〈当前值〉:(指定文字行的倾斜角度)

屏幕提示输入文字：(该提示将始终出现，直到按〈Enter〉键结束命令)

2. 对正（J）

该选项允许在 15 种对齐方式中选择一种。当选择了此项后，AutoCAD 提示：

输入选项 [左 (L)/ 居中 (C)/ 右 (R)/ 对齐 (A)/ 中间 (M)/ 布满 (F)/ 左上 (TL)/ 中上 (TC)/ 右上 (TR)/ 左中 (ML)/ 正中 (MC)/ 右中 (MR)/ 左下 (BL)/ 中下 (BC)/ 右下 (BR)]:

在 AutoCAD 中，确定文字位置采用四条直线，分别为顶线（Top line）、中线（Middle line）、基线（Base line）和底线（Bottom line），如图 7-4 所示。

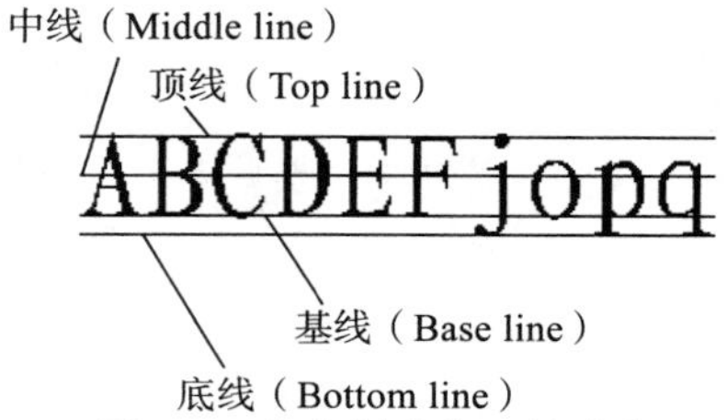

文字顶线（Top line）是指大写字母顶部所对齐的那条线。

文字中线（Middle line）是指大写字母中部所对齐的那条线。

文字基线（Base line）是指大写字母底部所对齐的那条线。

中线（Middle line）
顶线（Top line）

ABCDEFjopq

基线（Base line）
底线（Bottom line）

图 7-4　文字创建位置的确定

文字底线（Bottom line）是指小写字母底部所对齐的那条线。

对正（J）选项中各子选项的介绍如下：

（1）对齐（A）　要求用户指定所创建文字的基线的起点与终点，将所创建的文字均匀地分布于其中。选择该子选项，AutoCAD 进一步提示：

指定文字基线的第一个端点：

指定文字基线的第二个端点：

屏幕提示输入文字：

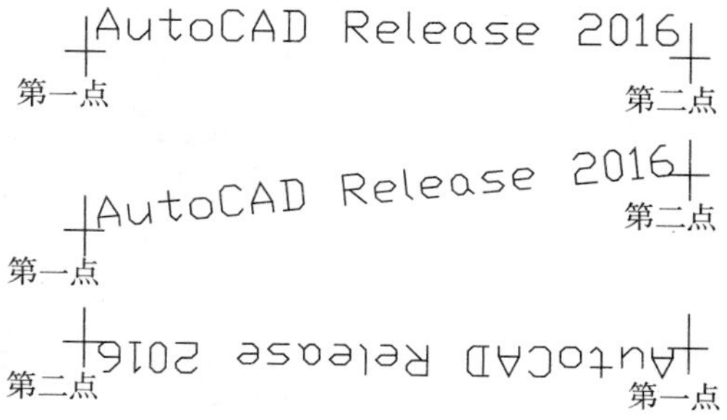

图 7-5 使用"对齐（A）"方式创建的文字

文字行的方向及倾斜角度由基线的起点与终点连线方向确定，字符的高度和宽度由起点和终点间的距离、字符数及所用的文字样式的宽度系数确定，如图 7-5 所示。

（2）布满（F） 与"对齐（A）"方式类似，但除了要求用户指定文字行基线的起点和终点以外，还要指定文字的高度，将文字以指定的高度均匀地分布在起点和终点之间，如图 7-6b 所示。为做比较，此处给出了使用"左对齐（L）方式"创建的文字样式，如图 7-6a 所示。

选择该子选项，AutoCAD 进一步提示：

指定文字基线的第一个端点：(指定点 A)

指定文字基线的第二个端点：(指定点 B)

指定高度〈当前值〉：

屏幕提示输入文字：

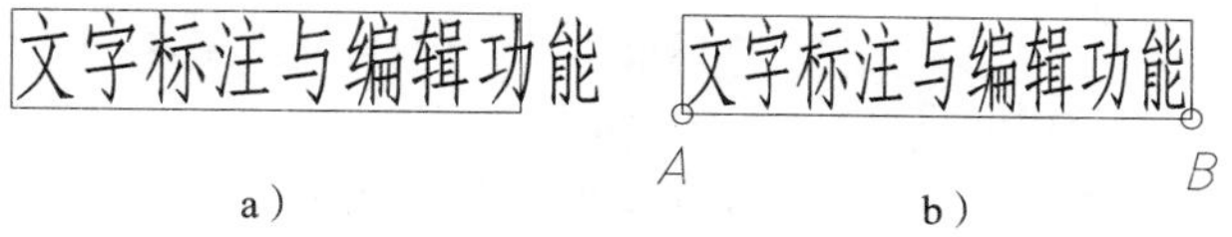

图 7-6 使用"左对齐（L）方式"和"布满（F）方式"创建的文字

a）左对齐（L）方式 b）布满（F）方式

（3）居中（C） 此子选项要求用户指定一个点，用以作为所创建文字行基线的中点。选择该子选项，AutoCAD 进一步提示：

指定文字的中心点：

指定高度〈当前值〉：

指定文字的旋转角度〈当前值〉：

屏幕提示输入文字：

（4）其他子选项 其他几种对齐方式，除要求输入点的提示不同外，其余操作均与"指定文字的起点"方式类似，此处不再详细列举。

1）左（L）。默认选项，要求指定文字行基线的左端点即终点。

2）中间（M）。要求指定所创建文字垂直和水平方向的中点，即整个文字行的中心点。

3）右（R）。要求指定文字行基线的右端点即终点。

4）左上（TL）。要求指定文行顶线的左端点。

5）中上（TC）。要求指定文字行顶线的中点。

6）右上（TR）。要求指定文字行顶线的终点。

7）左中（ML）。要求指定文字行中线的起点。

8）正中（MC）。要求指定文字行中线的中点。

9）右中（MR）。要求指定文字行中线的终点。

10）左下（BL）。要求指定文字行底线的起点。

11）中下（BC）。要求指定文字行底线的中点。

12）右下（BR）。要求指定文字行底线的终点。

图 7-7 所示为以不同对齐方式创建的文字。

Sample 左（默认）   Sample 居中（C）   Sample 右（R）

Sample 左上（TL）   Sample 中上（TC）   Sample 右上（TR）

Sample 左中（ML）   Sample 正中（MC）   Sample 右中（MR）

Sample 左下（BL）   Sample 中下（BC）   Sample 右下（BR）

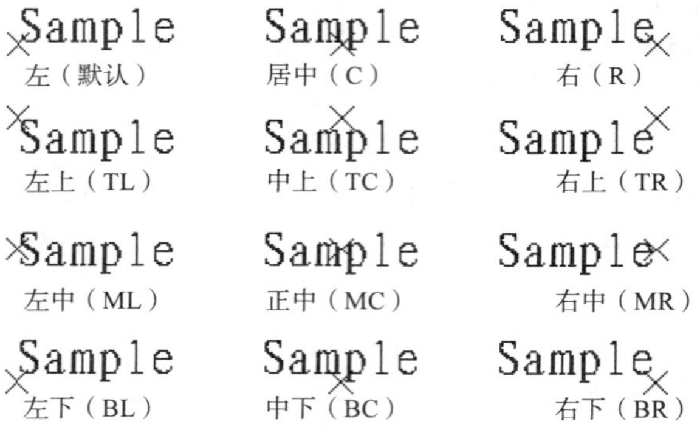

图 7-7 以不同对齐方式创建的文字

3. 样式（S）

文字样式控制所创建文字的外观。该选项用于指定一种已定义的文字样式作为当前文字样式。选择该选项后，AutoCAD 进一步提示：

输入样式名或 [?]〈当前值〉:（输入当前要创建的文字的样式名称）

当前文字样式：当前值 文字高度：当前值 注释性：当前值 对正：当前值

指定文字的起点或 [对正 (J)/ 样式 (S)]:（返回 TEXT 命令主提示继续往下执行）

在"输入样式名或 [?]"提示下，用户也可输入"?"以显示当前图形中定义的文字样式列表。文字样式列表包括样式名称、使用的字体文件名称、字高、宽度比例、倾斜角度和文字效果等，如图 7-8 所示。文字样式定义见"7.3 定义文字样式（STYLE 命令）"。

```
样式名："Annotative"  字体文件: txt.shx,gbcbig.shx
   高度: 0.0000  宽度因子: 1.0000  倾斜角度: 0
   生成方式: 常规


样式名："dim"         字体文件: gbeitc.shx
   高度: 0.0000  宽度因子: 1.0000  倾斜角度: 0
   生成方式: 常规


样式名："hz"          字体: 仿宋_GB2312
   高度: 0.0000  宽度因子: 0.6700  倾斜角度: 0
   生成方式: 常规


样式名："hz1"         字体: 宋体
   高度: 0.0000  宽度因子: 1.0000  倾斜角度: 0
   生成方式: 常规


样式名："Standard"    字体文件: txt,gbcbig.shx
   高度: 0.0000  宽度因子: 1.0000  倾斜角度: 0
   生成方式: 常规
```

图 7-8 文字样式名称列表

〈特殊字符的输入〉

实际绘图时，常需要创建一些特殊字符，如加上划线或下划线的文字、标注角度的"。"（度）、公差的"±"、圆直径的"φ"等，以满足特殊需要。由于这些特殊字符不能从键盘上直接输入，因此，AutoCAD 使用控制码创建这些特殊字符。AutoCAD 的控制码由两个百分号（%%）和紧接其后的一个字符构成。表 7-1 是常用的控制码。

表 7-1　常用的控制码

符　号	功　能
%%D	标注"角度"符号（。）
%%C	标注"直径"符号（φ）
%%P	标注"正负公差"符号（±）
%%nnn	标注十进制值为"nnn"的 AICII 码

控制符的使用举例：

在 TEXT 命令中，当"屏幕提示输入文字:"时，输入"75%%D"和"%%C65%%P0.025"，则在绘图工作区得到文字行为"75°"和"φ65±0.025"。

〈说明〉

1）用同一个 TEXT 命令也可以书写多行文字，但每一行文字都是独立的对象。使用 TEXT 命令输入文字时，当输入一行文字并按〈Enter〉键之后，光标将移到下一行的起始位置，等待输入新的文字，直到按〈Enter〉键回答"屏幕提示输入文字:"提示，结束 TEXT 命令。

2）在使用 TEXT 命令的过程中，当输入完当前行文字后，无须按〈Enter〉键，可直接将光标移到新的位置并拾取一点，继续输入新一行文字。

3）使用 TEXT 命令输入文字时，输入的文字会同时显示在绘图区。TEXT 命令具有实时改错的功能。如果发现了错误，可以直接移动光标到需要修改的地方进行修改，也可以直接按〈Backspace〉键退格删除字符到需要修改的地方，可以回退到本次 TEXT 命令创建的文字的起始点。

4）再次执行 TEXT 命令时，上一次创建的文字行将加亮显示。此时若在"指定文字的起点或 [对正（J）/ 样式（S）]:"提示下直接按〈Enter〉键，AutoCAD 将采用上一行文字的对齐方式、文字样式、字高、倾角等设置，自动另起一行创建。

5）在"屏幕提示输入文字:"的提示下输入文字时，空格键表示输入的文字中含有空格，不能用空格键代替〈Enter〉键。

7.2　创建多行文字（MTEXT 命令）

用 TEXT 命令虽然可以创建多行文字，但每行文字都是一个独立的对象，不便于编辑，特别是不便于行间的编辑和排版。MTEXT 命令以段落的方式处理文字，可以一次创建多行文字，且一次创建的多行文字是一个单一的对象。此外，还可以从 ASCII 或 RTF 文件中插入文字。

〈访问方法〉

选项卡："默认"选项卡→"注释"面板→"多行文字"按钮 A 。"注释"选项卡→"文字"面板→"多行文字"按钮 A 。

菜　单："注释"→"文字（X）"→"多行文字（M）"选项 A。

工具栏："文字"→"多行文字"按钮 A。

命令行：MTEXT。

〈操作说明〉

执行 MTEXT 命令后，AutoCAD 出现下列提示：

命令：MTEXT

当前文字样式：当前值 文字高度：当前值 注释性：当前值

指定第一角点：(指定矩形文字创建框的一个角点)

指定对角点或 [高度 (H)/ 对正 (J)/ 行距 (L)/ 旋转 (R)/ 样式 (S)/ 宽度 (W)/ 栏 (C)]:(指定多行文字编辑框的对角点或选择其中一个选项以指定其大小和位置)

在指定了多行文字对象的创建位置和大小后，系统会自动弹出"文字编辑器"功能区上下文选项卡及其相应的面板和多行文字的"在位文字编辑器"，如图 7-9 所示。当控制"文字格式"工具栏显示的系统变量 MTEXTTOOLBAR 的值为 1 时，绘图区域会同时显示如图 7-10 所示的"文字格式"工具栏。用户既可以通过"文字编辑器"选项卡的"样式""格式""段落""插入""拼写检查""工具""选项"等面板设置多行文字的特性参数，也可以通过"文字格式"工具栏进行设置，或者将两者结合起来完成多行文字的创建。

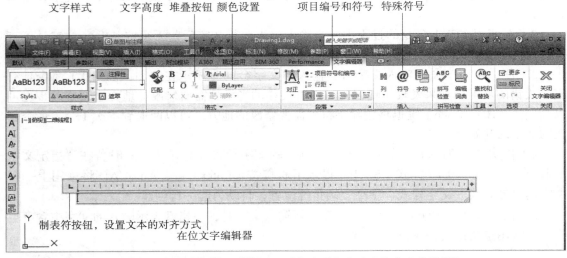

图 7-9 "文字编辑器"功能区上下文选项卡和"在位文字编辑器"

图 7-10 "文字格式"工具栏

〈选项说明〉

（1）高度（H） 该选项用于指定创建文字的高度。通常，文字的默认高度是当前使用的文字样式中指定的高度；如果文字样式高度定义为 0，则文字的默认高度就是

TEXTSIZE 系统变量所设置的高度。使用此选项，可以指定 MTEXT 文字的新高度，并将设置值作为新的默认高度保存在 TEXTSIZE 中。设定高度后，返回 MTEXT 命令的主提示。

（2）对正（J） 该选项用于指定文字对齐方式，后续提示和 TEXT 命令的对正（J）选项相似，此处不再重复。

（3）行距（L）选项 多行文字的行距控制整个多行文字对象相邻两行基线之间的距离。可将间距增量设置为单倍行距的倍数，或者设置为绝对距离。单倍行距是文字的字符高度乘以 1.66。

1）默认行距样式"至少（A）"将自动为多行文字对象中含有过大字符的行增加其行距。

2）使用"精确（E）"行距样式可保证表中的文字使用相同行距。使用"精确（E）"行距样式，并将每个多行文字对象的"行距比例"设置为相同的值，可以确保多个多行文字对象使用相同的行距。此值一经设置，自动予以保留。

（4）旋转（R）选项 该选项用于指定文字行倾斜的角度。

（5）样式（S） 该选项用于指定文字样式。创建多行文字时，可以替代当前文字样式，并将不同的样式应用于单个词语和字符。样式的更改只影响选定的文字，当前的文字样式不变。

（6）宽度（W） 该选项用于指定文字创建框的宽度，然后显示图 7-9 所示的"在位文字编辑器"。

（7）栏（C） 该选项用于设置栏的选项，如动态（D）、静态（S）、不分栏（N）等。

（8）指定对角点 该选项用来确定矩形文字创建框的另一个对角点，矩形区域的宽度就是所创建文字段落的宽度。当指定了第一个角点后拖动光标，屏幕上会出现一个动态的矩形框，并在矩形框的一边显示一个箭头符号，指示多行文字对象的扩展方向。当指定文字创建框后，AutoCAD 将弹出"在位文字编辑器"，如图 7-9 所示。

MTEXT 命令书写的文字在文本编辑窗口内显示，默认的字体格式是 STYLE 命令设置的当前格式。当书写的文字长度超出在绘图窗口指定的矩形区域宽度时，文字以段落的方式自动换行。结束 MTEXT 命令时，文字从绘图窗口指定的矩形区域向下书写。在文本编辑窗口的右侧和下侧显示水平滑动条和垂直滑动条，拖动滑动条可以改变文本创建框的大小。

〈"文字编辑器"功能区上下文选项卡和"在位文字编辑器"说明〉

"文字编辑器"选项卡及其面板用于控制文字的字符格式，包括文字样式、字体大小、粗体、斜体、上划线、下划线、颜色、删除线、堆叠和字符间距等相关的内容。"在位文字编辑器"显示为一个顶部带标尺的边框，由于它是透明的，因此用户在创建文字时可看到文字是否与其他对象重叠。

（1）"样式"面板 该面板用于控制多行文字对象的文字样式和字体高度。

（2）"格式"面板 该面板用于控制多行文字对象的显示特性，包括匹配文字格式、粗体、斜体、上划线、下划线、字符堆叠、上标、下标、大小写、字体、颜色、文字的倾斜角度和宽度因子等。

其中，"堆叠"按钮 用来标注公差或测量单位的文字或分数。 在多行文字的编辑过程中先行输入或选择带有堆叠控制符的文字，使得 堆叠按钮可用，再单击 堆叠按钮，

171

即可产生堆叠效果。堆叠文字中可以包含空格，适当使用空格可实现上下文字的对齐。 堆叠控制符有以下三种形式，其堆叠效果见表 7-2。

1）斜杠（/）。垂直地堆叠文字，由水平线分隔。

2）磅符号（#）。对角地堆叠文字，由对角线分隔。

3）插入符（^）。创建公差堆叠，不用直线分隔。

表 7-2 堆叠控制符及其堆叠效果

堆叠控制符	输入含有堆叠控制符的文字	堆叠效果
/	H7/k6	$\dfrac{H7}{k6}$
#	H7#k6	$H7\diagup k6$
^	+0.018^+0.002	+0.018 +0.002

（3）"段落"面板　该面板用于控制多行文字对象的文字对正方式（9 种）、项目的编号和符号、行距、行的对齐方式和段落的设置等。

（4）"插入"面板　该面板用于插入特殊符号、栏和将字段插入到多行文字中。

（5）"拼写检查"面板　该面板用于控制输入文字时拼写检查处于打开还是关闭状态；显示"词典"对话框，从中可添加或删除在拼写检查过程中使用的自定义词典。

（6）"工具"面板　该面板用于执行文字的"查找和替换"功能、选择任意 ASCII 或 RTF 格式文件中的文字插入当前的多行文字中。

（7）"选项"面板　该面板用于显示其他文字选项列表。

（8）"关闭"面板　该面板用于结束 MTEXT 命令并关闭"文字编辑器"功能区上下文选项卡。

7.3　定义文字样式（STYLE 命令）

文字样式是文字的创建样板，用于规定文字创建时所使用的字体、字号、宽度因子、倾斜角度、颠倒、反向等特性。文字样式必须先用 STYLE 命令定义，然后才能在 TEXT 或 MTEXT 命令中选用。一个图形文件中可以定义多个文字样式，它们可以使用相同的字体，也可以使用不同的字体。

当开始绘制一幅新图时，AutoCAD 自动产生一个名为 Standard 的文字样式。它适用于所有文字项，直到建立了另一种样式并替代它使用为止。

STYLE 命令用于定义新的文字样式或修改已有的文字样式定义。

〈访问方法〉

选项卡："默认"选项卡→"注释"面板→"文字样式"按钮。"注释"选项卡→"文字"面板→"对话框启动程序"按钮。

菜　单："格式（O）"→"文字样式（S）"选项。

工具栏："文字"→"文字样式"按钮。

命令行：STYLE。

执行 STYLE 命令后，AutoCAD 将弹出如图 7-11 所示的"文字样式"对话框。

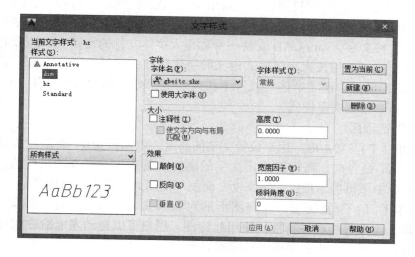

图 7-11 "文字样式"对话框

〈对话框说明〉

1."字体"选项组

该选项组用于选择字体文件，将字体指定给文字样式。每种字体都由一个字体文件控制，如图 7-12 所示。在多个样式中可以使用同一种字体。

字体定义了构成每个字符集的文字字符的形。AutoCAD 2016 提供了若干种字体，如图 7-13 所示。除了 AutoCAD 特有的形文件 SHX 字体以外，用户还可以使用 Windows TrueType 字体。在"字体名（F）"下拉列表框中，TrueType 字体的名称前显示 TrueType 标识 **T**。

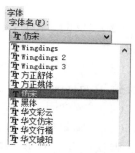

图 7-12 "字体名"下拉列表框

字体文件(Font file)　　文本示例

TXT　　ABCDEFGØ50

SIMPLEX　　ABCDEFGØ50

COMPLEX　　ABCDEFGØ50

ITALIC　　ABCDEFGØ50

图 7-13 AutoCAD 提供的字体样例

（1）"字体名（F）"下拉列表框　列出所有可用的字体名称，用于给文字样式指定字体，如图7-12所示。

（2）"字体样式（Y）"下拉列表框　列出粗体、斜体、粗斜体和常规显示等样式。

（3）"使用大字体（U）"复选框　某些语言文字（例如Kanji）包含数千个非ASCII字符。为适应这种文字，AutoCAD支持一种称作大字体文件的特殊类型的形定义文件。若选中此复选框，则可选用按大字体格式定义的字体文件，此时原"字体名"下拉列表框中列出可用的SHX字体，而"字体样式"下拉列表框中列出可用的大字体。可联合使用常规字体和大字体来设置文字样式。

2. "大小"选项区

（1）"高度（T）"文本框　用于设置文字的高度，默认值为0。若取默认值，则在使用TEXT和MTEXT命令时，需重新指定文字的高度；若指定一非0的高度值，则在TEXT和MTEXT命令中不再提示指定文字高度，而统一使用此时指定的高度值。

（2）"注释性（I）"复选框　注释图形的对象有文字、尺寸标注、图案填充、公差、多重引线、块、属性等注释性特性。使用此特性，用户可以自动完成缩放注释的过程，从而使注释能够以正确的大小在图样上打印或显示。

3. "效果"选项区

该选项区用于设定文字样式的其他特征。

（1）"颠倒（E）"复选框　若选中该复选框，创建的文字将旋转180°，即倒过来放置。

（2）"反向（K）"复选框　若选中该复选框，创建的文字将反向显示，即以镜像方式创建。

（3）"垂直（V）"复选框　若选中该复选框，创建的文字将垂直创建。垂直创建方式不支持TrueType字体。

（4）"宽度因子（W）"文本框　用户可在此设定相对于字符高度的字符宽度系数。

（5）"倾斜角度（O）"文本框　用户可在此设置定义字符的点阵方格竖直边的倾斜角度。默认设置为0度，字符点阵正放，竖边垂直向上；若设置为正值，则文字向右倾斜，产生类似斜体的效果；反之，文字向左倾斜。

TEXT命令和MTEXT命令的"指定文字的旋转角度"是指文字行基线的旋转角度，与字符倾斜角度不同。

各种设置的结果如图7-14所示。

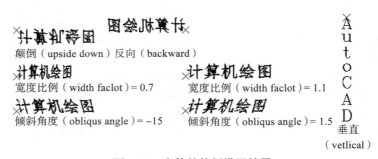

图7-14　字体的特征设置结果

4."样式（S）"列表框

此处列出已经设置好的样式，以便选用。

5."预览"区

用户可在此预览自己所设置的文字样式。

〈操作说明〉

"样式（S）"列表框中列出了当前图形文件中已定义的文字样式。若用户还未定义过文字样式，则只有 Standard 一种样式。新建文字样式的方法如下：

（1）新建文本样式　单击 新建(N)... 按钮，弹出"新建文字样式"对话框，设置新样式名称，如图 7-15 所示。

图 7-15 "新建文字样式"对话框

（2）设置文字样式的字体和高度　分别在"字体""大小"和"效果"选项组中设置文字格式，工程制图常用文字设置见表 7-3。

表 7-3　工程制图常用文字设置

样式名称	字　体	字体高度	效　果	宽度因子	倾斜角度	用　途
dim	gbeitc.shx	0	取消选择	1	0	尺寸标注、字母
hz	仿宋体 _GB2312	0	取消选择	0.67	0	汉字标注

（3）设置为当前样式　在"样式（S）"列表框中选择一个已经设置好的样式，并单击 置为当前(C) 按钮。

（4）结束 STYLE 命令　单击 应用(A) 按钮，并单击 关闭(C) 按钮，结束 STYLE 命令。

修改一种原有的样式的方法是：在"样式（S）"列表框内选择一种样式，然后重新设置参数。当用 STYLE 命令修改了已有的文字样式定义后，图形中所有以该样式创建的文字的特性也会随之而改变。用户可根据需要设置几种常用的文字样式，需要时只需从这些文字样式中进行选择，而不必每次都重新设置，这样可大大提高作图效率。

7.4　编辑文字对象

与其他对象一样，可以对文字对象进行移动、复制、旋转、删除、阵列、镜像等编辑操作。也可以利用夹点对文字对象进行移动、旋转、比例变换及镜像等操作。单行文字对象的夹点在文字的对齐点，多行文字对象的夹点在文字的插入点。

图 7-16 所示为文字对象环形阵列时的效果。本节介绍有关文字对象专有特性的编辑，如文字内容、样式、字高等的编辑修改。

图 7-16　文字对象的环形阵列

7.4.1　修改文字内容（TEXTEDIT 命令）

修改文字、尺寸对象或属性定义的内容

〈访问方法〉

菜　单："修改（M）"→"对象（O）"→"文字（T）"→"编辑（T）"选项 。

工具栏："文字"→"编辑"按钮 。

命令行：TEXTEDIT。

〈操作说明〉

执行 TEXTEDIT 命令后，AutoCAD 将出现下列提示：

选择注释对象：(选择文字对象)

1. 选择使用 TEXT 命令建立的文字

如果用户选取的文字是用 TEXT 命令创建的，则会弹出如图 7-17 所示的"编辑文字"窗口。在该窗口内，用户只能对文字内容进行修改。

AutoCAD是美国Auto desk公司
于1982年推出的世界上最优秀

图 7-17　"编辑文字"窗口

2. 选择使用 MTEXT 命令建立的文字

如果用户选取的文字是用 MTEXT 命令创建的，则会弹出如图 7-9 所示的"文字编辑器"功能区上下文选项卡及其相应的面板和多行文字的"在位文字编辑器"，以便用户对所选文字进行较为全面的修改。

〈命令说明〉

TEXTEDIT 命令是文字的一种快速编辑方法，它只能编辑文字内容，不能编辑文字的其他特性。

7.4.2　修改文字特性（PROPERTIES 命令）

通过 PROPERTIES 命令弹出的"特性"选项板可修改文字对象的内容、通用特性（颜色、线型等）、插入点、样式、对齐方式等特性。

〈访问方法〉

选项卡："视图"选项卡→"选项板"面板→"特性"按钮 。

菜　单："工具（T）"→"选项板"→"特性（P）"选项 。"修改（M）"→"特性P"选项 。

工具栏："标准"→"特性"按钮 。

命令行：PROPERTIES。

〈操作说明〉

1. 选择由 TEXT 命令建立的文字

如果用户选择由 TEXT 命令创建的文字，则会弹出如图 7-18 所示的"特性"选项板。在选项板中，列出有关单行文字对象的特性，用户可对这些特性值进行修改。

2. 选择由 MTEXT 命令建立的文字

如果用户选择的是由 MTEXT 命令创建的文字，则会弹出如图 7-19 所示的"特性"选项板。在此选项板中，列出了有关多行文字对象的特性，用户可对这些特性值进行修改。

图 7-18　修改单行文字时的"特性"选项板　　　　图 7-19　修改多行文字时的"特性"选项板

7.5　文字的查找和替换（FIND 命令）

FIND 命令用以查找、替换和选择文字。可处理的文字类型包括用 TEXT 和 MTEXT 命令建立的文字、块属性值、尺寸标注注释文字、超级链接以及超级链接的说明文字。如果只是部分装入当前图形，则 FIND 命令不考虑没被装入部分。

在用户指定的查找条件中，可以说明查找的范围、文字类型、是否要查找全词以及大小写是否匹配。

〈访问方法〉

选项卡："注释"选项卡→"文字"面板→"查找"按钮 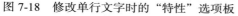。

菜　单："编辑（E）"→"查找（F）"选项 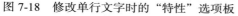。

工具栏："文字"→"查找"按钮 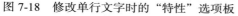。

命令行：FIND。

快捷菜单：在绘图区域单击鼠标右键，从弹出的快捷菜单中选择"查找（F）" 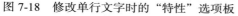选项。

〈操作过程〉

执行"查找"命令后，AutoCAD 将弹出如图 7-20 所示的"查找和替换"对话框。

〈对话框说明〉

（1）"查找内容（W）" 指定要查找的文字串。

（2）"替换为（I）" 指定要替换的文字串。

（3）"查找位置（H）" 指定要查找和替换的范围。

（4）"选择对象"按钮 ✦ 单击此按钮，将临时关闭对话框，以返回到图形编辑屏幕选择对象，选择后，按〈Enter〉键返回到对话框中。

（5）　查找(F)　按钮　单击此按钮，将开始查找。一旦找到符合条件的文字串，将弹出"查找和替换"结果信息对话框，如图 7-21 所示。

（6）　替换(R)　按钮　单击此按钮，将已查找到的文字串用在"替换为"中指定的文字串进行替换。

（7）"列出结果（L）"复选框　若选中此复选框，则可在指定的查找位置列出与查找匹配的结果。

（8）全部替换(A)按钮　将所有符合查找条件的文字串全部进行替换。

（9）"搜索选项"选项组　定义要查找的对象和文字的类型。

（10）"文字类型"选项组　指定要包括在搜索中的文字对象的类型。默认情况下，选定所有选项。

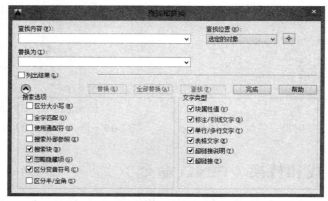

图 7-20　"查找和替换"对话框

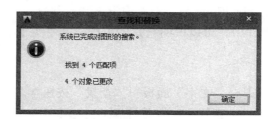

图 7-21　"查找和替换"结果信息对话框

第8章

图案填充和编辑

AutoCAD 的图案填充功能用于绘制剖面符号、表面纹理或涂色，主要应用于机械图、建筑图和地质图等工程图样。使用 AutoCAD 绘制剖面符号时自动计算填充边界，因此绘制填充边界时应符合 AutoCAD 的要求。绘制的剖面符号还应符合《机械制图》国家标准规定。

本章主要介绍使用 HATCH 命令绘制填充图案和使用 HATCHEDIT 命令编辑填充图案的方法。

8.1 图案填充

8.1.1 使用 HATCH 命令进行图案填充

HATCH 命令可用于设置和绘制填充图案和颜色。

〈访问方法〉

选项卡："默认"选项卡→"绘图"面板→"图案填充"按钮 。

菜　单："绘图（D）"→"图案填充（H）"选项 。

工具栏："绘图"→"图案填充"按钮 。

命令行：HATCH。

执行"图案填充"命令后，AutoCAD 在功能区将弹出"图案填充创建"功能区上下文选项卡及其相应的面板，如图 8-1 所示。

图 8-1　"图案填充创建"功能区上下文选项卡及其相应面板

〈操作方法和选项说明〉

"图案填充创建"选项卡由"边界""图案""特性""原点""选项"等面板组成，用以设置边界、图案类型、图案特性以及填充对象的属性。

1."边界"面板

"边界"面板用于创建填充边界和设置填充方式。单击如图 8-1 所示的"图案填充创建"选项卡"边界"面板的面板展开器按钮，展开后的"边界"面板如图 8-2 所示。

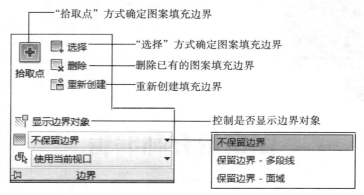

图 8-2 "边界"面板

用户选择填充图案、设置参数后需指定图案填充边界。AutoCAD 要求图案填充边界呈封闭状态。图案填充边界可以是由任意的直线、圆和圆弧围成的一个封闭区域，如图 8-3 所示。

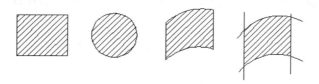

图 8-3 单个封闭区域构成图案填充边界

图案填充边界可以由几个边界组合而成，一个封闭的区域可以包含一个或几个封闭的区域，封闭的区域可以与其他实体对象重叠或相交，任何一个封闭的区域均可以构成图案填充边界，如图 8-4 所示。

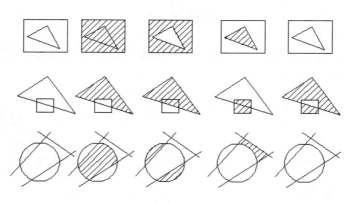

图 8-4 组合边界构成的图案填充边界

由于 AutoCAD 要求图案填充边界呈封闭状态，因此绘制图样时应采用目标捕捉等方法精确绘制图样。在设置图案填充边界时，若边界对象不封闭，AutoCAD 弹出边界定义错误信息提示对话框，提示剖面线边界不封闭，如图 8-5 所示。

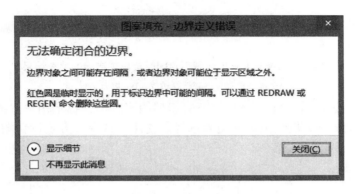

图 8-5　"图案填充 - 边界定义错误"信息提示对话框

　　（1）"拾取点"方式 　该方式是根据用户在图案填充内部拾取的点，按照设定的孤岛检测方式，通过计算确定图案填充边界。填充时，AutoCAD 根据孤岛显示样式对孤岛进行处理。

　　单击"拾取点"按钮 ，AutoCAD 暂时返回图形窗口，以"拾取点"方式选择一个或几个图案填充边界。此时 AutoCAD 在命令行处提示：

拾取内部点或 [选择对象 (S)/ 放弃 (U)/ 设置 (T)]: _K

拾取内部点或 [选择对象 (S)/ 放弃 (U)/ 设置 (T)]: 正在选择所有对象 ...

正在选择所有可见对象 ...

正在分析所选数据 ...

正在分析内部孤岛 ...

　　用户每次在图案填充区域内用鼠标拾取一点，都会创建一个封闭的图案填充边界，直至按下〈Enter〉键表示选择集结束。使用"拾取点"方式设置图案填充边界的示例如图 8-6 所示。

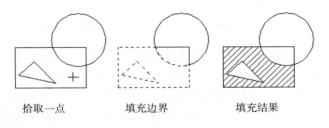

拾取一点　　　　　填充边界　　　　　填充结果

图 8-6　使用"拾取点"方式设置图案填充边界

　　（2）"选择"方式 　该方式以选择边界对象的方式将一个或几个对象构成一个或几个封闭的区域。此封闭的多边形应为单个实体或首尾相连的线段构成，否则选择的边界会出现错误结果，如图 8-7 所示。

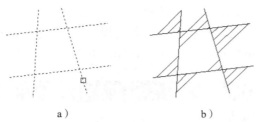

a）   b）

图 8-7　"选择"方式下区域不封闭时会出现错误的填充结果

a）以"选择"方式选择边界　b）填充结果

　　单击"选择"按钮，AutoCAD 将暂时返回图形界面，提示用户选择图案填充边界。选择完毕后，按〈Enter〉键结束填充边界选择。使用"选择"方式设置图案填充边界的示例如图 8-8 所示。

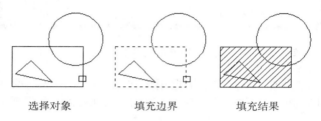

选择对象　 填充边界　 填充结果

图 8-8　使用"选择"方式设置图案填充边界

　　使用"选择"方式设置图案填充边界时，图案填充方式仍然由按照设定的孤岛检测方式设置，但是 AutoCAD 不能自动检测图案填充边界中内部的对象。如果在"普通孤岛检测"方式下把内部一个封闭区域也作为填充边界，则应在"选择对象："提示下分别选择外部边界和内部边界，如图 8-9 所示。

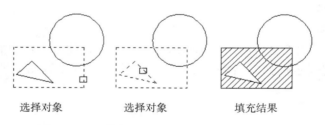

选择对象　 选择对象　 填充结果

图 8-9　选择外部边界和内部边界以填充图案

　　在 AutoCAD 中，可以把标注的文本和尺寸文本看作独立的实体，分别选择外部边界和这些文本，AutoCAD 不填充所选择的文本，在文本的周围留有一部分空白区域，使得文本更易读，如图 8-10 所示。图中选择文本对象"剖视图"和尺寸对象作为填充边界对象，填充时它们不被剖面线所穿过；文本对象"机件"没被选择为填充边界对象，填充时被剖面线所穿过。

　　（3）"边界保留对象"下拉列表框　该下拉列表框用于控制是否保留图案填充边界及其边界类型。

　　1）"保留边界 - 多段线"选项。使用 HATCH 命令进行图案填充时，AutoCAD 建立一个临时的多边形描述边界及孤岛。设置保留的边界为多段线。

选择内部边界　　　　　　填充结果

图 8-10　选择文本作为内部边界以填充图案

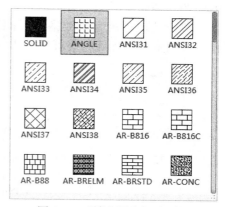

2）"保留边界 - 面域"选项。使用 HATCH 命令进行图案填充时，AutoCAD 建立一个临时的多边形描述边界及孤岛。设置保留的边界为面域。

3）"不保留边界"选项。使用 HATCH 命令进行图案填充时，不保留边界。

2."图案"面板

"图案"面板用于选择填充图案。在"图案"面板中列出了预定义图案类型，即"acad.pat"文件中定义的填充图案的名字和图例，表示填充图案和实体填充颜色，如图 8-11 所示。

图 8-11　"填充图案"选项板

单击"图案"面板右侧的展开箭头按钮，弹出"填充图案"选项板，其中列出了可供选择的填充图案，如图 8-11 所示。

在机械制图中使用 ANSI31 图案，即 45° 细实线表示金属材料的剖面符号。选定图案后，继续下一步操作。

3."特性"面板

（1）"图案填充类型"下拉列表框　该下拉列表框用于设置填充图案类型，用户可以在"实体""渐变色""图案"和"用户定义"四种类型中选择一种。

"图案"类型为默认类型，其中列出了 AutoCAD 预定义的填充图案。AutoCAD 在"acad.pat"和"acadiso.pat"文件中设置了常用的各种填充图案，供用户选用。

"渐变色"下拉列表框用于创建渐变填充图案。渐变填充图案在一种颜色的不同灰度之间或两种颜色之间使用过渡，如图 8-12 所示。

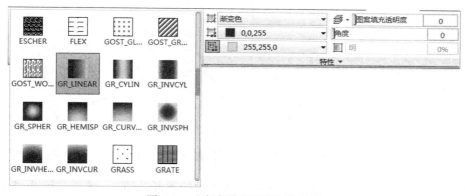

图 8-12　"渐变填充图案"选项板

"用户定义"类型，用户使用时临时定义，它使用当前线型和在"角度""间距"文本框中设置的角度和平行线之间距离，绘制相互平行的剖面线。

（2）"角度"文本框　该文本框用于设置填充图案的倾斜角度，AutoCAD 预置 15°的倍数角供选用，用户也可以输入其他值。

对于"图案"类型，"角度"文本框中的角度值是指剖面符号图案与坐标系（WCS 或 UCS）X 轴正方向的倾斜角度。使用 ANSI31 图案绘制金属材料的剖面线时，一般应选择 0 或 90，如图 8-13 所示。

对于"用户定义"类型，"角度"文本框中角度值的含义与"图案"类型不同，它是指构成图案的平行线与坐标系（WCS 或 UCS）X 轴正方向的倾斜角度，如图 8-14 所示。

角度值 = 0

角度值 = 90

角度值 = 45

角度值 = 135

图 8-13　预定义图案类型方式角度设置　　　　图 8-14　用户定义图案类型角度设置

（3）"比例"文本框　该文本框用于设置填充图案绘制比例。比例值大于 1 时，放大填充图案；比例值小于 1 时，缩小填充图案，如图 8-15 所示。比例值的大小应根据剖面线边界的大小正确选用，在同一图样中同一机件不同位置上的剖面符号应做到剖面线方向一致、间隔相等。

比例值 = 0.5

比例值 = 1

比例值 = 2

图 8-15　预定义图案的比例设置

（4）"间距"文本框　对于"用户定义"类型，"比例"文本框呈灰色不可用，而是使用"间距"文本框设置剖面线之间的距离。

4．"选项"面板

（1）"关联"按钮 ⟨图标⟩ "关联"按钮可用于设置图案是否关联。若单击"关联"按钮，则边界与填充的图案相关联，当用"移动""拉伸"等命令修改边界时，填充的图案也随之变化，无关联性的图案无此特性，如图 8-16 所示。

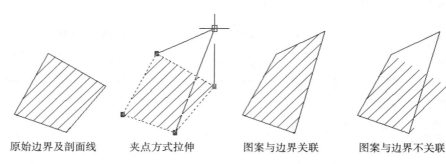

原始边界及剖面线　　　　夹点方式拉伸　　　　图案与边界关联　　　　图案与边界不关联

图 8-16　关联性剖面符号图案与边界的关系

（2）"孤岛"下拉列表框　单击"选项"面板中的展开按钮⟨图标⟩，选择并展开"孤岛"下拉列表框，如图 8-17 所示。

在图案填充过程中，将位于填充区域内的封闭区域称为孤岛。当以"拾取点"方式指定填充区域时，填充区域边界和孤岛由 AutoCAD 自动检测；当以"选择"方式指定填充区域时，填充区域边界和孤岛由用户选择的对象指定。孤岛区用于指定对最外层边界之内的对象（孤岛）的处理方法，设置填充方式。AutoCAD 提供"普通孤岛检测""外部孤岛检测""忽略孤岛检测"和"无孤岛检测"四种方式供用户选择，如图 8-18 所示。

图 8-17 "孤岛"下拉列表框

1）"普通孤岛检测"用于设置普通方式，也是默认方式。从最外边的区域开始向内部填充，在交替的区间填充图案。

2）"外部孤岛检测"用于设置外部方式，从最外边的区域开始向内部填充，遇到第一个内部边界即停止填充，仅对最外层区域填充。

3）"忽略孤岛检测"用于设置忽略方式，忽略所有内部边界，对最外层边界所围成的全部区域进行填充。

4）"无孤岛检测"用于关闭孤岛检测方式，以使用传统孤岛检测方式。

选择边界

普通（N）方式填充

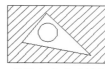

外部（O）方式填充

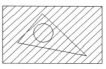

忽略（G）方式填充

图 8-18 三种填充样式的填充效果

（3）"图案填充和渐变色"对话框 单击如图 8-1 所示"图案填充创建"功能区上下文选项卡"选项"面板中的展开按钮，AutoCAD 将弹出"图案填充和渐变色"对话框，如图 8-19 所示。

"图案填充和渐变色"对话框由"图案填充"和"渐变色"选项卡组成，包括"边界""选项"等选项组，用以定义边界、图案类型、图案特性以及填充对象的属性。

（4）"特性匹配"按钮 单击此按钮，将返回图形编辑状态，AuotCAD 提示如下：

选择图案填充对象：

当用户选择一个已存在的关联填充图案，将重新返回"图案填充创建"选项卡，将所选择的图案类型和属性设置为当前的图案和属性，新绘制的剖面线方向和间隔分别与刚选择的剖面线一致。此选项主要用于在绘制复杂的装配图时，保持同一零件的不同填充区域使用相同的填充图案及属性。

例 8-1 图 8-20 所示为某零件的剖视图，试按尺寸绘制该图，并用 HATCH 命令绘制剖面线。绘制剖面线的步骤说明如下：

（1）设置剖面线图案 在"图案"面板中选择 ANSI31 图案。

（2）设置剖面图案参数 在"特性"面板的"比例"文本框内输入比例值"1.5"；在"角度"文本框内输入角度值"90"。

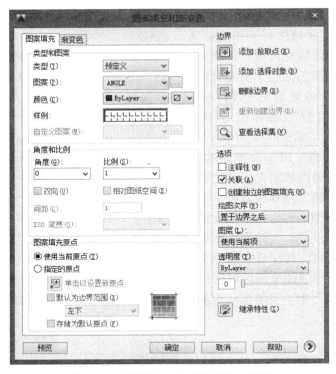

图 8-19 "图案填充和渐变色"对话框

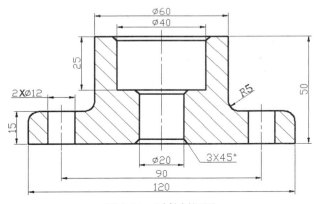

图 8-20 零件剖视图

（3）设置边界

1）在"边界"面板中单击"拾取点"按钮 ▦ ，返回图形编辑状态。

2）在图 8-20 中需绘制剖面线的区域内分别用鼠标拾取点。

3）按〈Enter〉键，绘制剖面线，完成命令的执行过程。

8.1.2　将填充图案拖到图形中

除了使用 HATCH 命令以外，还可以通过从工具选项板中拖动填充图案到图形中以完成图案的填充。其步骤如下：

1）选择菜单中的"工具（T）"→"选项板"→"工具选项板（T）"，切换至"图案填充"选项卡，如图 8-21 所示。

2）在工具选项板中选择一种要填充的图案类型，例如"砖块"图案；在该图案的图标上单击鼠标右键，弹出如图 8-22 所示的快捷菜单。

3）在快捷菜单中选择"特性（R）"选项，将弹出如图 8-23 所示的"工具特性"对话框，在此对话框中对填充图案比例、旋转角度、间距和图层、颜色和线型进行设定后，单击 确定 按钮。

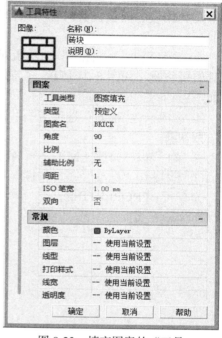

图 8-21 "注释和设计"工具选项板的"图案填充"选项卡

图 8-22 图案图标的快捷菜单

图 8-23 填充图案的"工具特性"对话框

4）直接将表示图案的图标拖动到图形区域中已有的封闭区域中，即可完成图案的填充。

8.2 编辑填充图案（HATCHEDIT 命令）

使用 HATCHEDIT 命令可以编辑填充图案。此外，单击使用 HATCH 命令绘制好的填充图案，AutoCAD 将弹出如图 8-1 所示的"图案填充创建"功能区上下文选项卡及其相应的面板，用来编辑填充图案。

〈访问方法〉

选项卡："默认"选项卡→"修改"面板→"编辑图案填充"按钮。

菜 单："修改（M）"→"对象（O）"→"图案填充（H）"选项。

工具栏："修改 II"→"编辑图案填充"按钮。

命令行：HATCHEDIT。

执行 HATCHEDIT 命令后，AutoCAD 出现如下提示：

选择图案填充对象:(选择填充图案)

将弹出如图 8-19 所示的"图案填充编辑"对话框，其中各选项的含义和操作方法与"图案填充创建"类似，在此不再重复。

〈命令说明〉

1）直接选中已有的剖面填充图案，系统会自动弹出类似图 8-1 所示的"图案填充编辑器"功能区上下文选项卡及其相应的面板，其内容和操作与"图案填充创建"类似。

2）也可以通过"特性"选项板对所选择的填充图案进行编辑修改，如图 8-24 所示。"特性"选项板的访问方法如下：

① 选项卡。"视图"选项卡→"选项板"面板→"特性"按钮。

② 菜　单。"修改（M）"→"特性（P）"选项。

③ 工具栏。"标准"→"特性"按钮。

命令行：PROPERTIES。

图 8-24　使用"特性"选项板修改填充图案的特性

第 9 章

块及其属性的使用

9.1 块的使用

在工程制图中，常常要画一些常用的图形和图形符号，如螺栓、螺母、表面粗糙度等。如果把这些经常出现的图形定义成块，存放在一个图形库中，当绘制图形时，就可以用插入块的方法绘制图中一些重复构图要素。这样不仅可以避免大量的重复工作，还可以提高绘图的速度与质量。

图块是用一个图块名命名的一组图形对象。其中的各个对象均有各自的图层、线型、颜色等特性，用户可根据需要用定义的块名将该组对象插入图中任意指定的位置，并且在插入时还可以指定不同的比例因子和旋转角度，如图 9-1 所示。

块被当作单一的对象处理。用户可通过点取块中的任何一个对象来选取块，对已经插入的图块进行移动（MOVE）、旋转（ROTATE）、删除（ERASE）、复制（COPY）等编辑操作，这些操作与块的内部结构无关，它就像一条直线一样被当作一个对象来处理。

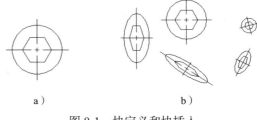

a)   b)

图 9-1　块定义和块插入

a）块定义　b）将块以不同比例因子和旋转角度插入

使用块具有以下的优点：

（1）便于建立块图形库　将经常使用的图形定义成图块，保存在磁盘上，就可以建立一个图块库。当需要时，将其插入图形中，把复杂图形的绘制变成拼图和绘图的结合，既避免了大量的重复工作，又大大提高了绘图速度和质量。

（2）节省磁盘空间　图形中的每一个对象都有其特征参数，如图层、位置坐标、线型、颜色等，因此在图中每绘制一个对象都会增加磁盘上相应图形文件的大小。如果把经常使用的图形定义成图块，在需要时以块的形式插入，就可以大大节省磁盘空间。因为块的定义只需要一次，而在插入时，块作为一个整体，AutoCAD 只需保存该图块的特征参数（如块名、插入点坐标、比例因子、旋转角度等），而不需要保存该图块中具体的每一个对象的特征参数。

（3）便于修改图形　如果在图形中修改或更新了一个块的定义，AutoCAD 将自动更新用该块名插入的所有实例。

（4）便于携带属性信息　AutoCAD 允许为块建立属性，使之成为从属于块的文本信息。在每次插入块时，提示用户为其输入相关的属性值。还可以对属性信息进行提取，传送给外部数据库进行管理。

本章涉及的"默认"选项卡→"块"面板、"插入"选项卡→"块"面板和"插入"选项卡→"块定义"面板如图 9-2~ 图 9-4 所示。

图 9-2　"默认"选项卡→
"块"面板

图 9-3　"插入"选项卡→
"块"面板

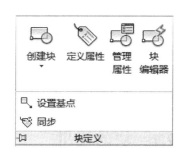

图 9-4　"插入"选项卡→
"块定义"面板

9.1.1　块的定义（BLOCK 命令）

BLOCK 命令用于将当前图形中指定的图形对象创建为块定义。

〈访问方法〉

选项卡："默认"选项卡→"块"面板→"创建块"按钮🔲。"插入"选项卡→"块定义"面板→"创建块"按钮🔲。

菜　单："绘图（D）"→"块（K）"→"创建（M）"选项🔲。

命令行：BLOCK。

〈操作过程〉

执行 BLOCK 命令后，AutoCAD 将弹出如图 9-5 所示的"块定义"对话框。

〈对话框说明〉

1. "名称（N）"下拉列表框

输入将要定义的块的名称，或从当前图形中的所有块名列表中选择一个。块名可长达 255 个字符，名称中可包含有字母、数字、空格和"$""_""-"等在 Windows 和 AutoCAD 中无其他用处的特殊字符。

单击向下的三角按钮，将显示当前图形中所有已经定义的图块的名称。

2. "基点"选项组

用户可以在该选项组中指定块插入时的基点：可以直接在基点区的 X，Y 和 Z 文本框中输入基点的坐标值；也可以单击"拾取点（K）"按钮🔳暂时退出对话框，返回到屏幕编辑状态，在"指定插入基点："的提示下指定一个点作为块插入的基点后，重新返回到

"块定义"对话框。用户也可以选中"在屏幕上指定"复选框，在关闭对话框时，根据系统的提示指定基点。

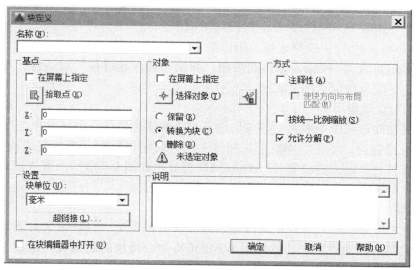

图 9-5 "块定义"对话框

块插入的基点，既是块插入时的基准点，也是块插入时旋转或缩放的中心点。为了作图方便，基点一般选在块的中心位置点、左下角点或其他特征位置点。

3."对象"选项组

指定定义成块的对象及其处理方式如下：

（1）"选择对象（T）"按钮 ✛ 单击此按钮，AutoCAD 将暂时退出"块定义"对话框，返回到屏幕编辑状态，用户可用各种对象选择方法选择要定义成块的对象。选择结束后，按〈Enter〉键返回到当前"块定义"对话框。

（2）"快速选择"按钮 📇 单击此按钮，AutoCAD 将弹出"快速选择"对话框并通过它来构造一个选择集。

（3）"在屏幕上指定"复选框 用户可以选中该复选框，在关闭对话框时，根据系统的提示选择要定义成图块的图形对象。

（4）"保留（R）"单选按钮 单击此按钮，AutoCAD 将所选对象定义为块后，保留所选原始对象不变。

（5）"转换为块（C）"单选按钮 单击此按钮，AutoCAD 将所选对象定义为块后，将原始对象转换为所定义块的一个引用。

（6）"删除（D）"单选按钮 单击此按钮，AutoCAD 将所选对象定义为块后，删除原始对象，被删除的原始对象可用 OOPS 命令恢复。

4."方式"选项组

（1）"注释性（A）"复选框 选中该复选框，即可建立注释性的块。

（2）"按统一比例缩放（S）"复选框 块参照在插入时可以使用 X、Y 和 Z 方向不同的比例因子。选中此复选框，可以指定块参照在插入时 X、Y 和 Z 方向使用相同的比例因子进行缩放。

（3）"允许分解（P）"复选框　一般情况下，块在插入图形以后是被当作单一的对象，不允许被分解。选中此项，可以指定块参照在插入图形以后可以被分解成组成块的各个图形元素。

5. "设置"选项

（1）"块单位（U）"下拉列表框　用以指定块插入时的单位。

（2）"超链接（L）"按钮　单击此按钮，弹出"插入超链接"对话框，可以使用该对话框将某个超链接与块定义相关联。

6. "说明"选项组

用户可以在此选项组中输入一些与块定义相关的描述信息，供显示和查找使用。

完成所有设置后，单击 确定 按钮将关闭"块定义"对话框并完成块定义的建立。如果给定的块名与已定义的块重名，AutoCAD 将显示如图 9-6 所示的警告信息框。用户可根据需要选择是否要将已有的块进行重新定义。

〈命令说明〉

利用 BLOCK 命令建立的块定义仅存入建立块的图形中，且块定义只能在该图中被引用。如需将块插入其他图形中，就要用 WBLOCK 命令将块的定义写入磁盘文件，或者将块定义复制到其他图形中。

例如，将图 9-7 所示图形定义成块 CCD。

图 9-6　警告信息框

图 9-7　定义成块 CCD 的图形

9.1.2　将块写入磁盘（WBLOCK 命令）

用 BLOCK 命令定义的块，只能插入已经建立了块定义的图形中，而不能被其他图形调用。为了能使块被其他图形调用，可使用 WBLOCK 命令将块写入磁盘文件。用 WBLOCK 命令写入磁盘的文件也是扩展名为 .dwg 的图形文件。

〈访问方法〉

选项卡："插入"选项卡→"块定义"面板→"写块"按钮 。

命令行：WBLOCK。

〈操作过程〉

执行"写块"命令后，将弹出"写块"对话框，如图 9-8 所示。其中的"源"选项组将根据发出命令前的三种不同状况，显示不同的默认设置。

〈对话框说明〉

1. "源"选项组

在该选项组中，用户可以指定要输出的图形对象或图块。

（1）"块（B）"单选按钮　将图形中的图块写入磁盘文件，此时可在右侧的下拉列表框中选择一个要写入磁盘文件的图块名称。

图 9-8 "写块"对话框

（2）"整个图形（E）"单选按钮 将整个当前图形写入磁盘文件。

（3）"对象（O）"单选按钮 从当前图形中选择图形对象写入磁盘文件。

2."基点"选项组和"对象"选项组

同"块定义"对话框相同，此处不再赘述。

3."目标"选项组

（1）"文件名和路径（F）"文本框 指定要输出的文件名称和文件的保存路径。

（2）显示标准文件选择对话框□ 单击此按钮，将弹出"浏览图形文件"对话框。在此对话框中，用户可直接指定文件要保存的路径。

（3）"插入单位（U）"下拉列表框 指定建立的文件作为块插入时的单位。

9.1.3 块的插入（INSERT 命令）

INSERT 命令用于将已经定义的图块插入当前图形文件中，在插入的同时还可以改变插入图形的比例因子和旋转角度。

〈访问方法〉

选项卡："默认"选项卡→"块"面板→"插入块"按钮。"插入"选项卡→"块定义"面板→"插入块"按钮。

菜 单："插入（I）"→"块（B）"选项。

命令行：INSERT。

〈操作过程〉

执行命令后，AutoCAD 将弹出如图 9-9 所示的"插入"对话框。

〈对话框说明〉

1."名称（N）"下拉列表框

"名称"下拉列表框用于指定要插入的块名或图形文件名。用户可以单击右侧的向下三角按钮从当前图形当中已经定义的块名列表中指定要插入的图块的名称；或者单击"浏览（B）"按钮，搜索要插入当前图形中的图形文件，同时以该名字创建一个新的图块的定义，插入该块。实现有块的定义时插入块，无块的定义时插入同名的磁盘文件。

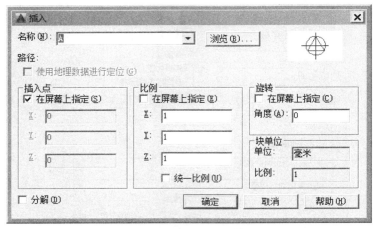

图 9-9 "插入"对话框

2."插入点"选项组

"插入点"选项组用于指定块的插入点。可以在 X、Y 和 Z 文本框中直接输入插入点的 X、Y 和 Z 坐标值；也可以选中"在屏幕上指定（S）"复选框，在图形区域中直接指定块的插入点。

3."比例"选项组

"比例"选项组用于指定块插入时 X、Y 和 Z 方向的比例因子。如果选中"统一比例（U）"复选框，则在三个方向采用相同的比例因子。如果选中"在屏幕上指定（E）"复选框，则可在关闭对话框时根据系统的提示输入不同方向的比例因子。

比例因子可取正值，也可以取负值，取负值时将产生镜像效果，如图 9-10 所示。

4."旋转"选项组

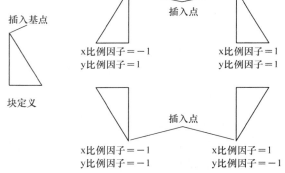

图 9-10 不同块插入比例因子的效果

"旋转"选项组用以指定块插入时的旋转角度。可在"角度"文本框中输入旋转角度值；也可以选中"在屏幕上指定（C）"复选框，输入角度数值或者在图形区域中指定一点，该点与插入点连线同 X 轴正方向的夹角即为块插入时的旋转角。

5."块单位"选项组

"块单位"选项组用于显示有关块单位的信息。

6."分解（D）"复选框

若选中该复选框，则块实例在插入的同时被分解。

〈命令说明〉

也可在"命令："提示下输入"-INSERT"，以命令行的方式进行块的单个插入。当提示要求输入块名时，可以输入块名或文件名；也可以"块名 = 文件名"的方式做答，它将插入指定的图形文件，并用指定的块名定义为一个块，该块的名称和文件名可不相同。如果插入前指定名称的块已经被定义，则插入后块被重新定义。常用此方法对插入图形中的块实例进行统一修改。

9.1.4　块的矩形阵列插入（MINSERT 命令）

MINSERT 命令综合了 INSERT 和 ARRAYRECT 的功能，可实现图块的矩形阵列插入。

〈访问方法〉

命令行：MINSERT。

〈操作过程〉

执行该命令后，AutoCAD 将出现下列提示：

输入块名或 [?]〈当前值〉：FG

单位：毫米　转换：1.0000

指定插入点或 [基点 (B)/ 比例 (S)/X/Y/Z/ 旋转 (R)]：(指定插入点)

输入 X 比例因子，指定对角点，或 [角点 (C)/XYZ (XYZ)]〈1〉：(按〈Enter〉键接受当前值)

输入 Y 比例因子或〈使用 X 比例因子〉：(按〈Enter〉键接受当前值)

指定旋转角度〈0〉：(按〈Enter〉键接受当前值)

输入行数 (---)〈1〉：2

输入列数 (|||)〈1〉：2

输入行间距或指定单位单元 (---) : 60

指定列间距 (|||) : 90

使用 MINSERT 命令将名为"FG"的图块（见图 9-11a）插入图形中，结果如图 9-11b 所示。

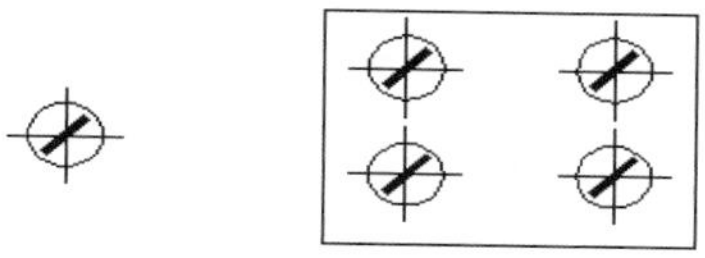

a) 　　　　　　　 b)

图 9-11　块的矩形阵列插入

a）块 FG　b）插入效果

〈命令说明〉

如果要想得到所插入图块的环形阵列形式，可以先将块插入一次，然后再使用 ARRAYPOLAR 命令完成块的环形阵列。

9.1.5　将块工具拖动到图形中

除了使用 INSERT 命令以外，还可以通过工具选项板将系统中已经定义好的块工具拖动到图形中；或单击块工具，然后通过指定插入点来插入图块。

例如，向图形中插入机械制图中的公制六角螺母，具体步骤如下：

1 ）单击"视图"→"选项板"→"工具选项板"按钮 ，或者选择"工具 (T)"→"选项板"→"工具选项板 (T)"选项，打开工具选项板，并切换至"机械"选项卡，如图 9-12 所示。

2 ）右击要插入的块工具按钮——"六角螺母 - 公制"按钮，弹出如图 9-13 所示的快捷菜单。

3 ）在快捷菜单中选择"特性（R）"选项，弹出图 9-14 所示的"工具特性"对话框，在此对话框中对块插入的比例、旋转角度和图层、颜色、线型、尺寸等进行设定后，单击 确定 按钮。

4 ）直接单击该块工具的图标，指定插入基点，即可完成块的插入。

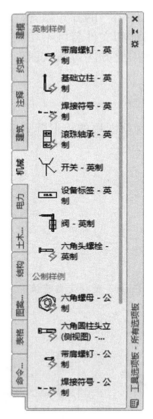

图 9-12 工具选项板的
"机械"选项卡

图 9-13 图标的快捷菜单

图 9-14 "工具特性"对话框

9.1.6 指定基点（BASE 命令）

为当前图形指定新基点。创建新图时，以世界坐标系的原点作为默认的基点，将图形插入另外的图形中时，通过使基点与插入点相重合来定位图形。在 AutoCAD 2016 中，使用 BASE 命令指定基点，可便于当前图形插入其他图形或从其他图形外部参照当前图形时的定位。

〈访问方法〉

选项卡："默认"选项卡→"块"面板→"设置基点"按钮 ⬚。"插入"选项卡→"块定义"面板→"设置基点"按钮 ⬚。

菜　单："绘图（D）"→"块（K）"→"基点（B）"选项 ⬚。

命令行：BASE（或′BASE 用于透明使用）。

〈操作过程〉

执行该命令后，AutoCAD 将出现下列提示：

输入基点〈当前值〉：（指定一个点作为图形的新基点）

9.1.7 块与图层的关系

块可以由绘制在若干层上的对象组成。这些位于不同层上的对象都具有颜色、线型、线宽等属性。插入这样的块时，AutoCAD 有如下规定：

1）块中原来位于 0 层上的对象被绘制在当前层上。

2）对于块中其他层上的对象，若块中有与当前图形中同名的图层，则块中该层上的对象绘制在图中同名的图层上，使用当前图形中同名图层的颜色、线型、线宽等属性。

3）若当前图形中没有与块中同名的图层，则为当前图形增加同名的图层，将块中该层上的对象绘制在图中同名的图层上。

4）如果块中对象的颜色与线型属性被设置为"随层"，插入后则使用所在图层的颜色与线型绘制出。

例 9-1　如图 9-15a 和图 9-15b 所示，图 9-15b 中的图形由插入图 9-15a 所示的图形得到。在插入之前，图 9-15 中两图的图层设置如下：

图 9-15a：0 层——白色，细实线　　图 9-15b：D 层——绿色，粗实线，当前层

　　　　　A 层——红色，粗实线　　　　　　　A 层——白色，细实线

　　　　　B 层——蓝色，中心线　　　　　　　B 层——红色，中心线

　　　　　C 层——紫色，虚线

图 9-15a 所示的图形由以下几部分组成：0 层上的圆，A 层上的四边形，B 层上的两条直线，C 层上的椭圆。

将图 9-15a 图插入图 9-15b 图后，原来 0 层上的圆位于当前层 D 层；原来 A 层上的四边形仍位于 A 层，原来 B 层上的两条直线仍位于 B 层，但使用图 9-15b 图当前图形中同名图层的颜色、线型和线宽；图 9-15b 中，原先的图层设置中没有 C 层，在插入后，当前图形中新建立了 C 图层，使用原图 9-15a 中 C 层的颜色和线型。

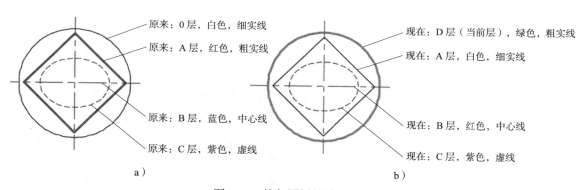

图 9-15　块与图层的关系示例

a）块定义　b）块插入后的结果

5）如果插入的图块由多个位于不同图层上的对象组成，则被冻结的图层上的对象不生成。

9.1.8　块的嵌套与分解

1. 块的嵌套

若一个块内包含有对其他块的引用，则称之为块的嵌套。块的嵌套除了不允许自引用以外，其深度是无限的。当把嵌套的块写入磁盘文件时，它所引用的块定义也被写入该文件。当插入一个这样的图形文件时，该图形中的所有块定义也被复制到当前图形中。

2. 块的分解

对被调用块中的某一部分进行编辑时，会受到块整体性的限制。这时，可以使用 EXPLODE 命令将块分解。分解后，组成块的对象就可以被单独编辑。使用 EXPLODE 命令分解块时应注意下列问题：

1）只有创建块的定义时允许被分解的图块，在插入以后才能够被分解。

2）对于嵌套的块，EXPLODE 命令一次只能分解一层。

3）带有属性的块被分解后，将丢失属性值，而以属性标记的形式显示。

4）使用 MINSERT 命令插入的块不得使用 EXPLODE 命令进行分解。

9.1.9 块的编辑与修改

插入图形的块被认为是一个整体，不能用通常的图形编辑命令进行修改。要修改插入图形中的块，根据具体情况可分别采用以下的方法。

1. 修改插入的单个图块

在块插入时，于"插入"对话框中选中"分解（D）"复选框或者在块插入以后使用 EXPLODE 命令将块分解，即可对组成块的各个对象进行单独的编辑和修改。

2. 统一修改插入当前图形中的块的多个实例

以图 9-11 中插入的名为"FG"的块为例，欲将图 9-11b 中的所有半圆头螺钉改为十字头螺钉，只需将该块插入的一个实例分解并编辑或者重新绘制一个十字头螺钉，如图 9-16a 所示，再用 BLOCK 命令将其重新定义为 FG，则当前图形中插入该块的所有实例都自动更新为十字头螺钉，如图 9-16b 所示。

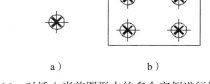

图 9-16 对插入当前图形中的多个实例进行统一修改
a）块 FG 的新定义 b）块插入后的结果

3. 统一修改插入多个图形中的块

如果用户在 A 图形文件中插入了 B 图形，则 B 就作为 A 的一个块。但如果用户修改了 B 图形，在 A 图中已插入的 B 块不会发生相应的变化。如果要使 A 图中的 B 块也发生相应的变化，应按下列步骤进行：

1）在命令行中输入 INSERT 命令。

2）在弹出的"插入"对话框中使用 浏览(B)... 按钮重新指定更改后的 B 图形，即可用新的 B 图形重新定义在 A 图形中已有 B 块的定义，接着 AutoCAD 将弹出如图 9-17 所示的"块 - 重新定义块"警告信息提示框，在此对话框中选择"重新定义块"，则 AutoCAD 对图形自动进行重新生成，用新的块定义更新该块的各个插入实例。接着显示 INSERT 命令的其余提示信息，如果用户只想对块重新定义而不想做新的插入工作，按〈Esc〉键中断命令的运行即可。

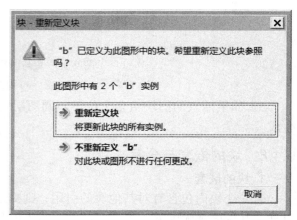

图 9-17 "块 - 重新定义块"警告信息提示框

9.1.10　块图形库的创建与使用

1. 块图形库的创建

使用 BLOCK 命令创建图形库是一种最简单、直观性强的方法。分别绘制一组用途、功能相关的图形，并分别用 BLOCK 命令将其定义成块，再将定义有若干个块的图形存为一个图形文件（.DWG），这样便建立了适合某类用途或功能的"块"图形库。具体步骤如下：

1）用基本命令将图形绘制在图形屏幕上。图 9-18 为部分几何特征符号。在绘制这些图形时，可设置 GRID 网格以帮助绘图时定位。

图 9-18　部分几何特征符号

2）用 BLOCK 命令分别将各图定义为块。

3）用 SAVEAS 命令将当前图形写入磁盘文件（如 TY.DWG）。为了不把除了块定义之外的其他内容插入编辑的图形中，在存盘时，图形中除了块定义之外，不允许有其他对象，即在块定义时于"块定义"对话框的"对象"选项区中单击"删除（D）"单选按钮，删除定义为块的图形对象，使屏幕上呈一张"白图"。

2. 块图形库中块的调用

要从块图形库中调用块，先必须用 INSERT 命令将块图形库装入，即先调出一张"白图"，然后再将块插入当前图形中。例如要调用上述几何特征图形库文件 TY 中的 FC 块（圆度符号），将其插入当前图形中，其操作步骤如下：

1）使用 INSERT 命令插入含有图形库的图形文件（如 TY.DWG），并在提示输入插入点、比例或旋转角时，按〈Esc〉键中断命令的执行，将图形库中的各个块定义复制到当前图形中。

2）此后可随时使用 INSERT 命令插入所需要的块，它使用的是当前图形中的块定义，不再访问存放该图形库的图形文件。

3. 建立块图形库时的几个要点

1）用 GRID 命令显示网格，以帮助绘图定位。

2）尽可能在"1×1"方格内定义块，即将对图形结构参数起主导作用的主参数设置为一个图形单位，其余按比例绘制，这样可大大地方便调用。

例如，定义一个圆形块，其参数可以是直径或半径。定义一个正六边形块，按绘图习惯，其主参数为六边形的外接圆半径或内切圆半径。图 9-18 的几何特征符号是在"1×1"图形单位内绘制并定义成块，而几何公差框格、基准代号和公差值等，则以几何特征符号作为主参数，按比例绘制。几何公差代号如图 9-19 所示。

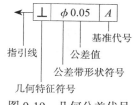

图 9-19　几何公差代号

3）在定义块时，指定合适的插入基点是方便调用的另一要素。因此，在定义块时，对插入基点的选择应多加分析，力求调用方便和符合常规机械图样画图习惯。对于一些简单的图素，如图 9-18 所示的几何特征符号，指定插入基点比较容易，一般大都选圆心或左下角为插入基点。对于图 9-20 所示的图形块插入基点的选择，则应考虑螺栓连接装配图的定

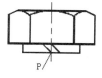

图 9-20　螺栓插入基点的选择

位方便，故选点 P 为插入基点。

9.2 属性的使用

9.2.1 属性的概念

属性是从属于块的非图形信息，它是块的一个组成部分，也可以说属性是块中的文本对象，即"块 = 若干图形对象 + 属性"。

属性从属于块，它与块组成了一个整体。当用 ERASE 命令擦去块时，包括在块中的属性也被擦去。当用图形编辑命令改变块的位置与转角时，其属性也随之移动和转动。

但属性不同于一般的文本对象，它有如下特点：

1）一个属性包括属性标志（Attribute Tag）和属性值（Attribute Value）两方面的内容。例如，可以把"姓名"定义为属性标志，而具体的姓名"Yang""Zhang"就是属性值。

2）在定义块前，每个属性要用 ATTDEF 命令进行定义。由它规定属性标志、属性提示、属性默认值、属性的显示方式（可见或不可见）、属性在图中的位置等。属性定义后，该属性以其标志在图中显示出来，并把有关的信息保留在图形文件中。

3）在定义块前，对属性定义可以用 DDEDIT 命令修改，用户不仅可以修改属性标志，还可以修改属性的提示和它的默认值。

4）在插入块时，AutoCAD 通过属性提示要求用户输入属性值（也可以用默认值）。插入块后，属性用属性值表示。因此，同一个块定义的不同实例，可以有不同的属性值。如果属性值在属性定义时被规定为常量，则在插入时不询问属性值。

5）在块插入后，可以用 ATTDISP（属性显示）命令改变属性的可见性。可以用 ATTEDIT 等命令对属性进行修改；用 ATTEXT（属性提取）命令把属性单独提取出来写入文件，以供统计、制表使用；也可以与其他高级语言或数据库进行数据交换。

下面举例说明属性的使用。

例 9-2 欲绘制一办公室的平面图。办公室内布置着若干把形状相同的椅子，每张椅子对应有产地、型号、价格、颜色以及椅子的编号。

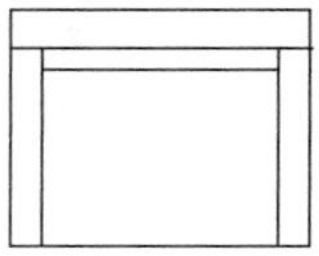

图 9-21　椅子的平面图

此时，可以先绘一张椅子的平面图（见图 9-21），然后用属性定义命令（ATTDEF）分别定义"产地""型号""价格""颜色"以及"编号"等五个属性，即分别规定其属性标志、属性提示、属性默认值和属性显示可见性等，见表 9-1。

表 9-1　椅子的五个属性

属性标志	属性提示	属性默认值	显示可见性
产地	请输入制造商：	江苏	可见
型号	请输入型号：	CH-0016	可见
价格	请输入价格：	80.00	可见
颜色	请输入颜色：	黑色	可见
编号	请输入序号：	3	可见

定义完属性后，在椅子的平面图中会显示出属性标志，如图 9-22 所示。

属性定义完成后，用 BLOCK 命令把椅子和属性定义成一个块，块名为 CHAIR。绘制办公室的平面图时，可以用 INSERT 命令，在指定的位置插入 CHAIR 块，插入时还应根据提示输入每个属性值，插入结果如图 9-23 所示。绘好的图可以存入磁盘，以备以后再用。

图 9-22　带有属性定义的块

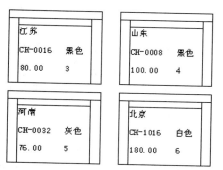

图 9-23　插入带有属性的图块

9.2.2　属性的定义（ATTDEF 命令）

ATTDEF 命令用于创建属性的定义，包括所定义属性的模式、属性标记、属性提示、属性值、插入点和属性的文字设置。

〈访问方法〉

选项卡："默认"选项卡→"块"面板→"定义属性"按钮。"插入"选项卡→"块定义"面板→"定义属性"按钮。

菜　单："绘图（D）"→"块（K）"→"定义属性（D）"选项。

命令行：ATTDEF。

〈操作过程〉

执行该命令后，AutoCAD 将弹出如图 9-24 所示的"属性定义"对话框。

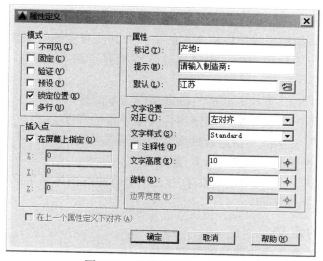

图 9-24　"属性定义"对话框

〈对话框说明〉

1."模式"选项区

"模式"选项区中的各复选框用以确定属性的模式。

（1）不可见（<u>I</u>） 该复选框设置属性为不可见方式，即块插入后，属性值在图中不可见。

（2）固定（<u>C</u>） 该复选框设置属性为恒值方式，即属性值在属性定义时给定，并且不能被修改。

（3）验证（<u>V</u>） 该复选框设置属性为验证方式，即块插入时输入属性值后，AutoCAD会要求用户再确认一次所输入的值的正确性。

（4）预设（<u>P</u>） 该复选框设置属性为预置方式，当块插入时，不请求输入属性值，而是自动填写其默认值。该复选框与"固定"复选框类似，不同之处在于用户可以修改属性值。

（5）锁定位置（<u>K</u>） 该复选框锁定块参照中属性的位置。 解锁后，属性可以相对于使用夹点编辑的块的其他部分移动。

（6）多行（<u>U</u>） 指定的属性值可以包含多行文字。

2."属性"选项组

"属性"选项组用以设定属性的标记、提示以及默认值。

（1）"标记（<u>T</u>）"文本框 输入属性标记。

（2）"提示（<u>M</u>）"文本框 输入属性提示，以便在插入块参照时引导用户输入正确的属性值。

（3）"默认（<u>L</u>）"文本框 输入属性的默认值。

（4）"插入字段"按钮 单击该按钮，将弹出"字段"对话框。可以插入一个字段作为属性的全部或部分值。

3."插入点"选项组

"插入点"选项组用以确定属性文本排列时的参考基点。用户可以在 X、Y、Z 文本框内直接输入插入点坐标值；或者选中"在屏幕上指定（<u>O</u>）"复选框，关闭对话框后使用鼠标在屏幕上指定属性的基点位置。

4."文字设置"选项组

"文字设置"选项组用以确定属性文本的格式。其所对应的各项含义如下：

（1）"对正（<u>J</u>）"下拉列表框 确定属性文本相对于插入点的对齐方式，参见第 7 章中的相关内容。

（2）"文字样式（<u>S</u>）"下拉列表框 确定属性文本的样式。

（3）"文字高度（<u>E</u>）"文本框 确定属性文本字符的高度。

（4）"旋转（<u>R</u>）"文本框 指定属性文本行的倾斜角度。

5."在上一个属性定义下对齐（A）"复选框

如果选中该复选框，则表示该属性采用上一个属性的字体、字高以及倾斜角度，且直接置于前一个定义的属性下面。

9.2.3 修改属性的定义

1. 用 TEXTEDIT 命令修改属性的文字属性

TEXTEDIT 命令用于对尚未定义成块的单个属性定义的标记、提示和初始默认值等文字进行修改，也可以用于对选定的多行文字、单行文字或标注文字进行修改。

〈访问方法〉

命令行：TEXTEDIT

直接在要修改的属性标记上双击，同样也可以激活该命令。

〈操作过程〉

执行该命令后，AutoCAD 将出现下列提示：

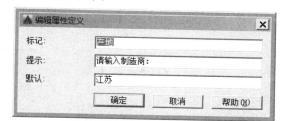

选择注释对象或 [放弃 (U)] ：

选择一个属性定义后，AutoCAD 弹出如图 9-25 所示的"编辑属性定义"对话框。

在该对话框中的"标记""提示"和"默认"文本框中，用户可修改属性定义的标记、属性提示或初始默认值。

图 9-25　"编辑属性定义"对话框

2.PROPERTIES 特性窗口编辑属性定义

单击"视图"选项卡→"选项板"面板→"特性"按钮 回 ，或者直接在命令行输入"PROPERTIES"命令，在系统弹出"特性"选项板后选择一个属性定义后的界面，如图 9-26 所示。

在此选项板中，用户不仅可以修改属性定义的标记、属性提示和属性默认值，还可以对属性的模式、属性文本的样式、颜色、高度、旋转角度、对齐方式、插入点等进行较为全面的修改。

〈说明〉

如果带有属性的块已定义结束，则属性已成为块定义的一部分，如果想修改属性定义，只能将图块分解后对属性定义进行修改，并使用 ATTREDEF 命令重新定义该带有属性的块（详见 9.2.7 节）。

9.2.4　使用带有属性的块

属性只有和图块一起使用才有意义，使用带有属性的块的步骤如下：

1）绘制出构成图块的各个图形对象。

2）定义属性。

3）用 BLOCK 命令将图形和属性一起定义为块。

定义了带有属性的块之后，在以后插入块的操作中用户就可以为其输入一个属性值。下面举例说明具体的操作步骤。

例 9-3　绘制如图 9-27c 所示的图形。具体步骤如下：

1）按照 GB/T 131—2006 的规定绘制表示去除材料

图 9-26　"特性"选项板编辑属性定义

方法获得的加工表面的表面粗糙度的完整图形，如图 9-27a 所示。图中尺寸是按照数字和字母高度为 3.5mm 时绘制。

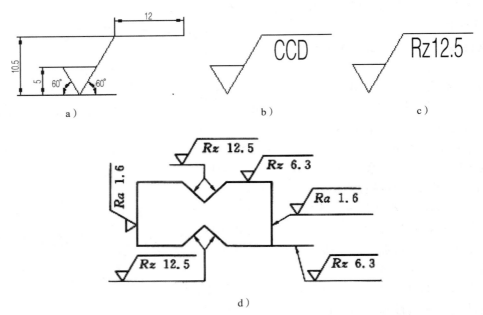

图 9-27　使用带有属性的块

a）完整符号图形　b）定义属性　c）带有属性的块的插入　d）不同方向的块的插入

2）单击"默认"选项卡→"块"面板→"定义属性"按钮 或者"插入"→"块定义"面板→"定义属性"按钮，在弹出的"属性定义"对话框中进行属性定义，如图 9-24 所示。

① 在"标记（T）"文本框中输入"CCD"。

② 在"提示（M）"文本框中输入"请输入表面粗糙度的值："。

③ 在"默认（L）"文本框中输入"Ra3.2"。

④ 在"文字高度（E）"文本框中输入"4"。

⑤ 选中"在屏幕上指定（O）"复选框，单击 确定 按钮退出属性定义对话框。

⑥ 根据系统"指定起点"的提示在表面粗糙度符号上部水平线左下方选取一合适点作为属性的插入点，注意使其和水平线保持一定距离。

此时在绘图区域内将看到如图 9-27b 所示的图形。

3）单击"默认"选项卡→"块"面板→"创建块"按钮 或者"插入"选项卡→"块定义"面板→"创建块"按钮"，弹出"块定义"对话框，建立块名为"表面粗糙度符号"的块的定义。

① 在"名称（N）"文本框中输入"表面粗糙度符号"。

② 单击基点区的"拾取点（K）"按钮，暂时退出对话框，返回到图形编辑状态，捕捉图 9-27b 所示图形的下尖点作为图块的插入点。

③ 单击"对象"选项组的"选择对象（T）"按钮，返回图形编辑状态选择图 9-27b

中的全部图形（包括定义的属性 CCD）。

④ 单击"对象"选项组的"保留（R）"单选按钮，在块定义后仍保留图 9-27b 所示的图形。

⑤ 单击　确定　按钮，退出对话框。

4）单击"默认"选项卡→"块"面板→"插入块"按钮 或者"插入"→"块定义"面板→"插入块"按钮 ，弹出"插入"对话框。

① 在"名称（N）"下拉列表框中选择刚才定义的"表面粗糙度符号"。

② 选中"插入点"选项组的"在屏幕上指定（S）"复选框。

③ 设置"比例"选项组 X 方向比例因子为 1，并选中"统一比例（U）"复选框。

④ 在"旋转"选项组的"角度"文本框中输入"0"。

⑤ 单击　确定　按钮，退出插入对话框返回到屏幕编辑状态继续操作。

在系统提示"指定插入点或 [基点（B）/ 比例（S）/X/Y/Z/ 旋转（R）]："下在绘图区域选一点作为块的插入点。

⑥ AutoCAD 接着弹出"编辑属性"对话框，输入属性值"Rz12.5"，如图 9-28 所示。

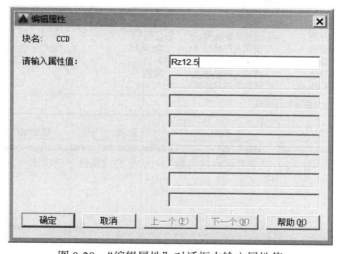

图 9-28　"编辑属性"对话框中输入属性值

通过上述操作，用户将看到如图 9-27c 所示的图形——插入的一个带有属性值的图块。

5）不同方向的块的插入如图 9-27d 所示。

例 9-4　绘制如图 9-23 所示的图形。

其命令执行过程与例 9-3 相类似，不再重复。只有一点需要引起注意：与创建块不同的是，选择属性的顺序是很重要的。如果用户希望在插入块时，属性提示按特定的顺序出现，那么当用户创建包含这些属性的块时，必须按照同样的顺序选择这些属性。

9.2.5　块中属性的编辑

与块中的其他对象不同，属性的值可独立于块而被单独进行编辑。

1. EATTEDIT 命令

EATTEDIT 命令用于列出选定的一个块实例中的属性并显示每个属性的特性。用户可以更改属性值和特性，如位置、字高、样式等。

〈访问方法〉

选项卡："默认"选项卡→"块"面板→"编辑属性"（单个）按钮 ⊗。"插入"选项卡→"块"面板→"编辑属性"（单个）按钮 ⊗。

菜　单："修改（M）"→"对象（O）"→"属性（A）"→"单个（S）"选项 ⊗。

命令行：EATTEDIT。

〈操作过程〉

执行该命令后，AutoCAD 将提示用户先选择一个带有属性的块，然后弹出如图 9-29~图 9-31 所示的"增强属性编辑器"对话框，其中有"属性""文字选项"和"特性"三个选项卡，以便用户根据自己的需要进行相应的修改。

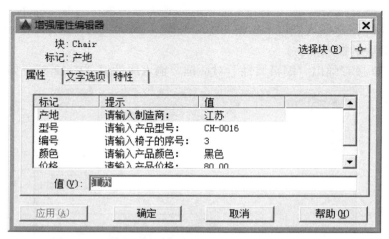

图 9-29　"增强属性编辑器"对话框的"属性"选项卡

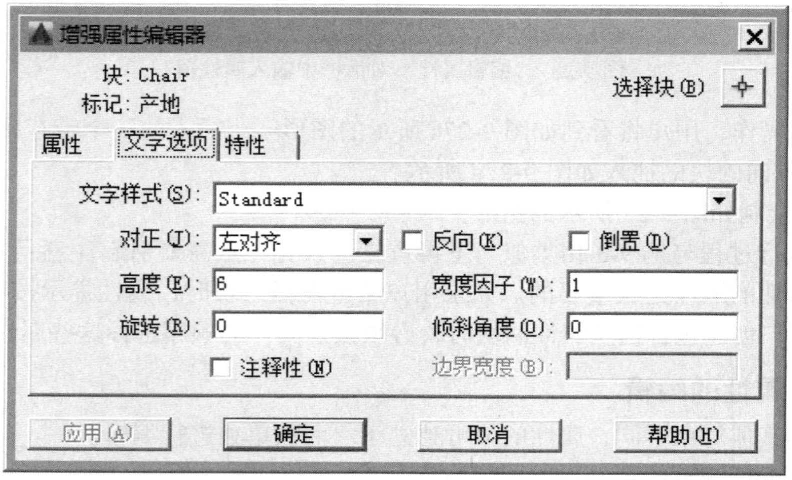

图 9-30　"增强属性编辑器"对话框的"文字选项"选项卡

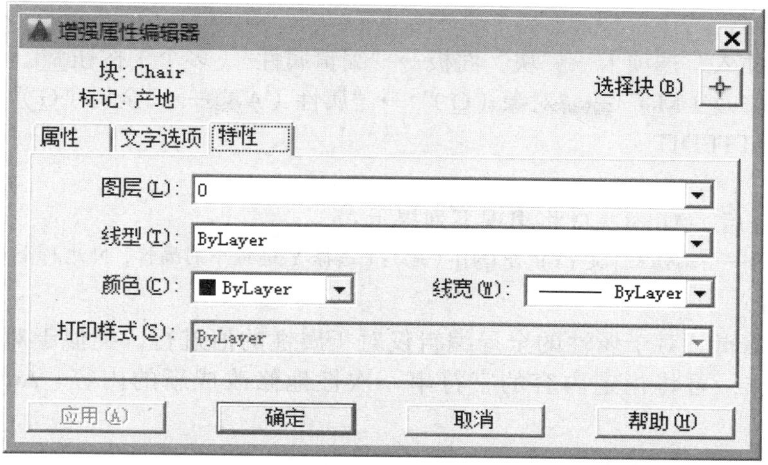

图 9-31　"增强属性编辑器"对话框的"特性"选项卡

2. ATTEDIT 命令

ATTEDIT 命令用于以对话框的形式编辑单个块中的所有属性值。

〈访问方法〉

命令行：ATTEDIT

〈操作过程〉

执行该命令后，AutoCAD 将提示用户选择一个带有属性的块，系统即可弹出如图 9-32 所示的"编辑属性"对话框。

在此对话框中可以修改属性的值，修改完毕后，单击 确定 按钮结束命令。

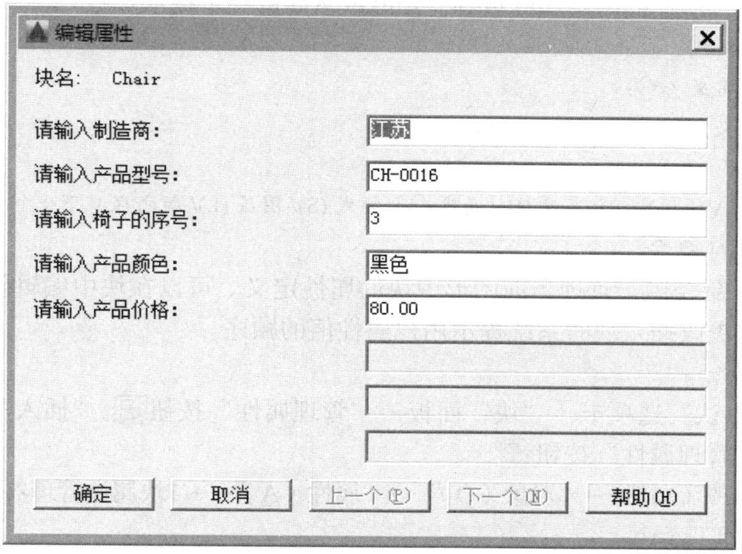

图 9-32　"编辑属性"对话框

3. -ATTEDIT 命令

-ATTEDIT 命令用于以命令行的方式根据属性标记、当前值或对象选择过滤要更改的属性。

〈访问方法〉

选项卡："插入"选项卡→"块"面板→"编辑属性"（多个）按钮。

菜　单："修改（M）"→"对象（O）"→"属性（A）"→"全局（G）"选项。

命令行：-ATTEDIT

〈操作过程〉

执行该命令后，AutoCAD 将出现下列提示：

是否一次编辑一个属性？[是(Y)/否(N)]〈是〉：(选择 Y 进行个别编辑，N 进行全局编辑)

〈选项说明〉

（1）全局编辑　对于属性的全局编辑仅对于属性的值进行，类似于对于文字的"查找/替换"操作，可将指定内容的字符串一次性地修改成新的内容。AutoCAD 进一步提示：

正在执行属性值的全局编辑。

是否仅编辑屏幕可见的属性？[是(Y)/否(N)]〈Y〉：(选择 Y 只编辑可见的属性，N 编辑包括不可见属性在内的所有属性)

输入块名定义〈*〉：(指定要编辑的块的名称，或 * 通配符表示所有块)

输入属性标记定义〈*〉：(指定要编辑的属性标记，或 * 通配符表示所有属性标记)

输入属性值定义〈*〉：(指定要编辑的属性值，或 * 通配符表示所有属性值)

选择属性：(选择要修改的属性，按〈Enter〉键结束选择)

输入要修改的字符串：

输入新字符串：

（2）个别编辑　对于属性的个别编辑可用于逐个修改所选择属性的值、位置、高度、角度、文字样式、所在的图层和颜色等。AutkoCAD 进一步提示：

输入块名定义〈*〉：

输入属性标记定义〈*〉：

输入属性值定义〈*〉：

选择属性：

输入选项 [值(V)/位置(P)/高度(H)/角度(A)/样式(S)/图层(L)/颜色(C)/下一个(N)]〈下一个〉：

4. BATTMAN 命令

BATTMAN 命令用于管理当前图形中块的属性定义。可以在块中编辑属性定义、从块中删除属性以及更改插入块时系统提示用户属性值的顺序。

〈访问方法〉

选项卡："默认"选项卡→"块"面板→"管理属性"按钮。"插入"选项卡→"块定义"面板→"管理属性"按钮。

菜　单："修改（M）"→"对象（O）"→"属性（A）"→"块属性管理器（B）"选项。

命令行：BATTMAN。

〈操作过程〉

执行该命令后，AutoCAD 将弹出如图 9-33 所示的"块属性管理器"对话框。选定块的属性显示在属性列表中。默认情况下，属性的标记、提示、默认值和模式等特性显示在属性列表中。单击按钮 设置(S)... ，可以指定要在列表中显示的属性特性。

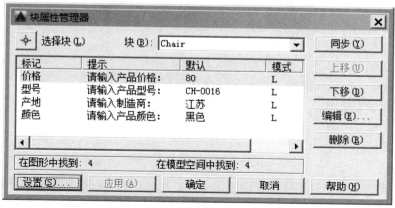

图 9-33 "块属性管理器"对话框

〈对话框说明〉

1）"选择块（L）"按钮：单击该按钮，可暂时关闭"块属性管理器"对话框，等待用户从绘图区域选择要修改属性的块。如果修改了块的属性，并且未保存所做的更改就选择一个新块，系统将提示在选择其他块之前先保存更改。

2）"块（B）"下拉列表框：其中列出了当前图形中含有属性的全部块定义。用户可从中选择要修改其属性的块。

3） 同步(Y) 按钮：单击此按钮，可更新具有当前定义的属性特性的选定块的全部实例。

4） 上移(U) 按钮：单击此按钮，可在属性提示序列中将选定的属性向前移动。

5） 下移(D) 按钮：单击此按钮，可在属性提示序列中将选定的属性向后移动。

6） 编辑(E)... 按钮：单击此按钮，将弹出"编辑属性"对话框，对属性进行编辑。

7） 删除(R) 按钮：单击此按钮，可从块定义中删除选定的属性。如果在单击 删除(R) 按钮之前已选中了"设置"对话框中的"将修改应用到现有的参照"复选框，将删除当前图形中全部块实例的属性。对于仅具有一个属性的块，"删除"按钮不可使用。

8） 设置(S)... 按钮：单击此按钮，可弹出"设置"对话框，以便用户自定义"块属性管理器"中属性信息的列出方式。

9） 应用(A) 按钮：单击此按钮，即可用所做的属性更改更新图形，并保持"块属性管理器"对话框为打开状态。

9.2.6 属性可见性的控制（ATTDISP 命令）

ATTDISP 命令用于属性可见性的控制。

〈访问方法〉

选项卡："默认"选项卡→"块"面板→"保留属性显示"选项组，如图 9-34 所示。

菜　单："视图（V）"→"显示（L）"→"属性显示（A）"选项。

命令行：ATTDISP。

〈操作过程〉

执行该命令后，AutoCAD 将出现下列提示：

输入属性的可见性设置 [普通 (N)/ 开 (ON)/ 关 (OFF)]〈当前值〉：

各选项含义如下：

（1）开（ON）选项　打开，使所有属性均可见。

（2）关（OFF）选项　关闭，使所有属性都不可见。

（3）普通（N）选项　正常方式，按属性定义时规定的可见性
方式来显示各属性。

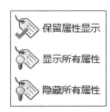

图 9-34　"保留属性显示"
　　　选项组

〈命令说明〉

如果将系统变量 REGENAUTO 设置为 ON，则 ATTDISP 命令将导致图形的自动重新
生成。

9.2.7　增减属性后块的重新定义

用户在绘图时，经常需要对已经插入图形中的带有属性的块进行增加或删除属性的
操作。有两种方法可以实现在对块定义进行修改后，更新图形中使用该块定义插入的所
有实例。如果块中原有的属性被删除，则更新后块实例中相应的属性会被删除；如果
在块中增加了新的属性，则更新后块实例中相应的属性值均为该属性被定义时的默认属
性值。

一种方法是先使用 BLOCK 命令重新定义已有的图块。由于在新块的定义中增加或
删除了属性，因此在完成块的重新定义后需要使用 ATTSYNC 命令同步更新图形中已插
入块的实例。另一种方法是直接使用 ATTREDEF 命令同时自动更新图形当中已插入块的
实例。

1. ATTSYNC 命令

ATTSYNC 命令用于同步更新图形中已插入的块实例。

〈访问方法〉

选项卡："默认"选项卡→"块"面板→"同步属性"按钮。"插入"选项卡→"块
定义"面板→"同步属性"按钮。

命令行：ATTSYNC。

〈操作过程〉

执行该命令后，AutoCAD 将出现下列提示：

输入选项 [?/ 名称 (N)/ 选择 (S)]〈选择〉：

〈选项说明〉

（1）"?"　列出包含属性的图形中的所有块定义。

（2）名称（N）　输入要更新其属性的块的名称。

（3）选择（S）　通过选择绘图区域中的某个块参照，指定要更新的块。

在图 9-23 中，插入了四个名为 CHAIR 的块，该块定义如图 9-22 所示。现使用
BLOCK 命令重新创建块 CHAIR 的定义，在选择对象时，不再选择原有的两个属性定义

"颜色"和"编号",如图 9-35 所示。在使用 ATTSYNC 命令对图形中的块实例更新前,虽
然图块重新定义了,但是图形中已插入块的实例并没有
被更新,如图 9-36a 所示。当使用了 ATTSYNC 命令对
图形中的块实例更新后,则图 9-36a 中插入块的实例被
更新为如图 9-36b 所示的样式。

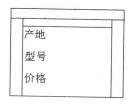

图 9-35　重新定义的名称为"CHAIR"
的图块

2. ATTREDEF 命令

ATTREDEF 命令用于对块定义进行修改,执行该命
令后,图形中使用该块定义插入的所有实例都将被自动
更新。

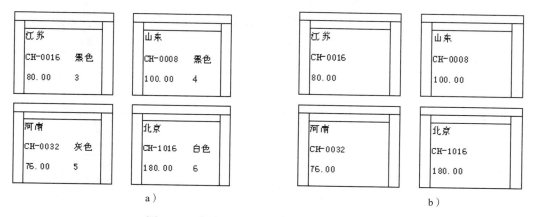

图 9-36　自动更新前后的图块插入实例
a)使用 ATTSYNC 命令更新前　b)使用 ATTSYNC 命令更新后

〈访问方法〉

命令行:ATTREDEF

〈操作过程〉

执行该命令后,AutoCAD 将出现下列提示:

正在初始化 ...

C:ATtredef 已加载。请用 AT 或 ATTREDEF 启动命令。

输入要重定义的块的名称:

选择作为新块的对象 ...

选择对象:

指定新块的插入基点:

〈命令说明〉

如果块中原有的属性包含在重新定义的块中,ATTREDEF 命令将保持已插入块中该属
性原有的值。如果原有的属性被删除,则已插入块的属性也被删除。新加入的属性要给出
默认值,并可用 ATTEDIT 命令编辑。

将图 9-22 所示的块 CHAIR 重新定义,在选择对象时,不再选择原有的两个属性定
义"颜色"和"编号",如图 9-35 所示,则图 9-36a 所示的图形自动更新为如图 9-36b 所示
图形。

9.2.8 属性的提取（ATTEXT 命令）

ATTEXT 命令用于从 AutoCAD 中提取属性对象并将它们写入磁盘的 .txt 文件，以供数据库或电子表格软件进行分析处理，例如汇总材料的报价单、零部件清单、成本估算和编制目录等。该命令不对图形产生任何改变。

提取属性数据之前，用户应先创建一个样本文件。

〈创建样本文件〉

样本文件（Template file）是扩展名为 .txt 的文本文件，用于指定提取哪些属性数据及数据的存放格式。样本文件可规定的各类字段格式见表 9-2。

表 9-2　样本文件可规定的各类字段格式

字段名	字段数据类型	说明
BL：LEVEL	Nwww000	块的嵌套级数
BL：NAME	Cwww000	块名
BL：X	Nwwwddd	块插入点的 X 坐标
BL：Y	Nwwwddd	块插入点的 Y 坐标
BL：Z	Nwwwddd	块插入点的 Z 坐标
BL：NUMBER	Nwww000	块的数目
BL：HANDLE	Cwww000	块的句柄
BL：LAYER	Cwww000	块插入的层名
BL：ORIENT	Nwwwddd	块的旋转角
BL：XSCALE	Nwwwddd	块在 X 方向的比例因子
BL：YSCALE	Nwwwddd	块在 Y 方向的比例因子
BL：ZSCALE	Nwwwddd	块在 Z 方向的比例因子
BL：XEXTRUDE	Nwwwddd	块在 X 方向的厚度
BL：YEXTRUDE	Nwwwddd	块在 Y 方向的厚度
BL：ZEXTRUDE	Nwwwddd	块在 Z 方向的厚度
（属性标记）	Cwwwddd	提取属性值（字符型）
（属性标记）	Nwww000	提取属性值（数字型）

字段格式表中规定每一字段由字段名开始，字段名可以为任意长度，接着是若干空格；其后是字段数据类型的第一个字符"C"或"N"，"C"或"N"分别用来表示该字段是字符型或是数字型，紧接 C（或 N）后面的三位数（www）表示字段宽度，后三位数（ddd）表示数字型字段的小数点后的数字位数。

例 9-5　欲从图 9-23 中提取属性，可用记事本建立如下一个名为 CHAIR.TXT 的样本文件。

　　BL：NAME　C006000　（块名字段，字符型，字段宽 6 位）
　　BL：X　　　　N008002　（块插入点 X 坐标，数字型，字段宽 8 位）
　　BL：Y　　　　N008002　（块插入点 Y 坐标，数字型，小数点后 2 位）
　　产地　C009000　（属性名字段，字符型，字段宽 9 位）
　　型号　C009000　（属性名字段，字符型，字段宽 9 位）
　　价格　N007002　（属性名字段，数字型，宽 7 位，小数点后 2 位）

颜色　C006000　（属性名字段，字符型，字段宽 6 位）

编号　N003000　（属性名字段，数字型，字段宽 3 位）

〈访问方法〉

命令行：ATTEXT

〈操作过程〉

执行该命令后，AutoCAD 将弹出如图 9-37 所示的"属性提取"对话框。

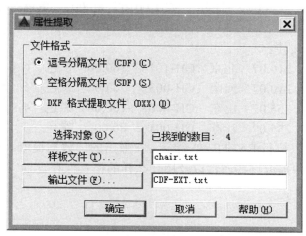

图 9-37　"属性提取"对话框

〈对话框说明〉

1."文件格式"选项组

"文件格式"选项组可用于确定属性提取的文件格式。

（1）"逗号分隔文件（CDF）（C）"单选按钮　指定使用 CDF（逗号定界格式）提取，各字段之间用逗号隔开，字符串的定界符默认为单引号对。

（2）"空格分隔文件（SDF）（S）"单选按钮　指定使用 SDF（空格定界格式）提取，各字段之间用空格隔开，长度不足时补空格。文件中的列是对齐的。

（3）"DXF 格式提取文件（DXX）（D）"单选按钮　DXF 是图形交换文件格式，它将图中所有属性按块为单元收集到一个扩展名为 .txt 的文件中，文件的格式与 DXF 文件类似，但仅包含有块参考、属性等对象。

2. 选择对象(O)< 按钮

单击此按钮，暂时退出对话框，返回到屏幕编辑状态，选择要进行属性提取的对象。选择结束后，再返回对话框继续操作。

3. 样板文件(T)... 按钮

单击此按钮，可指定按 SDF 和 CDF 格式提取属性使用的样本文件名。用户可直接在右侧的文本框内输入，也可以单击"样板文件（T）"按钮，从弹出的对话框中选取。

4. 输出文件(F)... 按钮

单击此按钮，可指定输出的属性提取文件名。用户可直接在右侧的文本框内输入，也可以单击 输出文件(F)... 按钮，从弹出的对话框中指定输出文件保存的路径和文件名称。

例 9-6   使用例 9-5 中所建立的 CHAIR.TXT 文件作为样本文件，对图 9-23 中所示的图形进行提取。结果如下：

CDF 格式提取的文件：

'CHAIR', 379.53, 210.07, ' 北京 ', 'CH-1016', 180.00, ' 白色 ', 6
'CHAIR', 319.53, 210.07, ' 河南 ', 'CH-0032', 76.00, ' 灰色 ', 5
'CHAIR', 379.53, 255.07, ' 山东 ', 'CH-0008', 100.00, ' 黑色 ', 4
'CHAIR', 319.53, 255.07, ' 江苏 ', 'CH-0016', 80.00, ' 黑色 ', 3

SDF 格式提取的文件：

CHAIR	379.53	210.07	北京	CH-1016	180.00	白色	6
CHAIR	319.53	210.07	河南	CH-0032	76.00	灰色	5
CHAIR	379.53	255.07	山东	CH-0008	100.00	黑色	4
CHAIR	319.53	255.07	江苏	CH-0016	80.00	黑色	3

此外，用户也可以执行 EATTEXT 命令，在弹出的"数据提取"对话框中按向导的提示逐步确定从哪些块中提取哪些属性以及用什么样的格式保存。

第10章

尺寸标注

在工程制图中，各种视图只是表达了机件的结构和形状，还需要通过尺寸标注来表达机件的大小。AutoCAD 2016 提供了一套完整的尺寸标注命令，并且使用 DIMSTYLE 命令控制尺寸标注的样式，以便用户可以方便地设置和编辑各种类型的尺寸样式。在设置尺寸样式和标注尺寸时，应遵守《机械制图》国家标准中的有关规定，做到正确、完整、清晰和合理地标注尺寸，以满足实际生产的要求。本章主要介绍设置尺寸样式、标注各种类型的尺寸、标注尺寸公差和几何公差、编辑尺寸等内容。

本章所涉及的"草图与注释"空间下"注释"选项卡的"标注"面板如图 10-1 所示，"标注"工具栏如图 10-2 所示，"标注"下拉菜单如图 10-3 所示。

图 10-1 "注释"选项卡的"标注"面板

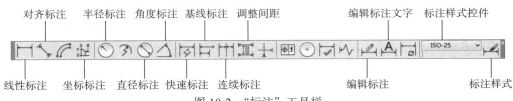

图 10-2 "标注"工具栏

图 10-3 "标注"下拉菜单

10.1 设置尺寸样式

10.1.1 标注样式

标注样式用来控制尺寸标注的外观，使得在图样中所标注尺寸的样式、风格保持一致。例如，用户设置了一个名为"dim1"的尺寸样式，它规定了尺寸数值文本为斜体字、字高为 3.5mm，尺寸线的终端为实心箭头、大小为 4mm，尺寸界线超出尺寸线部分长度为 2mm，尺寸数值的注写方向与尺寸线一致等。那么使用 dim1 样式标注的尺寸，其样式都保持一致。

AutoCAD 使用 DIMSTYLE 命令设置尺寸样式。尺寸样式由大约 80 个尺寸标注变量控制。AutoCAD 通过"标注样式管理器"对话框方便、直观地设置尺寸样式。

〈访问方法〉

选项卡："默认"选项卡→"注释"面板→"标注样式"按钮 。"注释"选项卡→"标注"面板→"对话框启动程序"按钮 。

菜 单："标注（N）"→"标注样式（S）"选项 。

工具栏："标注"→"标注样式"按钮[icon]。

命令行：DIMSTYLE 或 DDIM。

执行该命令后，AutoCAD 将弹出"标注样式管理器"对话框，如图 10-4 所示。

〈操作过程〉

用户通过"标注样式管理器"对话框设置尺寸的几何特性、尺寸形式和尺寸文本的样式。单击[新建(N)...]按钮可以设置新的尺寸样式，单击"修改"按钮[修改(M)...]可以编辑已有的尺寸样式，单击[替代(O)...]按钮可以设置临时的尺寸样式，单击[比较(C)...]按钮可以比较两种尺寸样式。在"样式（S）"列表框

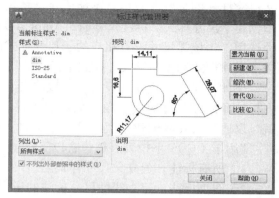

图 10-4 "标注样式管理器"对话框

内选择某一尺寸样式后，单击[置为当前(U)]按钮将其设置为当前尺寸样式，单击[新建(N)...]按钮，还可以为所选择尺寸样式新建子样式。

〈对话框说明〉

1. 标注样式信息区

（1）"当前标注样式"信息　显示当前使用的尺寸样式名。

（2）"样式（S）"列表框　显示已定义好的尺寸样式名。若用户尚未设置尺寸样式，AutoCAD 将自动创建默认的 ISO-25 样式。用户可以按照尺寸标注要求设置几种不同的尺寸样式，按照需要选择某一样式为当前样式。

右击尺寸样式名，弹出一个快捷菜单，用户可以将所选尺寸样式设置为当前使用的尺寸样式，或者进行重命名和删除等操作。

（3）"列出（L）"下拉列表框　控制在"样式（S）"列表框中显示哪些尺寸样式名称。

1）所有样式。显示所有尺寸样式。

2）正在使用的样式。只显示图形中尺寸标注所使用的尺寸标注样式。

（4）"预览"显示框　显示在"样式（S）"列表框中选择的尺寸样式的示例图。

2. [新建(N)...]按钮

单击此按钮，可以创建新的尺寸样式。系统将弹出"创建新标注样式"对话框，如图 10-5 所示。对话框中各项的含义如下：

（1）"新样式名（N）"文本框　用于输入新的尺寸样式名。默认的新尺寸样式名与在"基础样式（S）"下拉列表框所选择的尺寸样式名有关。

（2）"基础样式（S）"下拉列表框　为新创建的尺寸样式选择一个与新要求最接近的已定义尺寸样式作为样板。

（3）"用于（U）"下拉列表框　用于指定新建尺寸样式的作用范围。一个尺寸样式通常包括一个父尺寸样式和六个子尺寸样式，构成尺寸样式簇。同一个尺寸样式簇的

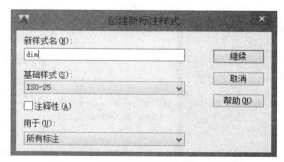

图 10-5 "创建新标注样式"对话框

各个尺寸样式使用共同的尺寸样式名。一般来说，父尺寸样式用于各种尺寸标注类型，当父尺寸样式的某些参数设置不能满足某种尺寸标注类型的特定要求时，可为该尺寸标注类型创建子尺寸样式。标注尺寸时，AutoCAD 会根据所标注尺寸的类型在当前尺寸样式中自动选用，当该类尺寸没有相应的子尺寸样式时按父尺寸样式标注，有相应的子尺寸样式时按子尺寸样式标注，子尺寸样式中设置的尺寸样式参数优先于父尺寸样式设置的参数。

例如，尺寸样式 dim 设置尺寸线终端为长 4mm 的实心箭头、尺寸数值平行于尺寸线，但标注角度型尺寸时要求角度数值放置在尺寸线的中间、字头向上、其他尺寸参数不变，就可以通过为 dim 创建角度型尺寸标注的子样式实现。

"用于（U）"下拉列表框包含以下选项：

1）所有标注。建立父尺寸样式。

2）线型标注。建立线性尺寸标注的子样式。

3）半径标注。建立半径型尺寸标注的子样式。

4）直径标注。建立直径型尺寸标注的子样式。

5）角度标注。建立角度型尺寸标注的子样式。

6）坐标标注。建立坐标型尺寸标注的子样式。

7）引线和公差。建立指引线和几何公差尺寸标注的子样式。

创建新的尺寸样式需要从父尺寸样式开始，"用于（U）"下拉列表框的默认选项为"所有标注"（即父尺寸样式）。在确定尺寸样式名、基础样式和适用类型后，单击 继续 按钮，然后在弹出的"新建标注样式"对话框中进行参数设置。设置结束后，单击 确定 按钮将返回"标注样式管理器"对话框，可继续创建新的尺寸样式或子尺寸样式。

子尺寸样式可在父尺寸样式创建后接着创建，也可以在需要时随时创建。创建子尺寸样式时，应选相关父尺寸样式作为基础样式，并"用于（U）"下拉列表框中选择相应的选项。创建子尺寸样式后，在"标注样式管理器"对话框"样式（S）"列表框中父尺寸样式和其子尺寸样式以树状排列，如图 10-6 所示。

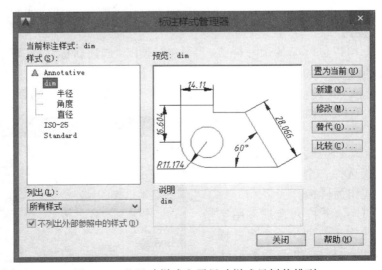

图 10-6　父尺寸样式和子尺寸样式呈树状排列

（4）　继续　按钮　单击　继续　按钮，弹出"新建标注样式"对话框，对新尺寸样式进行设置。有关"新建标注样式"对话框的说明在后面介绍。

3.　修改(M)...　按钮

单击此按钮，将弹出"修改标注样式"对话框。该对话框用于编辑和修改在"样式（S）"列表框中所选择的尺寸样式。有关"修改标注样式"对话框的说明在后面介绍。

4.　替代(O)...　按钮

单击此按钮，将弹出"替代当前样式"对话框。该对话框用于设置临时尺寸样式，代替当前尺寸样式中的相应设置，但并不改变当前尺寸样式中的设置。有关"替代当前样式"对话框的说明在后面介绍。

5.　比较(C)...　按钮

单击此按钮，将弹出"比较标注样式"对话框。该对话框用于比较两种尺寸样式的特性，或查看所选尺寸样式中相应的设置。有关"比较标注样式"对话框的说明在后面介绍。

10.1.2　设置新的尺寸样式

AutoCAD 默认的尺寸样式为 ISO-25 样式，由于其标注样式不能满足国家标准《机械制图》中的有关规定，因此需要用户重新设置尺寸样式。

〈操作过程〉

1）执行 DIMSTYLE 命令，弹出"标注样式管理器"对话框。

2）在对话框中单击　新建(N)...　按钮，弹出"创建新标注样式"对话框。

3）在"创建新标注样式"对话框中输入尺寸样式名，选择基础样式和适用类型。

4）单击　继续　按钮，将弹出"新建标注样式"对话框，如图 10-7 所示。用户可以在"新建标注样式"对话框中设置新的尺寸样式。

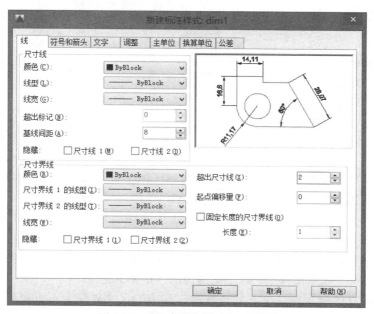

图 10-7　"新建标注样式"对话框

〈对话框说明〉

"新建标注样式"对话框与"修改标注样式"对话框以及"替代当前样式"对话框中的选项完全一致。下面以"新建标注样式"对话框为例进行说明。

"新建标注样式"对话框包含七个选项卡，即"线""符号和箭头""文字""调整""主单位""换算单位"和"公差"选项卡，分别控制尺寸各个部分的设置。

1."线"选项卡

"线"选项卡控制尺寸标注的几何特性，用于设置尺寸线、尺寸界线的几何参数。切换至"新建标注样式"对话框的"线"选项卡，如图10-7所示，其中各项内容介绍如下：

（1）"尺寸线"选项区　"尺寸线"选项区用于设置尺寸线的几何特征量，其"颜色"、"线型"及"线宽"均设置为"ByBlock"（随块）。其余部分如下：

1）"超出标记（N）"数值框。设置当尺寸线终端使用倾斜、建筑标记、积分标记或无箭头标记时，尺寸线超出尺寸界线的距离。

2）"基线间距（A）"数值框。设置当使用基线型尺寸标注时，相邻两平行尺寸线之间的距离。在机械制图中，一般为8~10mm。

3）"隐藏"复选框。"尺寸线1（M）"和"尺寸线2（D）"分别用于控制尺寸线第一部分和第二部分的可见性。尺寸线被尺寸文本分成两部分，靠近尺寸第一定义点的部分被称为尺寸线1（M），另一部分被称为尺寸线2（D）。选中此复选框，则尺寸线相应部分也为不可见，如图10-8所示。

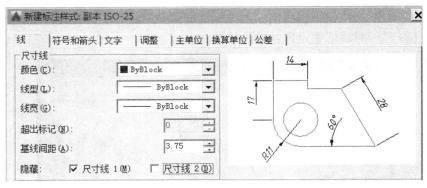

图10-8　尺寸线的可见性控制（第一条尺寸线不可见）

（2）"尺寸界线"选项区　"尺寸界线"选项区用于设置尺寸界线几何特征量，其"颜色""线型"及"线宽"一般均设置为"ByBlock"。其余部分如下：

1）"超出尺寸线（X）"数值框。用于设置尺寸界线超出尺寸线的距离。在机械制图中，一般选择2~3mm。超出尺寸线的设置效果如图10-9a所示。

2）"起点偏移量（F）"数值框。设置尺寸界线到尺寸定义点的偏移距离，在机械制图中，一般为0mm。起点偏移量的设置效果如图10-9b所示。

3）"隐藏"复选框。当选中此复选框时，相应的尺寸界线为不可见。

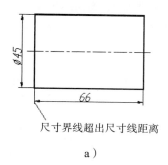

尺寸界线超出尺寸线距离

a）

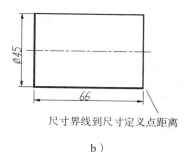

尺寸界线到尺寸定义点距离

b）

图 10-9　尺寸界线超出尺寸线和起点偏移量的设置效果

a）超出尺寸线的设置效果　b）起点偏移量的设置效果

　　尺寸界线和尺寸线的隐藏常用于半剖视图和装配体中相关对称尺寸的标注。如图 10-10 所示的半剖视图中，孔的直径尺寸 $\phi 32$ 按《机械制图》国家标准的有关规定，第一条尺寸线和尺寸界线都被隐藏了。

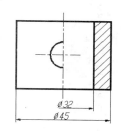

图 10-10　尺寸线和尺寸界线的隐藏示例

　　**2.	"符号和箭头"选项卡**

　　"符号和箭头"选项卡用于设置尺寸线终端的形式及大小。"新建标注样式：dim1"对话框的"符号和箭头"选项卡如图 10-11 所示。

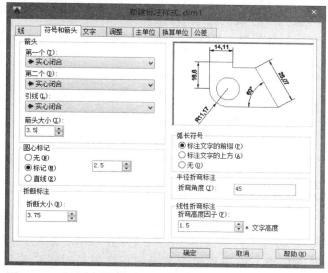

图 10-11　"新建标注样式"对话框的"符号和箭头"选项卡

　　（1）"箭头"选项组　该选项组用于设置

　　1）"第一个（T）"和"第二个（D）"下拉列表框。用于分别设置第一条尺寸线和第二条尺寸线的终端形式。机械图样一般选择"实心闭合"形式的尺寸线终端。常用的尺寸线终端形式如图 10-12 所示。

在默认情况下，尺寸线的两个终端形式相同，在工程制图中如遇到小尺寸，则尺寸线终端两端形式往往不同，需要分别设置，如图 10-13 所示。

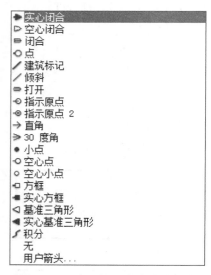

图 10-12　常用的尺寸线终端形式

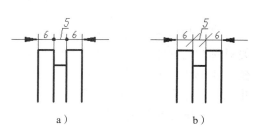

图 10-13　小尺寸尺寸线终端形式
a）第二尺寸终端为小点　b）第二尺寸终端为倾斜

2）"引线（L）"下拉列表框。用来设置指引线的终端形式。"引线（L）"下拉列表框中各项含义以及设置方法与尺寸线的终端形式的设置相同。

3）"箭头大小（T）"数值框。用来设置尺寸线终端的大小。机械图样中箭头大小为粗实线线型宽度的 4 倍，约 4~5mm。

（2）"圆心标记"选项组　该选项组可设置圆和圆弧的中心标记，用于控制当标注圆或圆弧的直径或半径时，是否绘制中心标志以及它们的形式和大小等。

1）"标记（M）"单选按钮。单击该单选按钮，则创建圆心标记。

2）"直线（E）"单选按钮。单击该单选按钮，则创建中心线。

3）"无（N）"单选按钮。单击该单选按钮，则无圆心标记。在机械图样中，绘制圆时应先画圆的中心线后画圆，所以一般选择"无"。

4）"标记大小"数值框。设置圆和圆弧的中心标记的大小。

（3）"折断标注"选项组　该选项组用来设置尺寸界线、指引线与其他线相交时将尺寸界线或指引线打断，并通过"折断大小（B）"文本框设置打断的长度。

（4）"弧长符号"选项组　该选项组用来设置标注弧长时弧长符号的位置，一般选择"标注文字的上方（A）"，表示将圆弧符号标注在文字的上方。

（5）"半径折弯标注"选项组和"线性折弯标注"选项组　这两个选项组分别用来设置半径折弯标注的折弯角度和线性折弯标注的折弯高度因子。

（6）预览框　各选项卡中都会在预览窗口显示相应参数设置对尺寸样式的影响。

3. "文字"选项卡

"文字"选项卡用于设置尺寸文本的样式、位置和对齐方式等特性，如图 10-14 所示。"文字"选项卡包括以下内容：

（1）"文字外观"选项组　该选项组用于设置尺寸标注文本的样式、颜色、填充颜色和高度。在"文字样式（Y）"下拉列表框中选择已有的文字样式；或单击右侧的"显示文字样式"按钮［...］，在弹出的对话框中设置新的文字样式。在工程制图中用于尺寸标注的文本样式可以设置字体文件为"gbeitc.shx"，宽度因子为"1"，倾斜角度为"0"；文字的高度为 3.5。

（2）"文字位置"选项组　该选项组用于控制尺寸文本的放置位置。进行不同的设置时在预览窗口都会有相应的显示。我国《机械制图》国家标准一般规定文字相对于尺寸线的"垂直（V）"位置为"上方"。尺寸文字偏移尺寸的距离为 0.5。

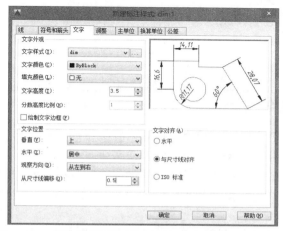

图 10-14　"新建标注样式"对话框中的"文字"选项卡

（3）"文字对齐（A）"选项组　该选项卡用于控制尺寸文本的书写方向。默认方式是"与尺寸线对齐"，即尺寸文字的方向和尺寸线的方向保持一致适合于线性标注。"水平"方位适合于角度标注子样式。半径和直径标注的子样式可以采用"ISO 标准"，即当尺寸文本在两尺寸界线之间时，尺寸文本沿尺寸线方向放置；当尺寸文本在两尺寸界线之外时，尺寸文本沿水平方向放置，如图 10-15 所示。

4. "调整"选项卡

"调整"选项卡控制尺寸文本、尺寸线、尺寸界线终端和指引线的放置，如图 10-16 所示。

调整选项卡包括以下内容：

（1）"调整选项（F）"选项组　该选项组可以根据尺寸界线之间的距离，确定尺寸文本和箭头放在尺寸界线之间还是放在尺寸界线外。

如果尺寸界线之间空间足够，则尺寸文本和箭头均放在尺寸界线之间；否则，尺寸文本和箭头按照"调整选项（F）"选项组设置情况放置。

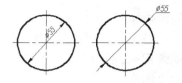

ISO标准

图 10-15　直径标注尺寸文本的"ISO 标准"对齐方式

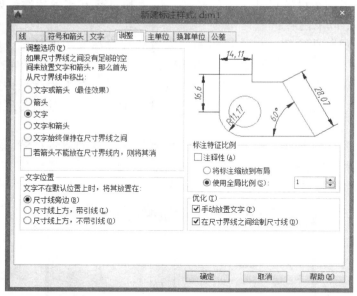

图 10-16 "新建标注样式"对话框中的"调整"选项卡

1）"文字或箭头"单选按钮。按照最佳效果将文字或者箭头移到尺寸界线外。

2）"箭头"单选按钮。先移动箭头，后移动文字。

3）"文字"单选按钮。先移动文字，后移动箭头。在机械制图中，一般选择此项。

4）"文字和箭头"单选按钮。如果空间不够同时放置尺寸文本和箭头，则将它们都移到尺寸界线之外。

5）"文字始终保持在尺寸界线之间"单选按钮。无论空间情况如何，始终将尺寸文本放置在尺寸界线之间。

6）"若箭头不能放在尺寸界线内，则将其消除"复选框。如果空间不够，则不显示箭头。

（2）"文字位置"选项组 该选项组用来设置尺寸文本从默认位置移动后所放置的位置。不同设置对尺寸文字标注的影响如图 10-17 所示。

（3）"标注特征比例"选项组 该选项组用来设置尺寸样式中尺寸元素的缩放比例值。

标注在外侧　　　通过指引线标注　　　标注在上侧

图 10-17 "文字位置"选项组的设置效果

1）"将标注缩放到布局"单选按钮。设置图纸空间尺寸元素的比例因子。单击"将标注缩放布局"单选按钮，AutoCAD 将按照当前模型空间视区与相应图纸空间之间的比例值来确定在图纸空间尺寸元素的比例值。

2）"使用全局比例（S）"单选按钮。该全局比例因子不影响图形实体和尺寸数值的大小，但影响尺寸终端的大小、尺寸文本的高度等，如图 10-18 所示。

（4）"优化（T）"选项组 该选项组用来设置在标注时是否需要手动放置文本和是否需要始终在尺寸界线之间绘制尺寸线。

5."主单位"选项卡

"主单位"选项卡用于设置尺寸标注主单位的单位格式和精度，同时还能设置尺寸文本的前缀和后缀，如图10-19所示。

（1）"线性标注"选项组 该选项组用于控制单位格式、精度、小数分隔符等。

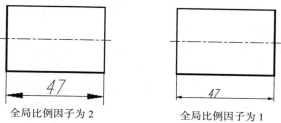

图 10-18 "使用全局比例（S）"的效果

图 10-19 "新建标注样式"对话框中的"主单位"选项卡

1）"单位格式（U）"下拉列表框。一般选择"小数"。

2）"精度（P）"下拉列表框。一般精确到整数位或小数点后一位即可。

3）"小数分隔符（C）"下拉列表框。一般选择"."（句点）。

4）"舍入（R）"数值框。为除"角度"之外的所有标注类型设置标注测量的最近舍入值，一般选择"0"。

5）"前缀（X）"文本框。空白。

6）"后缀（S）"文本框。空白。

（2）"测量单位比例"选项组 该选项组用于设置线性尺寸的比例。

"比例因子（E）"数值框：自动标注尺寸数值为测量值与比例因子的乘积。例如，绘图比例为 1 ∶ 2，"比例因子（E）"应设置为2。当测量值为 25 时，则自动标注尺寸数值为 50。

（3）"消零"选项组 该选项组用于控制是否禁止输出前导零和后续零部分。

1）"前导（L）"复选框。不选。

2）"后续（T）"复选框。选择。

例如，当测量值为 12.500 时，自动标注尺寸数值为 12.5；当测量值为 12.000 时，自动标注尺寸数值为 12。

（4）"角度标注"选项组　该选项组用于显示和设定角度标注的当前角度格式。

1）"单位格式（A）"下拉列表框。设定角度标注的单位格式。

2）"精度"下拉列表框。设定角度标注的小数位数。

（5）"消零"选项组　该选项组用于控制是否禁止输出前导零和后续零。

1）"前导（D）"复选框。禁止输出角度十进制标注中的前导零。例如，0.5000 变成 .5000。

2）"后续（N）"复选框。禁止输出角度十进制标注中的后续零。例如，12.5000 变成 12.5，30.0000 变成 30。

6．"换算单位"选项卡

"换算单位"选项卡用来设置是否显示换算单位，例如，显示要设置换算单位的单位格式和精度等，如图 10-20 所示。

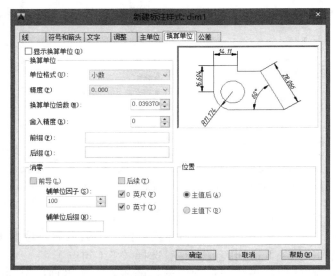

图 10-20　"新建标注样式"对话框中的"换算单位"选项卡

7．"公差"选项卡

"公差"选项卡用于设置尺寸公差的样式和尺寸偏差值，如图 10-21 所示。常用尺寸公差的不同标注格式如图 10-22 所示，对应的方式如下：

（1）"无"选项　尺寸标注时无尺寸公差。

（2）"对称"选项　尺寸标注时尺寸公差以绝对值相等的上下偏差形式给出。

（3）"极限偏差"选项　尺寸标注时尺寸公差以上下偏差形式给出。

（4）"极限尺寸"选项　尺寸标注时尺寸公差以两个极限尺寸的形式给出。

（5）"公称尺寸"选项　只标注尺寸公差的公称尺寸，并在公称尺寸四周画一个方框。

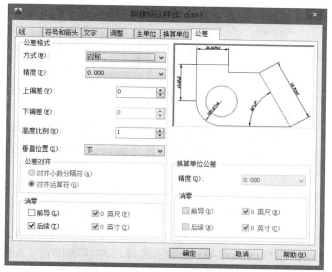

图 10-21 "新建标注样式"对话框中的"公差"选项卡

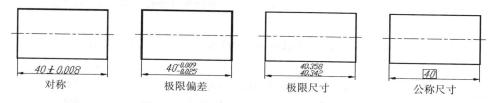

| 对称 | 极限偏差 | 极限尺寸 | 公称尺寸 |

图 10-22 常用尺寸公差的不同标注格式

10.2 尺寸标注方式

AutoCAD 2016 提供了多种标注尺寸方式，包括线性尺寸标注方式、径向型尺寸标注方式、角度型尺寸标注方式、坐标型尺寸标注方式和旁注型尺寸标注方式等。

10.2.1 标注水平/垂直/旋转型尺寸（DIMLINEAR 命令）

DIMLINEAR 命令可用于线性尺寸的水平、垂直标注和旋转标注。

〈访问方法〉

选项卡："默认"选项卡→"注释"面板→"线性"按钮。"注释"选项卡→"标注"面板→"线性"按钮。

菜　单："标注（N）"→"线性（L）"选项。

工具栏："标注"→"线性标注"按钮。

命令行：DIMLINEAR。

〈操作说明〉

执行 DIMLINEAR 命令后，AutoCAD 出现如下提示：

指定第一条尺寸界线原点或〈选择对象〉:（采用目标捕捉方法指定第一条尺寸界线起点 A）

指定第二条尺寸界线原点:（采用目标捕捉方法指定第二条尺寸界线起点 B）

指定尺寸线位置或〈多行文字 (M)/ 文字 (T)/ 角度 (A)/ 水平 (H)/ 垂直 (V)/ 旋转 (R)〉:(用鼠标拾取点 C 作为尺寸线位置)

标注文字 =33

AutoCAD 将自动标注其测量值,如图 10-23 所示。

〈命令说明〉

1)标注尺寸时,AutoCAD 要求指定两条尺寸界线的起点,一般来讲,在图形界限范围内任意指定两点,AutoCAD 根据后续操作和这两点的几何参数计算尺寸数值的默认值,进行尺寸标注。

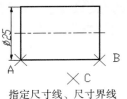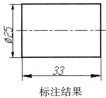

指定尺寸线、尺寸界线　　　　标注结果

图 10-23　水平尺寸标注

2)为了准确地标注尺寸,在选择尺寸界线时可采用目标捕捉方式拾取图形对象。

3)若在要求选择第一条尺寸界线时按〈Enter〉键,则 AutoCAD 采用选择对象来指定尺寸界线的方式。如果选择的图形对象是直线,AutoCAD 自动地用该直线的两个端点作为计算几何信息的两个点,然后 AutoCAD 再提示选择尺寸线的位置。AutoCAD 操作过程是:

命令:DIMLINEAR

指定第一条尺寸界线原点或〈选择对象〉:(按〈Enter〉键准备选择对象)

选择标注对象:(拾取斜线上点 A,选择尺寸标注的图形对象作为尺寸界线的起始定义点)

指定尺寸线位置或

〈多行文字 (M)/ 文字 (T)/ 角度 (A)/ 水平 (H)/ 垂直 (V)/ 旋转 (R)〉:(用鼠标拾取 B 点作为尺寸线位置)

标注文字 =22

Auto CAD 将自动标注其测量值,如图 10-24 所示。

如果选择的图形对象是圆,则 AutoCAD 自动测量该圆的直径,把该圆的两个象限点作为标注尺寸的两个定义点。如果选择的图形对象是圆弧,则 AutoCAD 自动将该圆弧的两个端点作为尺寸标注的两个定义点,如图 10-25 所示。

拾取对象点 A　　　　　　标注结果
指定尺寸线点 B

图 10-24　选择直线对象来指定尺寸界线

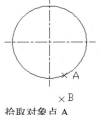

拾取对象点 A　　　　　　标注结果
指定尺寸线位置点 B

图 10-25　选择圆对象来指定尺寸界线

4)指定尺寸线的提示行及各选项功能介绍如下:

指定尺寸线位置或

〈多行文字 (M)/ 文字 (T)/ 角度 (A)/ 水平 (H)/ 垂直 (V)/ 旋转 (R)〉:

① 多行文字(M)选项:按多行文字的方式输入尺寸文本,将弹出多行文字的"在位文字编辑器",在文本框内出现"反色"尺寸标注文本的默认值,替换或增加文本,即可替换或增加尺寸标注时的 AutoCAD 默认尺寸文本。

② 文字（T）选项：按单行文本的方式输入尺寸文本，输入的文本替换 AutoCAD 默认的尺寸文本，AutoCAD 对话过程如下：

指定尺寸线位置或〈多行文字 (M)/ 文字 (T)/ 角度 (A)/ 水平 (H)/ 垂直 (V)/ 旋转 (R)〉：T

输入标注文字〈32〉：%%c35(输入的新文本替换自动测量尺寸文本)

③ 角度（A）选项：改变尺寸文本与 WCS 或 UCS 系统 X 轴方向夹角的默认值。

④ 水平（H）选项：标注一水平尺寸。

⑤ 垂直（V）选项：标注一垂直尺寸。

如图 10-26 所示，实际应用中可以不用选择水平（H）或垂直（V）选项指定进行水平或垂直尺寸标注，当尺寸界线定义点水平距离为零时，自动标注垂直尺寸；当尺寸界线定义点垂直距离为零时，自动标注水平尺寸；当尺寸界线定义点倾斜时，通过鼠标拖动尺寸线实现水平标注或垂直标注。

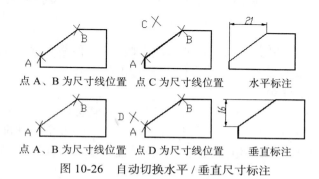

图 10-26　自动切换水平 / 垂直尺寸标注

⑥ 旋转（R）选项：按指定的角度旋转尺寸。"旋转（R）"选项一般用于斜结构倾斜角度为已知的情况，当倾斜结构倾斜角度未知时，可以通过捕捉倾斜结构上的两点自动计算倾斜角，AutoCAD 对话过程如下：

命令：DIMLINEAR

指定第一条尺寸界线原点或〈选择对象〉：(拾取点 A)

指定第二条尺寸界线原点：(拾取点 B)

指定尺寸线位置或〈多行文字 (M)/ 文字 (T)/ 角度 (A)/ 水平 (H)/ 垂直 (V)/ 旋转 (R)〉：R(选择 Rotate 选项，通过拾取倾斜结构上两点指定倾斜角度。)

指定尺寸线的角度〈0〉：(拾取点 A)

指定第二点：(拾取点 B)

指定尺寸线位置或〈多行文字 (M)/ 文字 (T)/ 角度 (A)/ 水平 (H)/ 垂直 (V)/ 旋转 (R)〉：(指定尺寸线位置于 C 点处)

标注文字 =28

AutoCAD 自动标注倾斜结构尺寸，如图 10-27 所示。

对于倾斜结构标注尺寸，往往使用 DIMALIGNED 命令进行对齐标注，而不使

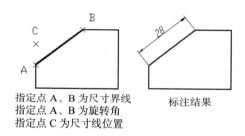

指定点 A、B 为尺寸界线
指定点 A、B 为旋转角
指定点 C 为尺寸线位置
标注结果

图 10-27　使用 DIMLINEAR 命令标注倾斜结构尺寸

用 DIMLINEAR 命令的"旋转（R）"选项。

10.2.2　标注尺寸公差与配合

在工程制图中，零件图和装配图需要标注尺寸公差与配合，以确定零件的精度，保证零件具有互换性；在装配图中，需要标注相关零件的配合代号；在零件图中，需要标注尺寸公差，尺寸公差可以标注成尺寸偏差的形式或尺寸公差带代号的形式，也可以标注成尺寸公差带代号与尺寸偏差的组合形式。常用的标注形式如图 10-28 所示。

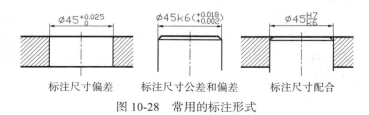

图 10-28　常用的标注形式

使用 AutoCAD 标注尺寸公差与配合的方法有两种：一种是通过 DIMSTYLE 命令设置；另一种是通过各种尺寸标注命令中的"多行文字（M）"选项。

1. 使用 DIMSTYLE 命令

如"10.1 设置尺寸样式"一节所介绍，可以在"新建标注样式"对话框的"公差"选项卡中设置尺寸偏差的样式和偏差值，但这种方法所标注的各个尺寸都具有相同的尺寸偏差值。如果要标注新的尺寸公差值，则需要重新设置尺寸样式，这给实际的标注带来了困难，所以不建议使用。

2. 使用多行文字的"在位文字编辑器"进行公差与配合的标注

在使用尺寸标注命令的过程中选择"多行文字（M）"选项，在打开的多行文字的"在位文字编辑器"中，输入含有字符堆叠控制码的字符串，选择该字符串并单击"字符堆叠"按钮，就可以实现零件图和装配图中尺寸公差和配合的标注。

可以使用下列的三种字符堆叠控制码：

（1）"/"　字符堆叠成分式的形式，用于标注配合尺寸。

（2）"#"　字符堆叠成比值的形式，用于标注配合尺寸，如 H7/k6。

（3）"^"　字符堆叠成上下排列的形式，用于标注尺寸偏差值。

使用字符堆叠控制码标注尺寸偏差值、尺寸公差带代号和尺寸偏差值操作过程如下：

1）执行尺寸标注命令，并指定尺寸界线。

2）当提示要求指定尺寸线位置时，选择"多行文字（M）"选项，打开多行文字的"在位文字编辑器"。

3）在"反色"文本框中设置尺寸文本默认值之后（或者将其删除），输入含有字符堆叠控制码的字符串，如"%%c45+0.025^0"。

4）在输入的字符串中选择需要堆叠的子字符串，如在上面输入的字符串中选择"+0.025^0"。

5）单击"字符堆叠"按钮，按照"^"方式堆叠。

6）单击"文字编辑器"选项卡→"关闭"面板→"关闭文字编辑器"按钮，退出"在位文字编辑器"。

7）完成尺寸标注命令的其余操作。

例 10-1 10-29a 所示即为在多行文字的"在位文字编辑器"中输入的字符串，其堆叠后的效果如图 10-29b 所示。

%%c45+0.025^ 0　　　　　　$\varnothing 45^{+0.025}_{0}$

%%C45k6(+0.018^+0.002)　　$\varnothing 45k6\binom{+0.018}{+0.002}$

%%C45H7/k6　　　　　　　　$\varnothing 45\dfrac{H7}{k6}$

a）　　　　　　　　　　　　　　　　b）

图 10-29　使用多行文字"在位文字编辑器"进行公差与配合的标注

a）输入的字符串　b）堆叠后的结果

说明： 直接使用 MTEXT 命令，或者在尺寸标注命令执行完毕后，使用 TEXTEDIT 命令编辑已有的尺寸文字，同样可以打开多行文字的"在位文字编辑器"，进行尺寸公差与配合的标注或修改。

10.2.3 标注连续尺寸（DIMCONTINUE 命令）

连续尺寸是指尺寸线平齐、首尾相连的一组线性尺寸，后一个标注自动以前一个尺寸的第二条尺寸界线作为新尺寸的第一条尺寸界线。

〈访问方法〉

选项卡："注释"选项卡→"标注"面板→"连续"按钮⊞。

菜　单："标注（N）"→"连续（C）"选项⊞。

工具栏："标注"→"连续"按钮⊞。

命令行：DIMCONTINUE。

〈操作过程〉

先绘制如图 10-30a 所示的图形并创建第一个线性尺寸标注 17，执行 DIMCONTINUE 命令后，AutoCAD 出现如下提示：

指定第二条尺寸界线原点或〈放弃 (U)/ 选择 (S)〉〈选择〉：(拾取点 A)

标注文字 =12

指定第二条尺寸界线原点或〈放弃 (U)/ 选择 (S)〉〈选择〉：(拾取点 B)

标注文字 =10

指定第二条尺寸界线原点或〈放弃 (U)/ 选择 (S)〉〈选择〉：(按〈Enter〉键结束第二条尺寸界线原点的选择)

选择连续标注：(按〈Enter〉键结束连续尺寸标注命令)

〈说明〉

1）使用 DIMCONTINUE 命令前必须先标注一个线性尺寸，然后执行 DIMCONTINUE 命令进行连续标注将一串连续尺寸排成一行（或列），AutoCAD 自动以前面一个尺寸标注的第二条尺寸界线作为新尺寸标注的第一条尺寸界线，如图 10-30b 和图 10-30c 所示。

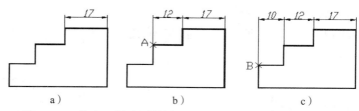

图 10-30　从上一尺寸开始用 DIMCONTINUE 命令标注尺寸

a）预先标注一尺寸　b）连续标注的第一个尺寸　c）连续标注的第二个尺寸

2）可在提示"指定选择第二条尺寸界线原点"时按〈Enter〉键，然后重新指定一条尺寸界线作为连续尺寸标注的第一条尺寸界线，并从该尺寸界线开始标注。

3）使用 DIMCONTINUE 命令标注连续尺寸，其尺寸数值只能为 AutoCAD 的测量值，小尺寸的尺寸数值的位置、箭头等有时会出现问题，可以使用有关尺寸标注的编辑命令修改尺寸文本、尺寸界线终端等尺寸元素。

10.2.4　标注基线尺寸（DIMBASELINE 命令）

基线尺寸标注（又称"并联标注"）是指所有要标注的尺寸都具有相同的第一条尺寸界线，但它们的第二条尺寸界线不同。

〈访问方法〉

选项卡："注释"选项卡→"标注"面板→"基线"按钮⊟。

菜　单："标注（N）"→"基线（B）"选项⊟。

工具栏："标注"→"基线"按钮⊟。

命令行：DIMBASELINE。

〈操作过程〉

绘制如图 10-31a 所示的图形并创建第一个线性尺寸标注 17，执行 DIMBASELINE 命令后，AutoCAD 出现如下提示：

指定第二条尺寸界线原点或〈放弃 (U)/ 选择 (S)〉〈选择〉:(拾取点 A)

标注文字 =29

指定第二条尺寸界线原点或〈放弃 (U)/ 选择 (S)〉〈选择〉:(拾取点 B)

标注文字 =39

指定第二条尺寸界线原点或〈放弃 (U)/ 选择 (S)〉〈选择〉:(按〈Enter〉键结束第二条尺寸界线原点的选择)

选择基准标注:(按〈Enter〉键结束基线尺寸标注命令)

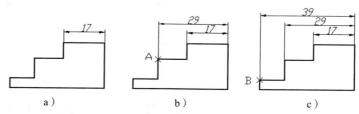

图 10-31　使用 DIMBASELINE 命令标注尺寸

a）预先标注一个尺寸　b）连续标注的第一个尺寸　c）连续标注的第二个尺寸

〈说明〉

1）在进行基线尺寸标注时，应先标注一组线性尺寸，然后用 DIMBASELINE 命令将几个尺寸由同一个基点标注，即所有要标注的尺寸都具有相同的第一条尺寸界线，只是第二条尺寸界线不同。

2）可在提示"指定选择第二条尺寸界线原点"时按〈Enter〉键，然后重新指定一条尺寸界线作为基线尺寸标注的第一条尺寸界线，并从该尺寸界线开始标注。

3）使用 DIMBASELINE 命令标注尺寸时，其尺寸数值只能为 AutoCAD 默认值，两尺寸线的距离由 DIMSTYLE 命令设置。

10.2.5 标注对齐线性尺寸（DIMALIGNED 命令）

对齐尺寸是指尺寸线与两个尺寸界线起点连线平行的尺寸。使用 DIMALIGNED 命令可以标注对齐尺寸。

〈访问方法〉

选项卡："默认"选项卡→"注释"面板→"对齐"按钮。"注释"选项卡→"标注"面板→"对齐"按钮。

菜　单："标注（N）"→"对齐（G）"选项。

工具栏："标注"→"对齐"按钮。

命令行：DIMALIGNED。

〈操作过程〉

绘制如图 10-32a 所示的图形。执行 DIMALIGNED 命令后，AutoCAD 出现如下提示：

指定第一条尺寸线原点或〈选择对象〉:（拾取点 A）

指定第二条尺寸界线原点:（拾取点 B）

指定尺寸线位置或〈多行文字 (M)/ 文字 (T)/ 角度 (A)〉:（拾取点 C）

标注文字 =5

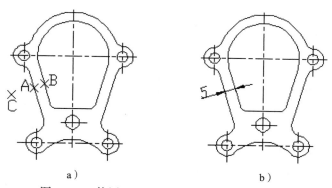

a ）　　　　　　　　　　　　　b ）

图 10-32　使用 DIMALIGNED 命令标注对齐尺寸

a）指定尺寸界线原点和尺寸线位置　b）对齐线性尺寸标注结果

〈说明〉

1）AutoCAD 自动计算两个尺寸界线原点的几何参数，尺寸线与两个尺寸界线原点的连线平行。在进行对齐尺寸标注时，若选择的尺寸界线定义点呈水平或垂直状态，则标注的尺寸为水平或垂直尺寸。

2）若在提示"选择第一条尺寸界线原点"时按〈Enter〉键，AutoCAD 将会要求直接选择一个图形对象进行对齐标注。

例 10-2 标注如图 10-33 所示的倾斜直线的尺寸的命令序列如下：

命令：DIMALIGNED

指定第一条尺寸界线原点或〈选择对象〉：(按〈Enter〉键准备选择对象进行标注)

选择标注对象：(拾取点 A 以选择倾斜的直线)

指定尺寸线位置或〈多行文字 (M)/ 文字 (T)/ 角度 (A)〉：(拾取点 B 以指定尺寸线位置)

标注文字 =39

当要求指定尺寸线位置时，AutoCAD 出现多个提示选项：

指定尺寸线位置或〈多行文字 (M)/ 文字 (T)/ 角度 (A)〉：

各选项含义及操作方法同 DIMLINEAR。

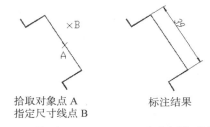

拾取对象点 A
指定尺寸线点 B　　　　　标注结果

图 10-33　使用 DIMALIGNED 命令标注对齐尺寸

10.2.6　标注直径型尺寸（DIMDIAMETER 命令）

使用 DIMDIAMETER 命令可以标注圆或圆弧的直径。

〈**访问方法**〉

选项卡："默认"选项卡→"注释"面板→"直径"按钮◎。"注释"选项卡→"标注"面板→"直径"按钮◎。

菜　单："标注（N）"→"直径（D）"选项◎。

工具栏："标注"→"直径"按钮◎。

命令行：DIMDIAMETER。

〈**操作过程**〉

执行 DIMDIAMETER 命令后，AutoCAD 出现如下提示：

选择圆弧或圆：(拾取点 A，选择圆为标注对象)

标注文字 =34

指定尺寸线位置或〈多行文字 (M)/ 文字 (T)/ 角度 (A)〉：(拾取点 B，指定尺寸线位置)

结束 DIMDIAMETER 命令，AutoCAD 标注圆的直径"$\phi 25$"，如图 10-34 所示。

〈**说明**〉

1）选择圆或圆弧为标注对象，AutoCAD 会自动测量出该圆或圆弧的直径值并将其为尺寸标注的默认值，注写圆或圆弧的直径值时会自动地将默认值加上前缀"ϕ"。

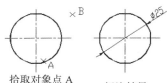

拾取对象点 A
指定尺寸线位置点 B　　　标注结果

图 10-34　使用 DIMDIAMETER 命令标注圆的直径

2）DIMDIAMETER 命令对话过程中并未要求指定尺寸界线，AutoCAD 自动地把圆或圆弧的轮廓线作为尺寸界线，而尺寸线则为对话过程中指定尺寸线位置定义点上的径向线。

3）DIMDIAMETER 命令只能标注圆形图形的直径。在机械图样中，一般要求在圆柱体的非圆视图中标注圆的直径，这时可以使用 DIMLINEAR 或 DIMALIGNED 命令进行标注，在 AutoCAD 出现"指定尺寸线位置或〈多行文字（M）/文字（T）/角度（A）/水平（H）/垂直（V）/旋转（R）〉："提示时选择"文字（T）"选项手动输入尺寸文字，如图 10-35 所示。如果选择"多行文字（M）"选项，则使用多行文字的"在位文字编辑器"还可以进行公差与配合的标注。

使用 DIMLINEAR 命令标注非圆的直径操作方法如下：

命令：DIMLINEAR

指定第一条尺寸界线原点或〈选择对象〉：（拾取交点 A）

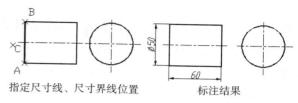

指定尺寸线、尺寸界线位置　　　标注结果

图 10-35　标注圆柱体的直径

指定第二条尺寸界线原点：（拾取交点 B）

指定尺寸线位置或〈多行文字(M)/文字(T)/角度(A)/水平(H)/垂直(V)/旋转(R)〉：T(重新输入尺寸值)

输入标注文字〈50〉：%%c50

指定尺寸线位置或〈多行文字(M)/文字(T)/角度(A)/水平(H)/垂直(V)/旋转(R)〉：(拾取点 C 以（指定尺寸线位置）

标注文字 = ϕ 50

Auto CAD 以新值"ϕ 50"进行标注。

10.2.7　标注半径型尺寸（DIMRADIUS 命令）

使用 DIMRADIUS 命令可以标注圆弧的半径。

〈访问方法〉

选项卡："默认"选项卡→"注释"面板→"半径"按钮◎。"注释"选项卡→"标注"面板→"半径"按钮◎。

菜　单："标注（N）"→"半径（R）"选项◎。

工具栏："标注"→"半径"按钮◎。

命令行：DIMRADIUS。

〈操作过程〉

执行 DIMRADIUS 命令后，AutoCAD 出现如下提示：

选择圆弧或圆：（拾取点 A，选择圆弧或者圆对象）

标注文字 =21

指定尺寸线位置或〈多行文字(M)/文字(T)/角度(A)〉：拾（取点 B 以指定尺寸线位置）

以测量值标注圆弧的半径，如图 10-36 所示。

〈说明〉

1）DIMRADIUS 命令对话过程中选择圆或圆弧为标注对象，AutoCAD 会自动测量出该圆或圆弧的半径值并将其作为尺寸标注的默认值，注写圆或圆弧的半径值时会自动地将默认值加上前缀"R"。

2）DIMRADIUS 命令对话过程中并未要求指定尺寸界线，AutoCAD 自动把圆或圆弧的轮廓线作为一条尺寸界线，而尺寸

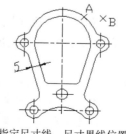

指定尺寸线、尺寸界线位置　　　标注结果

图 10-36　使用 DIMRADIUS 命令标注半径尺寸

线则为对话过程中指定尺寸线位置定义点上的径向线。

3）DIMRADIUS 命令只能标注圆形图形的半径。在机械图样中，半径尺寸标注在投影为圆的视图中，一般情况下圆弧包心角＞180°标注直径，同心对称的圆弧标注直径，其他圆弧标注半径。

10.2.8　标注角度尺寸（DIMANGULAR 命令）

使用 DIMANGULAR 命令可以标注角度尺寸。AutoCAD 可以标注两直线夹角、圆弧的包心角和圆周上两点间的包心角。

〈访问方法〉

选项卡："默认"选项卡→"注释"面板→"角度"按钮△。"注释"选项卡→"标注"面板→"角度"按钮△。

菜　单："标注（N）"→"角度（A）"选项△。

工具栏："标注"→"角度"按钮△。

命令行：DIMANGULAR。

〈操作过程〉

执行 DIMANGULAR 命令后，AutoCAD 出现如下提示：

选择圆弧、圆、直线或〈指定顶点〉:（拾取点 A 选择圆弧作为标注对象）

指定标注弧线位置或〈多行文字(M)/文字(T)/角度(A)/象限点(Q)〉:（拾取点 B 指定尺寸线位置）

标注文字 =142

AutoCAD 测量值为 142，并以测量值标注圆弧包心角，如图 10-37 所示。

〈说明〉

1）在 DIMANGULAR 命令操作过程中选择圆弧作为标注对象时，AutoCAD 以圆弧的圆心为角度中心和圆弧的两个端点计算、标注圆弧包心角。注写角度尺寸数值时会自动地在角度数值后面加上后缀"°"。

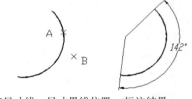

指定尺寸线、尺寸界线位置　标注结果

图 10-37　使用 DIMANGULAR 命令标注圆弧包心角

2）如果按〈Enter〉键回答"选择圆弧、圆、直线或〈指定顶点〉:"的主提示，则可以创建基于指定三点的标注，进一步的命令序列如下：

指定角的顶点：

指定角的第一个端点：

指定角的第二个端点：

3）在 DIMANGULAR 命令操作过程中选择直线作为标注对象时，会提示选择第二条直线。AutoCAD 把两条直线或它们延长线的交点作为角度中心，计算和标注两条直线的夹角。其命令过程如下：

命令：DIMANGULAR

选择圆弧、圆、直线或〈指定顶点〉:（拾取点 A 选择第一条直线）

选择第二条直线:（拾取点 B 选择第二条直线）

指定标注弧线位置或〈多行文字(M)/文字(T)/角度(A)/象限点(Q)〉:（拾取点 C）

标注文字 =45

AutoCAD 测量值为 45，并以测量值标注两条直线的夹角，如图 10-38 所示。

4）尺寸文字的书写方向一般是和尺寸线的方向对齐的，而我国《机械制图》国家标准规定机械图样中的角度尺寸数值以标题栏为准水平书写，需要用户使用 DIMSTYLE 命令设置相应的角度标注子样式。

5）当要求指定尺寸线位置时，AutoCAD 提示出现多个选项：

指定标注弧线位置或〈多行文字 (M)/文字 (T)/角度 (A)/象限点 (Q)〉：

各选项含义及操作方法同 DIMLINEAR 命令，需要注意的是，在修改尺寸数值的默认值时应该添加角度单位符号 "°"。

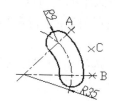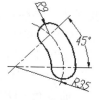

指定尺寸线、尺寸界线　　　标注结果

图 10-38　使用 DIMANGULAR 命令标注两条直线的夹角

10.2.9　标注圆弧长度（DIMARC 命令）

弧长标注用于测量圆弧或多段线圆弧上的距离。弧长标注的尺寸界线可以正交或径向。在标注文字的上方或前面将显示圆弧符号。

〈访问方法〉

选项卡："注释"选项卡→"标注"面板→"弧长"按钮。"默认"选项卡→"注释"面板→"弧长"按钮。

菜　单："标注（N）"→"弧长（H）"选项。

工具栏："标注"→"弧长"按钮。

命令行：DIMARC。

〈操作过程〉

标注图 10-39 中所示的圆弧尺寸。操作过程如下所示：

命令：DIMARC

选择弧线段或多段线圆弧段：(拾取点 A 选择圆弧)

指定弧长标注位置或 [多行文字 (M)/文字 (T)/角度 (A)/部分 (P)/引线 (L)]：(拾取点 B 指定尺寸线位置)

标注文字 =55

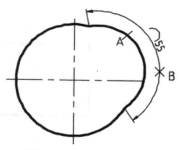

图 10-39　标注圆弧长度

AutoCAD 在标注圆弧长度时会自动加注圆弧弧长符号 "⌒"。

〈说明〉

（1）"多行文字（M）"选项　按多行文字的方式输入尺寸文本。

（2）"文字（T）"选项　按单行文本的方式输入尺寸文本。

（3）"角度（A）"选项　修改标注文字的角度。

（4）"部分（P）"选项　标注部分弧长。

（5）"引线（L）"选项　添加引线对象。仅当圆弧（或圆弧段）大于 90° 时才会显示此选项。引线是按径向绘制的，指向所标注圆弧的圆心。

10.2.10　在同一命令任务中创建多种类型的标注（DIM 命令）

当鼠标指针悬停在标注对象上时，DIM 命令将自动预览要使用的合适标注类型。选择对象、线或点进行标注，然后单击绘图区域中的任意位置创建标注。

DIM 命令支持的标注类型包括垂直标注、水平标注、对齐标注、旋转的线性标注、角度标注、半径标注、直径标注、折弯半径标注、弧长标注、基线标注和连续标注。

〈访问方法〉

选项卡："注释"选项卡→"标注"面板→"标注"按钮 ⊡ 。"默认"选项卡→"注释"面板→"标注"按钮 ⊡ 。

命令行：DIM。

〈操作过程〉

执行 DIM 命令后，AutoCAD 出现如下提示：

命令：DIM

选择对象或指定第一个尺寸界线原点或 [角度 (A)/ 基线 (B)/ 连续 (C)/ 坐标 (O)/ 对齐 (G)/ 分发 (D)/ 图层 (L)/ 放弃 (U)] : (将光标悬停在圆对象上，预览生成的圆标注，如图 10-40 所示)

选择圆以指定直径或 [半径 (R)/ 折弯 (J)/ 中心标记 (C)/ 角度 (A)] : (拾取点 A 选择圆对象，可用的选项取决于所选定的对象)

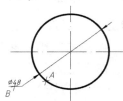

图 10-40 预览生成的圆标注

指定直径标注位置或 [半径 (R)/ 多行文字 (M)/ 文字 (T)/ 文字角度 (N)/ 放弃 (U)] : (拾取点 B 指定尺寸线位置)

选择对象或指定第一个尺寸界线原点或 [角度 (A)/ 基线 (B)/ 连续 (C)/ 坐标 (O)/ 对齐 (G)/ 分发 (D)/ 图层 (L)/ 放弃 (U)] : (按〈 Enter 〉键结束命令)

AutoCAD 在标注圆直径时会自动加注圆直径符号"φ"，结果如图 10-41 所示。

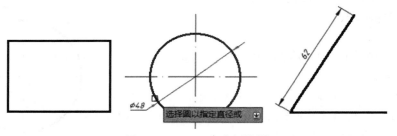

图 10-41 DIM 命令标注圆

〈说明〉

（1）选择对象 DIM 命令自动为所选对象选择合适的标准类型，并显示与该标准类型相对应的提示，见表 10-1。

表 10-1 为所选对象选择合适的标准类型

选定的对象类型	动 作
圆弧	将标注类型默认为半径标注
圆	将标注类型默认为直径标注
直线	将标注类型默认为线性标注
标注	显示选项以修改选定的标注
椭圆	默认为选择线所设置的选项

（2）第一条尺寸界线原点 选择两个点时，创建线性标注；选择线性对象时，创建对

齐标注（同 DIMALIGNED 命令）。

（3）角度（A）选项 创建一个角度标注来显示三个点或两条直线之间的角度（同 DIMANGULAR 命令）。

（4）基线（B）选项 从上一个或选定标准的第一条界线创建线性、角度或坐标标注（同 DIMBASELINE 命令）。

（5）继续（C）选项 从选定标注的第二条尺寸界线创建线性、角度或坐标标注（同 DIMCONTINUE 命令）。

（6）坐标（O）选项 创建坐标标注（同 DIMORDINATE 命令）。

（7）对齐（G）选项 将多个平行、同心或同基准标注对齐到选定的基准标注。对齐（G）选项操作过程如下，效果如图 10-42 所示。

选择对象或指定第一个尺寸界线原点或 [角度 (A)/ 基线 (B)/ 连续 (C)/ 坐标 (O)/ 对齐 (G)/ 分发 (D)/ 图层 (L)/ 放弃 (U)] : G(选择 "对齐" 选项)

选择基准标注 : (拾取点 A，选择要用作标注对齐基础的标注)

选择要对齐的标注 : (拾取点 B，选择标注以对齐到选定的基准尺寸)

选择要对齐的标注 : (继续选择需要对齐的标注，直到按〈Enter〉键结束选择，返回主提示)

选择对象或指定第一个尺寸界线原点或 [角度 (A)/ 基线 (B)/ 连续 (C)/ 坐标 (O)/ 对齐 (G)/ 分发 (D)/ 图层 (L)/ 放弃 (U)] : (按〈Enter〉键，结束命令)

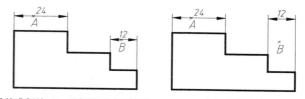

选择基准标注 A，选择要对齐的标注 B　　对齐后的结果

图 10-42　DIM 命令对齐（G）选项

（8）分布（D）选项 指定可用于分发一组选定的孤立线性标注或坐标标注的方法。

（9）图层（L）选项 为指定的图层指定新标注，以替代当前图层。

10.2.11　快速标注（QDIM 命令）

快速标注 QDIM 命令是一个能标注各种类型尺寸、功能强大的命令，它通过命令选项将前面的各个标注尺寸命令功能组合在一起。其详细操作步骤请读者参考前面各标注命令。

〈访问方法〉

选项卡 : "注释" 选项卡→ "标注" 面板→ "快速" 按钮 。

菜　单 : "标注（N）"→ "快速标注（Q）" 选项 。

工具栏 : "标注"→ "快速标注" 按钮 。

命令行 : QDIM。

〈操作过程〉

执行 QDIM 命令后，AutoCAD 出现如下提示 :

命令 : QDIM

选择要标注的几何图形 : (选择要标注的对象)

选择要标注的几何图形：(按〈Enter〉键结束对象选择)

指定尺寸线位置或〈连续 (C)/ 并列 (S)/ 基线 (B)/ 坐标 (O)/ 半径 (R)/ 直径 (D)/ 基准点 (P)/ 编辑 (E)/ 设置 (T)〉〈当前值〉：

10.3　标注指引线

在机械制图中，零件图的几何公差和装配图的序号等都需要使用指引线将注释文本和符号与图形对象连接在一起。在 AutoCAD 2016 中，可使用 MLEADER 命令标注指引线和注释，使用 TOLERANCE 命令标注几何公差。本节介绍设置指引线样式、设置注释文本样式、设置几何公差样式、标注指引线和注释等内容。

10.3.1　多重引线样式管理器（MLEADERSTYLE 命令）

标注指引线时应首先设置指引线和注释的样式，包括指引线的形状、指引线终端、注释文本、位置等内容。使用 MLEADERSTYLE 命令可以设置指引线和注释的样式。

〈访问方法〉

选项卡："默认"选项卡→"注释"面板→"多重引线样式"按钮📷。"注释"选项卡→"引线"面板→"对话框启动程序"按钮▾。

菜　单："格式（O）"→"多重引线样式（I）"选项📷。

工具栏："多重引线"→"多重引线样式"按钮📷。

命令行：MLEADERSTYLE。

〈操作过程〉

执行 MLEADERSTYLE 命令后，AutoCAD 将弹出"多重引线样式管理器"对话框，如图 10-43 所示。单击 新建(N)... 按钮可以设置新的多重引线样式，单击 修改(M)... 按钮可以编辑已有的多重引线样式。在"样式（S）"列表框内选择某一尺寸样式后，单击 置为当前(U) 按钮将其设置为当前多重引线样式。

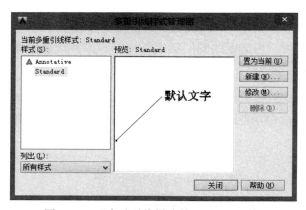

图 10-43　"多重引线样式管理器"对话框

〈对话框说明〉

1. 标注样式信息区

（1）"当前多重引线样式"信息框　显示当前使用的多重引线样式名。

（2）"样式（S）"列表框　显示已定义好的多重引线样式名。若用户尚未设置尺寸样式，AutoCAD 将自动创建默认的 Standard 样式。用户可以按照引线标注需要设置几种不同的多重引线样式，按照需要选择某一样式为当前样式。

右击多重引线样式名，弹出快捷菜单，通过选择其中选项即可以将所选多重引线样式设置为当前使用的多重引线样式或者进行重命名和删除等操作。

（3）"列出（L）"下拉列表框 控制在"样式（S）"列表框中显示哪些多重引线样式名称。

1）"所有样式"。显示所有多重引线样式。

2）"正在使用的样式"。只显示图形中标注所使用的多重引线样式。

（4）"预览"显示框 显示在"样式（S）"列表框中选择的多重引线样式的示例图。

2. 新建(N)... 按钮

单击此按钮，即可创建新的多重引线样式。系统将弹出"创建新多重引线样式"对话框，如图 10-44 所示。对话框中各项含义如下：

（1）"新样式名（N）"文本框 用于输入新的多重引线样式名。默认的新多重引线样式名与在"基础样式（S）"下拉列表框所选择的多重引线样式名有关。

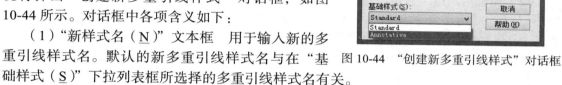

图 10-44 "创建新多重引线样式"对话框

（2）"基础样式（S）"下拉列表框 为新创建的多重引线样式选择一个与新要求最接近的已定义多重引线样式作为样板。

（3） 继续(0) 按钮 单击此按钮，系统将弹出"修改多重引线样式"对话框，用户可在其中对新建样式进行设置，如图 10-45 所示。

3. 修改(M)... 按钮

单击此按钮，系统将弹出"修改多重引线样式"对话框。该对话框用于编辑和修改在"样式（S）"列表框中所选择的多重引线样式。"创建新多重引线样式"与"修改多重引线样式"对话框中的选项和操作方法完全一致，下面以"修改多重引线样式"对话框为例进行说明，如图 10-45 所示。

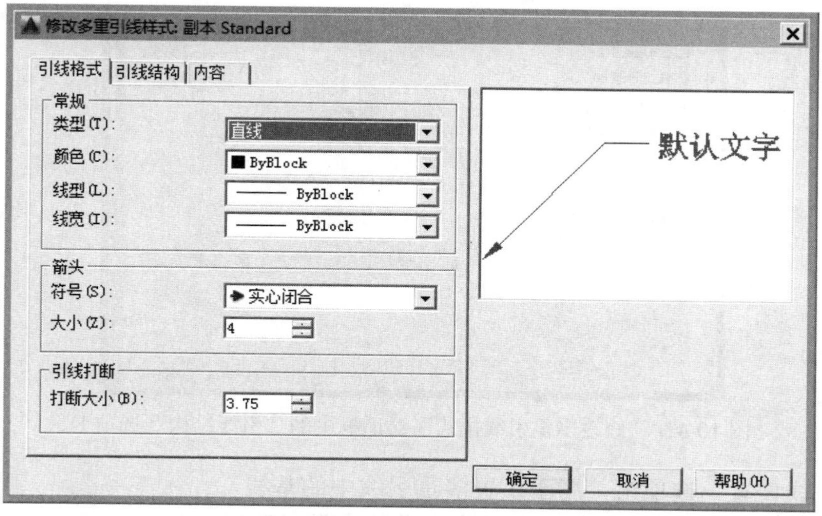

图 10-45 "修改多重引线样式"对话框

〈选项说明〉

"修改多重引线样式"对话框包括"引线格式""引线结构"和"内容"三个选项卡。

1."引线格式"选项卡

"引线格式"选项卡用来设置引线的类型、颜色、线型、线宽、箭头类型和大小等。其中各项的介绍如下：

（1）常规选项组　该选项组中的"类型"下拉列表框用于设置指引线的样式，包括"直线""样条线"和"无"三个选项。

1）"直线（S）"。控制在标注指引线过程中，用直线段绘制指引线，一般用于标注序号及几何公差。

2）"样条曲线（P）"。控制在标注指引线过程中，用样条曲线绘制指引线。

3）"颜色（C）""线型（L）"及"线宽（I）"均选择"ByBlock"。

（2）箭头选项组　该选项组用于设置指引线终端的形式，在"符号"和"大小"下拉列表框中有多种形式的箭头，其选择方法与 DIMSTYLE 命令设置尺寸终端相同。标注装配图序号时，一般使用实心箭头和实心圆点，如图 10-46 所示。

图 10-46　序号指引线终端形式

2."引线结构"选项卡

"引线结构"选项卡用来设置最大引线点数、转折角度、是否包含基线、文本与基线间距等，如图 10-47 所示。

（1）"约束"选项组　该选项组用于控制在标注指引线过程中，绘制指引线的点数和角度。

1）"最大引线点数（M）"数值框。控制引线折弯的点数，一般选择"3"。

2）"第一段角度（F）"和"第二段角度（S）"复选框。控制用折线绘制指引线时，指引线上两条线段间的角度。

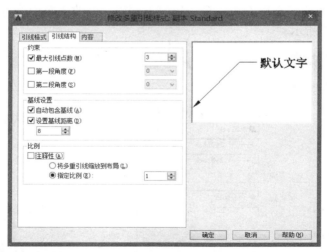

图 10-47　"修改多重引线样式"对话框中的"引线结构"选项卡

（2）"基线设置"选项组　用于设置多重引线中的基线。

1）"自动包含基线（A）"复选框。将水平基线附着到多重引线内容。

2）"设置基线距离（F）"复选框。确定多重引线折弯点至附着内容的固定距离。

（3）"比例"选项组　该选项组用于控制多重引线的缩放。

1）"注释性（F）"复选框。指定多重引线为注释性。

2）"将多重引线缩放到布局（L）"单选按钮。根据模型空间视口和图纸空间视口中的缩放比例确定多重引线的比例因子。当多重引线不为注释性时，此选项可用。

3）"指定比例（E）"单选按钮。指定多重引线的缩放比例。当多重引线不为注释性时，此选项可用。

3."内容"选项卡

"内容"选项卡用于设置多重引线类型和引线连接方式，如图 10-48 所示。

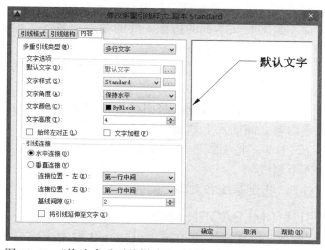

图 10-48　"修改多重引线样式"对话框中的"内容"选项卡

（1）"多重引线类型（M）"下拉列表框　该下拉列表框用于设置注释的类型，不同的类型将影响 MLEADER 命令的提示信息和操作过程。

1）"多行文字"。设置多行文本注释。

2）"块"。设置块引用作为注释。

3）"无"。设置无注释的指引线。

（2）"文字选项"选项组　该选项组用于控制多行文字的外观。

1）"默认文字（D）"。设定多重引线内容的默认文字。单击 按钮将启动"多行文字在位编辑器"。

2）"文字样式（S）"。列出可用的文本样式。

3）"文字角度（A）"下拉列表框。指定文字的旋转角度。

4）"文字颜色（C）"下拉列表框。指定文字颜色。

5）"文字高度（T）"数值框。指定文字的高度。

6）"始终左对正（L）"复选框。指定文字始终左对齐。

7）"文字加框（F）"复选框。使用文本框为文字内容添加边框。通过修改基线间距设置，控制文字和边框之间的分离。

（3）"引线连接"选项组　该选项组用于控制多重引线的引线连接设置，引线可以水平或垂直连接。

1）"水平连接（**O**）"单选按钮。水平附着将引线插入文字内容的左侧或右侧。水平附着包括文字和引线之间的基线。

① "连接位置 - 左（**E**）"下拉列表框。控制文字位于引线右侧时基线连接到文字的方式，一般选择"第一行加下划线"，如图 10-49a 所示。

② "连接位置 - 右（**R**）"下拉列表框。控制文字位于引线左侧时基线连接到文字的方式，一般选择"第一行加下划线"，如图 10-49b 所示。

图 10-49　水平连接"第一行加下划线"影响

③ "将引线延伸到文字（**X**）"复选框。将基线延伸到附着引线的文字行边缘（而不是多行文本框的边缘）处的端点。多行文本框的长度由文字的最长一行的长度（而不是边框的长度）来确定。

2）"垂直连接（**V**）"单选按钮。将引线插入文字内容的顶部或底部。垂直连接不包括文字和引线之间的基线。

① "连接位置 - 上（**T**）"下拉列表框。将引线连接到文字内容的中上部。单击下拉菜单以在引线连接和文字内容之间插入上划线。

② "连接位置 - 下（**B**）"。将引线连接到文字内容的底部。单击下拉菜单以在引线连接和文字内容之间插入下划线。

③ "基线间隙（**G**）"。指定基线和文字之间的距离。

10.3.2　标注多重引线（MLEADER 命令）

使用 MLEADER 命令可以标注多重引线，以标注装配图的序号。MLEADER 命令配合 TOLERANCE 命令标注零件图的几何公差，配合 MLEADERALIGN 命令对齐多重引线。

〈访问方法〉

选项卡："默认"选项卡→"注释"面板→"引线"按钮。"注释"选项卡→"引线"面板→"引线"按钮。

菜　单："标注（**N**）"→"多重引线（**E**）"选项。

工具栏："多重引线"→"多重引线"按钮。

命令行：MLEADER。

下面举例说明使用 MLEADER 命令标注引线的方法。

1. 标注装配图的序号

执行 MLEADER 命令后，AutoCAD 出现如下提示：

命令：MLEADER

指定引线箭头的位置或 [引线基线优先 (L)/ 内容优先 (C)/ 选项 (O)] 〈选项〉：(拾取点 D，在装配图一零件轮廓范围内指定指引线起点。)

指定引线基线的位置：(拾取点 E，在右上方的垂直辅助线上指定指引线的第二点)

系统将自动打开多行文字的"在位文字编辑器"，输入序号"9"，然后在文字输入框外单击，就可以标注该序号并结束 MLEADER 命令，如图 10-50 所示。

事先绘制好辅助线以作为创建多重引线的参考线，待多重引线绘制完成后，即可将其删除。

此外还可以使用 MLEADERALIGN 命令对齐已有的多重引线。

使用 MLEADER 命令绘制未对齐装配图序号，如图 10-51a 所示。使用 MLEADERALIGN 命令对齐已有的多重引线，如图 10-51b 所示。执行 MLEADERALIGN 命令后，AutoCAD 出现如下提示：

命令：MLEADERALIGN

选择多重引线：（选择序号 2）

选择多重引线：（按〈ENTER〉键结束选择）

当前模式：使用当前间距

选择要对齐到的多重引线或 [选项 (O)]：（选择序号 1）

指定方向：（使用鼠标确定为垂直方向对齐）

2. 标注几何公差

使用 MLEADER 命令，创建一个不带文字的引线标注，并使用 TOLERANCE 命令设置和标注几何公差。下面以齿轮减速器箱体零件图为例说明如何标注几何公差，如图 10-52 所示。

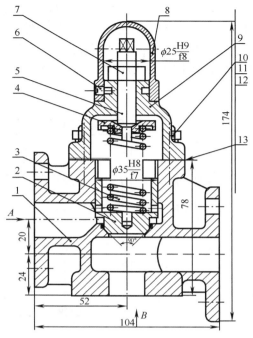

图 10-50　使用 MLEADER 命令标注序号

执行 MLEADER 命令后，AutoCAD 出现如下提示：

命令：MLEADER

指定引线箭头的位置或 [引线基线优先 (L)/ 内容优先 (C)/ 选项 (O)]〈选项〉：（拾取点 C，在零件图 C 处指定引线起点。）

指定引线基线的位置：@30,0（以相对坐标方式指定指引线的第二点）

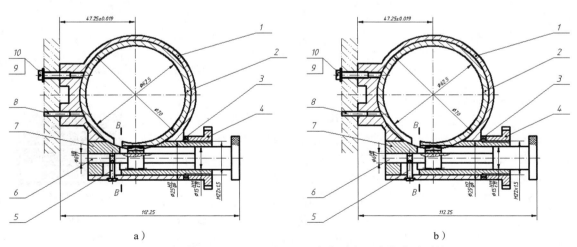

图 10-51　使用 MLEADERALIGN 命令对齐已有的多重引线

a）序号 2 和其他序号对齐前的效果　b）序号 2 和其他序号对齐后的效果

系统将自动打开多行文字的"在位文字编辑器",直接在文字输入框外单击,绘制不带文本的引线,如图 10-52 所示。然后,单击"注释"选项卡→"标注"面板→"公差"按钮 囯 或者"标注"工具栏→"公差"按钮 囯",执行 TOLERANCE 命令后,AutoCAD 将弹出如图 10-53 所示的"形位公差"[⊖]对话框。

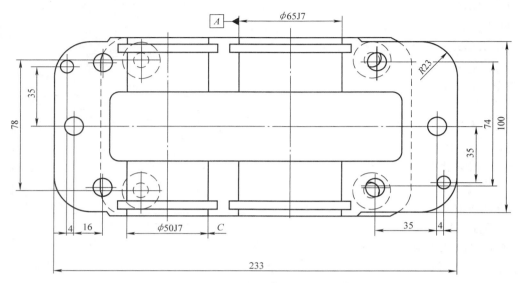

图 10-52 齿轮减速器箱体零件图

几何公差一般是用特征控制框表示,在特征控制框中包含几何特征控制符、公差值、基准和材料条件等。几何公差的构成如图 10-54 所示。

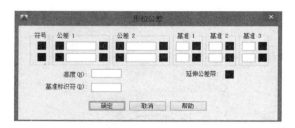

图 10-53 "形位公差"对话框

图 10-54 几何公差的构成

3. 设置几何公差参数的方法

(1)"符号"选项 "符号"选项用于设置公差类型。在"形位公差"对话框中拾取符号区小黑框,AutoCAD 弹出"特征符号"对话框,如图 10-55 所示。在"特征符号"对话框拾取一个公差符号(如平行度符号"∥"),选中的公差符号以小黑框显示。

图 10-55 "特征符号"对话框

(2)"公差 1"选项 "公差 1"选项用于设置公差值。"公差 1"区左侧的小黑框是"φ"的开关键,用来设置公差值的类型,在其后的文本框中可以输入公差值(如"0.05"),右侧的小黑框用来设置材料条件符号。

⊖ 由于软件中使用旧术语"形位公差",此处不改为"几何公差",下同。——编辑注

（3）"基准 1"选项 "基准 1"选项用于设置基准符号，如在"基准 1"区输入"A"。

几何公差各参数设置完成后，单击图 10-56 中使用 MLEADER 命令绘制的引线端点 D 处，AutoCAD 即自动标注几何公差。

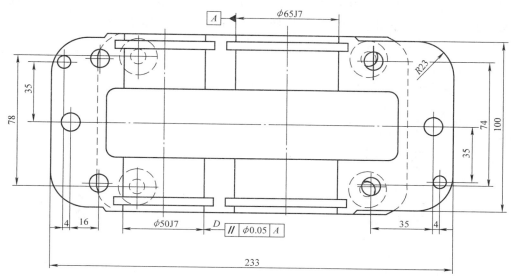

图 10-56 标注齿轮减速器箱体零件图的几何公差

10.4 编辑尺寸

当用户需要修改已经存在的尺寸时，用户可以使用多种方法。例如，使用 DIMSTYLE 命令能够编辑和修改某一类型的尺寸样式，使用特性管理器（PROPERTIES 命令）能够方便地管理和编辑尺寸样式中一些参数，使用 TEXTEDIT 命令能够修改尺寸注释的内容等。此外 AutoCAD 还提供了 DIMEDIT、DIMTEDIT 和 OBLIQUE 等命令，专门用于编辑和修改尺寸对象。

10.4.1 使用 PROPERTIES 命令编辑尺寸特性

PROPERTIES 命令使用"特性"选项板以列表的方式列出所选择尺寸对象的参数，以便对其进行编辑和修改，如图 10-57 所示。

尺寸对象的"特性"选项包括用于编辑和修改尺寸颜色、图层、线型、线型宽度等常规特性的基本类和用于编辑和修改尺寸样式参数的直线和箭头类、文字类、调整类、主单位类、换算单位类和公差类。这些参数是按树形结构组织的，展开某一类特性时将显示此类下各子特性项，并在右侧对应表格内显示各子特性项参数的当前值。编辑和修改的方法与 DIMSTYLE 命令类似，主要方法如下：

1. 直接修改参数值

对于点的坐标、尺寸对象的高度值等数值型的特性项，用户可以直接修改参数值。例如修改箭头的大小值就可以直接修改，如图 10-57 所示。操作方法如下：

1）选择"直线和箭头"类展开各子特性项。

2）选择"箭头大小"子特性项。

3）在"箭头大小"子特性项右侧对应表格内填入新的箭头大小值，完成对尺寸箭头大小值的修改。

2. 通过下拉列表框修改

对于一些具有多种选择项的特性项，用户可以在含有各选择项的下拉列表框中选择相应的参数值。例如箭头的形式可以在下拉列表框中进行选择，如图 10-58 所示。

图 10-57　选中尺寸标注时的"特性"选项板

图 10-58　选中尺寸标注时的"特性"选项板的
"直线和箭头"子特性项

3. 通过对话框修改

对于一些有复杂参数值的自定义特性项，用户可以在对话框中设置参数值。例如颜色、多行文本等都是通过对话框方式修改参数值。

10.4.2　修改尺寸数值（TEXTEDIT 命令）

使用 TEXTEDIT 命令修改尺寸数值。

〈**访问方法**〉

菜　单："修改（M）"→"对象（O）"→"文字（T）"→"编辑（T）"选项 🗛。

工具栏："文字"→"编辑"按钮 🗛。

命令行：TEXTEDIT。

〈**操作过程**〉

执行 TEXTEDIT 命令后，AutoCAD 出现如下提示：

选择注释对象或〈放弃（U）〉：（选择某一尺寸或文字）

AutoCAD 将打开多行文字的"在位文字编辑器"，以便用户进行编辑修改。在对话框中修改尺寸文本后，在尺寸文本区域外单击关闭编辑器。

〈**说明**〉

"选择注释对象："提示将反复出现，直到按下〈Enter〉键返回到"键入命令："提示符状态。

10.4.3　修改尺寸线及尺寸文本的位置（DIMTEDIT 命令）

使用 DIMTEDIT 命令可以修改尺寸线及尺寸文本的位置。

〈**访问方法**〉

选项卡："注释"→"标注"面板→相应按钮。

菜　单："标注（N）"→"对齐文字（X）"选项。

工具栏："标注"→"编辑标注文字"按钮 🗛。

命令行：DIMTEDIT。

〈**操作过程**〉

执行 DIMTEDIT 命令后，AutoCAD 出现如下提示：

选择标注：（选择某一尺寸）

为标注文字指定新位置或 [左对齐 (L)/ 右对齐 (R)/ 居中 (C)/ 默认 (H)/ 角度 (A)]：（用鼠标拖动确定尺寸线及尺寸文本的位置，如图 10-59 所示。）

〈**选项说明**〉

在 DIMTEDIT 命令操作过程中，指定尺寸线时各选项的介绍如下：

（1）"左对齐（L）"选项　更改尺寸文本沿尺寸线左对齐，此选项只适用于线性和径向尺寸标注。

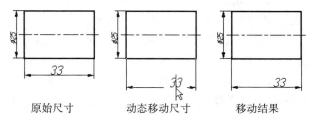

图 10-59　使用 DIMTEDIT 命令编辑尺寸

（2）"右对齐（R）"选项　更改尺寸文本沿尺寸线右对齐，此选项只适用于线性和径向尺寸标注。

（3）"默认（H）"选项　将尺寸文本按当前 DIMSTYLE 命令所定义的位置和方向重新放置。

（4）"角度（A）"选项　旋转所选择的尺寸文本，并需输入旋转角。

DIMTEDIT 命令各选项对尺寸的影响如图 10-60 所示。

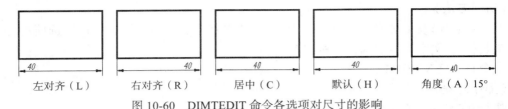

| 左对齐（L） | 右对齐（R） | 居中（C） | 默认（H） | 角度（A）15° |

图 10-60　DIMTEDIT 命令各选项对尺寸的影响

10.4.4　编辑尺寸文本和尺寸界线（DIMEDIT 命令）

使用 DIMEDIT 命令可以移动、旋转和替换现有尺寸注释，调整尺寸界线与尺寸线的夹角。

〈访问方法〉

选项卡："注释"选项卡→"标注"面板→相应按钮。

工具栏："标注"→"编辑标注"按钮 。

命令行：DIMEDIT。

〈操作过程〉

执行 DIMEDIT 命令后，AutoCAD 出现如下提示：

输入标注编辑类型〈默认 (H)/ 新建 (N)/ 旋转 (R)/ 倾斜 (O)〉〈默认〉: O

选择对象:（选择尺寸标注对象，按〈Enter〉键结束选择）

输入倾斜角度 (按〈Enter〉键表示无): 60(输入尺寸界线与尺寸线的夹角值)

结束 DIMEDIT 命令后的尺寸界线如图 10-61 所示。

〈选项说明〉

（1）"默认（H）"选项　为默认选项，将尺寸文本按当前 DIMSTYLE 命令所定义的位置和方向重新放置。

（2）"新建（N）"选项　将打开多行文本的"在位文字编辑器"重新创建尺寸标注的文本。

（3）"旋转（R）"选项　可以对尺寸注释进行旋转，并需要输入旋转角。

（4）"倾斜（O）"选项　可以对尺寸界线进行旋转，并需要输入旋转角。

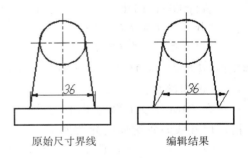

| 原始尺寸界线 | 编辑结果 |

图 10-61　使用 DIMEDIT 命令编辑尺寸

10.4.5　调整间距（DIMSPACE 命令）

使用 DIMSPACE 命令可以自动调整图形中现有的平行线性标注和角度标注，以使其间距相等或在尺寸线处相互对齐。

〈访问方法〉

选项卡："注释"选项卡→"标注"面板→"调整间距"按钮 。

工具栏："标注"→"调整间距"按钮 。

命令行：DIMSPACE。

〈操作过程〉

执行 DIMSPACE 命令后，AutoCAD 出现如下提示：

命令行输入：DIMSPACE

选择基准标注：(选择要用作基准标注的标注，尺寸 6)

选择要产生间距的标注：(选择要对齐的下一个标注，尺寸 12)

选择要产生间距的标注：(选择要对齐的下一个标注，尺寸 32)

选择要产生间距的标注：(按〈Enter〉键结束选择)

输入值或 [自动 (A)]〈自动〉：7(设置间距值)

　　结束 DIMBASELINE 命令，未修改的尺寸界线如图 10-62a 所示，修改后的尺寸界线如图 10-62b 所示。

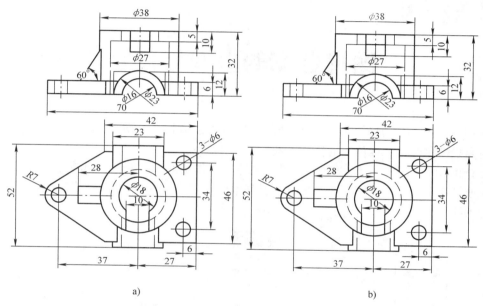

图 10-62　使用 DIMBASELINE 命令调整间距

a）未修改的尺寸界线　b）修改后的尺寸界线

〈选项说明〉

（1）"自动（A）"选项　DIMBASELINE 命令使用 DIMDLI 系统变量创建等间距标注，但放置标注后，更改该系统变量的值不会影响标注的间距。如果用户更改标注的文字大小或调整标注的比例，而标注保留在原来位置，则将会导致尺寸线和文字重叠。

（2）对齐标注　使用 DIMSPACE 命令可以将重叠或间距不等的线性标注和角度标注隔开。选择的标注必须是线性标注或角度标注并属于同一类型（旋转或对齐标注）、相互平行或同心并且在彼此的尺寸界线上。也可以通过使用间距值 "0" 对齐线性标注和角度标注。

第11章

图形数据的查询与共享

利用 AutoCAD 2016 提供的查询功能，用户可以方便地计算图形对象的面积、两点之间的距离，查询点的坐标值、时间等数据。

与查询相关的命令可以通过"草图与注释"工作空间 → "默认"选项卡 → "实用工具"面板，或"工具（T）"菜单 → "查询"子菜单以及"查询（Q）"工具栏进行，如图 11-1~图 11-3 所示。

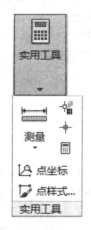

图 11-1 "草图与注释"工作空间 →
"默认"选项卡 → "实用面具"面板

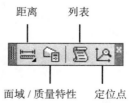

图 11-3 "查询"工具栏

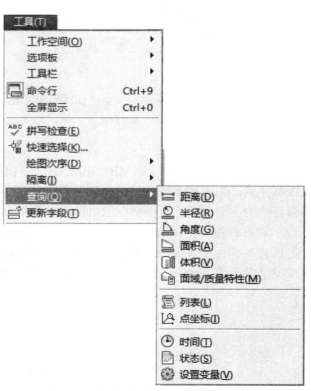

图 11-2 "工具（T）"菜单 → "查询"子菜单

11.1　图形数据的查询

图形数据的查询主要包括图形属性信息（DWGPROPS 命令）、状态查询（STATUS 命令）、目标列表（LIST 命令）、全部列表（DBLIST 命令）、点的坐标（ID 命令）、距离（DIST 命令）、面积（AREA 命令）、时间和日期（TIME 命令）等。

11.1.1　图形属性信息（DWGPROPS 命令）

DWGPROPS 命令用于设置和显示当前图形的属性，供用户查询有关当前图形的常规和统计信息，并可设置图形的概要和自定义属性，如图形标题、主题、作者、关键字和注释等，以便在设计中心和 Windows 的资源管理器中查找和检索该图形文件。自定义属性有助于识别图形。可以将任意图形特性以字段形式包含在多行文字（MTEXT）对象中。这些特性和其他特性将在"字段"对话框中列出，可通过 FIELD 命令访问该对话框。

〈访问方法〉

应用程序菜单："图形实用工具" → "图形特性"选项。

菜　　单："文件（F）" → "图形特性（I）"选项。

命令行：DWGPROPS。

〈操作过程〉

执行 DWGPROPS 命令后，AutoCAD 将弹出如图 11-4 所示的"图形属性"对话框。该对话框包括"常规""概要""统计信息"和"自定义"四个选项卡。

1."常规"选项卡

如图 11-4 所示，"常规"选项卡显示有关当前图形文件的常规信息，如文件名称、类型、位置、大小、MS-DOS 名称、创建时间、修改时间、访问时间和相关的文件属性。

2."概要"选项卡

"概要"选项卡用于显示和重新设置图形文件的概要信息，如标题、主题、作者、关键字、注释等。此后，可以在 AutoCAD 的设计中心中进行查找和检索。

3."统计信息"选项卡

与"常规"选项卡基本类似，"统计信息"选项卡显示了图形文件的创建时间、最后一次修改的时间、最近的编辑者、修订次数以及总编辑时间等。

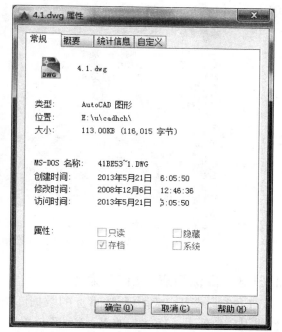

图 11-4　"图形属性"对话框中的"常规"选项卡

4."自定义"选项卡

用户可以在此选项卡中自己定义属性（字段）的名称和属性值。名称必须唯一，值可以保留为空。这些属性（字段）可以在检索时帮助定位图形文件。

11.1.2　状态查询（STATUS 命令）

STATUS 命令用于查看当前图形的状态以及统计信息、模式、内存使用等情况。

〈访问方法〉

应用程序菜单："图形实用工具" → "状态" 选项。

菜　单："工具（T）" → "查询（Q）" → "状态（S）" 选项。

命令行：STATUS（'STATUS 用于透明使用）。

〈操作过程〉

执行 STATUS 命令后，AutoCAD 查询当前图形文件的状态信息，结果如图 11-5 所示。

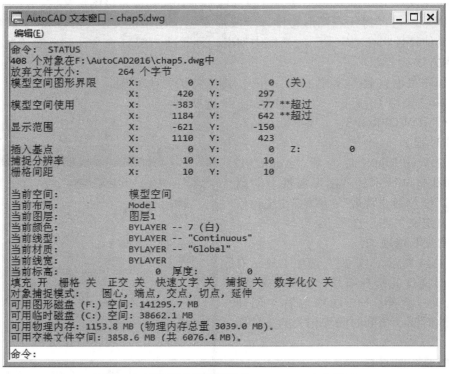

图 11-5　显示图形状态信息的 AutoCAD 文本窗口

11.1.3　目标列表（LIST 命令）

LIST 命令用于列出所选目标的数据库描述信息，包括对象类型、对象图层、相对于当前用户坐标系（UCS）的 X、Y、Z 位置以及对象是位于模型空间还是图纸空间。

〈访问方法〉

选项卡："默认" → "特性" 面板 → "列表" 按钮。

菜　单："工具（T）" → "查询（Q）" → "列表（L）" 选项。

工具栏："查询" → "列表" 按钮。

命令行：LIST。

〈操作过程〉

执行 LIST 命令后，AutoCAD 将出现 "选择对象："提示，等待选择要列表显示的目标。目标选定后，自动在文本窗口上列出所选目标的数据库描述信息。例如选择一个圆，则列出其名称，所在的图层、空间（模型空间或图纸空间）、句柄、圆心、半径、周长和面积等基本参数，如图 11-6 所示。

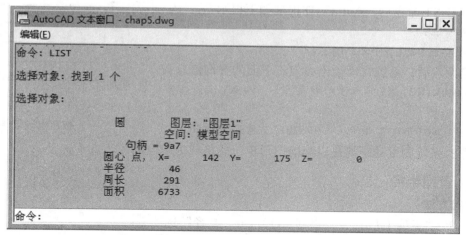

图 11-6　LIST 命令列表显示的单个圆的数据库描述信息

11.1.4　全部列表（DBLIST 命令）

DBLIST 命令用于显示当前图形的全部图形数据库信息。

〈访问方法〉

命令行：DBLIST。

〈操作过程〉

执行 DBLIST 命令后，系统自动在文本窗口显示出每个实体的全部数据库信息，其作用相当于每个对象的"LIST"的总和。显示满一屏后自动暂停，按〈Enter〉键显示下一屏，按〈Esc〉键终止命令。

11.1.5　查询点的坐标（ID 命令）

ID 命令用于显示图中指定点的三维坐标。

〈访问方法〉

选项卡："常用"选项卡→"实用工具"面板→"点坐标"按钮🔍。

菜　单："工具（T）"→"查询（Q）"→"点坐标（I）"选项🔍。

工具栏："查询"→"定位点"按钮🔍。

命令行：ID（'ID 用于透明使用）。

〈操作过程〉

执行 ID 命令后，按照 AutoCAD 提示指定了一点后，将显示出该点的 X、Y 和 Z 的坐标。

11.1.6　查询距离（DIST 命令）

DIST 命令用于显示两指定点间的距离、角度和 X、Y、Z 方向的增量。

〈访问方法〉

菜　单："工具（T）"→"查询（Q）"→"距离（D）"选项▥。

工具栏："查询"→"距离"按钮组→"距离"按钮▤，如图 11-7 所示。

命令行：DIST（'DIST 用于透明使用）。

〈操作过程〉

执行 DIST 命令后，AutoCAD 出现如下提示：

指定第一点：

指定第二个点或 [多个点 (M)] :

指定两点后，系统自动给出类似于下面的查询信息：

距离 =603.1103，XY 平面中的倾角 =351，与 XY 平面的夹

角 =0

X 增量 =596.0567，Y 增量 = - 91.9701，Z 增量 =0.0000

注意：系统测量的距离是以当前图形单位的格式为单位的。

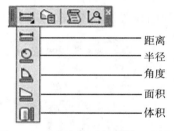

图 11-7 "查询"工具栏的"距离"
按钮组

11.1.7 查询半径

〈访问方法〉

菜　单："工具（T）"→"查询（Q）"→"半径"选项◉。

工具栏："查询"→"距离"按钮组→"半径"按钮◉。

〈操作过程〉

执行该命令后，AutoCAD 出现如下提示：

命令：_MEASUREGEOM

输入选项 [距离 (D)/ 半径 (R)/ 角度 (A)/ 面积 (AR)/ 体积 (V)]〈距离〉：_radius

选择圆弧或圆：

选择圆弧或圆后，系统自动显示其半径和直径值。

11.1.8 查询角度

〈访问方法〉

菜　单："工具（T）"→"查询（Q）"→"角度"选项▤。

工具栏："查询"→"距离"按钮组→"角度"按钮▤。

〈操作过程〉

执行该命令后，AutoCAD 出现如下提示：

命令：_MEASUREGEOM

输入选项 [距离 (D)/ 半径 (R)/ 角度 (A)/ 面积 (AR)/ 体积 (V)]〈距离〉：_angle

选择圆弧、圆、直线或〈指定顶点〉：

选择圆弧、圆或直线后，系统自动显示其角度值。

11.1.9 查询面积（AREA 命令）

AREA 命令用于计算由若干个点所确定的区域或由多个指定对象所围成的封闭区域的面积和周长，同时还可以进行面积的求和、差运算，也可以计算面域的面积和三维实体的表面积。

〈访问方法〉

菜　单："工具（T）"→"查询（Q）"→"面积（A）"选项▤。

工具栏："查询" → "距离" 按钮组→ "面积" 按钮 📃。

命令行：AREA（'AREA 用于透明使用）。

〈操作过程〉

执行 AREA 命令后，AutoCAD 出现如下提示：

指定第一个角点或 [对象 (O)/ 增加面积 (A)/ 减少面积 (S)]〈对象 (O)〉：

〈选项说明〉

（1）直接输入一点　默认方式。AutoCAD 接着提示：

指定下一个点或 [圆弧（A）/ 长度（L）/ 放弃（U）]：

该提示反复出现，要求指定下一个角点，直到按〈Enter〉键结束。AutoCAD 将计算出由顺序输入的各个顶点所围成的封闭多边形的面积和周长。

（2）"对象（O）"选项　求指定对象（圆或多段线）所围成的封闭区域的面积与周长。AutoCAD 进一步提示：

选择对象：

若选择的是圆或封闭的多段线，则显示其面积和周长；若选择的是对开式的多段线，则显示的面积是指用直线连接首尾两端形成的封闭区域的面积。特别提醒读者注意，如果计算带宽度的多段线构成的封闭图形面积，则以此宽多段线的宽度中心决定面积范围。

（3）"增加面积（A）"选项　将 AREA 命令置为"加"模式，即把新选对象的面积加入总面积中去。

（4）"减少面积（S）"选项　将 AREA 命为置为"减"模式，即从总面积中减去新选对象的面积。

例 11-1　求一个带有两个孔的图形（见图 11-8）的面积（外轮廓线用多段线绘制）。

命令：AREA

指定第一个角点或 [对象 (O)/ 增加面积 (A)/ 减少面积 (S)]

〈对象 (O)〉：A(设置为"增加"面积的模式)

指定第一个角点或 [对象 (O)/ 减少面积 (S)]：O(以选择对象的方式进行计算)

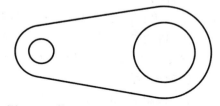

图 11-8　使用 AREA 命令求图形的面积

（"加"模式) 选择对象：(选择外层的轮廓图形)

区域 =8775737.1399，周长 =12130.4440

总面积 =8775737.1399

（"加"模式) 选择对象：(按〈Enter〉键表示"加"模式的对象选择结束)

区域 =8775737.1399，周长 =12130.4440

总面积 =8775737.1399

指定第一个角点或 [对象 (O)/ 减少面积 (S)]：S (设置为"减"面积的模式)

指定第一个角点或 [对象 (O)/ 增加面积 (A)]：O(以选择对象的方式进行计算)

（"减"模式) 选择对象：(选择内层左边的小圆)

区域 =314290.1123，圆周长 =1987.3314

总面积 =8461447.0276

（"减"模式) 选择对象：(选择内层右边的大圆)

区域 =1878090.0636，圆周长 =4858.0630

总面积 =6583356.9640

（"减"模式）选择对象：（按〈Enter〉键表示"减"模式的对象选择结束）

区域 =1878090.0636，圆周长 =4858.0630

总面积 =6583356.9640

指定第一个角点或 [对象 (O)/ 增加面积 (A)]：（按〈Enter〉键表示结束计算）

总面积 =6583356.9640

11.1.10　查询体积

〈**访问方法**〉

菜　单："工具（T）"→"查询（Q）"→"体积"选项▢。

工具栏："查询"→"距离"按钮组→"体积"按钮▢。

〈**操作过程**〉

执行该命令后，AutoCAD 出现如下提示：

命令：_MEASUREGEOM

输入选项 [距离 (D)/ 半径 (R)/ 角度 (A)/ 面积 (AR)/ 体积 (V)]〈距离〉：_volume

指定第一个角点或 [对象 (O)/ 增加体积 (A)/ 减去体积 (S)/ 退出 (X)]〈对象 (O)〉：

除了需要指定一个平面区域外，还需要指定这片区域的高度以形成体积进行查询，其余操作同查询面积类似。

11.1.11　综合查询（MEASUREGEOM 命令）

MEASUREGEOM 命令用于测量选定对象或点序列的距离、半径、角度、面积和体积，它实际上是前面所介绍五种查询命令的综合。

〈**访问方法**〉

菜　单："工具（T）"→"查询（Q）"→对应选项。

工具栏："查询"→"距离"按钮组→相应按钮。

命令行：MEASUREGEOM。

〈**操作过程**〉

执行 MEASUREGEOM 命令后，AutoCAD 出现如下提示：

输入选项 [距离 (D)/ 半径 (R)/ 角度 (A)/ 面积 (AR)/ 体积 (V)]〈距离〉：

用户可以输入相应的选项来完成对于选定对象距离、半径、角度、面积和体积的查询。

说明：MEASUREGEOM 命令可以测量选定对象或点序列的距离、半径、角度、面积和体积，其相应的功能与 DIST、AREA 和 MASSPROP 相同。

11.1.12　查询面域或三维实体的质量特性（MASSPROP 命令）

MASSPROP 命令用于查询面域或三维实体的质量特性。质量特性主要有质量、体积、边界框、质心、惯性矩、惯性积、旋转半径、主力矩与质心的 X-Y-Z 方向。

〈**访问方法**〉

菜　单："工具（T）"→"查询（Q）"→"面域 / 质量特性"选项▢。

工具栏："查询"→"面域 / 质量特性"按钮▢。

命令行：MASSPROP。

〈操作过程〉

执行 MASSPROP 命令并选择了要查询的对象后，AutoCAD 显示所选对象的质量特性及附加的质量特性等，如图 11-9 所示。

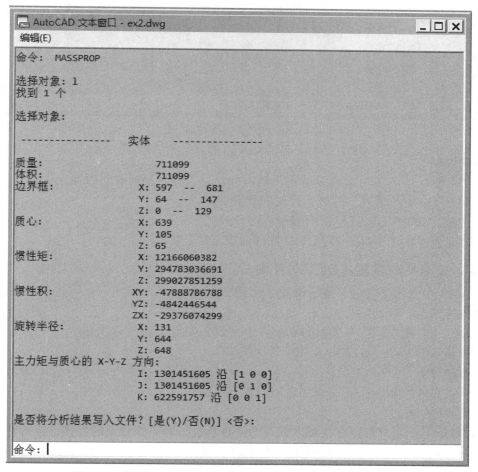

图 11-9 使用 MASSPROP 命令查询面域或三维实体的质量特性

11.1.13 查询时间和日期（TIME 命令）

TIME 命令用于显示当前的日期和时间，图形创建的日期、时间以及最后一次更新的日期和时间，此外还提供了图形在编辑器中的累计时间。

〈访问方法〉

菜　单："工具（<u>T</u>）" → "查询（<u>Q</u>）" → "时间（<u>T</u>）"选项🕒。

命令行：TIME（'TIME 用于透明使用）。

〈操作过程〉

执行 TIME 命令后，AutoCAD 将切换到文本窗口，显示如图 11-10 所示的图形的时间查询信息。

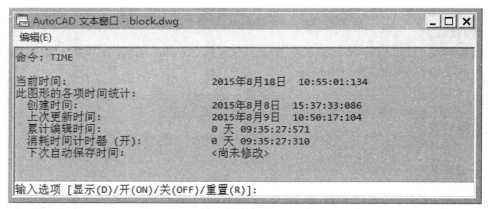

图 11-10　图形的时间查询信息

〈选项说明〉

（1）"显示（D）"选项　重新显示上述时间信息，并且更新时间内容。

（2）"开（ON）"选项　打开消耗时间计时器。

（3）"关（OFF）"选项　关闭消耗时间计时器。

（4）"重置（R）"选项　将消耗时间计时器复位清零。

11.1.14　查询系统变量（SETVAR 命令）

SETVAR 命令用于查询并重新设置系统变量。

〈访问方法〉

菜　单："工具（T）" → "查询（Q）" → "设置变量（V）"选项。

命令行：SETVAR（'SETVAR 用于透明使用）。

〈操作过程〉

执行 SETVAR 命令后，AutoCAD 将出现如下提示：

输入变量名或 [?]：

在此提示下，用户可以直接输入要查询或重新设置的系统变量的名称，进行查询或赋新值；也可以输入"?"查询当前图形系统变量的设置情况。

11.1.15　使用计算器（CAL 命令）

通过在命令行计算器中输入表达式，用户可以快速解决数学问题或定位图形中的点。

CAL 命令是一个运行三维计算器实用程序，用以计算矢量表达式（点、矢量和数值的组合）以及实数和整数表达式。计算器除执行标准数学功能外，还包含一组特殊的函数，用于计算点、矢量和 AutoCAD 几何图形。可以透明使用 CAL 命令。

1. 将 CAL 用作桌面计算器

在 AutoCAD 中可以使用 CAL 命令进行加、减、乘和除的计算。

例如，计算 100*5/2+7。

命令：CAL

〉〉表达式：100*5/2+7

257

2. 在 CAL 中使用变量

利用变量可以将计算的结果保存到内存中，直至文件被关闭。

例如，将表达式 100*5/2+7 的值存放到变量 r 中，并计算 π*r*r。

命令：CAL

》》表达式：r=100*5/2+7

257

命令：CAL

》》表达式：pi*r*r

207499.053

3. 将 CAL 作为点和矢量计算器

点用于定义在空间中的位置，而矢量用于定义空间中的方向或位移。在 CAL 命令中可以使用点的坐标或矢量参与运算。

例如，计算矢量点 A（100，200，0）与矢量点 B（200，400,0）的矢量和。

命令：CAL

》》表达式：([100,200,0]+[200,400,0])

300,600,0

注意： 二维矢量一样可参与运算，如 [100,200]+[200,400]。

4. 在 CAL 命令中使用捕捉模式

在 CAL 命令中也可以使用捕捉模式返回某特征点的坐标参与运算。以图 11-11a 中已有的两个圆的圆心连线的中点为圆心，绘制一个半径为 80 的圆，结果如图 11-11b 所示。其命令过程如下：

命令：C

CIRCLE

指定圆的圆心或 [三点 (3P)/ 两点 (2P)/ 切点、切点、半径 (T)] : 'CAL

》》》》表达式：(cen+cen)/2

》》》》选择图元用于 CEN 捕捉：(拾取左边的小圆)

》》》》选择图元用于 CEN 捕捉：(拾取右边的大圆)

正在恢复执行 CIRCLE 命令。

指定圆的圆心或 [三点 (3P)/ 两点 (2P)/ 切点、切点、半径 (T)] : 260,150,0

指定圆的半径或 [直径 (D)]〈当前值〉：80

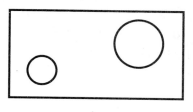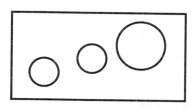

a)　　　　　　　　　　　b)

图 11-11 在 CAL 命令中使用捕捉模式绘制圆

a) 已有的两个圆　b) 绘制第三个圆的结果

5. CAL 快捷函数

表 11-1 中的快捷函数是常用表达式的快捷方式，它们结合了函数和"端点捕捉"模式。

表 11-1　CAL 命令常用快捷函数

快捷函数	快捷方式所对应的函数	说　　明
dee	dist（end,end）	两端点之间的距离
ille	ill（end,end,end,end）	四个端点确定的两条直线的交点
mee	（end+end）/2	两端点的中点
nee	nor（end,end）	XY 平面中两个端点的法向单位矢量
pldee（d）	pld（d,end,end）	由两端点确定的直线上某一距离处的点（参见 pld）
pltee（t）	plt（t,end,end）	由两点确定的直线上某一参数化位置的点（参见 plt）
vee	vec（end,end）	两个端点所确定的矢量
vee1	vec1（end,end）	两个端点所确定的单位矢量

11.2　使用 Windows 剪切、复制和粘贴功能

在 Windows 应用程序之间，利用剪贴板交换数据简单方便，且传输速度快。在 AutoCAD 2016 中，也可以使用剪贴板将信息转移到 AutoCAD、Word、PhotoShop 等应用程序中，具体操作如下：

1）选择要进行交换的图形或文字等信息。

2）将要交换的信息剪切（〈Ctrl+X〉组合键）或复制（〈Ctrl+C〉组合键）到剪贴板上。

3）将剪贴板上的信息粘贴（〈Ctrl+V〉组合键）到应用程序中。

注意：

1）在 AutoCAD 的剪贴板中只能保存一次剪切或复制的内容，以后剪切或复制的内容会覆盖以前的内容。

2）AutoCAD 对象以矢量格式复制，以 WMF（Windows 图元文件，保留信息最多的格式，其主要特点是文件非常小，可以任意缩放而不影响图像质量）格式存储在剪贴板中，在其他应用程序中将保持高分辨率。

3）对象复制到剪贴板时颜色不会改变。例如，白色对象粘贴到白色背景时不可见，因此使用时要注意设置系统变量 WMFBKGND 和 WMFFOREGND 来控制背景或前景颜色对于粘贴到其他应用程序中的图元文件对象是否透明等。

4）使用 PASTESPEC（控制数据格式的粘贴命令）命令可以将链接对象或嵌入对象从剪贴板插入图形中。如果将粘贴的信息转换为 AutoCAD 格式，对象将作为块参照插入。要编辑粘贴的信息，请使用 EXPLODE（分解）命令将块参照分解为其部件对象。将存储在剪贴板中的 Windows 图元文件转换为 AutoCAD 格式时，可能会丢失一定的比例缩放精度。要保持正确的缩放比例，请将原始图形中的对象保存为块（WBLOCK），然后使用 INSERT 命令将它们插入 AutoCAD 中。

11.3　图形文件格式的转换

在与其他格式的图形进行数据交换时，AutoCAD 可以对几种不同的图形格式进行转换，以便用户更方便地共享和使用图形数据。

11.3.1　输入数据（IMPORT 命令）

IMPORT 命令用于将不同格式的文件导入当前图形中。

〈访问方法〉

选项卡："插入"选项卡→"输入"面板→"输入"按钮 。
菜　单："文件（F）"→"输入（R）"选项，可输入的文件格式如图 11-12 所示。
　　　　"插入（I）"→相应选项，如图 11-13 所示。

命令行：IMPORT

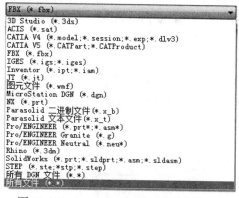

图 11-12　AutoCAD 可输入的文件格式

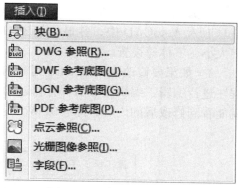

图 11-13　"插入（I）"菜单

11.3.2　输出数据（EXPORT 命令）

EXPORT 命令用于将图形文件输出为其他格式的文件。可输出的图形文件格式如图 11-14 所示。

〈访问方法〉

应用程序菜单："输出"→"输出为其他格式"选项。

选项卡："输出"选项卡→"输出为 DWF/PDF"面板。

菜　单："文件（F）"→"输出（E）"选项 。

命令行：EXPORT。

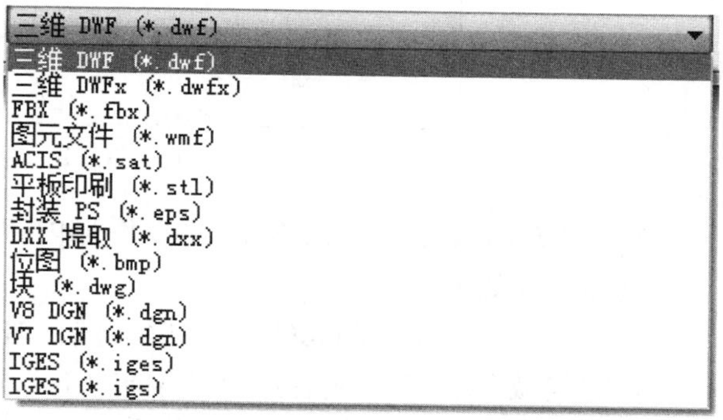

图 11-14　AutoCAD 可输出的文件格式

11.4　链接与嵌入数据

1. 链接和嵌入的概念

对象链接和嵌入技术（Object Link and Embed，OLE）是以 Windows 操作系统为平台的软件所共有的特性，因此可在不同应用软件之间传递信息以及创建包含多个应用程序的合成文档。

很多 Windows 应用程序都支持 OLE 技术。OLE 技术是将应用程序 A 的某个文件 B 中的文本、表格或图形等指定对象传送到应用程序 C 的某个文件 D 中。应用程序 A 和文件 B 分别被称为源应用程序和源文件，而应用程序 C 和文件 D 分别被称为目标应用程序和目标文件。

当一个目标文件被服务器引用程序改变时，若要确保源文件不受影响，可用 OLE 特性的嵌入（Embed）功能实现。文件被嵌入后，它就与源文件断开联系。

2. 在 AutoCAD 图形文件中嵌入 Word 文档的步骤

具体步骤如下：

1）打开指定的 Word 文档，选中需要的内容并复制到剪贴板。

2）打开要进行粘贴的 AutoCAD 图形文件，在图形窗口中右击，在弹出的快捷菜单中选择"剪贴板"→"粘贴（P）"选项（也可以直接用〈Ctrl+V〉组合键），将粘贴板中的信息嵌入 AutoCAD 中，并显示如图 11-15 所示的"OLE 文字大小"对话框，可以进行文字大小、字体等设置。

3）如果要修改嵌入的 OLE 对象内容，双击该 OLE 对象，就可以自动进入 Word 应用程序进行编辑，编辑完成后保存修改的内容，再关闭 Word 应用程序，此时在 AutoCAD 中就能看到修改后的内容，原有的 Word 文档没有发生改变。

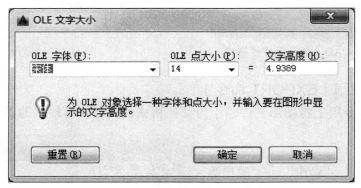

图 11-15 "OLE 文字大小"对话框

3. 在 Word 文档中嵌入 AutoCAD 图形内容的步骤

具体步骤如下：

1）打开要复制的 AutoCAD 图形文件，通过单击"默认"选项卡→"剪贴板"面板→"复制裁减"按钮或者选择"编辑（E）"菜单→"复制（C）"选项（也可以使用 COPYCLIP 命令）将图形复制到剪贴板。

2）打开要粘贴的 Word 文档，单击"开始"选项卡→"剪贴板"面板→"选择性粘贴（V）"按钮，在弹出的如图 11-16 所示的"选择性粘贴"对话框中，选择"AutoCAD Drawing 对象"形式，即可把剪贴板上的内容嵌入文档中。

3）如果要修改嵌入 Word 文档中的图形，可以在 Word 中双击该 OLE 对象，就可以自动启动 AutoCAD 应用程序进行编辑，编辑完成后直接在 AutoCAD 中保存，Word 文档中的图形会保持同步更新。

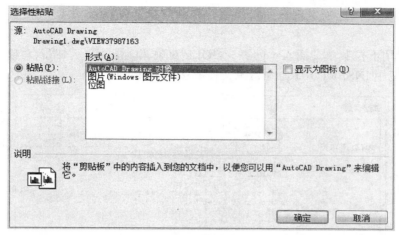

图 11-16　Word 中的"选择性粘贴"对话框

注意： 在 Word 文档中嵌入的 AutoCAD 图形内容，如果不需要再编辑，也可选用抓图软件截取并粘贴图片，这样可以很方便控制图片的大小和位置。

4. 嵌入功能的特点

嵌入功能的特点如下：

1）嵌入对象的目标文件一般比较大。

2）在目标文件中双击嵌入对象，则可以自动打开相应的源应用程序对其进行编辑，而不需要打开源文件。

OLE 链接（Link）功能与嵌入是相似的，两者唯一的区别在于链接是建立在源文件和目标文件之间的。在链接对象建立以后，用户只需要编辑源文件并存盘，就更新了所有相关的链接对象。假设将 AutoCAD 中的图形 A 分别链接到 2 个 Word 文档 B 和 C 后，再修改 A 并存盘，则文档 B 和 C 中的图形也会随之变化。具体的操作步骤如下：

1）打开 AutoCAD，编辑图形 A 并保存。

2）在 AutoCAD 中选择"编辑（E）"→"复制链接（L）"选项（也可以使用命令 COPYLINK），把当前视口中的整个图形复制到剪贴板上，关闭 AutoCAD。

3）激活 Word 文档 B，打开"编辑（E）"菜单中的"选择性粘贴（S）"对话框，选择"粘贴链接"的对象为"AutoCAD Drawing 对象"，单击 确定 按钮后，即可将剪贴板中的图形链接到文档 B 中，保存文档。

4）对 Word 文档 C 的操作同 3）。

5）如要编辑链接的图形。在文档 B 或 C 中双击链接的图形，自动打开 AutoCAD（也可以右击链接图形，在弹出的快捷菜单中选择"AutoCAD Drawing 对象（O）"→"Edit"选项）进行所需的编辑操作。用 Save 命令保存图形后退出 AutoCAD。

6）在文档 B 和 C 中可看到链接的图形被自动更新。

7）保存更新后的文档 B 和文档 C 并退出 Word。

〈命令说明〉

在 AutoCAD 中使用"链接"功能，必须使用 PASTESPEC 命令，也可以通过"默认"选项卡→"剪贴板"面板→"剪贴板"下拉菜单"编辑（E）"→"选择性粘贴（S）"

→"粘贴链接（L）"选项实现，而仅使用"粘贴"或 PASTE 命令，只能嵌入数据但不进行链接。

也可以使用下拉菜单"插入（I）"→"OLE 对象（O）" →"插入对象"对话框（见图 11-17）或使用 INSERTOBJ 命令将源文件链接到 AutoCAD 中。

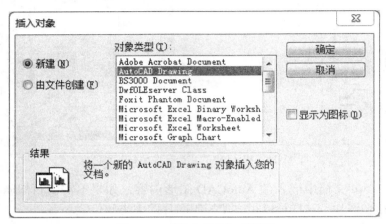

图 11-17　"插入对象"对话框

第12章

设 计 中 心

本章介绍 AutoCAD 的设计中心（Design Center），它类似于 Windows 的资源管理器，具有很强的图形信息管理功能，可以在本机或网络上浏览、查找已有的图形文件及其内部定义，并将它们统一控制在当前的交互环境中，以便用户通过简单的拖放操作，就可以实现图形信息的重用和共享。

用户通过联机设计中心可以访问互联网上数以万计的预先绘制的符号、制造商信息以及内容集成商站点。

12.1　AutoCAD 设计中心概述

12.1.1　设计中心功能

重用和共享是简化绘图过程、提高绘图效率的基本方法。设计中心为观察和重用图形内容提供了强有力的工具。它具有覆盖面广、管理层次深、专业资源丰富、使用方便等特点，是用户进行协作设计、系列设计得心应手的工具。

用户通过设计中心可以在本机、任一网络驱动器以及在互联网上浏览图形内容，无须打开图形文件，就可以快速地查找、浏览、提取和重用特定的命名对象（如图块、外部引用、光栅图像、图层、线型、标注样式等）。

用户可在设计中心创建指向常用图形、文件夹和互联网网址的快捷方式，提供访问不同位置图形内容的捷径，节省访问时间。

设计中心提供工具栏和快捷菜单，无须进行键盘操作。为方便用户查找文件，设计中心将它们分类组织为"文件夹""打开的图形"及"历史记录"三个源。

设计中心具备强大的查找功能，既能查找文件，也能查找文件内容；既能按名字查找，也能按给定的关键字、建立和修改时间等不同的条件查找。只需简单的拖放操作，就能实现图形的打开、内容的连接与插入。

12.1.2 设计中心的激活

〈访问方法〉

选项卡："视图"选项卡→"选项板"面板→"设计中心"按钮📰。"插入"选项卡→"内容"面板→"设计中心"按钮📰。

菜　单："工具（**T**）"→"选项板"→"设计中心（**D**）"选项📰。

工具栏："标准"→"设计中心"按钮📰。

命令行：ADCENTER。

ADCNAVIGATE（显示设计中心，并按指定路径浏览）。

ADCCLOSE（关闭设计中心）。

快捷键：〈Ctrl+2〉

AutoCAD 2016 的设计中心如图 12-1 所示。

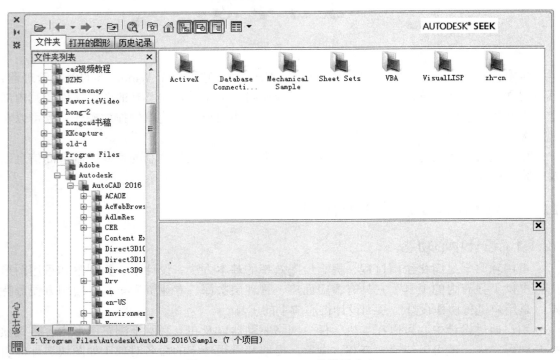

图 12-1　AutoCAD 2016 的设计中心

12.1.3 设计中心窗口界面

（1）标题栏　位于设计中心窗口的左侧，当设计中心固定时，整个设计中心窗口缩为一矩形标题条，固定在屏幕左侧或右侧，仅有"关闭"按钮、"自动隐藏"按钮和"特性"按钮。

（2）工具栏　实现显示内容切换、内容查找等各种操作的命令按钮。

（3）状态行　在设计中心窗口的底部，显示有关源的内容。

（4）工具栏和状态行之间部分被分成左、右两列，左列为树状图，右列上、中、下三个框分别为内容区域、图像框和说明框。

（5）树形图　位于左侧窗格，用于浏览指定资源的层次结构，并将选定项目的内容装入内容区域。

（6）内容区域　位于右侧窗格，以大、小图标，列表或详细说明等方式显示树状图中选定项目的内容。

（7）图像框　在内容区域的下边，显示在内容区域中所选内容的图像。

（8）说明框　在图像框的下边，显示在内容区域中所选内容的描述信息。

（9）"AUTODESK SEEK"　提供 Autodesk Seek Web 页中的内容，包括块、符号库、制造商内容和联机目录。现在仅提供英文版本的 Autodesk Seek。

12.1.4　设计中心窗口操作

1）拖动设计中心标题栏的任一部分，都能使它成为浮动窗口。拖动它越过左、右窗格区域，或双击标题栏，将使设计中心窗口固定在绘图区域的侧边。拖动设计中心右边框，可以调整设计中心窗口的大小。

2）拖动竖直分隔条可以调整树状图和内容区域的大小。内容区域的最小尺寸应能显示两列大图标。

3）拖动内容区域、图像框、说明框间的水平分隔条，可以调整它们的大小。

4）使用滚动条可以调整所在框的显示范围。

12.1.5　设计中心的工具栏和快捷菜单

设计中心的各项功能都可以通过工具栏或者快捷菜单实现。工具栏位于设计中心窗口的上部（见图 12-1），快捷菜单则可以通过在设计中心内容区域的空白处右击得到，如图 12-2 所示。

图 12-2　设计中心的快捷菜单

12.2　观察内容

使用设计中心窗口的树状图和内容区域可以方便地浏览各类资源中的项目，并将需要的内容拖放到当前图形中。

12.2.1　使用树状图

设计中心窗口左侧的树状图和三个选项卡可以帮助用户查找内容并将内容加载到内容区域中。在工具栏上单击"树状图切换"按钮⊞，可以打开或关闭树状图。

树状图打开时，将在其中列出所选源的内容及其层次结构。单击加号（+）或减号（−）（或双击项目本身）可以打开显示或折叠隐藏相关项目的下层结构。选择树状图中的项目，在内容区域中显示相应内容。

（1）"文件夹"选项卡　显示本地或网络驱动器列表、所选驱动器中的文件夹和文件列表。用户可在此选定图形的块表、层表、线型表等定制内容。

（2）"打开的图形"选项卡　列出当前在 AutoCAD 中打开的图形，如图 12-3 所示。

（3）"历史记录"选项卡　列出设计中心最近访问的 20 个位置。在显示历史记录时，内容区域被隐藏，只显示树状图，不能用"树状图切换"按钮█显示或隐藏树状图。必须切换至"文件夹"或"打开的图形"选项卡后，才能用"树状图切换"按钮█打开或关闭树状图。

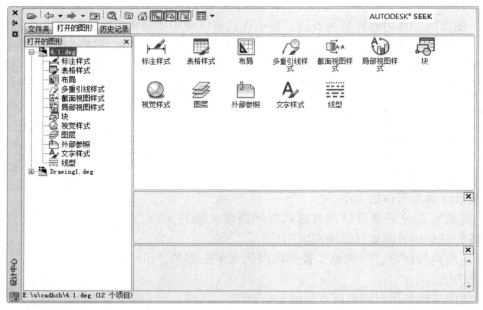

图 12-3　由"打开的图形"列表查看当前图形

单击"上一级"按钮█，将使树状目录返回到上一级，显示当前容器的上一级容器的内容，直至顶级。

12.2.2　使用内容区域

内容区域用于显示树状图中所选项目的内容，当在树状图中选择图形的块表、层表、线型表、尺寸样式表、文字样式表时，内容区域将对应显示该表定义的详细内容。预览图像和描述用于帮助插入前识别其内容。可以在内容区域中将项目添加到图形或工具选项板中。

在工具栏单击"加载"按钮█，于随即弹出的"加载"对话框中选择资源，即可将它所包含的内容装入内容区域。

内容区域显示的内容随在树状视图框中所选择项目的不同而不同，若选择驱动器或文件夹，则显示所含的文件夹和文件；若选择图形文件，则显示该图形文件中的层表、块表、外部引用表和其他内容；若选择图形文件的块表，则显示该图形中定义的所有块。若图形中含有嵌套块，则所有块定义在同一级显示。

1. 使用树状视图装入内容的步骤

1）切换至设计中心的一个选项卡，在树状图中装入所要访问的资源。

2）在树状图中选择要装入内容区域的项，该项目的内容被装入内容区域。

2. 使用"加载"对话框装入内容区域的步骤

1）单击设计中心的"加载"按钮█，系统将弹出"加载"对话框，如图 12-4 所示。

图 12-4　"加载"对话框

2）在"加载"对话框中，浏览选择要装入的文件将其打开，即将所选文件的内容装入设计中心的内容区域，同时将"文件夹"定位于该文件的层次结构。若用户进一步访问该文件的内容，则将访问路径添加到设计中心的历史记录中。

"加载"对话框的界面与打开图形时的"选择文件"对话框相同。在默认情况下，该对话框中显示本机或网络驱动器上的文件夹和文件。

12.3　使用设计中心打开图形

在设计中心中，可以采用直接打开或拖放两种方式打开选定的图形。

12.3.1　用拖放方式打开选定的图形

用拖放方式打开选定的图形的步骤如下：

1）单击当前已打开图形文件窗口右上角的"最小化"按钮，将图形窗口最小化，或选择 AutoCAD"窗口（W）"菜单的"层叠（C）"选项，以层叠方式排列各个打开的图形窗口，使 AutoCAD 空的图形区域可见，如图 12-5 所示。

2）在设计中心，将选定的图形文件拖放到 AutoCAD 空白的图形区域即可打开该图形。

〈命令说明〉

拖放时要确保 AutoCAD 空白的图形区域可见，不要将图形文件拖放到另一个已打开的图形中。如果把图形拖放到打开的图形区域，将引发插入块的对话过程，并将选定图形作为块插入到已打开的图形中。

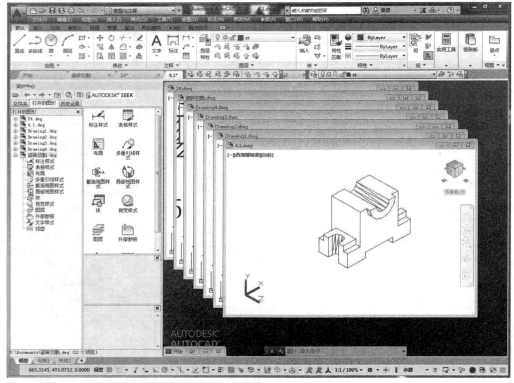

图 12-5　最小化或层叠打开的图形窗口

12.3.2　直接打开方式

在设计中心直接打开选定的图形的步骤如下：

1）在树状图中选取准备打开的图形文件所在目录。

2）在内容区域中准备打开的图形图标（或名称上）上右击，于弹出的快捷菜单中选择"在应用程序窗口打开"选项。

12.4　使用设计中心查找内容

使用设计中心的"搜索"功能，可以搜索图形文件，还可以对图形中定义的块、图层、尺寸样式、文本样式等各种内容并进行定位。"搜索"对话框提供多种条件来缩小搜索范围，包括最后修改的时间、块定义描述和在图形"属性"对话框指定的任一域中的文本。例如，当不记得图形文件名时，可以用摘要中的关键词作为搜索条件；当忘记一个块是保存在一个图形文件中，还是作为单独的图形文件保存时，可以选择查找类型为"图形和块"，在指定的范围内搜索图形文件和块。

在设计中心，单击工具栏上的"搜索"按钮；或右击树状图、内容区域背景，从弹出的快捷菜单中选择"搜索（S）"选项，均可弹出如图 12-6 所示的"搜索"对话框。

在本地驱动器或网络驱动器上查找内容的过程如下：

1）在"搜索"对话框的"搜索（K）"下拉列表框中，选择所要查找内容的类型；在"于（I）"下拉列表框中指定查找的位置。

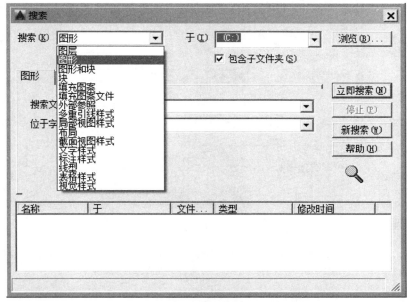

图 12-6 在 "搜索" 对话框中搜索 "图形"

"搜索（K）" 下拉列表框中可供选择的类型有 "图层" "图形" "图形和块" "块" "填充图案" "填充图案文件" "外部参照" "多重引线样式" "布局" "文字样式" "标注样式" "线型" 和 "表格样式" 等。

"搜索" 对话框以选项卡形式进一步确定搜索条件，选项卡名称及内容随用户在 "搜索（K）" 列表框中选择的类型的不同而变化。输入查找的文字时，可以输入全名，也可以使用 "*" 和 "?" 等标准通配符。

2）为进一步指定开始搜索的起始位置，可单击 浏览(B)... 按钮进行选择或输入查找路径。如果想在指定位置所包含的所有级别中进行查找，应选中 "包含子文件夹（S）" 复选框。

3）确定查找条件后，单击 立即搜索(N) 按钮开始搜索，"搜索" 对话框中即显示搜索结果。如果想查找的项在完全搜索完之前已找到，可单击 停止(P) 按钮提前结束搜索，以节省时间。

4）若要初始化新的搜索条件，则应单击 新搜索(W) 按钮清除当前设定的搜索条件。

5）若要重新利用搜索条件，则应从 "搜索文字（C）" 下拉列表框的搜索条件中选取。

符合搜索条件的项目显示在搜索结果表中。将找到的项目加入当前图形的过程参见 12.5 节。可以直接将显示在搜索结果表中的一个项装入内容区域。从搜索结果表中将项目拖动到内容区域中；或在搜索结果表的项目上右击，在弹出的快捷菜单中选择 "加载到内容区中（L）选项"，均可将找到的项目装入内容区域，如图 12-7 所示。

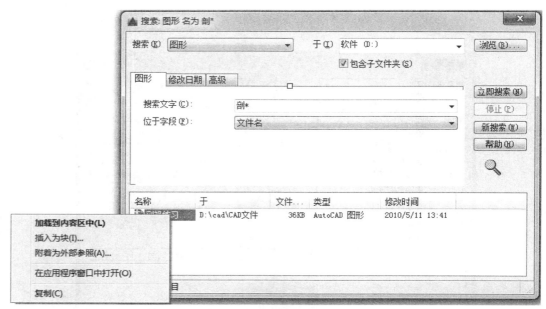

图 12-7　搜索特定条件的文件并加载到内容区中

12.5　向图形文件添加内容

使用设计中心，可以从内容区域或"搜索"对话框直接将项目拖放到打开的图形中。也可以将内容复制到剪贴板，然后再粘贴到图形中。具体使用取决于插入的内容。

12.5.1　使用设计中心插入块

块定义可以被插入指定图形中。当将块插入图形中时，块定义被复制到该图形数据库中。此后在该图中插入该块的任一实例都将引用这个块定义。借助这个特性，可以将与本专业相关的某些图形定义成块，分类建立块图形库文件（包含各种块定义的图形文件），供需要时调用。若在创建块时加上图像和说明，则更便于查找和识别。

若有命令正在被执行，则不能将块插入图形中。此时如果企图插入一个块，AutoCAD将显示此操作无效。设计中心提供如下两种将块插入图形的方法：

1. 默认比例和旋转角法

此方法使用自动比例变换，它比较当前图形和块所使用的单位，然后以二者比率为基础，进行比例变换。用户可以在"选项"对话框的"用户系统配置"选项卡的"插入比例"选项组中，指定插入图块时"源内容单位（S）"和"目标图形单位（T）"。当以自动比例变换方式从设计中心将块拖放到图形中时，块中标注的尺寸值不反映真实值。

使用默认比例和旋转角法插入块的步骤如下：

1）从内容区域或"搜索"对话框选择要插入的块，并拖放到打开的图形中。当定点设备越过图形时，块被自动变比例，并被显示。设置的任一目标抽点方式都被显示，以便相对已有的几何实体确定块的位置。

2）在准备放置块的位置，松开鼠标键。块以默认的比例和旋转角被插入。

2. 指定坐标、比例和旋转角法

使用"插入"对话框，能为所选取的块实例指定参数。其步骤如下：

1）在内容区域或者"搜索"对话框中，右击待插入块的名称或图标，从弹出的快捷菜单选择"插入块（I）"选项。

2）在"插入"对话框中输入插入点坐标、比例和旋转角度；或者选中"在屏幕上指定"复选框，插入时在屏幕上指定。

3）如要在插入时将块分解为构成它的实体，则应选中"分解（D）"复选框。

4）单击 确定 按钮，使用指定的参数插入块。

也可以直接双击所选块实现块的插入。

12.5.2 使用设计中心连接光栅图像

可以将光栅图像（例如专用标记、飞行器、人造卫星、数字电话的光栅图像）连接到图形中。光栅图像类似于外部引用，它使用特定的坐标、比例和旋转角参数进行连接。

使用设计中心连接光栅图像的步骤如下：

1）从内容区域拖动想要连接的光栅图像图标，放入 AutoCAD 中的绘图区域。

2）输入插入点、比例和旋转角的值。

12.5.3 在图形之间复制图形

可以使用设计中心浏览或定位并选择要复制的图形和块，然后在其上右击，并在弹出的快捷菜单中选择"复制（C）"选项，将块复制到剪贴板，最后在目标图形中完成从剪贴板到图形的粘贴操作。

12.5.4 复制定制内容

如同块和图形一样，可以从内容区域中将线型、尺寸样式、文本样式、布局以及其他定制内容拖放到 AutoCAD 图形区，将它们添加到打开的图形中。添加定制内容的具体对话过程取决于产生这个内容的应用。

12.5.5 在图形之间复制图层

使用设计中心可将层定义从任一图形复制到另一图形。复制层可以采用拖放复制和通过剪贴板复制两种方式进行。利用此特性，可建立包含一个项目所需要的所有标准图层的图形。在建立新图形时，使用设计中心将预定义的层复制到新图形中，既能节省时间，又能保持图形之间的一致。

注意： 复制层之前，需要首先解决层名的重复问题。

1. 拖放复制

通过拖放方式将图层复制到当前图形的步骤如下：

1）确认要添加图层的图形是打开的当前图形。

2）在内容区域或"搜索"对话框中选择一个或多个准备复制的层。

3）将层拖放到当前图形，并松开鼠标键，即可将所选的层复制到打开的图形中。

2. 剪贴板复制

通过剪贴切板方式将图层复制到当前图形的步骤如下：

1）确认要添加图层的图形是打开的当前图形。

2）在内容区域或"搜索"对话框中选择一个或多个准备复制的层。

3）右击并在弹出的快捷菜单中选择"复制（C）"选项。

4）在当前图形中右击并在弹出的快捷菜单中选择"粘贴（P）"选项。

也可以通过双击或从快捷菜单中选择"添加图层（A）"选项，拖动或复制层。

12.6　使用 Autodesk 收藏夹

在设计中心"加载"对话框的"工具（L）"下拉列表框、树状图和内容区域的快捷菜单中都有"添加到收藏夹"选项。选择它们可将访问所选内容的快捷键存入 Autodesk 收藏夹，以方便查找、访问。Autodesk 收藏夹是 Windows 收藏夹中的一个文件夹。

12.6.1　向 Autodesk 收藏夹添加项目

若要向 Autodesk 收藏夹中添加一个项目，则应在树状图或内容区域中右击所选项目，并从弹出的快捷菜单中选择"添加到收藏夹"选项。

若要将当前装入在内容区域中的所有项添加到 Autodesk 收藏夹中，则应在内容区域背景处右击并在弹出的快捷菜单中选择"添加到收藏夹"选项，则可把内容区域中的所有项被添加到 Autodesk 收藏夹。

连接到 Autodesk 收藏夹的图形文件，可以通过 Windows 的"开始"菜单的"收藏夹"选项直接打开。

12.6.2　显示收藏夹内容

有多种方法显示 Autodesk 收藏夹的内容，常用的有：

1）在 AutoCAD 设计中心单击"收藏夹"按钮，即可显示 Autodesk 收藏夹的内容。

2）右击内容区域背景，并在弹出的快捷菜单中选择"收藏夹"选项。

12.6.3　组织收藏夹内容

在内容区域处右击并从弹出的快捷菜单中选择"组织收藏夹（Z）"选项（见图 12-8），Autodesk 收藏夹将在窗口中打开。可选择多种方式显示 Autodesk 收藏夹的内容（实际上是相应文件的快捷方式），也可在其中添加、删除、组织在 Autodesk 收藏夹中的项。

图 12-8　Autodesk 收藏夹

12.6.4　使图形易于查找

可以通过添加定制的文本信息使图形易于被找到。在图形"属性"对话框中（参见 11.1.1 中的 DWGPROPS 命令），AutoCAD 能定义作者姓名、文件建立的日期等信息。用户还可以在"属性"对话框的"概要"和"自定义"选项卡设置所需属性。可以将与某一工程相关的分散在不同位置的若干个图形组织成一个组。

当使用设计中心的"搜索"对话框搜索图形时，用户可以使用为图形提供的任何文本说明进行搜索。

12.6.5 使块易于查找

"块定义"对话框包括用于添加说明文字和创建预览图像的选项。当在内容区域中选择一个块时，在说明框和图像框中将显示该块的说明文字和预览图像以帮助识别。对于需要若干个块的特定项目，可通过为这些块分别赋予相同的关键词和唯一的说明，使设计中心的"搜索"对话框能快速找到它们，并方便地识别其中的每一个。

在设计中心内容区中的块上右击，然后在弹出的快捷菜单中选择"块编辑器"选项（见图 12-9），系统将打开块所在的文件并弹出"块编写"选项板，如图 12-10 所示。

图 12-9 选择"块编辑器"选项

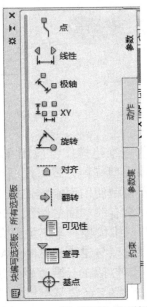

图 12-10 "块编写"选项板

第13章

三维实体造型基础

目前三维建模广泛应用在工程设计中。AutoCAD 中的三维模型有线框模型、曲面模型和实体模型三种方式。线框模型是一种轮廓模型，由直线和曲线组成，没有面和体的特征。曲面模型使用面来描述三维对象，定义了三维对象的边界和表面，具有面特征。实体模型不仅具有线和面的特征，还具有体特征，实体对象之间可以进行三维布尔运算，进而创建复杂三维模型。本书主要介绍实体建模的基本内容。

三维造型与建模是 AutoCAD 的主要功能之一，本章将具体介绍 AutoCAD 三维造型的基础知识，包括在三维造型与建模中广为使用的坐标系（世界坐标系、用户坐标系等）基本概念，介绍与这些基本概念相关的命令、功能、选项及其操作方式等。

13.1 AutoCAD 三维造型界面

1. 界面说明

在 AutoCAD2016 中进行三维实体造型之前，需要将工作空间切换到"三维建模"工作空间中。"三维建模"工作空间合集合了三维图形绘制与修改的全部命令，同时也包含了常用二维图形绘制与编辑命令，其界面如图 13-1 所示。

"三维建模"工作空间中的功能区选项卡包括"常用""实体""曲面""网格""可视化""参数化""插入""注释""视图""管理""输出""附加模块"等。其中"常用""实体""曲面""网格""可视化""参数化"等是三维建模常用的选项卡。当切换至相应的选项卡时，AutoCAD 2016 将自动在显示相关的命令面板。各命令选项卡下的命令面板如图13-2 所示。

AutoCAD 2016 同样设计了与三维造型相关的工具栏，主要有"建模""实体编辑""三维导航""视觉样式""光源""渲染""动态观察""相机调整""漫游和飞行"等工具栏，如图 13-3 所示。用户可以从"视图"选项卡中的"工具栏"面板，打开或者关闭相应的工具栏。

图 13-1　"三维建模"工作空间

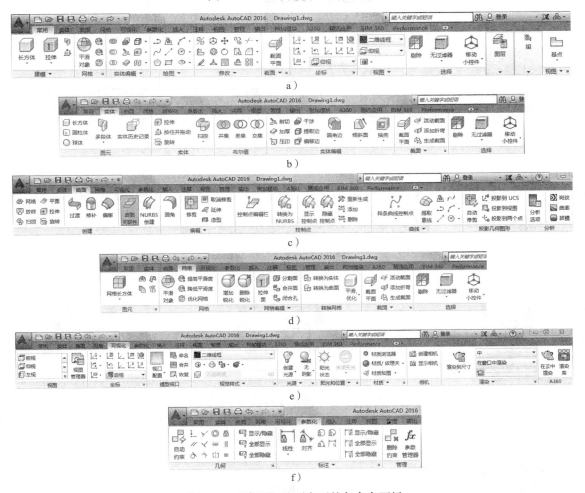

a）

b）

c）

d）

e）

f）

图 13-2　"常用"选项卡下的各命令面板

"常用"命令面板　b）"实体"命令面板　c）"曲面"命令面板

d）"网格"命令面板　e）"可视化"命令面板　f）"参数化"命令面板

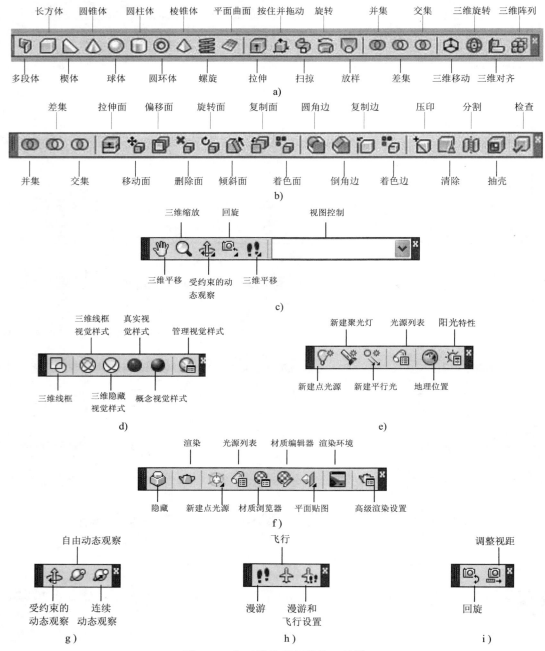

图 13-3　与三维造型相关的工具栏

a）"建模"工具栏　b）"实体编辑"工具栏　c）"三维导航"工具栏　d）"视觉样式"工具栏　e）"光源"工具栏
f）"渲染"工具栏　g）"动态观察"工具栏　h）"漫游和飞行"工具栏　i）"相机调整"工具栏

2. 三维绘图的基本术语

三维实体模型需要在三维实体坐标系下进行描述，在三维坐标下，既可以使用直角坐标和极坐标来定义点的位置，也可以使用柱坐标和球坐标来定义点的位置。在创建三位实体模型中需要了解以下基本术语：

（1）XY 平面　由当前坐标系中 X 轴和 Y 轴组成的平面，此时 Z 轴坐标为 0。在当前 UCS 平面下作图时，默认的绘图平面就是 XY 平面。

（2）Z 轴　Z 轴是一个三维坐标系的第三轴，Z 轴的方向默认条件下按照 XY 平面的右手坐标系定义。

（3）高度　高度是指 Z 轴上的坐标值，正值沿 Z 轴正向指定高度，负值沿 Z 轴负向指定高度。

（4）厚度　厚度是指 Z 轴上的长度，正值沿 Z 轴正向指定厚度，负值沿 Z 轴负向指定厚度。

（5）相机位置　在三维模型观察中，相机的位置就是视点的位置。

（6）目标点　当沿着相机观察建模对象时，聚焦的清晰点就是目标点。

（7）视线　视线是连接视点和目标点的一条假想直线。

（8）和 XY 平面的夹角　视线与其在 XY 平面的投影线之间的夹角。

（9）XY 平面角度　视线在 XY 平面上的投影线与 X 轴的夹角。

13.2　坐标系

在三维建模过程中，创建和观察三维图形需要熟练掌握三维坐标和三维坐标系，因此，了解并掌握三维坐标系以及建立正确的空间观念，是三维建模的基础。

AutoCAD 2016 提供了两种三维直角坐标系：一种是单一固定的坐标系，称为世界坐标系（World Coordinate System，WCS）；另一种是用户定义的坐标系，称为用户坐标系（User Coordinate System，UCS）。用户既可在 WCS 中作图，又可在 UCS 中作图。任何二维对象的绘制都是在当前坐标系的 *XY* 平面上。

1. 世界坐标系（WCS）

使用 AutoCAD 时，在屏幕的左下角有一个 "L" 形的坐标系图标，如图 13-4 所示。X 和 Y 分别表示 X 轴和 Y 轴的正方向，而 Z 轴则垂直于 XY 平面。WCS 是由 AutoCAD 定义且不可改变的公用坐标系，在这个坐标系中可以定义其他用户坐标系。

2. 用户坐标系（UCS）

由用户使用 UCS 命令设立的坐标系，称为用户坐标系（UCS）。该坐标系的优点在于其原点及方向可由用户指定。用户可以在 UCS 中使用二维作图的所有命令，并把它们应用于三维作图之中。在三维造型与建模中，将该坐标系与实体结合起来，会给三维图形的绘制带来极大的方便。例如，在图 13-5 所示的立方体中，如果用户想在该立方体的侧面绘制一个圆，若仅在一个固定的坐标系中完成将是很困难的。而如果采用了 UCS 坐标系，就可以很方便地解决这个问题。做法是将 UCS 原点设于图 13-5 所示立方体的 A 点，UCS 的 X、Y 轴分别与立方体的 AD、AB 边重合，即可在该坐标系中用画圆的命令绘出所希望的图形。

图 13-4　坐标系图标

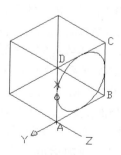

图 13-5　UCS 坐标方便作图的示例

13.3 用户坐标系命令

本节介绍 AutoCAD 2016 的用户坐标系的建立与管理。在 AutoCAD 2016 中，用户可以通过以下几种方法建立新的用户坐标系：

1）通过如图 13-6 所示的"常用"选项卡→"坐标"面板实现，或通过"可视化"选项卡→"坐标"面板实现。

2）用户可以通过对当前坐标系进行夹点操作以建立新的用户坐标系。直接使用鼠标左键点击坐标系的夹点进行设置。

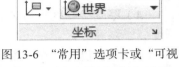

图 13-6 "常用"选项卡或"可视化"选项卡中的"坐标"面板

3）通过 VIEWCUBE 工具对 UCS 进行更改和控制。单击 VIEWCUBE 工具上的 UCS 菜单，选择"新 UCS"选项。

4）通过 UCS 工具栏或"坐标"面板实现，如图 13-7 所示。

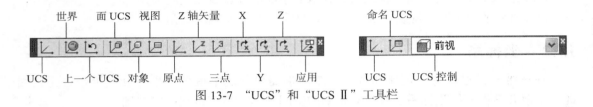

图 13-7 "UCS"和"UCS II"工具栏

13.3.1 使用用户坐标系（UCS 命令）

UCS 命令用于维护和管理用户坐标系。可由用户在世界坐标系所描述的 3D 空间中建立、存储一个用户坐标系，或删除一个已有的用户坐标系，还可对用户坐标系（UCS）进行其他操作。

〈访问方法〉

选项卡："常用"或"可视化"选项卡→"坐标"面板→"UCS"按钮 ∟。

工具栏："UCS"→"UCS"按钮 ∟。

命令行：UCS。

〈操作说明〉

执行 UCS 命令后，AutoCAD 出现如下提示：

当前 UCS 名称：* 世界 *

指定 UCS 的原点或 [面 (F)/命名 (NA)/对象 (OB)/上一个 (P)/视图 (V)/世界 (W)/X/Y/Z/Z 轴 (ZA)]〈世界〉：

〈选项说明〉

（1）"指定 UCS 的原点" 通过三点创建新的 UCS。直接选择第一点作为新 UCS 的原点，AutoCAD 出现如下提示：

指定 X 轴上的点或〈接受〉：(选择新 UCS 的 X 轴方向)

指定 XY 平面上的点或〈接受〉：(选择 XY 平面上的点，确定 XY 平面)

（2）"面（F）"选项 根据三维实体上的平面创建新 UCS，即可将 UCS 附着于三维实体的一个面上。选择该选项，AutoCAD 出现如下提示：

选择实体面、曲面或网格：

用户在面内拾取一点或单击面的边界，使该面呈加亮显示，新 UCS 附着于此面，它的 X 轴对齐所找到面最近的边，同时 AutoCAD 出现如下提示：

输入选项 [下一个 (N)/X 轴反向 (X)/Y 轴反向 (Y)]〈接受〉：

此时用户可以动态地依据子项确定 UCS 的位置。子项的含义如下：

1）"下一个"。将新 UCS 定位与邻接的面或选定的后向面。

2）"X 轴反向"。将 UCS 的 X 轴旋转 180°。

3）"Y 轴反向"。将 UCS 绕 Y 轴旋转 180°。

4）"〈接受〉"。按〈Enter〉键即可接受当前屏幕显示的
UCS。

图 13-8 为选择"面（F）"选项，并选取长方体左侧面
创建新 UCS 的情况。

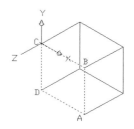

图 13-8　"面（F）"选项创建 UCS

说明："面（F）"选项只适应于三维实体的面、曲面和
网格，否则 AutoCAD 会给出"未检测到三维实体、曲面或
网格"的提示。

（3）"命名（NA）"　此选项可以根据 UCS 的名字来进行访问，AutoCAD 出现如下提示：

输入选项 [恢复 (R)/ 保存 (S)/ 删除 (D)/?] :

通过"保存（S）"选项输入新的 UCS 名称对当前 UCS 进行命名，同样可以通过"删
除（D）"选项删除已有的 UCS，通过"恢复（R）"选项直接恢复到已经保存的命名 UCS。
"?"列出已保存的 UCS 定义名称，并显示每个保存的 UCS 定义相对于当前 UCS 的原点和
X、Y 和 Z 轴。

如果当前 UCS 与 WCS 相同，则作为"世界"列出；如果当前 UCS 是自定义的但未
命名，则作为"无名称"列出。

（4）"对象（OB）"　此选项根据选择的对象创建新 UCS。它将 UCS 与选定的二维或
三维对象对齐，UCS 可与任何对象类型对齐（除了参照线和三维多段线）。其原点以及 X
轴的正方向按表 13-1 所示的规则确定，Y 轴方向符合右手定则。Z 轴的方向与对象所在的
XY 平面正交。

表 13-1　不同类型的对象原点位置及其 X 轴

对象类型	确定 UCS 的方法
直线（line）	距离选取点最近的端点为新的 UCS 原点，X 轴的选择要使直线位于新 UCS 的 XZ 平面上，直线的第二个端点在新坐标系中的 Y 坐标值为 0
圆（Circle）	圆心作为新 UCS 的原点，新 UCS 的 X 轴经过选取点
圆弧（ARC）	圆弧的圆心作为新的原点，新 UCS 的 X 轴经过距离选择点最近的一个圆弧端点
2D 多段线（Polyline）	多段线的起点作为新 UCS 的原点，X 轴在从起点到第二个顶点的连线上
区域填充（Solid）	实填充体的第一个点作为新 UCS 的原点，X 轴位于头两个点的连线上
尺寸标注（Dimension）	以标注文字的中点作为新 UCS 的原点，X 轴平行于标注该尺寸时所采用的 UCS 的 X 轴
点（Point）	该点为新 UCS 的原点，X 轴任意
宽线（Trace）	该宽线的起点为新 UCS 的原点，X 轴在其中心线上
三维面（3DFace）	三维面上的第一点为新 UCS 的原点，头两个点确定 X 轴，第一个点与第四个点确定 Y 轴的正向
形、文字、块、属性	对象的插入点为新 UCS 的原点，X 轴沿当前 UCS 的 X 轴及属性定义

选择此选项后，AutoCAD 出现如下提示：

选择对齐 UCS 的对象：

此时可依据表 13-1 选择对象即可。

（5）"上一个（P）" 恢复到前一个 UCS。最多可返回十次，因为 AutoCAD 最多能保存十个在模型空间中所定义的坐标系和十个在图纸空间中所定义的坐标系。

（6）"视图（V）" 新 UCS 的 XY 平面与垂直于观察方向的平面对齐，原点为 UCS 的原点，但 X 轴和 Y 轴分别变为水平和垂直。图 13-9 表示该选项的含义。

（7）"X/Y/Z" 将原 UCS 绕指定的坐标轴旋转指定的角度，创建新的 UCS，如图 13-10 所示。角度方向按照右手定则确定。

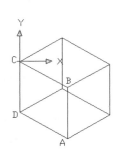

图 13-9 "视图（V）"选项创建 UCS

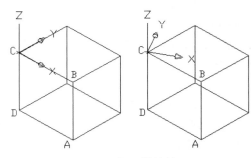

图 13-10 绕 Z 轴旋转 30°

（8）"Z 轴（ZA）" 通过确定新坐标系原点和 Z 轴正方向上的一点，在不改变 X 轴和 Y 轴方向的条件下，创建新的 UCS。选择该选项后，AutoCAD 出现如下提示：

指定新原点〈0，0，0〉：（指定新的原点）

在正 Z 轴范围上指定点〈当前值〉：（指定新 Z 轴上的一点，即原点和该点连线的方向为 Z 轴的正方向。）

注意：〈当前值〉的内容为〈新原点的 X 值，新原点的 Y 值，1〉，即 Z 轴正方向上一点的提示，若默认此值，则新的 UCS 与原坐标系各坐标轴同向；若改变此值，则新的 UCS 将相对于原坐标系产生平移和旋转变换。

（9）"〈世界〉" 该选项用于设置世界坐标系为当前坐标系统，为默认选项。

13.3.2 管理用户坐标系（UCSMAN 命令）

UCSMAN 命令是利用对话框的方式来管理和定义 UCS。

〈访问方法〉

选项卡："常用"选项卡或"可视化"选项卡→"坐标"面板→"对话框启动程序"按钮。"常用"选项卡或"可视化"选项卡→"坐标"面板→"UCSMAN"按钮。

工具栏："UCS Ⅱ"→"UCSMAN"按钮。

命令行：UCSMAN。

执行 UCSMAN 命令后，AutoCAD 将弹出"UCS"对话框。该对话框含有"命名UCS""正交 UCS"及"设置"三个选项卡。

〈选项说明〉

1."命名 UCS"选项卡

"命名 UCS"选项卡用于显示已命名的 UCS，设置当前坐标系，如图 13-11 所示。

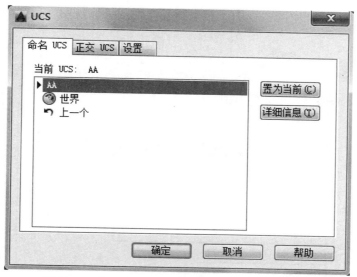

图 13-11 "UCS"对话框中的"命名 UCS"选项卡

（1）"当前 UCS" 显示设置的当前 UCS 的名字，若当前设置的 UCS 还未命名，则此处显示"未命名"。

（2）"UCS 名称列表" 列出在当前图形中定义的 UCS。若有多个视口且有多个未命名的 UCS，则列表中仅包含当前视口中未命名的 UCS。在当前 UCS 名的旁边，显示小三角图标。如果当前 UCS 未被命名，则 UNNAMED 始终是第一个条目。UCS 名称列表中始终包含"世界"，它既不能被重命名，也不能被删除。如果在当前编辑任务中为活动视口定义了其他坐标系，则下一条目为"上一个"。重复选择"上一个"和"置为当前"，可逐步返回到这些坐标系。

（3）置为当前(C)按钮 单击该按钮，将所选择的 UCS 设置为当前坐标系。

（4）详细信息(T)按钮 单击该按钮，将弹出"UCS 详细信息"对话框，如图 13-12 所示。在该对话框中，显示所选 UCS 的原点坐标及 X、Y、Z 坐标轴的方向矢量。

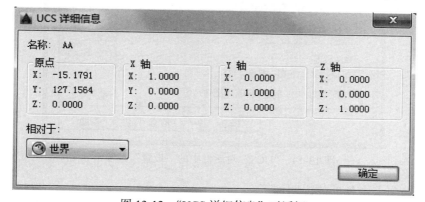

图 13-12 "UCS 详细信息"对话框

2."正交 UCS"选项卡

"正交 UCS"选项卡用于将 UCS 设置成某一正交形式，如图 13-13 所示。实际上相当于《机械制图》国家标准中的主视图、俯视图、左视图、仰视图、后视图及右视图六个基本视图的方向。

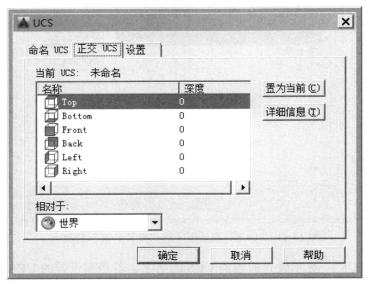

图 13-13 "UCS"对话框中的"正交 UCS"选项卡

3."设置"选项卡

"设置"选项卡用于设置 UCS 及其图标的显示、应用与保存,如图 13-14 所示。

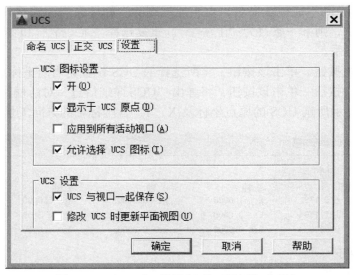

图 13-14 "UCS"对话框中的"设置"选项卡

"设置"选项卡中各项的说明如下:

(1)"UCS 图标设置"选项组 该选项组用于为当前视口设置 UCS 图标。

1)"开(O)"复选框。确定是否显示 UCS 图标。若选中该复选框,则显示 UCS 图标;否则,不显示。

2）"显示于 UCS 原点（**D**）"复选框。确定 UCS 图标是否显示在当前 UCS 的原点处。若选中该复选框，则 UCS 图标显示于原点位置；否则，显示在视口的左下角的位置。

3）"应用到所有活动视口（**A**）"复选框。确定是否将 UCS 图标设置应用于当前图形中的所有活动视口。

4）"允许选择 UCS 图标（**I**）"复选框。控制当光标移到 UCS 图标上是否图标将亮显，以及是否可以单击以选择它并访问 UCS 图标夹点。

（2）"UCS 设置"选项组　该选项组用于为当前视口设置 UCS。

1）"UCS 与视口一起保存（**S**）"复选框。确定是否与当前视口一起保存 UCS 设置。该设置保存在系统变量 UCSVP 中。

2）"修改 UCS 时更新平面视图（**U**）"复选框。若选中该复选框，则当视口中的坐标系改变时，恢复平面视图。该设置保存在系统变量 UCSFOLLOW 中。

13.3.3　用户坐标系图标（UCSICON 命令）

UCSICON 命令用于控制 UCS 图标的可见性、位置、外观和可选性。UCS 图标用于指示 UCS 轴的方向和当前 UCS 原点的位置，还用于指出当前视线相对于 UCS 的 XY 平面的方向。用户也可以采用夹点操作 UCS 图标。

〈访问方法〉

选项卡："常用"选项卡或"可视化"选项卡→"坐标"面板→"UCSICON"按钮 ⌐。"视图"选项卡→"视口工具"面板→"UCS 图标"按钮 ∠。

命令行：UCSICON。

快捷菜单：右击当前 UCS 坐标系，然后在弹出的快捷菜单中选择"UCS 图标设置"→"特性"选项 ⌐。

〈操作说明〉

执行 UCSICON 命令后，AutoCAD 将出现如下提示：

输入选项 [开 (ON)/ 关 (OFF)/ 全部 (A)/ 非原点 (N)/ 原点 (OR)/ 可选 (S)/ 特性 (P)]〈开〉：

〈选项说明〉

（1）"开（ON）"　显示 UCS 图标。

（2）"关（OFF）"　关闭 UCS 图标的显示。

（3）"全部（A）"　将当前设置应用于多重视口中所有活动视口。如果不选择此项，则 UCSICON 命令只影响当前视口。

（4）"非原点（N）"　不管 UCS 原点在何处，在视口的左下角显示 UCS 图标。

（5）"原点（OR）"　在当前 UCS 的原点（0,0,0）处显示该图标。如果原点超出视图，它将显示在视口的左下角。

（6）"可选（S）"　控制 UCS 图标是否可选并且是否可以通过夹点操作。

（7）"特性（P）"　若选择该选项，则可弹出"UCS 图标"对话框，用于设置 UCS 图标的显示特性，如图 13-15 所示。

在"UCS 图标"对话框中，可以在二维和三维图标显示样式之间选择：

（1）"二维"单选按钮　如果 UCS 与世界坐标系相同，则图标的 Y 部分会显示字母 W。如果旋转 UCS 使 Z 轴位于与观察平面平行的平面上（也就是说，如果 XY 平面对观察者而言显示为一条边），那么二维 UCS 图标样式将变成断笔图标样式 ◸。

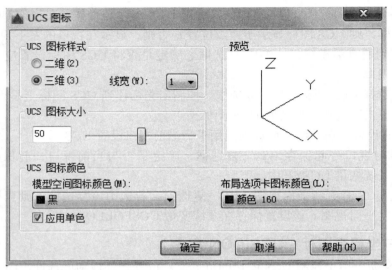

图 13-15 在 "UCS 图标" 对话框中设置图标特性

（2）"三维"单选按钮　如果当前 UCS 与 WCS 相同，并且用户正俯视 UCS（正 Z 方向），则在原点处的 XY 平面上显示一个方框。仰视 UCS 时方框消失。俯视 XY 平面时，Z 轴是实线；仰视 XY 平面时，Z 轴为虚线。

13.3.4　平面视图（PLAN 命令）

PLAN 命令用于显示 UCS 的平面视图，即视点位于（0，0，1）观察得到的图形。

〈访问方法〉

菜　单："视图（V）"→"三维视图（D）"→"平面视图（P）"→相应选项。

命令行：PLAN。

〈操作说明〉

执行 PLAN 命令后，AutoCAD 将出现如下提示：

输入选项 [当前 UCS(C)/UCS(U)/ 世界 (W)] 〈当前 UCS〉: (输入选项或按〈Enter〉键)

〈选项说明〉

（1）"当前 UCS（C）"　默认选项，生成当前 UCS 的平面视图。

（2）"UCS（U）"　修改为以前保存的 UCS 的平面视图并重生成显示。

（3）"世界（W）"　生成世界坐标系的平面视图。

13.3.5　动态 UCS

在动态 UCS 功能支持下创建对象时，UCS 的 XY 平面自动与实体模型上的平面临时对齐。在绘图过程中，通过在面的一条边上移动指针对齐 UCS，无须使用 UCS 命令。该命令结束后，UCS 将恢复到其上一个位置和方向。通过动态 UCS 能大大减少设置 UCS 的频率，提高三维造型的效率。

〈操作说明〉

下面在图 13-16a 所示模型的斜面上创建新的实体，以此来说明动态 UCS 功能支持下的对象创建过程。

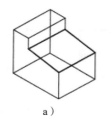
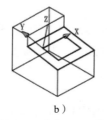
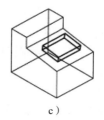

a）　　　　　　　　　b）　　　　　　　　c）

图 13-16　动态 UCS 操作

a）选定的面　b）动态 UCS 的基点和原点　c）结果

在图 13-16a 中，UCS 未与角度面对齐，需要通过动态 UCS 来绘制倾斜面上的新实体。

1）如图 13-16a 所示，UCS 未与角度面对齐。

2）在状态栏上单击"动态 UCS"按钮 或按下〈F6〉快捷键。

3）将指针完全移动到角度面上方时，角度面将呈加亮显示，这时就可以在角度面上绘制图形，如图 13-16b 所示。

4）在角度面上创建对象，结果如图 13-16c 所示。

动态 UCS 的 X 轴沿面的一条边定位，且 X 轴的正向始终指向屏幕的右半部分。

〈操作说明〉

1）可以使用动态 UCS 的命令类型如下：

①简单几何图形。直线、多段线、矩形、圆弧、圆。

②文字。文字、多行文字、表格。

③参照。插入、外部参照。

④实体。原型和 POLYSOLID。

⑤编辑。旋转、镜像、对齐。

⑥其他。UCS、区域、夹点工具操作。

2）在"动态 UCS"按钮上右击并选中"显示十字光标标签"设置在光标上显示 XYZ 标签。

3）在栅格模式和捕捉模式下，将与动态 UCS 临时对齐。

4）在面的上方移动指针时，按〈F6〉快捷键临时关闭动态 UCS。

5）动态 UCS 只能检测到实体的前向面。

6）动态 UCS 只在命令处于活动状态时才可用。

13.4　创建与编辑视口

视口是 AutoCAD 为用户提供屏幕上可用于绘制、显示图形的区域。在默认情况下，AutoCAD 把整个绘图区域作为单一的视口。用户也可以根据需要将绘图区域设置成多个视口，可以在每个视口中显示图形的不同方位，以便更清楚地描绘物体的形状。

13.4.1　以对话框形式创建平铺视口

平铺视口的各个视口平铺排列，互不重叠；在一个视口中还可以再创建视口，构成多重视口。本节介绍使用 VPORTS 命令创建平铺视口的方法。

〈**访问方法**〉

选项卡："可视化"选项卡→"模型视口"面板→"命名"按钮▣。

工具栏："视口"→"显示视口对话框"按钮▣。

菜　单："视图（V）"→"视口（V）"→"新建视口（E）"选项▣。

命令行：VPORTS。

如果当前处于模型空间，执行 VPORTS 命令后，系统将弹出如图 13-17 所示的"视口"对话框。

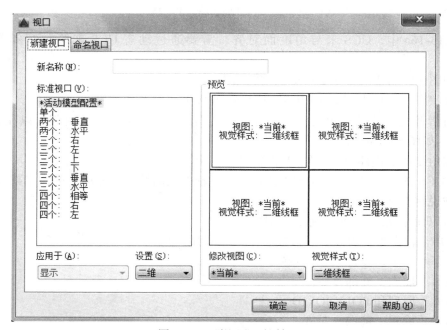

图 13-17　"视口"对话框

〈**操作说明**〉

"视口"对话框中有"新建视口"和"命名视口"两个选项卡。

1．"新建视口"选项卡

该选项卡显示标准视口配置列表，可用于配置平铺视口，如图 13-17 所示。各子选项的功能如下：

（1）"新名称（N）"文本框　用户可在此文本框中为新建的视口配置确定名称。命名的视口配置将被保存在图形中，需要时可以恢复显示。如果不输入名称，将应用视口配置但不保存，在改变视口配置后不能恢复显示。

（2）"标准视口（V）"列表框　此处列出用户可选用的标准视口配置。用户选择其中一个视口配置，将在预览中显示所选的视口配置。用户也可以直接从"可视化"选项卡→"模型视口"面板→"视口配置"按钮组中选择需要的视口配置方案，如图 13-18 所示。

（3）"预览"选项组　该选项组中显示了选定视口配置的预览图像，以及在配置中被分配到每个单独视口的默认视图。

（4）"应用于（A）"下拉列表框　该下拉列表框用于确定是将所选的视口配置应用于

整个屏幕还是应用于当前视口。它有两个选项：

1）显示。将视口配置应用于整个图形显示区，即整个模型选项卡。

2）当前视口。将视口配置应用于当前视口，即在当前视口内再创建新视口。

（5）"设置（S）"下拉列表框　该下拉列表框用于确定是进行二维还是三维设置。其选项含义如下：

1）"二维"。AutoCAD 在新创建的所有视口中均显示当前视图，即当前屏幕上显示的视图。

2）"三维"。AutoCAD 在新创建的各视口中显示某些标准配置的视图。

（6）"修改视图（C）"下拉列表框　该下拉列表框用于为选定的新视口指定视图，应先在预览区选择要修改指定视图的视口，使其边框成双线显示，再在"修改视图（C）"下拉列表框中选择标准视图或已命名的视图。

（7）"视觉样式（T）"下拉列表框　该下拉列表框用于将视觉样式应用到视口，即将显示所有可用的视觉样式。AutoCAD 2016 提供的视觉样式包括"* 当前 *""二维线框""概念""隐藏""真实"等 12 种。

2."命名视口"选项卡

"命名视口"选项卡用于显示图形中命名保存的视口配置，如图 13-19 所示。

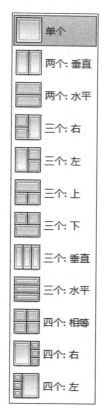

图 13-18　平铺视口的配置方案

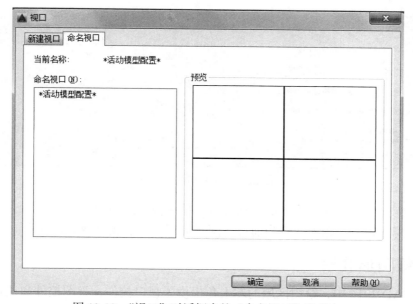

图 13-19　"视口"对话框中的"命名视口"选项卡

13.4.2 以命令行方式创建平铺视口

命令行：-VPORTS

执行 VPORTS 命令后，AutoCAD 出现如下提示：

输入选项 [保存 (S)/ 恢复 (R)/ 删除 (D)/ 合并 (J)/ 单一 (SI)/?/2/3/4/ 切换 (T)/ 模式 (MO)] 〈 3 〉：

多数选项的功能与对话框方式相同，下面仅介绍几个选项：

（1）"删除（D）"选项　删除一个已命名的视口配置。AutoCAD 进一步提示：

输入要删除的视口配置名〈无〉: (输入要清除的视口配置名称)

（2）"合并（J）"选项　将两个相邻的视口组合成一个单独的视口，所生成的视口继承主视口的视图。选择此选项后，AutoCAD 进一步提示：

选择主视口〈当前视口〉: (选择主要视口)

用户可以用空响应回答，即把当前视口作为主视口；也可以在准备选作主视口的视区中单击。确定主视口后，AutoCAD 进一步提示：

选择要合并的视口: (选择要与主视口连接的视口)

如果选择的两个视口不相邻接，或者不能形成一个矩形，AutoCAD 将显示一个错误信息，并重新给出提示。

（3）"?"选项　显示活动的视口的确切数目和屏幕位置。选择此选项后，AutoCAD 进一步提示：

输入要列出的视口配置的名称〈 * 〉:

如果按〈Enter〉键或以 " * "作答，则 AutoCAD 会列出所保存的配置或视口名称，并将屏幕切换到文本窗口，显示视口的配置信息，如图 13-20 所示。所有视口都被 AutoCAD 赋予一个标识数字（此数字不同于用户可能给视口配置的任何名称），且每一个视口都给出一个坐标位置，相应于原单一视口左下角的坐标为（0.0000,0.0000）和右上角的坐标为（1.0000，1.0000）。

```
当前配置:
id# 2
   角点: 0.5000,0.0000 1.0000,0.5000
id# 3
   角点: 0.5000,0.5000 1.0000,1.0000
id# 4
   角点: 0.0000,0.5000 0.5000,1.0000
id# 5
   角点: 0.0000,0.0000 0.5000,0.5000
配置"*Multiple":
   0.0000,0.0000 0.5000,0.5000
   0.0000,0.5000 0.5000,1.0000
   0.5000,0.5000 1.0000,1.0000
   0.5000,0.0000 1.0000,0.5000
```

图 13-20　显示视口的配置信息

（4）"切换（T）"选项　将当前活动视口与单一视口之间相互进行切换。

（5）"模式（MO）"选项　将当前视口配置应用到当前视口或直接显示。

13.5 三维图形观察

在 AutoCAD 2016 中，绘图区域的左上角提供了视口控件、视图控件和视觉样式控件，如图 13-21 所示。用户可以直接单击这些控件从弹出的菜单进行相应的设置和操作。

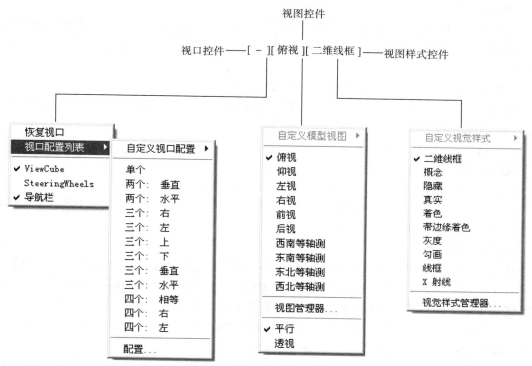

图 13-21 视口控件、视图控件和视觉样式控件及相应的菜单

13.5.1 视觉样式（VSCURRENT 命令）

视觉样式是一组设置，用来控制视口中边和着色的显示，可更改视觉样式的特性，而不是使用命令和设置系统变量。一旦应用了视觉样式或更改了其设置，就可以在视口中查看效果。

AutoCAD 2016 对于三维图形提供了"二维线框""概念""隐藏""真实""着色""带边缘着色""灰度""勾画""线框"及"X 射线"十种视觉样式，如图 13-22 所示。

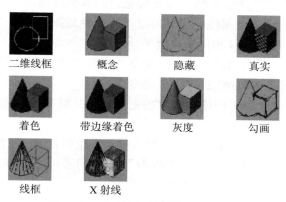

图 13-22 十种不同效果的视觉样式

1. 选择视觉样式

〈访问方法〉

选项卡：“可视化”选项卡→“视觉样式”面板→“二维线框”下拉列表框→相应的视觉样式按钮。“常用”选项卡→“视图”面板→“二维线框”下拉列表框→相应的视觉样式按钮。

控件：“视觉样式”控件菜单，如图 13-21 所示。

工具栏：“视觉样式”→“二维线框”按钮 →相应的视觉样式按钮，如图 13-3d 所示。

命令行：VSCURRENT。

〈操作说明〉

执行 VSCURRENT 命令后，AutoCAD 将出现如下提示：

输入选项 [二维线框 (2)/ 线框 (W)/ 隐藏 (H)/ 真实 (R)/ 概念 (C)/ 着色 (S)/ 带边缘着色 (E)/ 灰度 (G)/ 勾画 (SK)/X 射线 (X)/ 其他 (O)]〈当前值〉：

〈选项说明〉

视觉样式选项提供以下十种默认视觉样式，其对于模型的显示效果如图 13-23 所示。

（1）“二维线框（2）” 显示用直线和曲线表示边界的对象。光栅和 OLE 对象、线型和线宽均可见。即使系统变量 COMPASS 设置为 1，二维线框样式也不显示坐标球。

（2）“线框（W）” 显示用直线和曲线表示边界的对象。UCS 显示为着色的三维图标。可将 COMPASS 系统变量设定为 1 来查看坐标球。

（3）隐藏（H） 显示用三维线框表示的对象并隐藏表示后向面的直线。该命令和消除隐藏线命令 HIDE 的功能相似，但三维隐藏样式下的 UCS 显示为着色的三维图标。

（4）真实（R） 着色多边形平面间的对象，并使对象的边平滑化。将显示已附着到对象的材质。

（5）概念（C） 着色多边形平面间的对象，并使对象的边平滑化。着色使用古氏面样式，即一种冷色和暖色之间的过渡而不是从深色到浅色的过渡。效果缺乏真实感，但是可以更方便地查看模型的细节。

（6）着色（S） 产生平滑的着实模型。

（7）带边缘着色（E） 产生平滑、带有可见边的着色模型。

（8）灰度（G） 使用单色面颜色模式可以产生灰色效果。

（9）勾画（SK） 使用外伸和抖动产生手绘效果。

（10）X 射线（X） 更改面的不透明度使整个场景变成部分透明。

2. 视觉样式管理器（VISUALSTYLES 命令）

VISUALSTYLES 命令用于创建和修改视觉样式，并将视觉样式应用于视口。

〈访问方法〉

选项卡：“常用”→“视图”面板→“二维线框”下拉列表框→“视觉样式管理器”选项。“可视化”→“视觉样式”面板→“二维线框”下拉列表框→“视觉样式管理器”选项。“视图”→“选项板”面板→“视觉样式”按钮 。

工具栏：“视觉样式”工具栏→“管理视觉样式”按钮 。

命令行：VISUALSTYLES。

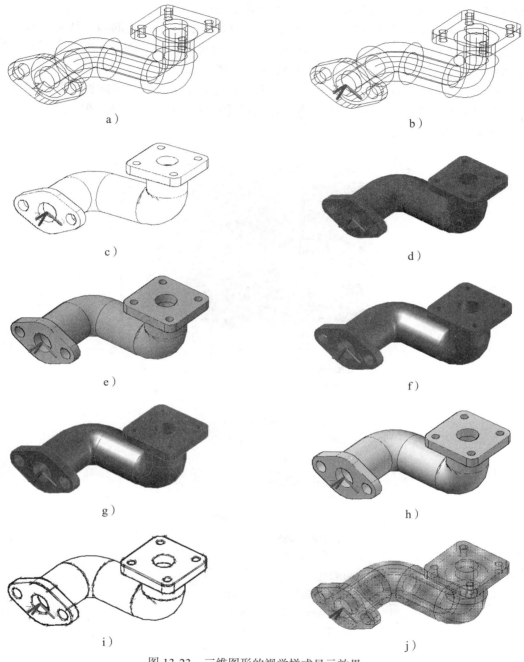

图 13-23　三维图形的视觉样式显示效果

a）二维线框　b）线框　c）隐藏　d）真实　e）概念　f）着色　g）带边缘着色　h）灰度　i）勾画　j）X 射线

执行 VISUALSTYLES 命令后，系统将弹出如图 13-24 所示的"视觉样式管理器"选项板。

〈操作说明〉

1）"视觉样式管理器"选项板中将显示图形中可用的视觉样式的样例图像。选定的视觉样式用黄色边框表示，其设置显示在样例图像下方的面板中。

2）在"视觉样式管理器"选项板中，用户可以设置选中样式的面、环境、边、光源等参数的显示样式信息，以进一步定制视觉样式。也可以单击"创建新的视觉样式"按钮 来创建视觉样式，并在参数选项区中设置相关参数。

3）选中一个视觉样式以后，单击"将选定的视觉样式应用于当前视口"按钮 ，可以将该样式应用到当前视口；单击"将选定的视觉样式输出到工具选项板"按钮 ，可以将选中的样式添加到工具选项板。

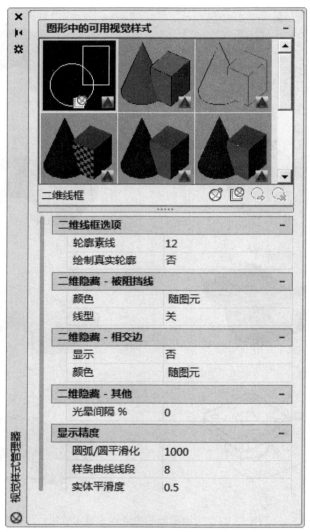

图 13-24 "视觉样式管理器"选项板

13.5.2 三维动态观察

"三维导航"（见图 13-3c）和"动态观察"工具栏（见图 13-3g）允许用户从不同的角度、高度和距离查看图形中的对象。用户可使用以下三维工具在三维视图中进行动态观察、回旋、调整距离、缩放和平移：

（1）三维动态观察　围绕目标移动。相机位置（或视点）移动时，视图的目标将保持静止。目标点是视口的中心，而不是正在查看的对象的中心。

（2）受约束的动态观察　沿 XY 平面或 Z 轴约束三维动态观察。（3DORBIT）用于在当前视口中拖动鼠标指针来动态观察模型，视图的目标位置不变，相机位置围绕该目标移动。默认情况下，观察点沿世界坐标系的 XY 平面或 Z 轴移动。

（3）自由动态观察　不参照平面，在任意方向上进行动态观察。沿 XY 平面和 Z 轴进行动态观察时，视点不受约束。（3DFORBIT）当移动鼠标时，形状随之改变，以指示视图的旋转方向。

（4）连续动态观察　连续地进行动态观察。在要使连续动态观察移动的方向上单击并拖动，然后释放鼠标按键。轨道沿该方向继续移动。（3DCORBIT）此时鼠标指针变为一个球体，在绘图区域单击并沿任何一个方向拖动鼠标指针时，对象沿着拖动的方向移动，释放鼠标按键时，对象将在指定的方向沿着轨道连续旋转。

（5）调整距离　垂直移动光标时，将更改对象的距离。可以使对象显示得较大或较小，并可以调整距离。（3DDISTANCE）

（6）回旋　在拖动方向上模拟平移相机时，查看的目标将更改。可以沿 XY 平面或 Z 轴回旋视图。（3DSWIVEL）

（7）缩放　模拟移动相机靠近或远离对象。"放大"可以放大图像。（3DZOOM）

（8）平移　启用交互式三维视图并允许用户水平和垂直拖动视图。（3DPAN）

13.5.3　ViewCube 导航工具（NAVVCUBE 命令）

ViewCube 导航工具默认显示在绘图区的右上角，是用户在处理三维模型时的导航工具。使用 ViewCube 工具，可以方便地调整三维模型的视点，例如在标准视图和等轴测视图间快速切换。

〈访问方法〉

选项卡："视图"选项卡→"视口工具"面板→"ViewCube"按钮 ⬚ 。

菜　单："视图（V）"→"显示（L）"→"ViewCube（V）"选项。

命令行：NAVVCUBE。

〈说明〉

ViewCube 导航工具非常直观地显示了 3D 导航立方体，单击该立方体的不同位置将切换到相应的视图，如图 13-25 所示。选择并拖动导航立方体上的文字，可以在同一平面上旋转到当前视图。另外，单击导航工具左上角的 🏠 按钮，系统自动回到西南等轴测视图方向。

用户还可以根据需要进行修改 ViewCube 导航工具的显示方式，右击立方体或单击右下角的 ▼ 按钮并选择"ViewCube 设置"选项，在弹出的"ViewCube 设置"对话框（见图 13-26）中用于对控制 ViewCube 工具的外观和位置进行设置。

ViewCube 导航工具以不活动状态或活动状态显示。当处于非活动状态时，它在默认情况下会显示为部分透明，以便不会遮挡模型的视图；当处于活动状态时，它是不透明的，可能会遮挡模型当前视图中的对象视图。

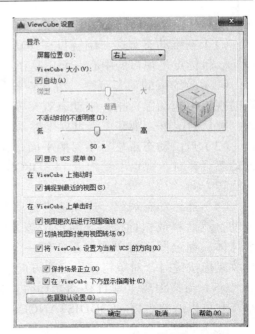

WCS ▽

图 13-25　ViewCube 导航工具

图 13-26　"ViewCube 设置"对话框

13.5.4　视图管理器（VIEW 命令）

VIEW 命令用于保存和恢复命名模型空间视图、布局视图和预设视图。

〈访问方法〉

选项卡："可视化"选项卡→"视图"面板→"视图管理器"按钮 。

菜　单："视图（**V**）"→"命名视图（**N**）"选项 。

工具栏："视图"工具栏→"视图管理器"按钮 ，如图 13-27 所示。

命令行：VIEW。

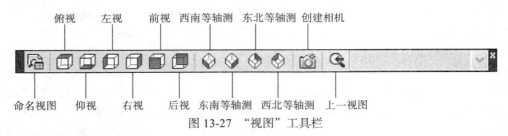

图 13-27　"视图"工具栏

〈操作说明〉

执行 VIEW 命令后，AutoCAD 将弹出如图 13-28 所示的"视图管理器"对话框。

1）用户可以将 AutoCAD 中预定义的基本视图和等轴测视图设置为当前视口中的视图。预设视图包括主视、俯视、左视、仰视、右视和后视六个基本视图和西南（SW）等轴测、东南（SE）等轴测、东北（NE）等轴测和西北（NW）等轴测视图方向，图 13-29a和图 13-29b 所示分别为俯视图和西南正等轴测图。

2）要理解等轴测视图的表现方式，请想象正在俯视盒子的顶部。如果朝盒子的左下角移动，可以从西南等轴测视图角度观察盒子；如果朝盒子的右上角移动，可以从东北等轴测视图角度观察盒子。

图 13-28　"视图管理器"对话框

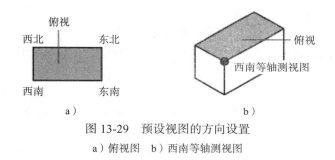

图 13-29　预设视图的方向设置

a）俯视图　b）西南等轴测视图

3）用户也可以使用下列方法快速设置当前视口中图形的视图方向。

① 选项卡。"可视化"→"视图"面板→"预设视图列表"。

② 菜单。"视图（V）"→"三维视图（D）"→相应基本视图或轴测图选项。

③ 工具栏。"视图"工具栏→相应基本视图或轴测图按钮，如图 13-27 所示。

④ 视图控件。各选项，如图 13-21 所示。

13.5.5　视点设置（VPOINT 命令）

VPOINT 命令用于设置图形的三维可视化观察方向。

使用三维观察和导航工具可以在图形中导航、为指定视图设置相机以及创建动画，以便与其他人共享设计；可以围绕三维模型进行动态观察、回旋、漫游和飞行；设置相机；创建预览动画以及录制运动路径动画。用户可以将这些分发给其他人以从视觉上传达设计意图。

视点是观察图形的方向。在观察三维实体对象时，如果使用平面坐标系，将只能够看到实体在 XY 平面上的投影。如果把视点设置在当前坐标系的左上方 / 右上方等位置，将能看到三维的立体图形，其效果如图 13-30 所示。

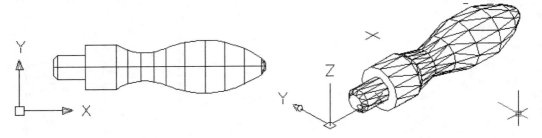

图 13-30　在平面坐标系和三维视图中不同的显示效果

（1）视点　即观察点，该点与坐标系的原点连线（视线）即为投影方向。用户定义视点需要两个要素（由角度表示）：一个为视点在 XY 面上的角度；另一个为视点与 XY 平面的角度，如图 13-31 所示。视点由 VPOINT 命令设定。

（2）构图平面　即图形的作图平面。它是当前的 WCS 或 UCS 的 XY 面。

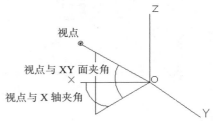

图 13-31　视点的设置与几何意义

使用 VPOINT 命令可以设置观察三维实体（图形）的观察点，该点与坐标系原点的连线即为三维实体轴测图的轴测投影（观察）方向。视点只确定方向，没有距离的含义。也就是说，在视点与原点的连线及其延长线上任选一点作为视点，对象被观察的效果均一样。

〈访问方法〉

菜　单："视图（V）"→"三维视图（D）"→"视点（V）"选项。

命令行：–VPOINT

〈操作说明〉

执行 –VPOINT 命令后，AutoCAD 将出现如下提示：

当前视图方向：VIEWDIR=–1.0000，1.0000，1.0000(当前值)

指定视点或 [旋转 (R)]〈显示指南针和三轴架〉：

〈选项说明〉

（1）"指定视点"　在当前视口上指定用户所需的任一点为视点。指定不同的视点，将在当前视口显示不同的视图，例如，指定视点（1，1，1）可得到正等轴测投影图，指定视点（0，0，1）可得到 XY 平面上的视图。

（2）"旋转（R）"　根据角度确定视点。选择该选项，AutoCAD 出现如下提示：

输入 XY 平面中与 X 轴的夹角〈当前值〉：

输入与 XY 平面的夹角〈当前值〉：

回答后，图形将重新生成，显示出从新视点位置观察到的三维图形。

（3）"〈显示指南针和三轴架〉"　选择该选项，AutoCAD 则显示如图 13-32 所示的罗盘和三维坐标轴架（显示指南针和三轴架）。

指南针是球体二维表现方式。移动十字光标时，三轴架会随着指南针指示的观察方向旋转。

使用罗盘和三维坐标轴架确定视点的方法如下：

拖动鼠标使十字光标在罗盘范围移动时，三维坐标轴架也会随之转动，三维坐标轴架转动的角度与十字光标在罗盘上的位置是一一对应的。十字光标在罗盘上的位置就确定了视点的位置。

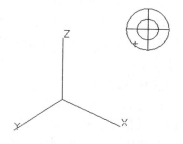

图 13-32　显示指南针和三轴架

罗盘实际上是将以原点为中心，单位长度为半径的球面，以球面与 Z 轴正方向的交点为中心"展开"的俯视投影图，用两个同心圆表示，其中心点为北极（0，0，1），内圆为赤道（n，n，0），球面与 Z 轴的另一个交点（0，0，–1）展开后位于整个外圆所示的圆周上。罗盘中的水平和垂直线代表视点在 XY 平面内与 X 轴夹角为 0°、90°、180°、270° 等。因此，当十字光标位于内圆之内时，相当于视点在球的上半个球面上；当十字光标位于内圆与外圆之间时，相当于视点在球的下半个球面上。随着十字光标的移动，视点位置和三维坐标轴架也随之变化。确定视点位置后按〈Enter〉键，AutoCAD 按该视点显示对象。

用 -VPOINT 命令设置的视点进行投影得到的是轴测投影图，而不是透视投影图。

13.5.6　视点预设（DDVPOINT 命令）

DDVPOINT 命令用于预置三维视点。

〈访问方法〉

菜　单："视图（V）"→"三维视图（D）"→"视点预设（I）"选项。

命令行：DDVPOINT 或 VPOINT。

〈操作过程〉

执行 DDVPOINT 命令后，系统将弹出"视点预设"对话框，如图 13-33 所示。

在"视点预设"对话框中，左面类似于钟表的图形用于确定视点、原点的连线在 XY 平面的投影与 X 轴正向的夹角，右面的半圆形用于确定该连线与 XY 平面的夹角。用户也可以在"自：X 轴（A）"（在 XY 平面内与

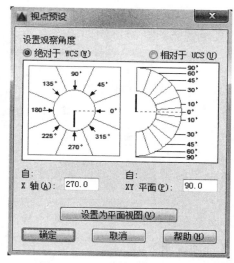

图 13-33　"视点预设"对话框

X 轴的夹角）和"自：XY 平面（P）"（与 XY 平面的夹角）两个文本框内输入相应的角度。另外，如果单击"设置为平面视图（V）"按钮，则将坐标系设置为平面视图（XY 视图）。

13.5.7　运动路径动画（ANIPATH 命令）

ANIPATH 命令用于指定运动路径动画的设置并创建动画文件。

〈访问方法〉

选项卡："可视化"→"动画"面板→"动画运动路径"按钮　。

菜　单："视图（V）"→"运动路径动画（M）"选项。

命令行：ANIPATH。

注意："动画"面板在默认情况下是隐藏的。若要显示"动画"面板，则可在三维建模工作空间中右击，再从弹出的快捷菜单中选择"可视化"→"显示面板"→"动画"选项即可。

〈操作说明〉

执行 ANIPATH 命令后，AutoCAD 将弹出如图 13-34 所示的"运动路径动画"对话框。在该对话框中，可以通过将相机及其目标链接到点或路径来控制相机运动，进而控制动画。要使用运动路径创建动画，需要将相机及其目标链接到某个点或某条路径。如果要相机保持原样，请将其链接到某个点；如果要相机沿路径运动，则将其链接到某条路径。需要注意的是，无法将相机和目标链接到同一个点。

如果要使动画视图与相机路径一致，请使用同一路径。在"运动路径动画"对话框中，将目标路径设置为"无"可以实现该目的。这也是系统的默认设置。

如果要将相机或目标链接到某条路径，必须在创建运动路径动画之前创建路径对象。路径可以是直线、圆弧、椭圆弧、圆、多段线、三维多段线或样条曲线。

图 13-34 "运动路径动画"对话框

〈选项说明〉

（1）"相机"选项组

1）如果要指定新的相机点，可以单击"拾取点"按钮 ✛，并在图形中指定点。输入点的名称后，单击 确定 按钮。

2）如果要指定新的相机路径，可以单击"路径（A）"单选按钮，并在图形中指定路径。输入路径的名称后，单击 确定 按钮。

3）要指定现有的相机点或路径，可以从相应的下拉列表框中进行选择。

（2）"目标"选项组

1）如果要指定新的目标点，可以单击"拾取点"按钮 ✛，并在图形中指定点。输入点的名称后，单击 确定 按钮。

2）如果要指定新的目标路径，可以单击"路径（T）"单选按钮，并在图形中指定路径。输入路径的名称后，单击 确定 按钮。

3）要指定现有的目标点或路径，可以从相应的下拉列表框中进行选择。

（3）"动画设置"选项组

"动画设置"选项组用于控制动画文件的输出。

1）"帧率（FPS）（F）"数值框。指定动画运行的速度，以每秒帧数为单位计量。指定范围为 1~60。默认值为 30。

2）"帧数（N）"数值框。指定动画中的总帧数。

3）"持续时间（秒）（D）"数值框。指定动画（片断中）的持续时间（以节为单位）。更改该数值时，系统将自动重新计算"帧数"值。

4）"视觉样式（V）"下拉列表框。显示可应用于动画文件的视觉样式和渲染预设的列表。

5）"格式（R）"下拉列表框。指定动画的文件格式。可以将动画保存为 AVI、MPG 或 WMV 文件格式，以便日后回放。

6）"分辨率（S）"下拉列表框。以屏幕显示单位定义生成的动画的宽度和高度。默认为 320×240。

7）"角减速（E）"复选框。如果选中该复选框，则可以使相机在转弯时以较低的速率移动。

8）"反向（E）"复选框。如果选中该复选框，则可以反转动画的方向。

（4）保存动画

调整点、路径和设置完成后，单击 预览(W)... 按钮查看动画；单击 确定 按钮保存动画。

13.6 轴测图和透视图

轴测图（见图 13-35 左侧图）是 AutoCAD 表示三维物体的方法之一，它本身是沿特定的投影方向产生的二维投影图，但该投影图能同时反映空间物体长、宽、高三个方向。因此，该投影图具有立体感，其投影方向可用 AutoCAD 的 VPOINT 等命令设置。透视图具有近大远小的视感，可用 DVIEW 等命令确定。透视图为如图 13-35 所示的右侧图。

定义平行投影和透视图（DVIEW 命令）的方法是在屏幕上围绕一个对象移动视点，随视点的变化，以平行投影的方式或透视投影的方式动态地观察所选择的三维对象。

〈访问方法〉

命令行：DVIEW

〈操作说明〉

执行 DVIEW 命令后，AutoCAD 将出现如下提示：

选择对象或〈使用 DVIEWBLOCK〉：

用户用鼠标拾取对象后，AutoCAD 将进一步提示：

输入选项

[相机 (CA)/ 目标 (TA)/ 距离 (D)/ 点 (PO)/ 平移 (PA)/ 缩放 (Z)/ 扭曲 (TW)/ 剪裁 (CL)/ 隐藏 (H)/ 关 (O)/ 放弃 (U)]：

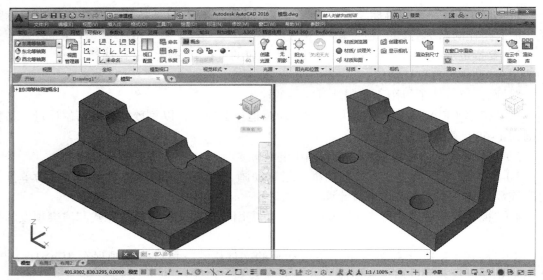

图 13-35　同一模型的轴测图（左）和透视图（右）比较

〈选项说明〉

（1）"相机（CA）"选项　将视点的观看效果设置为模拟照相机的摄像效果。选择该选项后，AutoCAD 将进一步提示：

指定相机位置，输入与 XY 平面的角度，或 [切换角度单位 (T)]〈当前值〉：

要求指定相机位置。可输入相机位置相对于 XY 平面的角度，也可以指定目标所需要旋转的角度。其中，90° 为从上往下看，−90° 为从下往上看，0° 则表示视线平行于 XY 平面。不论使用哪种方法，用户所指定的都是围绕目标上下调整视角。

接着，AutoCAD 将进一步提示：

指定相机位置，输入在 XY 平面上与 X 轴的角度，或 [切换角度起点 (T)]〈当前位置〉：

要求确定相机围绕目标在顺时针方向 180° 或逆时针方向 180° 范围内旋转的角度。可以在图形区域拾取一点确定旋转角度，也可以直接输入旋转角度。"切换角度起点（T）"选项用于在两种角度输入模式之间进行切换。

（2）"目标（TA）"选项　与"相机（CA）"选项相似，但此选项中旋转的是目标而不是相机。即相机位置保持不变，只调整在目标点上的焦距。选取该选项的提示与相机选项相似。

（3）"距离（D）"选项　沿着视线方向相对于目标移动相机，对目标对象进行透视。此选项所需要的唯一信息是从相机到目标对象之间的距离。选择此选项后，AutoCAD 进一步提示：

指定新的相机目标距离〈当前值〉：

用户可以直接在此提示下输入相机到目标的距离，也可以通过在屏幕顶端出现的滑块来调整相机到目标的距离。滑块从 0x 到 16x，表示调整的新距离为当前距离的倍数。向右移动滑块将增大相机到目标对象的距离。

（4）"点（PO）"选项　用于确定照相机与目标点的位置。选择该选项后，AutoCAD 进一步提示：

指定目标点〈当前值〉:

指定相机点〈当前值〉:

（5）"平移（PA）"选项　通过指定移动的距离和方向来移动图形，允许用户观看模型的不同部分。选择该选项后，AutoCAD 进一步提示：

指定位移基点：

指定第二点：

（6）"缩放（Z）"选项　用于缩放模型对象。此选项有透视模式打开和透视模式关闭两种方式。

1）如果当前的透视模式是打开的，则选择此选项后，AutoCAD 进一步提示：

指定焦距〈当前值〉:

要求用户调整相机的焦距。改变焦距会引起视野的变化，结果是在不改变相机和目标之间距离的情况下，使图形的可见性发生了变化。AutoCAD 的默认焦距为 50mm。

2）如果当前透视模式处于关闭状态（"关（O）"选项进行切换），则选择该选项后，AutoCAD 进一步提示：

指定缩放比例因子〈当前值〉:

要求用户输入新的缩放比例因子。缩放时，图形中心位置保持不变。

（7）"扭曲（TW）"选项　用于视图绕视线方向的旋转，即倾斜视图。角度从 0 开始，以逆时针方向度量。选择该选项后，AutoCAD 将生成一条连接屏幕显示中心与光标位置的橡皮线，并进一步提示：

指定视图扭曲角度〈当前值〉:

在此提示下，用户既可用拖动鼠标的方式确定旋转角度，也可直接输入所需要的角度。如果用拖动鼠标的方式，AutoCAD 将在状态栏中动态地显示相应的旋转角。

（8）"剪裁（CL）"选项　使用裁剪平面来剖分对象，以便于观察内部对象，或者使一些复杂对象看得更清楚。

裁剪平面是一个不可见的平面，它垂直于相机与目标之间的连线，并可插入任何位置。剪裁有"后向""前向"和"关"三个子选项。选择"后向"，将在视图上去除所有在裁剪平面之后的对象部分，即后裁剪；选择"前向"，将在视图上去除所有位于剪切面之前的对象部分，即前裁剪；选择"关"，将关闭剪裁。

（9）"隐藏（H）"选项　对选择集中的视图进行消隐以增强可视性。将圆、实体、宽线、面域、宽多段线线段、三维面、多边形网络和厚度非零的对象的挤压边视为可以隐藏对象的不透明曲面。这种隐藏线消除方式比 HIDE 命令的消除速度快，但不能打印输出。

（10）"关（O）"选项　关闭透视模式。使用"距离"选项可以打开透视视图。

（11）"放弃（U）"选项　取消最近一次的 DVIEW 操作。用户可以反复使用这个命令，将前面的多个 DVIEW 操作取消。

（12）"退出"选项　结束 DVIEW 命令并返回到"命令"提示，是 DVIEW 命令的默认选项。

需要说明的是，在 DVIEW 中，透明 ZOOM 和 PAN 命令以及滚动条不可用。如果定义透视视图，则在该视图为当前视图时，ZOOM 命令、PAN 命令、透明 ZOOM 和 PAN 命令以及滚动条不可用。

13.7　绘制三维点、线及多边形

13.7.1　三维点的输入

POINT 命令可以指定和绘制一个三维点。LINE、RAY、XLINE、SPLINE 等二维实体绘图命令都可以用于三维作图。三维点可以由点的 X、Y 和 Z 轴的坐标值（即三维笛卡儿坐标）来确定，还可用柱坐标、球坐标或采用点过滤器定义。

1. 三维点的直角坐标输入

当提示输入一个点时，输入以逗号分隔的 X、Y、Z 坐标值。可以采用绝对坐标方式，也可以采用相对坐标方式。

2. 三维点的柱坐标输入

点的柱坐标是指点距 Z 轴的距离（XY 距离）、与 X 轴的夹角及沿 Z 轴方向距原点的距离（Z 坐标）三者的组合，如图 13-36 所示。距离和夹角间用 "＜" 隔开，夹角与 Z 坐标间用逗号隔开，其格式如下：

（1）绝对坐标方式　XY 距离 ＜ X 轴夹角, Z 坐标。

（2）相对坐标方式　@XY 距离 ＜ X 轴夹角, Z 坐标。

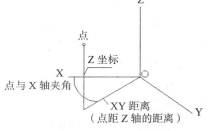

图 13-36　三维点的柱坐标输入

3. 三维点的球坐标输入

球坐标是根据新点到指定点距离、从指定点到新点的连线在当前 UCS 的 XY 面上的投影与 X 轴的夹角，该连线与当前 UCS 的 XY 平面的夹角来确定三维空间的点。三者之间以 "＜" 分隔。

各参数的含义如图 13-37 所示。例如，要指定距原点为 50，与 X 轴的夹角为 30°，与 XY 平面的夹角为 45° 的一点，则可输入 "50 ＜ 30 ＜ 45"，如用相对坐标应在坐标值前面加上 "@" 符号。

4. 点过滤器

用户还可使用点过滤器来输入点的坐标。点过滤器能够仅对某个图素（或实体）的一个坐标（如 X 坐标）进行操作，在三维绘图中，点过滤器的形式见表 13-2。

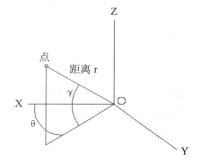

图 13-37　三维点的球坐标输入

表 13-2　点过滤器的形式

过滤器的形式	含　义
.X	系统确定 X 坐标值，并提示输入 Y, Z 坐标值
.Y	系统确定 Y 坐标值，并提示输入 X, Z 坐标值
.Z	系统确定 Z 坐标值，并提示输入 X, Y 坐标值
.XY	系统确定 X、Y 坐标值，并提示输入 Z 坐标值
.XZ	系统确定 X、Z 坐标值，并提示输入 Y 坐标值
.YZ	系统确定 Y、Z 坐标值，并提示输入 X 坐标值
.XYZ	系统确定 X、Y、Z 坐标值

13.7.2　创建三维构造线（XLINE 命令）

XLINE 命令的功能在第 2 章"二维绘图命令"中已有详细介绍。XLINE 命令可在三维空间中创建多种方位的构造线。本小节仅介绍其在三维中的用法。其命令过程如下：

命令：XLINE

指定点或 [水平 (H)/ 垂直 (V)/ 角度 (A)/ 二等分 (B)/ 偏移 (O)]：（指定构造线的起点）

指定通过点：（指定构造线通过的另一点，建立一条构造线）

指定通过点：（继续指定构造线通过的另一点，建立新的构造线；或者按〈Enter〉结束命令）

〈选项说明〉

（1）"水平（H）"和"垂直（V）" 用于绘制一条或一组过指定点，并且与当前 UCS 的 X 轴或 Y 轴平行的构造线。

（2）"角度（A）" 在过指定点且与当前 UCS 的 XY 面平行的平面上，绘制过该点且与 X 轴正方向或与指定直线在 XY 平面上的投影成给定角度的构造线。

（3）"二等分（B）" 在用户指定的三点所确定的平面内，过角顶点（用户指定的第一个点）绘制平分该角的构造线。

（4）"偏移（O）" 按给定距离或通过指定点，绘制与指定直线平行的构造线。

13.7.3　创建三维多段线（3DPOLY 命令）

3DPOLY 命令用于以实线绘制三维多段线，如图 13-38 所示。

〈访问方法〉

选项卡"常用"选项卡→"绘图"面板→"三维多段线"按钮。"曲面"选项卡→"曲线"面板→"三维多段线"按钮。

菜　单："绘图（D）"→"三维多段线（3）"选项。

命令行：3DPOLY。

其命令过程如下：

命令：3DPOLY

指定多段线的起点：（指定起点）

指定直线的端点或 [放弃 (U)]：（指定第二点）

指定直线的端点或 [闭合 (C)/ 放弃 (U)]：

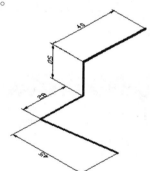

图 13-38　三维多段线

通过指定起点和端点，可绘制多段线；选择"闭合（C）"选项，用直线段闭合三维多段线；选择"放弃（U）"选项，将放弃上次的操作，回退一段。

第14章

三维实体造型与编辑

本章各节将具体介绍三维实体造型，组合实体的并、交、差集合运算，并通过实例说明单个实体造型、组合体及装配体的造型过程。这些任务均在 AutoCAD 2016 的"三维建模"工作空间（见图 13-1）和"三维基础"工作空间完成，其中"三维基础"工作空间的功能区集合了最常用的三维建模命令，主要用于简单三维模型的绘制，如图 14-1 所示。

图 14-1 "三维基础"工作空间界面

本章涉及的工具栏主要有"建模"（见图 14-2）、"实体编辑"（见图 14-3）和"三维导航"（见图 14-4）等。

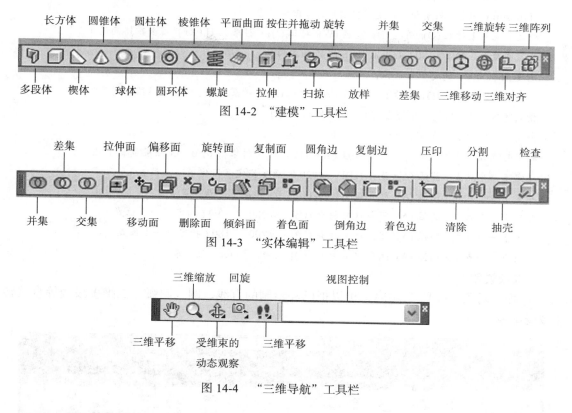

图 14-2　"建模"工具栏

图 14-3　"实体编辑"工具栏

图 14-4　"三维导航"工具栏

14.1　创建基本的实体模型

三维空间的基本实体即长方体、圆柱、圆锥、圆球和圆环等基本几何体。这些几何体是以实体模式为基础的三维模型。

14.1.1　多段体的绘制（POLYSOLID 命令）

POLYSOLID 命令用于绘制多段体，如图 14-5 所示。

〈访问方法〉

选项卡："常用"选项卡→"建模"面板→"多段体"按钮 （"三维建模"工作空间）。"实体"选项卡→"图元"面板→"多段体"按钮 （"三维建模"工作空间）。"默认"选项卡→"创建"面板→"长方体"下拉菜单→"多段体"按钮 （"三维基础"工作空间）。

菜　单："绘图（D）"→"建模（M）"→"多段体（P）"选项 。

工具栏："建模"→"多段体"按钮 。

命令行：POLYSOLID

〈操作过程〉

首先单击 ViewCube 导航工具左上角的 按钮，使观察的视角自动回到西南等轴测视图方向。

执行 POLYSOLID 命令后，AutoCAD 将出现如下提示：

_Polysolid 高度 = 当前值，宽度 = 当前值，对正 = 居中

指定起点或 [对象 (O)/ 高度 (H)/ 宽度 (W)/ 对正 (J)] 〈对象〉：H (将指定多段体高度)

指定高度〈当前值〉：80 (沿当前 UCS 的 Z 轴方向)

高度 =80.0000，宽度 = 当前值，对正 = 居中

指定起点或 [对象 (O)/ 高度 (H)/ 宽度 (W)/ 对正 (J)] 〈对象〉：W(将指定多段体宽度)

指定宽度〈当前值〉：8 (沿当前 UCS 的 X 轴方向)

高度 =80.0000，宽度 =8.0000，对正 = 居中

指定起点或 [对象 (O)/ 高度 (H)/ 宽度 (W)/ 对正 (J)] 〈对象〉：0，0，0(指定多段体起点)

指定下一个点或 [圆弧 (A)/ 放弃 (U)] : @120 < 90 (指定多段体下一点位置)

指定下一个点或 [圆弧 (A)/ 放弃 (U)] : @200 < 0 (指定下一点位置)

指定下一个点或 [圆弧 (A)/ 闭合 (C)/ 放弃 (U)] : @200 < − 90 (指定下一点位置)

指定下一个点或 [圆弧 (A)/ 闭合 (C)/ 放弃 (U)] : @200 < 180 (指定下一点位置)

指定下一个点或 [圆弧 (A)/ 闭合 (C)/ 放弃 (U)] : (按〈Enter〉键结束)

〈选项说明〉

选择"对象（O）"选项时，可以把已经绘制的直线、圆、圆弧、二维多段线等直接转换为多段体。

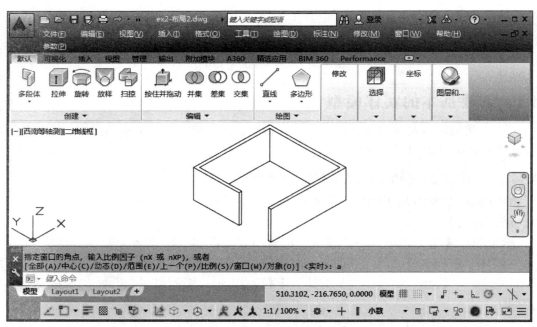

图 14-5　POLYSOLID 命令创建的多段体（消隐后）

14.1.2　长方体的绘制（BOX 命令）

BOX 命令用于创建长方体。

〈访问方法〉

选项卡："常用"选项卡→"建模"面板→"长方体"按钮（"三维建模"工作空间）。

"实体"选项卡→"图元"面板→"长方体"按钮▢（"三维建模"工作空间）。"默认"选项卡→"创建"面板→"长方体"按钮▢（"三维基础"工作空间）。

菜　单："绘图（D）"→"建模（M）"→"长方体（B）"选项▢。

工具栏："建模"→"长方体"按钮▢。

命令行：BOX。

〈操作说明〉

执行 BOX 命令后，AutoCAD 将出现如下提示：

指定第一个角点或 [中心（C）]：

〈选项说明〉

（1）"指定第一个角点"　该选项为默认项，即指定长方体的角点。选择该选项后，AutoCAD 进一步提示：

指定其他角点或 [立方体 (C)/ 长度 (L)] ：

1）"指定其他角点"。此为默认项。用户指定一点后，如果该点与第一点的 Z 坐标不同，AutoCAD 以这两点作为对角点创建长方体。如果第二点与第一点位于同一个高度，AutoCAD 进一步提示：

指定高度或 [两点 (2P)] ：(指定长方体的高度，创建长方体)

2）"立方体（C）"。创建立方体，如图 14-6 所示。选择该选项后，AutoCAD 进一步提示：

指定长度：(指定立方体边长)

3）"长度（L）"。根据长、宽、高创建立方体。选择该选项后，AutoCAD 进一步提示：

指定长度：(指定长方体的长度)

指定宽度：(指定长方体的宽度)

指定高度或 [两点 (2P)] ：(指定长方体的高度，创建长方体)

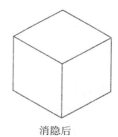

消隐前　　　　　　消隐后

图 14-6　使用 BOX 命令创建的立方体

（2）"中心（C）"　该选项用于指定与当前 UCS 的 XOY 面平行且距该坐标面最近的长方体面的中心点位置，创建长方体。选择该选项后，AutoCAD 进一步提示：

指定中心：(指定一点作为长方体的中心点)

指定角点或 [立方体 (C)/ 长度 (L)] ：

其中各选项的意义同本命令的前述子选项。

用 BOX 命令创建的长方体的各边分别与当前 UCS 的 X、Y、Z 轴平行。

输入长、宽、高时，其值可正、可负。若为正值，则表示沿相应坐标轴的正方向创建长方体；反之，则沿坐标轴的负方向创建长方体。

14.1.3　楔形体的绘制（WEDGE 命令）

WEDGE 命令用于绘制楔形体，如图 14-7 所示。

〈访问方法〉

选项卡："常用"选项卡→"建模"面板→"长方体"下拉菜单→"楔体"按钮◪（"三维建模"工作空间）。"实体"选项卡→"图元"面板→"多段体"下拉菜单→"楔体"按钮("三维建模"工作空间)。"默认"选项卡→"创建"面板→"长方体"下拉菜单→"楔体"按钮("三维基础"工作空间)。

菜　单:"绘图(D)"→"建模(M)"→"楔体(W)"选项。

工具栏:"建模"→"楔体"按钮。

命令行:WEDGE。

〈操作说明〉

执行 WEDGE 命令后,AutoCAD 将出现如下提示:

指定第一个角点或 [中心点 (C)]:(指定楔形体的角点或斜面中心)

其他各选项的含义与用 BOX 命令创建长方体时所涉及选项基本相同。指定的角点是楔形体的一个直角顶点。其"中心点(C)"选项用于指定楔形体斜面的中心。

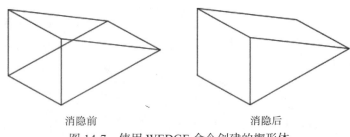

消隐前　　　　　　　　　　消隐后

图 14-7　使用 WEDGE 命令创建的楔形体

14.1.4　圆锥体的绘制(CONE 命令)

CONE 命令用于创建圆锥、圆台或椭圆锥以及椭圆台。

〈访问方法〉

选项卡:"常用"选项卡→"建模"面板→"长方体"下拉菜单→"圆锥体"按钮("三维建模"工作空间)。"实体"选项卡→"图元"面板→"多段体"下拉菜单→"圆锥体"按钮("三维建模"工作空间)。"默认"选项卡→"创建"面板→"长方体"下拉菜单→"圆锥体"按钮("三维基础"工作空间)。

菜　单:"绘图(D)"→"建模(M)"→"圆锥体(O)"选项。

工具栏:"建模"→"圆锥体"按钮。

命令行:CONE。

〈操作说明〉

执行 CONE 命令后,AutoCAD 将出现如下提示:

指定底面的中心点或 [三点 (3P)/ 两点 (2P)/ 切点、切点、半径 (T)/ 椭圆 (E)]:

〈选项说明〉

(1)"指定底面的中心点"　该选项为默认项,要求确定圆锥体底面圆中心点,用户回答后,AutoCAD 进一步提示:

指定底面半径或 [直径 (D)]:(指定圆锥底面圆的半径或直径)

指定高度或 [两点 (2P)/ 轴端点 (A)/ 顶面半径 (T)]:(指定圆锥体的高度)

1)"指定高度"。指定圆锥体高度,AutoCAD 创建轴线与当前 UCS 的 Z 轴平行的圆锥体。

2）"两点（2P）"。以所指定两个点之间的距离作为圆锥的高度。

3）"轴端点（A）"。指定轴端点，然后以底面中心与此点的连线作为轴线，创建圆锥体。

4）"顶面半径（T）"。指定圆台的顶面半径，如图 14-8 所示。其默认值为 0，即创建圆锥体。

消隐前   消隐后

图 14-8   圆台

（2）"三点（3P）"   若选择该选项，则可通过指定不在同一直线上的三个点来确定圆锥的底面圆。

（3）"两点（2P）"   若选择该选项，则可通过指定圆锥底面圆上的直径的两个端点来确定圆锥的底面圆。

（4）"切点、切点、半径（T）"   若选择该选项，则可指定具有指定半径并与两个对象相切的圆锥体的底面圆。

（5）"椭圆（E）"   该选项用于创建椭圆形锥体，选择该选项后，AutoCAD 进一步提示：

指定第一个轴的端点或 [中心 (C)]：

指定第一个轴的其他端点：

指定第二个轴的端点：

此时已经创建了底面椭圆的形状。"中心（C）"选项是先确定底面椭圆的中心，再确定椭圆的两个轴。

在确定底面椭圆形状后，确定锥高或锥顶的过程与创建圆锥体相同。圆锥体和椭圆形锥体示例如图 14-9 所示。

消隐前   消隐后

图 14-9   圆锥体和椭圆形锥体示例

14.1.5　球体的绘制（SPHERE 命令）

SPHERE 命令用于创建球体。

〈访问方法〉

选项卡："常用"选项卡→"建模"面板→"长方体"下拉菜单→"球体"按钮◎（"三维建模"工作空间）。"实体"选项卡→"图元"面板→"球体"按钮◎（"三维建模"工作空间)。"默认"选项卡→"创建"面板→"球体"按钮◉("三维基础"工作空间)。

菜　单:"绘图(D)"→"建模(M)"→"球体(S)"选项◉。

工具栏:"建模"→"球体"按钮◉。

命令行:SPHERE。

〈操作说明〉

执行 SPHERE 命令后,AutoCAD 将出现如下提示:

指定中心点或 [三点 (3P)/ 两点 (2P)]/切点、切点、半径 (T)] : (指定球心)

指定半径或 [直径 (D)] : (指定球体半径或球体直径)

〈选项说明〉

(1)"中心点" 指定球体的圆心。将创建中心轴线与当前 UCS 的 Z 轴平行、水平大圆与 XY 平面平行的球体。

(2)"三点(3P)" 通过指定不在同一直线上的三个点来确定球体的水平大圆(即赤道圆)。

(3)"两点(2P)" 通过指定圆上直径的两个端点来确定球体的水平大圆。

(4)"切点、切点、半径(T)" 定义具有指定半径并与两个对象相切的球体的水平大圆上。

用户按序回答后,AutoCAD 即完成球体的创建,如图 14-10 所示。

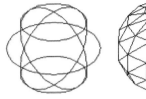

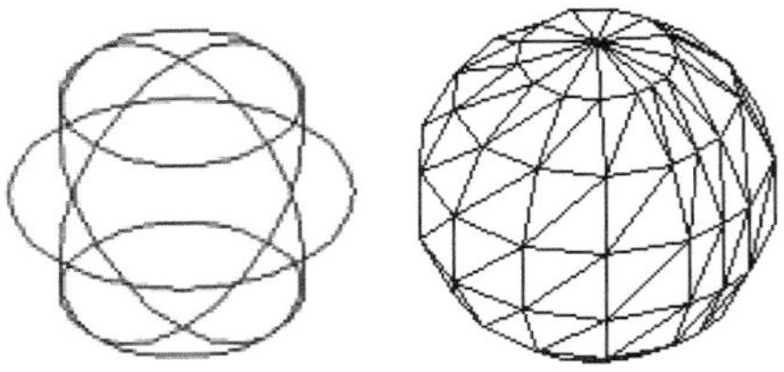

消隐前　　　　　消隐后

图 14-10　使用 SPHERE 命令绘制的球体

14.1.6　圆柱体的绘制(CYLINDER 命令)

CYLINDER 命令用于绘制两个端面与轴线垂直的圆柱体或椭圆柱体。

〈访问方法〉

选项卡:"常用"选项卡→"建模"面板→"长方体"下拉菜单→"圆柱体"按钮◉("三维建模"工作空间)。"实体"选项卡→"图元"面板→"圆柱体"按钮◉("三维建模"工作空间)。"默认"选项卡→"创建"面板→"长方体"下拉菜单→"圆锥体"按钮△("三维基础"工作空间)。

菜　单:"绘图(D)"→"建模(M)"→"圆柱体(C)"选项◉。

工具栏:"建模"→"圆柱体"按钮◉。

命令行:CYLINDER。

〈操作说明〉

执行 CYLINDER 命令后,AutoCAD 将出现如下提示:

指定底面的中心点或 [三点 (3P)/ 两点 (2P)/ 切点、切点、半径 (T)/ 椭圆 (E)] :

〈选项说明〉

1)"指定底面的中心点"。该选项为默认项,它要求指定圆柱体顶面或底面的中心点,然后 AutoCAD 进一步提示:

指定底面半径或 [直径 (D)] : (指定基面圆的半径或直径)

指定高度或 [两点 (2P)/ 轴端点 (A)] : (指定圆柱高度或轴线的另一端点)

2 ）"椭圆（E）"。该选项用于创建椭圆柱体。选择该选项后，AutoCAD 进一步提示：

指定第一个轴的端点或 [中心 (C)] : (指定底面椭圆的第一个轴的端点或中心点)

指定第一个轴的其他端点 :

指定第二个轴的端点 :

指定高度或 [两点 (2P)/ 轴端点 (A)] 〈0.7107〉 :

使用 CYLINDER 命令创建的圆柱体和椭圆柱体如图 14-11 所示。

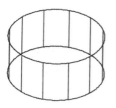   

消隐前   消隐后

图 14-11   使用 CYLINDER 命令创建的圆柱体和椭圆柱体

"三点（3P）/ 两点（2P）/ 切点、切点、半径（T）"选项与创建球体中所涉及的选项相似，此处不再一一介绍。

14.1.7 圆环体的绘制（TORUS 命令）

TOURS 命令用于绘制圆环体。

〈访问方法〉

选项卡："常用"选项卡→"建模"面板→"长方体"下拉菜单→"圆环体"按钮◎（"三维建模"工作空间）。"实体"选项卡→"图元"面板→"多段体"下拉菜单→"圆环体"按钮◎（"三维建模"工作空间）。"默认"选项卡→"创建"面板→"长方体"下拉菜单→"圆环体"按钮◎（"三维基础"工作空间）。

菜　单："绘图（D）"→"建模（M）"→"圆柱体（T）"选项◎。

工具栏："建模"→"圆环体"按钮◎。

命令行：TORUS。

〈操作说明〉

执行 TORUS 命令后，AutoCAD 将出现如下提示：

指定中心点或 [三点 (3P)/ 两点 (2P)/ 切点、切点、半径 (T)] :

指定半径或 [直径 (D)] : (指定圆环的半径或直径)

指定圆管半径或 [两点 (2P)/ 直径 (D)] : (直接指定圆管的半径或直径，或者使圆管直径等于 2P 方式下指定的两点之间的距离)

用户按序回答后，AutoCAD 即完成圆环体的创建，如图 14-12 所示。

| 消隐前 | 消隐后 |

图 14-12　使用 TORUS 命令创建的圆环体

14.1.8　棱锥体的绘制（PYRAMID 命令）

PYRAMID 命令用于创建棱锥或棱台。

〈访问方法〉

选项卡："常用"选项卡→"建模"面板→"长方体"下拉菜单→"棱锥体"按钮 （"三维建模"工作空间）。"实体"选项卡→"图元"面板→"多段体"下拉菜单→"棱锥体"按钮（"三维基础"工作空间）。"默认"选项卡→"创建"面板→"长方体"下拉菜单→"棱锥体"按钮（"三维基础"工作空间）。

菜　单："绘图（D）"→"建模（M）"→"棱锥体（Y）"选项。

工具栏："建模"→"棱锥体"按钮。

命令行：PYRAMID。

〈操作说明〉

执行 PYRAMID 命令后，AutoCAD 将出现如下提示：

n 个侧面　外切

指定底面的中心点或 [边 (E)/ 侧面 (S)]：(同 POLYGON 命令相似的方法创建棱锥的底面正多边形)

指定底面半径或 [内接 (I)]：

指定高度或 [两点 (2P)/ 轴端点 (A)/ 顶面半径 (T)]：

通过输入不同的参数可以创建面数不同的棱锥体，也可以创建棱台。棱锥体的绘制方法和圆锥体的方法类似，其绘制效果如图 14-13 所示。

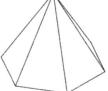

| 消隐前 | 消隐后 |

图 14-13　棱锥体和棱锥台

〈说明〉

1）使用 PYRAMID 命令创建的棱锥（或棱台）为正棱锥（或正棱台）。

2）可以建立侧面数为 3~32 的棱锥或棱台。

3）"指定高度或 [两点（2P）/ 轴端点（A）/ 顶面半径（T）]"等各选项的含义与用 CONE 命令创建圆锥体时所涉及选项的含义基本相同，在此不再重复。

14.1.9　三维螺旋线的绘制（HELIX 命令）

HELIX 命令用于绘制三维螺旋线，如图 14-14 所示。

〈访问方法〉

选项卡："默认"选项卡→"绘图"面板→"螺旋"按钮
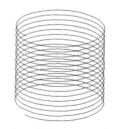。（"草图与注释"工作空间）

菜　单："绘图（D）"→"螺旋（I）"选项 。

工具栏："建模"→"螺旋"按钮 。

命令行：HELIX。

图 14-14　使用 HELIX 命令创
建三维螺旋线

〈操作说明〉

执行 HELIX 命令后，AutoCAD 将出现如下提示：

圈数 = 当前值　　扭曲 =CCW

指定底面的中心点：

指定底面半径或 [直径 (D)]〈当前值〉：90

指定顶面半径或 [直径 (D)]〈90.0000〉：(按〈Enter〉键接受当前值)

指定螺旋高度或 [轴端点 (A)/ 圈数 (T)/ 圈高 (H)/ 扭曲 (W)]〈当前值〉：T

输入圈数〈当前值〉：16

指定螺旋高度或 [轴端点 (A)/ 圈数 (T)/ 圈高 (H)/ 扭曲 (W)]〈当前值〉：180

〈命令说明〉

1）在使用 SWEEP 命令创建三维实体时，可以指定预先创建的三维螺旋作为路径。例如，可以沿着螺旋路径来扫掠圆，就可以创建弹簧实体模型。

2）如果指定同一个值作为底面半径和顶面半径，将创建圆柱形螺旋。顶面半径的默认值是底面半径的值。不能指定底面半径和顶面半径的数值同时为 0。

3）如果指定不同的值作为顶面半径和底面半径，将创建圆锥形螺旋。

4）如果指定的高度值为 0，则将创建扁平的二维螺旋。

5）螺旋是真实螺旋的样条曲线近似。长度值可能不十分准确。然而，当使用螺旋作为扫掠路径时，结果值将是准确的（忽略近似值）。

14.2　创建复杂的实体模型

除了一些基本的三维实体模型以外，在 AutoCAD 2016 中，也可以使用拉伸、旋转、扫掠、放样等方法通过二维封闭的图形对象或者面域来建立更为复杂的实体模型。创建二维面域参见 2.16 创建面域（REGION 命令）的有关内容。

14.2.1　用拉伸法创建三维实体（EXTRUDE 命令）

用拉伸法创建实体，是将二维对象通过拉伸（增加新的一维）创建三维的实体或曲面。拉伸过程中，可以指定拉伸的厚度（即高度），也可以使二维对象截面沿拉伸方向改变面积（按指定的拉伸角度拉伸）。更为重要的是，用户还可以沿着指定的路径拉伸对象。

而路径可以是封闭的，也可以是不封闭的。

在 AutoCAD 2016 中，可以拉伸的二维对象包括圆、封闭的多段线、多边形、椭圆、封闭的样条曲线、面域（REGION）、圆环等。拉伸的路径可以是二维的，也可以是三维的。

EXTRUDE 命令的功能就是通过拉伸现有的二维对象（部分是由 REGION 命令所产生的二维封闭区域构成）创建三维的实体或曲面。

〈访问方法〉

选项卡："常用"选项卡→"建模"面板→"拉伸"按钮 ("三维建模"工作空间)。"实体"选项卡→"实体"面板→"拉伸"按钮 ("三维建模"工作空间)。"曲面"选项卡→"创建"面板→"拉伸"按钮 ("三维建模"工作空间)。"默认"选项卡→"创建"面板→"拉伸"按钮 ("三维基础"工作空间)。

菜　单："绘图（D）"→"建模（M）"→"拉伸（X）"选项 。

工具栏："建模"→"拉伸"按钮 。

命令行：EXTRUDE。

〈操作说明〉

执行 EXTRUDE 命令后，AutoCAD 将出现如下提示：

当前线框密度：ISOLINES=4，闭合轮廓创建模式 = 当前值 (实体或曲面)

选择要拉伸的对象或 [模式 (MO)] : MO (准备设置闭合轮廓时的对象创建模式)

闭合轮廓创建模式 [实体 (SO)/ 曲面 (SU)]〈实体〉：SO(设置闭合轮廓创建模式为实体)

选择要拉伸的对象或 [模式 (MO)] : (选择要拉伸的对象，按〈Enter〉键结束对象选择)

指定拉伸高度或 [方向 (D)/ 路径 (P)/ 倾斜角 (T)/ 表达式 (E)]〈默认值〉：

〈选项说明〉

1）"模式（MO）"。该选项用于控制当要拉伸的对象是封闭的轮廓时创建实体还是曲面。

2）"指定拉伸高度或 [方向（D）/ 路径（P）/ 倾斜角（T）/ 表达式（E）]"。

① "指定拉伸高度"。若指定的距离值为正，则沿着 Z 轴的正向拉伸；反之，将沿着 Z 轴的负向拉伸。

② "方向（D）"。要求用户用两个指定点确定拉伸的长度和方向，且方向不能与拉伸对象所在的平面平行。

③ "路径（P）"。则要求用户指定路径，所有选择集中的拉伸对象都将沿着指定路径进行拉伸，形成实体，如图 14-15 所示。沿路径拉伸时不提示锥角。可以用作路径的二维和三维对象有直线、圆、圆弧、椭圆、椭圆弧、多段线或样条曲线。路径不能与对象处于同一平面，也不能具有高曲率的部分。拉伸始于对象所在平面并保持其方向相对于路径垂直。如果路径包含不相切的线段，那么程序将沿每个线段拉伸对象，然后沿线段形成的角平分面斜接接头。如果路径是封闭的，那么对象应位于斜接面上。这允许实体的起点截面和端点截面相互匹配。如果对象不在斜接面上，那么将旋转对象直到其位于斜接面上。

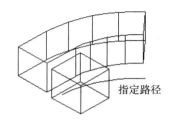

指定路径

图 14-15　按指定的路径拉伸对象

④ "倾斜角（T）"。指定拉伸的倾斜角。正角度表示从基准对象逐渐变细地拉伸，负角度则表示从基准对象逐渐变粗地拉伸。默认角度为 0°，表示在与二维对象所在平面垂直的方向上进行拉伸。所有选定的对象和环都将倾斜到相同的角度。当要求指定拉伸的倾斜角度时，若指定一个在 –90° ~90° 的非零值，则对象截面发生变化；否则，截面不变，如图 14-16 所示。

⑤ "表达式（E）"。输入公式或方程式以指定拉伸的高度。

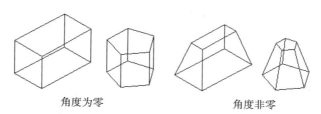

角度为零　　　　　　　　角度非零

图 14-16　指定拉伸距离和倾斜角拉伸

　　例 14-1　将使用 LINE、CIRCLE、ARC 命令绘制的图形，用 REGION 命令创建二维封闭区域，用 EXTRUDE 命令进行拉伸，如图 14-17 所示。

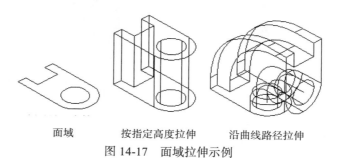

面域　　　　　按指定高度拉伸　　　沿曲线路径拉伸

图 14-17　面域拉伸示例

14.2.2　按住并拖动有限区域的方法建立或修改三维实体

　　在三维建模过程中，可以按住并拖动有限的区域来建立或修改三维的实体模型。AutoCAD 将根据拖动的方向对已建实体进行修改。拖动的区域必须是由共面直线或边围成的区域。

〈访问方法〉

　　选项卡："常用"选项卡→"建模"面板→"按住并拖动"按钮（"三维建模"工作空间）。"实体"选项卡→"实体"面板→"按住并拖动"按钮（"三维建模"工作空间）。"默认"选项卡→"编辑"面板→"按住并拖动"按钮（"三维基础"工作空间）。

　　工具栏："建模"→"按住并拖动"按钮。

　　命令行：PRESSPULL。

〈操作说明〉

　　执行 PRESSPULL 命令后，AutoCAD 将出现如下提示：

单击有限区域以进行按住或拖动操作

〈命令说明〉

可以按住并拖动以下任一类型的有限区域：

1）任何可以通过以零间距公差拾取点来填充的区域。

2）由交叉共面和线性几何体（包括边和块中的几何体）围成的区域。

3）由共面顶点组成的闭合多线段、面域、三维面和二维实体。

4）由与三维实体的任何面共面的几何体（包括面上的边）创建的区域。

例 14-2   用多段体命令 POLYSOLID 创建多段体，按住〈Ctrl〉键单击鼠标左键，则可看到多段体的单个面被加亮显示，这时单击红色圆点就可拖动面域进行修改，如图 14-18 所示。

图 14-18   按〈Ctrl〉键选定单面进行拖动修改

14.2.3   用扫掠法创建三维实体（SWEEP 命令）

SWEEP 命令通过沿开放或闭合的二维或三维路径扫掠开放或闭合的平面曲线（轮廓）来创建新实体或曲面。 SWEEP 命令可以扫掠多个对象，但前提是这些对象必须位于同一平面中。

如果沿一条路径扫掠闭合的曲线，则创建实体；如果沿一条路径扫掠开放的曲线，则创建曲面。

〈访问方法〉

选项卡："常用"选项卡→"建模"面板→"扫掠"按钮（"三维建模"工作空间）。"实体"选项卡→"实体"面板→"扫掠"按钮（"三维建模"工作空间）。"曲面"选项卡→"创建"面板→"扫掠"按钮（"三维建模"工作空间）。"默认"选项卡→"创建"面板→"扫掠"按钮（"三维基础"工作空间）。

菜　单："绘图（D）"→"建模（M）"→"扫掠（P）"选项。

工具栏："建模"→"扫掠"按钮。

命令行：SWEEP。

〈操作过程〉

先绘制一条三维的扫掠路径或曲线和二维的扫掠截面，如图 14-19 所示。

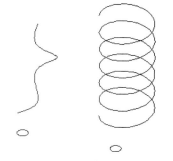

图 14-19   扫掠路径曲线和扫掠截面

执行 SWEEP 命令后，AutoCAD 出现如下提示：

当前线框密度：ISOLINES=4，闭合轮廓创建模式 = 当前值 (实体或曲面)

选择要扫掠的对象或 [模式 (MO)] : MO (准备设置闭合轮廓时的对象创建模式)

闭合轮廓创建模式 [实体 (SO)/ 曲面 (SU)] 〈实体〉: SO (设置闭合轮廓的创建模式为实体)

选择要扫掠的对象或 [模式 (MO)] : (选择左下角的圆作为要扫掠的对象后按〈Enter〉键结束选择)

选择扫掠路径或 [对齐 (A)/ 基点 (B)/ 比例 (S)/ 扭曲 (T)] : T(设置被扫掠对象的扭曲角度)

输入扭曲角度或允许非平面扫掠路径倾斜 [倾斜 (B)/ 表达式 (EX)] 〈倾斜〉: B(指定扫掠对象沿三维扫掠路径自然倾斜)

选择扫掠路径或 [对齐 (A)/ 基点 (B)/ 比例 (S)/ 扭曲 (T)] : (选择 3D 曲线作为扫掠路径)

执行上述命令以后，将建立如图 14-20 所示的扫掠实体（右侧图的扫掠路径为三维螺旋线）。

〈说明〉

1）在扫掠对象创建三维实体时，可能会扭曲或缩放扫掠对象，可以在选择扫掠轮廓后，使用"特性"选项板来指定轮廓的特性如轮廓旋转、沿路径缩放、沿路径扭曲和倾斜（自然旋转），然后再选择扫掠路径，避免因为自交等原因导致扫掠失败。

2）在使用扫掠法建立三维实体的过程中，可用作扫掠轮廓的对象和扫掠路径的对象见表 14-1。

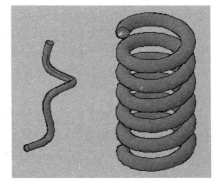

图 14-20　用扫掠法创建的实体

表 14-1　可用作扫掠轮廓和扫掠路径的对象

扫掠轮廓对象	扫掠路径对象
直线	直线
圆弧	圆弧
椭圆弧	椭圆弧
二维多段线	二维多段线
二维样条曲线	二维样条曲线
圆	圆
椭圆	椭圆
三维面	二维样条曲线
二维实体	三维多段线
宽线	螺旋线
面域	实体或曲面的边
平曲面	
实体的平面	

14.2.4　用旋转法创建三维实体（REVOLVE 命令）

REVOLVED 命令用旋转的方法来建造三维的回转体。可以作为二维旋转的对象包括封闭的多段线、多边形、圆、椭圆、封闭的样条曲线、区域和圆环等。

〈访问方法〉

选项卡："常用"选项卡→"建模"面板→"旋转"按钮 🖳 （"三维建模"工作空间）。

"实体"选项卡→"实体"面板→"旋转"按钮 🗊 ("三维建模"工作空间)。"曲面"选项卡→"创建"面板→"旋转"按钮 🗊 ("三维建模"工作空间)。"默认"选项卡→"创建"面板→"旋转"按钮 🗊 ("三维基础"工作空间)。

菜　　单："绘图（D）"→"建模（M）"→"旋转（R）"选项 🗊。

工具栏："建模"→"旋转"按钮 🗊。

命令行：REVOLVE。

〈操作说明〉

执行 REVOLVED 命令后，AutoCAD 将出现如下提示：

当前线框密度：ISOLINES=4，轮廓创建模式 = 实体当前值（实体或曲面）

选择要扫掠的对象或 [模式 (MO)]：MO（准备设置闭合轮廓时的对象创建模式）

闭合轮廓创建模式 [实体 (SO)/ 曲面 (SU)]〈实体〉：SO(设置闭合轮廓的创建模式为实体)

选择对象或 [模式 (MO)]：（选择要旋转的对象，并按〈Enter〉键或空格键结束选择）

指定轴起点或根据以下选项之一定义轴 [对象 (O)/X/Y/Z]〈对象〉：

〈选项说明〉

（1）"模式（MO）"　该选项用于控制所创建的旋转对象是实体还是曲面。

（2）"指定轴起点"　此为默认项，要求指定旋转轴的起点，轴的正方向从第一点指向第二点。指定第一点后，AutoCAD 要求指定轴的另一端点后提示：

指定旋转角度或 [起点角度 (ST)/ 反转 (R)/ 表达式 (EX)]〈360〉：（输入旋转角度，默认值为 360°）

1）"起点角度（ST）"。为从旋转对象所在平面开始的旋转指定偏移。可以拖动光标以指定和预览对象的起点角度。

2）"反转（R）"。更改旋转方向。

3）"表达式（EX）"。输入公式或方程式以指定旋转的角度。

（3）"对象（O）"　此选项为绕指定对象旋转。轴的正方向从该对象的最近端点指向最远端点。可选的对象为用 LINE 命令绘制的直线或用 PLINE 命令绘制的多段线。选择多段线时，如果拾取的是线段，则对象将绕该线段旋转；如果拾取的是圆弧段，则以该圆弧两端点的连线作为旋转轴旋转。

（4）"X/Y/Z"　此选项为绕当前 UCS 的 X、Y 或 Z 轴旋转。

例 14-3　将由封闭的二维多段线所构成的图形绕 X 轴旋转 90°，创建三维实体，如图 14-21 所示。

14.2.5　用放样法创建三维实体（LOFT 命令）

使用 LOFT 命令可以通过对包含两条或两条以上横截面曲线的一组曲线进行放样（绘制实体或曲面）来创建三维实体或曲面。

横截面定义了结果实体或曲面的轮廓（形状）。横截面（通常为曲线或直线）可以是开放的（例如圆弧），也可以是闭合的（例如圆）。LOFT 用于在横截面之间的空间内绘制实体或曲面。使用 LOFT 命令时，至少必须指定两个横截面。如果对一组闭合的横截面曲线进行放样，则创建实体。

图 14-21　旋转实体的产生

〈**访问方法**〉

选项卡："常用"选项卡→"建模"面板→"放样"按钮【】（"三维建模"工作空间）。"实体"选项卡→"实体"面板→"放样"按钮【】（"三维建模"工作空间）。"曲面"选项卡→"创建"面板→"放样"按钮【】（"三维建模"工作空间）。"默认"选项卡→"创建"面板→"放样"按钮【】（"三维基础"工作空间）。

菜　单："绘图（D）"→"建模（M）"→"放样（L）"选项【】。

工具栏："建模"→"放样"按钮【】。

命令行：LOFT。

〈**操作说明**〉

执行 LOFT 命令后，AutoCAD 将出现如下提示：

当前线框密度：ISOLINES=4，轮廓创建模式 = 实体（实体或曲面）

按放样次序选择横截面或 [点 (PO)/ 合并多条边 (J)/ 模式 (MO)]：MO（准备设置闭合轮廓时的对象创建模式）

闭合轮廓创建模式 [实体 (SO)/ 曲面 (SU)] ⟨ 实体 ⟩：SO（设置闭合轮廓的创建模式为实体）

按放样次序选择横截面或 [点 (PO)/ 合并多条边 (J)/ 模式 (MO)]：（按照用户希望的实体或曲面通过横截面的顺序依次选择横截面，直到按 ⟨Enter⟩ 键结束选择）

〈**选项说明**〉

（1）"模式（MO）"　该选项用于控制所创建的放样对象是实体还是曲面。

（2）"合并多条边（J）"　该选项可以将多个端点相交的曲线合并为一个横截面。

（3）"点（PO）"　该选项要求必须选择闭合曲线。若选择该选项，则 AutoCAD 进一步提示：

输入选项 [导向 (G)/ 路径 (P)/ 仅横截面 (C)/ 设置 (S)] ⟨ 仅横截面 ⟩：

1）"导向（G）"。选择导向曲线。

2）"路径（P）"。选择路径。

3）"仅横截面（C）"。在不使用导向或路径的情况下，创建放样对象。

4）"设置（S）"。AutoCAD 弹出如图 14-22 所示的"放样设置"对话框。使用该对话框中的选项来控制实体或曲面的形状。

例 14-4　将三个封闭的圆、正多边形、圆构成的截面，沿路径曲线进行放样，创建三维实体，如图 14-23 所示。

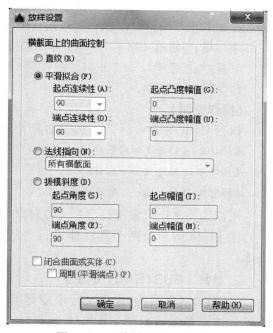

图 14-22　"放样设置"对话框

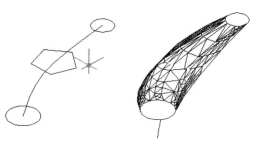

图 14-23　放样实体的产生

14.2.6 实体的集合运算

在 AutoCAD 2016 中，用户可以通过实体的集合运算（即布尔运算）将两个或多个实体（或面域）结合在一起形成新的组合体（或面域）。尽管一次只能对两个对象进行布尔运算，但 AutoCAD 允许用户在一个布尔运算中选择多个实体进行运算。在 AutoCAD 2016 中，有三种基本的布尔运算操作：并（UNION）、差（SUBTRACTION）、交（INTERSECTION）。

上述三种布尔运算的操作既可用于实体对象也可用于面域对象。

1. 并集（UNION 命令）

UNION 命令将两个或两个以上的实体对象或面域并合成一个新的组合对象。"并"操作采用无重合的方法连接实体对象或面域。

〈访问方法〉

选项卡："常用"选项卡→"实体编辑"面板→"并集"按钮◎（"三维建模"工作空间）。"实体"选项卡→"布尔值"面板→"并集"按钮◎（"三维建模"工作空间）。"默认"选项卡→"编辑"面板→"并集"按钮◎（"三维基础"工作空间）。

菜 单："修改（M）"→"实体编辑（N）"→"并集（U）"选项◎。

工具栏："建模"→"并集"按钮◎。"实体编辑"→"并集"按钮◎。

命令行：UNION。

〈操作说明〉

执行 UNION 命令后，AutoCAD 将出现如下提示：

选择对象：（选择实体对象 I）

选择对象：（选择实体对象 II）

选择对象：（按〈Enter〉键结束选择）

可以选择多个对象进行合并。各对象可以互相重叠，邻接或不邻接。

图 14-24 所示为两个圆柱体进行并运算创建组合体。

2. 差集（SUBTRACT 命令）

SUBTRACT 命令用于执行求差运算，它从第一组实体对象（或面域）中减去与第二组实体对象（或面域）共有的部分，创建新的组合实体对象（或组合面域）。

两圆柱　　　　　并运算结果

图 14-24　两个圆柱体进行并运算

〈访问方法〉

选项卡："常用"选项卡→"实体编辑"面板→"差集"按钮◎（"三维建模"工作空间）。"实体"选项卡→"布尔值"面板→"差集"按钮◎（"三维建模"工作空间）。"默认"选项卡→"编辑"面板→"差集"按钮◎（"三维基础"工作空间）。

菜 单："修改（M）"→"实体编辑（N）"→"差集（S）"选项◎。

工具栏："建模"→"差集"按钮◎。"实体编辑"→"差集"按钮◎。

命令行：SUBTRACT。

〈操作说明〉

执行 SUBTRACT 命令后，AutoCAD 将出现如下提示：

选择要从中减去的实体或面、曲面和面域……

选择对象：(选择被减的一组对象，按〈Enter〉键结束选择)

用户可以选择一个或多个对象作为源对象，如果选择不止一个对象，AutoCAD 将自动对它们进行合并。源对象选择完成后，AutoCAD 提示用户选择要减去的一组对象：

选择要减去的实体或面域

选择对象：(选择要减去的对象，按〈Enter〉键结束选择)

用户也可以选择一个或多个要减去的对象，如果选择不止一个对象，在进行减操作之前，AutoCAD 会将这些选中的对象自动合并。

图 14-25 所示为两个重叠的实体，一为倒圆角的大长方板，另一为小长方板。若要从大长方板减去与小长方板的公共部分，其命令过程如下：

命令：SUBTRACT

选择要从中减去的实体或面域…

选择对象：(选择大长方体，按〈Enter〉键或空格键结束选择)

选择要减去的实体或面域…

选择对象：(选择小长方体，按〈Enter〉键或空格键结束选择)

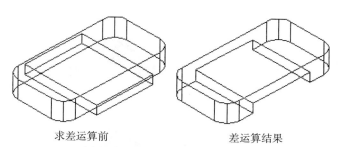

求差运算前　　　　　差运算结果

图 14-25　两个长方板的求差运算

3. 交集（INTERSECT 命令）

INTERSECTION 命令用于执行求交操作，以两个或两个以上的源对象实体（含面域）的共有部分创建一个新的组合对象实体（含面域），如图 14-26 所示。

〈访问方法〉

选项卡"常用"选项卡→"实体编辑"面板→"交集"按钮◎◎（"三维建模"工作空间）。"实体"选项卡→"布尔值"面板→"交集"按钮◎◎（"三维建模"工作空间）。"默认"选项卡→"编辑"面板→"交集"按钮◎◎（"三维基础"工作空间）。

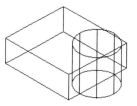

求交运算前　　　　交运算结果

图 14-26　长方体与圆柱体的求交运算

菜　　单："修改（M）"→"实体编辑（N）"→"交集（I）"选项⚪⚪。

工具栏："建模"→"交集"按钮⚪⚪。"实体编辑"→"交集"按钮⚪⚪。

命令行：INTERSECT。

〈操作说明〉

执行 INTERSECT 命令后，AutoCAD 将出现如下提示：

选择对象：(选择求交的对象，按〈Enter〉键或空格键结束选择)

4. 集合运算的顺序

本节不准备讨论集合运算规则，只是想通过一个实例提醒读者注意在综合应用 UNION（并）、INTERSECT（交）、SUBTRACT（差）命令构建组合体时应注意它们的顺序不同，可能产生不同的结果，如图 14-27 所示。

图 14-27a 中给出长方体、大半圆柱、小半圆柱、直立圆柱等四个基本形体。

图 14-27b 表示长方体、大半圆柱、直立圆柱等三个基本形体先进行"并"操作后，再将结果"减"去小半圆柱的结果。

图 14-27c 表示大半圆柱、直立圆柱先进行"并"操作后，将结果"减"去小半圆柱，再与长方体进行"并"操作的结果。

图 14-27d 表示大半圆柱、长方体先进行"并"操作后，将结果"减"去小半圆柱，再与直立圆柱进行"并"操作的结果。

图 14-27e 表示先将大半圆柱"减"去小半圆柱后，将结果再与长方体、直立圆柱进行"并"操作的结果。

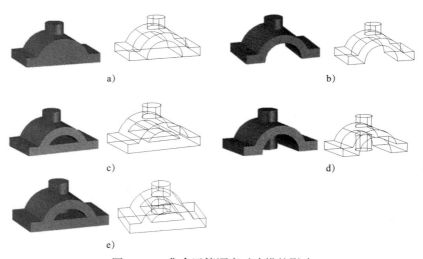

图 14-27　集合运算顺序对建模的影响

14.3　三维实体对象的编辑

AutoCAD 2016 提供了功能强大的三维实体对象编辑命令。本节将要介绍的这些编辑命令，除特别指明外，均在"三维建模"工作空间中的选项卡和命令面板中。

14.3.1　PEDIT 命令

PEDIT 命令除了可编辑、修改二维多段线外，还可以对三维多段线及三维网格进行编辑。使用 PEDIT 命令可对三维多段线进行编辑。

〈**访问方法**〉

选项卡："常用"选项卡→"修改"面板→"多段线（P）"按钮 （"草图与注释"工作空间）。

菜　单："修改（M）"→"对象（O）"→"多段线（P）"选项 。

工具栏："修改 II"→"多段线（P）"按钮 。

快捷菜单：选择多段线，右击从弹出的快捷菜单中选择"多段线"→"编辑多段线"选项。

命令行：PEDIT

〈**命令说明**〉

1）三维多段线的编辑命令选项的操作和说明同二维多段线的编辑相类似，参见 5.12 节的相关内容，此处不再赘述。

2）三维多边形网格的顶点编辑：用 PEDIT 中的"多条（M）"命令可以对多边形网格进行编辑，因用得不多，此处不予说明，具体可以参考 AutoCAD 的命令参考。

14.3.2　三维移动（3DMOVE 命令）

3DMOVE 命令用于在三维视图中显示移动小控件，并沿指定方向将对象移动指定的距离，参见 14.3.14 小节的相关内容。

〈**访问方法**〉

选项卡："常用"选项卡→"修改"面板→"三维移动"按钮 （"三维建模"工作空间）。

菜　单："修改（M）"→"三维操作（3）"→"三维移动（M）"选项 。

工具栏："建模"→"三维移动"按钮 。

命令行：3DMOVE。

〈**操作说明**〉

执行 3DMOVE 命令后，AutoCAD 提示选择要进行移动的三维对象，按下〈Enter〉键选择结束，然后进一步提示：

指定基点或 [位移 (D)]〈位移〉:

〈**命令说明**〉

1）采用夹点捕捉的方法确定移动的基点，给出移动的相对位置，即可完成移动。

2）如果正在视觉样式设置为二维线框的视口中绘图，则在命令执行期间，3DMOVE会将视觉样式暂时更改为三维线框。

3）在指定基点时，如果单击轴句柄，将移动约束到指定的轴上。

指定的两个点定义了一个矢量，表明选定对象将被移动的距离和方向。如果在"指定第二个点"提示下按〈Enter〉键，第一点将被解释为相对 X，Y，Z 轴位移。例如，如果将基点指定为 10，30，然后在下一个提示下按〈Enter〉键，则对象将从当前位置沿 X 方向移动 10 个单位，沿 Y 方向移动 30 个单位。

3DMOVE 命令的示例如图 14-28 所示。

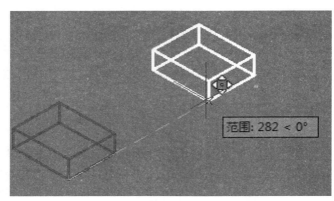

范围: 282 < 0°

图 14-28　3DMOVE 命令的示例

14.3.3　三维旋转（3DROTATE 命令）

3DROTATE 命令将显示旋转小控件并围绕基点旋转对象，相关内容参见 14.3.14 小节。

〈访问方法〉

选项卡："常用"选项卡→"修改"面板→"三维旋转"按钮⊕。

菜　单："修改（M）"→"三维操作（3）"→"三维旋转（R）"选项⊕。

工具栏："建模"→"三维旋转"按钮⊕。

命令行：3DROTATE。

〈操作说明〉

执行 3DROTATE 命令后，AutoCAD 将出现如下提示：

UCS 当前正向角度：ANGDIR= 逆时针 ANGBASE=0

选择对象：(选择对象并按〈Enter〉键结束选择)

指定基点：(旋转夹点工具将显示在指定的基点)

拾取旋转轴：(单击轴句柄以选择旋转轴)

指定角的起点或键入角度：

〈命令说明〉

1）如果正在视觉样式设置为二维线框的视口中绘图，则在命令执行期间，使用 3DROTATE 命令会将视觉样式暂时更改为三维线框。

2）在指定基点时，旋转小控件将显示在指定的基点。

3）当选定对象后，绘图区域出现旋转小控件，此时右击小控件，用户可以根据自己需要重新定位小控件。小控件是由三个圆环组成，其中红色代表 X 轴，绿色代表 Y 轴，蓝色代表 Z 轴。

14.3.4　三维缩放（3DSCALE 命令）

3DSCALE 命令用于显示缩放小控件并按照指定的基点调整对象的大小，相关内容参见 14.3.14 节。

〈访问方法〉

选项卡："常用"选项卡→"修改"面板→"三维缩放"按钮△。

命令行：3DSCALE。

〈操作说明〉

执行 3DSCALE 命令后，AutoCAD 将出现如下提示：

选择对象：（选择要缩放的对象，按〈Enter〉键结束对象选择）

指定基点：（选择对象的缩放基点）

拾取比例轴或平面：（选择小控件的顶点区域）

指定比例因子或 [复制 (C)/ 参照 (R)]：（输入缩放的比例因子）

〈命令说明〉

1）如果正在视觉样式设置为二维线框的视口中绘图，则在命令执行期间，使用 3DSCALE 命令会将视觉样式暂时更改为三维线框。

2）在指定基点时，缩放小控件将显示在指定的基点。

3）3DSCALE 命令可以统一更改三维对象的大小，也可以沿指定轴或平面进行更改。但值得注意的是，不按统一比例缩放（沿轴或平面）仅适用于网格，不适用于实体和曲面。

3DSCALE 命令的示例如图 14-29 所示。

14.3.5 三维对齐（3DALIGN 命令）

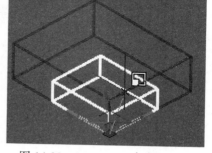

图 14-29 3DSCALE 命令的示例

3DALIGN 命令用于通过移动、旋转或倾斜对象来使选中的对象与另一个对象对齐。该命令可以指定至多三个点以定义源平面，然后指定至多三个点以定义目标平面。指定方法如下：

1）对象上的第一个源点（称为基点）将始终被移动到第一个目标点。

2）为源或目标指定的第二个点将导致旋转选定对象。

3）源或目标的第三个点将导致被选定对象的进一步旋转。

〈访问方法〉

选项卡："常用"选项卡→"修改"面板→"三维对齐"按钮 。

菜　单："修改（M）"→"三维操作（3）"→"三维对齐（A）"选项 。

工具栏："建模"→"三维对齐"按钮 。

命令行：3DALIGN。

〈操作说明〉

执行 3DALIGN 命令后，AutoCAD 将出现如下提示：

选择对象：（选择要对齐的对象，按〈Enter〉键结束对象选择）

指定源平面和方向 ...

指定基点或 [复制 (C)]：（选择对齐对象的第一个基点）

指定第二个点或 [继续 (C)]〈C〉：（选择对齐平面的第二个基点）

指定第三个点或 [继续 (C)]〈C〉：（选择对齐平面的第三个基点）

指定目标平面和方向 ...

指定第一个目标点：（选择第一个基点的目标位置）

指定第二个目标点或 [退出 (X)] 〈 X 〉: (选择第二个源点组成旋转轴目标点)

指定第三个目标点或 [退出 (X)] 〈 X 〉: (选择第三个源点组成旋转轴目标点)

3DALIGN 命令在实体装配和复杂实体建模中能够快速安装零件和固定零件特征。对于组合体建模，可以分别建立实体特征，然后用 3DALIGN 命令进行组合，再使用实体的并、交、差命令进行实体运算，即可快速建立复杂的实体模型。3DALIGN 命令的示例如图 14-30 所示。

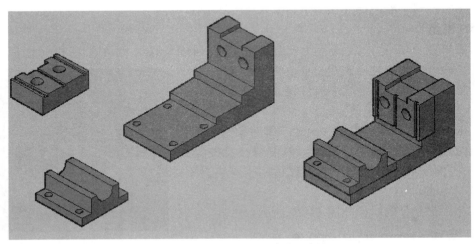

图 14-30　3DALIGN 命令示例

14.3.6　三维阵列（3DARRAY 命令）

3DARRAY 命令用于对所选择的对象进行矩形阵列复制或环式阵列复制。

〈访问方法〉

菜　单："修改（M）"→"三维操作（3）"→"三维阵列（3）"选项。

工具栏："建模"→"三维阵列"按钮。

命令行：3DARRAY。

〈操作说明〉

执行 3DARRAY 命令后，AutoCAD 将出现如下提示：

正在初始化 ...　已加载 3DARRAY。

选择对象：(选择对象)

输入阵列类型 [矩形 (R)/ 环形 (P)] 〈矩形〉:

（1）"矩形（R）"　该选项用于将所选对象按指定行数、列数作矩形阵列复制。选择该选项后，AutoCAD 将进一步提示：

输入行数 (---)〈1〉: (输入阵列的行数)

输入列数 (|||)〈1〉: (输入阵列的列数)

输入层数 (...)〈1〉: (输入阵列的层数)

指定行间距 (---) : (指定行间距)

指定列间距 (|||) : (指定列间距)

指定层间距 (...) : (指定层间距)

依照提示，用户可以输入任何的行、列、层数。对于后三行的提示，其值可以是正值，也可以是负值。如果间距值是一个正值，阵列将沿着 X、Y、Z 轴的正方向进行；如果间距值是一个负值，阵列将沿着 X、Y、Z 轴的负方向进行。

（2）"环形（P）"　该选项用于将所选定对象按指定角度与中心进行环形阵列复制。操作过程与建立二维图形对象的环形阵列相似，此处不再赘述。

14.3.7　三维镜像（MIRROR3D 命令）

MIRROR3D 命令用于将被选择的对象相对于一空间平面进行镜像。

〈访问方法〉

选项卡："常用"选项卡→"修改"面板→"三维镜像"按钮%。

菜　单："修改（M）"→"三维操作（3）"→"三维镜像（D）"选项%。

命令行：MIRROR3D。

〈操作说明〉

执行 MIRROR3D 命令后，AutoCAD 将出现如下提示：

选择对象：(选择对象)

指定镜像平面 (三点) 的第一个点或

[对象 (O)/ 最近的 (L)/Z 轴 (Z)/ 视图 (V)/XY 平面 (XY)/YZ 平面 (YZ)/ZX 平面 (ZX)/ 三点 (3)]〈三点〉：(提示行各选项提供各种方式确定镜像平面)

〈选项说明〉

（1）"三点（3）"　该选项要求指定三个点。该三点所确定的平面就是镜像平面。

在用户输入第一个点以后，AutoCAD 进一步提示：

在镜像平面上指定第二点：

在镜像平面上指定第三点：

是否删除源对象？[是 (Y)/ 否 (N)]〈否〉：

最后一行提示要求用户确定是否删除源对象。(以其他各种方式确定镜像平面后，也都有这一提示)

（2）"对象（O）"　该选项要求选择一对象，系统将把对象所在的平面作为镜像面。有效的选择对象包括圆、圆弧和二维多段线。选择该选项后，AutoCAD 进一步提示：

选择圆、圆弧或二维多段线线段：

（3）"最近的（L）"　该选项使用最近所使用的镜像面作为镜像面。

（4）"Z 轴（Z）"　该选项要求选择两个点。镜像面通过第一个点，并垂直于两点的连线。选择该选项后，AutoCAD 进一步提示：

在镜像平面上指定点：

在镜像平面的 Z 轴法向上指定点：

（5）"视图（V）"　该选项要求指定一个点。镜像面通过所指定的点并平行于视图平面。选择该选项后，AutoCAD 进一步提示：

在视图平面上指定点〈0，0，0〉：(指定视图平面上一点)

（6）"XY 平面（XY）""YZ 平面（YZ）"及"ZX 平面（ZX）"　这三个选项都要求指定一个点，用过指定点且与当前 UCS 的 XY（或 YZ、ZX）平面平行的平面作为镜像面。

如选择"XY 平面（XY）"后，AutoCAD 进一步提示：

指定 XY 平面上的点〈0，0，0〉：

14.3.8　实体的倒角（CHAMFEREDGE 命令）

CHAMFEREDGE 命令用于对三维实体对象进行倒角处理。

〈访问方法〉

选项卡："实体"选项卡→"实体编辑"面板→"倒角边"按钮。

工具栏："实体编辑"→"倒角边"按钮。

命令行：CHAMFEREDGE。

〈操作说明〉

执行 CHAMFEREDGE 命令后，AutoCAD 将出现如下提示：

距离 1=1.0000，距离 2=1.0000

选择一条边或 [环 (L)/ 距离 (D)]：

在此提示下，用户需选择三维实体上的一条边，选中的边会呈加亮显示，然后进一步提示：

选择同一个面上的其他边或 [环 (L)/ 距离 (D)]：

按〈Enter〉键接受倒角或 [距离 (D)]：D（按〈Enter〉键则默认距离进行倒角，选择距离输入倒角值）

指定基面倒角距离或 [表达式 (E)]〈默认值〉：(指定第一倒角距离)

指定其他曲面倒角距离或 [表达式 (E)]〈默认值〉：(指定第二倒角距离)

〈选项说明〉

（1）"环（L）"选项　允许用户选择基面上的一条边，AutoCAD 自动将基面的所有边进行倒角处理，如图 14-31 所示。

（2）"距离（D）"选项　用来设置倒角距离。

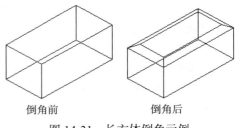

倒角前　　　　　　倒角后

图 14-31　长方体倒角示例

14.3.9　实体的倒圆角（FILLETEDGE 命令）

FILLETEDGE 命令用于对三维实体对象进行倒圆角处理。

〈访问方法〉

选项卡："实体"选项卡→"实体编辑"面板→"圆角边"按钮。

工具栏："实体编辑"→"圆角边"按钮。

命令行：FILLETEDGE。

〈操作说明〉

执行 FILLETEDGE 命令后，AutoCAD 将出现如下提示：

半径 =1.0000

选择边或 [链 (C)/ 环 (L)/ 半径 (R)]：(选择要倒圆角的边)

选择边或 [链 (C)/ 环 (L)/ 半径 (R)]：(继续选择要倒圆角的边或按〈Enter〉结束选择)

选择边或 [链 (C)/ 环 (L)/ 半径 (R)]：(选择半径设置圆角半径)

图 14-32 为对长方体周边（除底面四边外）倒圆角的示例。

〈选项说明〉

（1）"链（C）"　将选择单个边方式切换为选
择一串边方式，在此方式下，选择一串边中的一
条边，则一串边（指两两垂直的边，如长方体的
边）都被选中。

（2）"环（L）"　将选择单个边方式切换为选
择指定边的一个环。对于任何边，有两种可能的
环进行循环。选择环边后，系统将提示用户接受当前选择或选择下一个环。

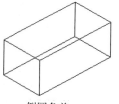
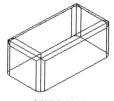

倒圆角前　　　　　　　　倒圆角结果

图 14-32　对长方体周边倒圆角示例

（3）"半径（R）"　用于为后续所选的边改变圆角的半径。

14.3.10　三维实体剖切（SLICE 命令）

SLICE 命令用一个假想的平面在任一部位对三维实体进行剖切，创建新的实体对象。
切开后的两个部分可以只保留一半，也可以两个部分都保留。被切开的实体保持原实体的
颜色和图层。

〈访问方法〉

选项卡："常用"选项卡→"实体编辑"面板→"剖切"按钮。"实体"选项卡→
"实体编辑"面板→"剖切"按钮。

菜　　单："修改（M）"→"三维操作（3）"→"剖切（S）"选项。

命令行：SLICE。

〈操作说明〉

执行 SLICE 命令后，AutoCAD 将出现如下提示：

选择要剖切的对象：（选择要被剖切对象，按〈Enter〉键结束选择集）

指定切面的起点或 [平面对象 (O)/ 曲面 (S)/Z 轴 (Z)/ 视图 (V)/XY(XY)/YZ(YZ)/ZX(ZX)/ 三点 (3)]〈三
点〉：（要求用户建立剖切平面）

〈选项说明〉

（1）"三点（3）"　此选项为默认选项，要求用户指定三个点以确定剖切平面的位置。
其中，第一个点确定剖切面的原点；第二个点确定剖切面的 X 轴方向；第三个点确定剖切
面的 Y 轴方向。这个选项与创建 UCS 的三点选项相似。

（2）"平面对象（O）"　此选项是将剖切面与所选择的二维对象所在的平面对齐。这
些二维对象包括圆、椭圆、圆弧、椭圆弧、2D 样条曲线和 2D 多义线。选择此选项后，
AutoCAD 进一步提示：

选择用于定义剖切平面的圆、椭圆、圆弧、二维样条曲线或二维多段线：（选择一个二维对象）

（3）"曲面（S）"　此选项将剖切平面与所选的曲面对齐。

（4）"Z 轴（Z）"　此选项要求指定剖切面的原点及 Z 轴方向（法线方向），以确定剖
切面。选择此选项后，AutoCAD 进一步提示：

指定剖面上的点：（指定剖切面上的一点）

指定平面 Z 轴（法向）上的点：（指定剖切面法线上的一点）

（5）"视图（V）"　此选项使剖切面与当前视口平面平行。指定一个点确定剖切面位
置。选择此选项后，AutoCAD 进一步提示：

指定当前视图平面上的点〈0，0，0〉：

（6）"XY（XY）/YZ（YZ）/ZX（ZX）" 这些选项使剖切面与当前 UCS 的 XY 平面（或 YZ 平面，或 ZX 平面）平行。提示要求指定一个点确定剖切面位置。

在用上述方法定义了剖切平面以后，AutoCAD 将进一步提示：

在所需的侧面上指定点或 [保留两个侧面 (B)] 〈保留两个侧面 〉：

若在剖切平面的一侧指定一点，则将保留该侧；若选择"保留两个侧面（B）"选项，将两侧都保留。

例 14-5　用 SLICE 命令对图示实体进行剖切，如图 14-33 所示。

该例进行剖切时，先用前后对称面为剖切面，将模型剖分为前后两部分；再用过大孔轴线的剖切面将前半部分剖切为左、右两部分，保留右半部分；再对保留的后半部分和右前部分进行并操作，得到图 14-33 所示的结果。

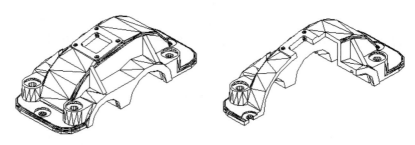

剖切前　　　　　　　　　　　　　　用两个平面进行剖切的结果

图 14-33　使用 SLICE 命令对三维实体进行剖切

14.3.11　截面（SECTION 命令）

SECTION 命令用于以剖切平面剖切三维实体对象后得到剖切平面与三维实体相接触的图形截面。截面是一个面域，位于剖切面位置，可以用 MOVE 命令进行移动。

〈访问方法〉

命令行：SECTION。

〈操作说明〉

执行 SECTION 命令后，AutoCAD 将出现如下提示：

选择对象：(选取对象)

指定截面上的第一个点，依照 [对象 (O)/Z 轴 (Z)/ 视图 (V)/XY (XY)/YZ(YZ)/ZX(ZX)/ 三点 (3)]〈三点 〉：

指定平面上的第二个点：

指定平面上的第三个点：

剖切面的确定和选项的含义与 SLICE 命令中的情况完全相同，在此不再说明。图 14-34 表示用 SECTION 命令创建的截面。

〈命令说明〉

1）AutoCAD 中的截面相当于我国《机械制图》国家标准中的断面图，即假想用剖切面将物体的某处切断后画出的该剖切面与物体接触部分的图形，又简称断面。学过《机械制图》的读者应该清楚断面图和剖视图之间的区别，即断面图只画出机件的断面形状，而剖视图则将机件处在观察者和剖切平面之间的部分移去后，除了断面形状以外，还要画出机件留下部分的投影。两者区别如图 14-34 所示。

2）截面为面域，用 EXPLODE 命令打散后才为单独的图元。创建截面后可以用 BHATCH 命令绘制三维剖面线，此时 UCS 的 XOY 坐标面必须定义在打散后的截面上，否则无法绘制剖面线。

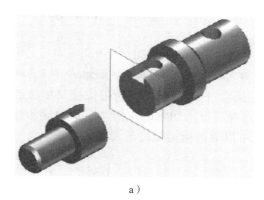

a）

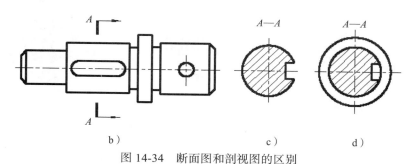

b） c） d）

图 14-34　断面图和剖视图的区别

a）用剖切平面把轴切断　b）主视图　c）断面图　d）剖视图

14.3.12　截面平面命令（SECTIONPLANE 命令）

SECTIONPLANE 命令可用于创建三维实体、曲面、网格和点云的截面。使用带有截面平面对象的活动截面分析模型，将截面另存为块，以便在布局中使用并从点云提取二维几何图形。

〈访问方法〉

选项卡："常用"选项卡→"截面"面板→"截面平面"按钮 。"实体"选项卡→"截面"面板→"截面平面"按钮 。"网格"选项卡→"截面"面板→"截面平面"按钮 。

菜　单："绘图（D）"→"建模（M）"→"截面平面（E）"选项。

命令行：SECTIONPLANE。

〈操作说明〉

执行 SECTIONPLANE 命令后，AutoCAD 将出现如下提示：

选择面或任意点以定位截面线或 [绘制截面 (D)/ 正交 (O)/ 类型 (T)]：

〈选项说明〉

（1）"面或任意点"　此选项为默认操作选项，要求用户选择一个面，则截面就是所选面所在平面，或者选定一个点，再选定第二个点也可确定截面（注意：任何截面都与 XY 平面垂直，所以只需两点即可确定截面）。

（2）"绘制截面（D）" 用户可在 XY 平面内根据剖切路径来绘制所需截面（注意：无法在"切片"类型下绘制截面），选择此选项后，AutoCAD 进一步提示：

指定起点：（起始点）

指定下一点：（中间点）

指定下一点或按〈Enter〉键完成：（指定中间点或按〈Enter〉键结束命令）

剖切结果如图 14-35 所示，右击截面可以通过快捷菜单激活平面，平面在非激活状态下不会切除几何体，也可选择"显示切除的几何体"选项显示被切除几何体（会变成红色显示），如图 14-35 所示。可以通过拖动截面改变截面位置。

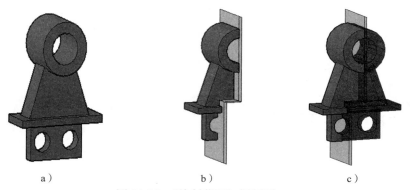

图 14-35 "绘制截面"剖切图

a）几何体 b）剖切后的图形 c）切掉部分用红色表示

（3）"正交（O）" 此选项将根据图形的几何中心来剖切上、下、左、右、前、后六个平面，示例如图 14-36 所示。选择此选项后，AutoCAD 进一步提示：

将截面对齐至：[前 (F)/ 后 (A)/ 顶部 (T)/ 底部 (B)/ 左 (L)/ 右 (R)]〈默认〉：

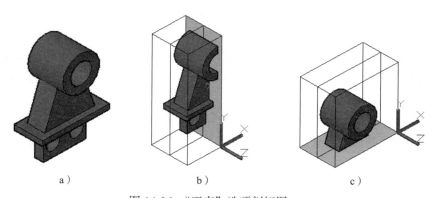

图 14-36 "正交"选项剖切图

a）几何体 b）选项"右（R）"所得图形 c）选项"前（F）"所得图形

（4）"类型（T）" 选择截面平面的类型，选择此选项后，AutoCAD 进一步提示：

输入截面平面类型 [平面 (P)/ 切片 (S)/ 边界 (B)/ 体积 (V)]〈默认〉:

各种类型的截面如图 14-37 所示。对于"平面"类型的截面,可以进行左右方向的移动,调节截面的位置,进而调节切除几何体的大小,而"切片"和"边界"并没有本质区别,都可以进行上下左右四个方向的移动,只是"切片"起始宽度很小,"体积"类型的截面可以进行六个方向的调节,拖动图中蓝色三角可改变截面位置,单击蓝色箭头可进行几何体切换,单击向下的三角符号可以进行类型切换。

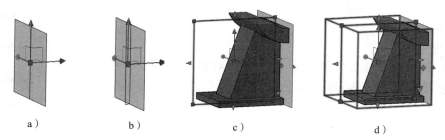

图 14-37　各种类型的截面

a)"平面"类型(未画出几何体)　b)"切片"类型(未画出几何体)　c)"边界"类型　d)"体积"类型

当选中一条截面线时,会自动弹出如图 14-38 所示的"截面平面"选项卡,用以启用活动截面、修改截面平面特性并从截面生成块。

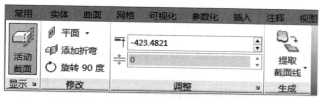

图 14-38　"截面平面"选项卡

与截面平面相关命令还有"添加折弯(SECTIONPLANEJOG)""生成截面(SECTIONPLANETOBLOCK)"等。"添加折弯"就是让截面曲折而剖切两个断面,和"绘制截面"大同小异;而"生成截面"命令是将剖切的断面提取出来进行创建,创建的可以是二维图形或者是三维几何体。

14.3.13　实体编辑命令(SOLIDEDIT 命令)

SOLIDEDIT 命令用来编辑三维实体的面与边,包括拉伸、移动、旋转、偏移、倾斜、复制、删除面、为面指定颜色以及添加材质;复制边以及为其指定颜色;对整个三维实体对象(体)进行压印、分割、抽壳、清除以及检查其有效性等。

〈访问方法〉

选项卡:"常用"选项卡→"实体编辑"面板→相应按钮。"实体"选项卡→"实体编辑"面板→相应按钮,如图 14-39 所示。

菜　单:"修改(M)"→"实体编辑(N)"→相应选项。

工具栏:"实体编辑"→相应按钮。

命令行:SOLIDEDIT。

〈操作说明〉

执行 SOLIDEDIT 命令后，AutoCAD 将出现如下提示：

实体编辑自动检查：SOLIDCHECK=1

输入实体编辑选项 [面 (F)/ 边 (E)/ 体 (B)/ 放弃 (U)/ 退出 (X)]〈退出〉：（ 输入实体编辑选项)

SOLIDCHECK=1 表示当前已打开实体有效性自动检查。用户可以通过系统变量 SOLIDCHECK 打开或关闭此功能。

〈选项说明〉

1. "面（F）"

该选项用于编辑实体的指定面，包括对面的拉伸、移动、旋转、偏移、倾斜、复制、颜色、材质等。选择该选项后，AutoCAD 进一步提示：

输入面编辑选项

[拉伸 (E)/ 移动 (M)/ 旋转 (R)/ 偏移 (O)/ 倾斜 (T)/ 删除 (D)/ 复制 (C)/ 颜色 (L)/ 材质 (A)/ 放弃 (U)/ 退出 (X)]〈退出〉：

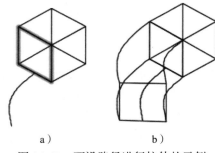

图 14-39　"实体"选项卡→"实体编辑"面板→"SOLIDEDIT"相应按钮

（1）"拉伸（E）"　在 X、Y 或 Z 方向上按指定长度或沿指定路径延伸三维实体的指定面。选择此选项后，AutoCAD 进一步提示：

选择面或 [放弃 (U)/ 删除 (R)]：(选择一个或多个面，并按〈Enter〉键结束选择面)

指定拉伸高度或 [路径 (P)]：(指定拉伸高度)

指定拉伸的倾斜角度〈0〉：(指定拉伸的倾斜角度)

若选择"路径 (P)"选项，则 AutoCAD 进一步提示：

选择拉伸路径：(指定拉伸路径)

确定拉伸路径后，指定面沿此路径拉伸。图 14-40 为面沿路径进行拉伸的示例。

（2）"移动（M）"　沿指定的高度或距离移动选定的三维实体对象的面。选择该选项后，AutoCAD 进一步提示：

选择面或 [放弃 (U)/ 删除 (R)]：(选择要移动的面)

指定基点或位移：(指定移动的基点)

指定位移的第二点：(指定移动的第二点)

按指定的距离移动实体的指定面。面移动的示例如图 14-41 所示。

a）　　　　　　　　b）

图 14-40　面沿路径进行拉伸的示例

a）拉伸路径　b）拉伸结果

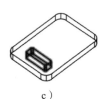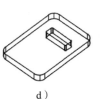

a）　　　　　b）　　　　　c)　　　　　d）

图 14-41　面移动的示例

a）指定移动的面　b）移动结果　c）选择移动的多个面　d）移动结果

（3）"旋转（R）"　围绕指定的轴旋转一个或多个面或实体的某些部分。选择该选项后，AutoCAD 进一步提示：

选择面或 [放弃 (U)/ 删除 (R)]：(选择要移动的面)

指定轴点或 [经过对象的轴 (A)/ 视图 (V)/X 轴 (X)/Y 轴 (Y)/Z 轴 (Z)]〈两点〉：(指定旋转轴上一点)

在旋转轴上指定第二个点：(指定旋转轴上另一点)

指定旋转角度或 [参照 (R)]：(指定旋转方向)

此提示要求用户选择两点或者通过选择对象确定旋转轴，或者选择"视图（V）"选项在视口中以过指定点的投影方向为旋转轴，或者选择过指定点的 X、Y、Z 轴作为旋转轴。指定旋轴后还要指定旋转角。只有实体的内表面才可以旋转，否则 AutoCAD 将给出无效的提示。面旋转的示例如图 14-42 所示。

 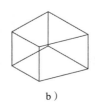  

a)　　　　　b)　　　　　c)　　　　　d)

图 14-42　面旋转示例

a) 选择一个面　b) 绕 Z 轴旋转结果　c) 选择两个面　d) 绕 Z 轴旋转结果

当选择"经过对象的轴（A）"选项后，用户可通过选择对象确定旋转轴。所选对象与旋转轴的对应关系见表 14-2。

表 14-2　所选对象与旋转轴的对应关系

对象类型	旋转轴
LINE（直线）	直线本身
CIRCLE（圆）	垂直于圆所在的平面且过圆心的轴
ARC（圆弧）	垂直于圆弧所在的平面且过圆心的轴
ELLIPS（椭圆）	垂直于椭圆所在的平面且过椭圆圆心的轴
2DPLINE（二维多义线）	过多义线起点和终点的线
3DPLINE（三维多义线）	过多义线起点和终点的线
SPLINE（样条曲线）	过样条曲线起点和终点的线

（4）"偏移（O）"　按指定的距离或通过指定点，将指定的面均匀地进行偏移。选择该选项后，AutoCAD 进一步提示：

选择面或 [放弃 (U)/ 删除 (R)]：(选择要偏移的面)

指定偏移距离：(指定偏移量)

指定偏移量后，AutoCAD 等距偏移实体的指定面，如图 14-43 所示。指定正的偏移量，将减小所选对象的体积；指定负的偏移量，将增大所选对象的体积。

（5）"倾斜（T）"　将指定的面倾斜一定的角度，

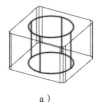 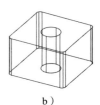

a)　　　　　　　b)

图 14-43　偏移的示例

a) 选择要偏移的面　b) 偏移结果

如图 14-44 所示。AutoCAD 提示：

　　选择面或 [放弃 (U)/ 删除 (R)]：(选择面对象)

　　指定基点：(指定一基点)

　　指定沿倾斜轴的另一个点：(指定另一点)

　　指定倾斜角度：(指定 −90°　～ 90°　的角度)。(角度
为正面将向里倾斜，角度为负面将向外倾斜)

　　（6）"删除（D）"　删除指定的面，包括圆角
面或者倒角面。

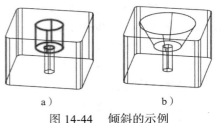

图 14-44　　倾斜的示例

a）选择要倾斜的面　　b）倾斜结果

　　（7）"复制（C）"　复制指定的实体面，如图 14-45 所示。选择该选项后，AutoCAD
进一步提示：

　　选择面或 [放弃 (U)/ 删除 (R)]：(选择面对象)

　　指定基点或位移：(指定基点或位移量)

　　指定位移的第二点：(指定位移量的第二点)

　　（8）"颜色（L）"　改变实体上指定面的颜色。

　　（9）"材质（A）"　为所选定的面指定材质。

　　（10）"放弃（U）"　放弃对面的上一次操作。

　　（11）"退出（X）"　退出面编辑，返回 SOLIDEDIT
命令主提示。

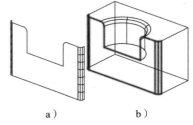

图 14-45　　复制的示例

a）复制结果　　b）指定要复制的面

2. "边（E）"

　　该选项用于编辑实体的边，选择该选项后，AutoCAD 进一步提示：

　　输入边编辑选项 [复制 (C)/ 着色 (L)/ 放弃 (U)/ 退出 (X)]〈退出〉：

　　各选项的含义如下：

　　（1）"复制（C）"　复制三维实体的边。AutoCAD 可将指定的边复制成线、圆弧、圆、
椭圆或多段线。

　　（2）"着色（L）"　改变指定边的颜色。

　　（3）"放弃（U）"　放弃对上次对边的操作。

　　（4）"退出（X）"　退出编辑，返回 SOLIDEDIT 主提示。

3. "体（B）"

　　该选项用于对所选的体对象进行压印、分割、抽壳、清除冗余顶点、有效性检查等操
作。选择该选项后，AutoCAD 进一步提示：

　　输入体编辑选项

　　[压印 (I)/ 分割实体 (P)/ 抽壳 (S)/ 清除 (L)/ 检查 (C)/ 放弃 (U)/ 退出 (X)]〈退出〉：

　　各选项的含义如下：

　　（1）"压印（I）"　将几何图形压印到对象的指定面上，如图 14-46 所示。选择该选项
后，AutoCAD 进一步提示：

　　选择三维实体：(选择三维实体)

　　选择要压印的对象：(选择要压印的对象)

　　是否删除源对象 [是 (Y)/ 否 (N)]〈N〉：(确定是否删除原对象)

　　选择要压印的对象：(再选要压印的对象，按〈Enter〉结束本选项)

a)　　　　　　　　b)　　　　　　　　c)

图 14-46　压印示意图

a）选择实体　b）指定对象（无变化）　c）压印结果

说明： 要压印的对象必须与实体相交。用户可以选择的对象有弧、圆、直线、多段线、三维多段线、椭圆、面域、实体等。

（2）"分割实体（P）" 将不连续的、相对独立的三维实体对象分割为独立的对象。

（3）"抽壳（S）" 按指定的壁厚创建中空的薄壁，如图 14-47 所示。选择该选项后，AutoCAD 进一步提示：

选择三维实体：（选择三维实体）

删除面或 [放弃 (U)/ 添加 (A)/ 全部 (ALL)]：（选择对象上要移去或要加入的面）

输入抽壳偏移距离：（指定抽壳的偏移距离）

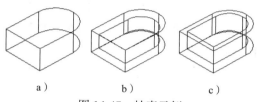

a)　　　　　　b)　　　　　　c)

图 14-47　抽壳示例

a）实体对象　b）直接抽壳　c）移去顶面后抽壳

（4）"清除（L）" 删除所有多余的边、顶点和不使用的几何图形，包括由压印操作得到的边、点，如图 14-48 所示。

（5）"检查（C）" 检查所选三维实体是否为有效的 ACIS 实体。

4. "放弃（U）"

该选项用于放弃上次的编辑操作。

5. "退出（X）"

该选项用于结束 SOLIDEDIT 命令的执行。

〈命令说明〉

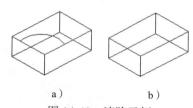

a)　　　　　　　　b)

图 14-48　清除示例

a）带有压印的实体　b）清除压印

1）不能直接对网格对象使用 SOLIDEDIT 命令。但是，如果选择了闭合的网格对象，则系统将提示用户将其转换为三维实体。

2）在实际操作中，用户可以直接选择面板或者单击工具栏中的相应按钮直接进行面或者边的编辑操作；也可以在命令行输入 SOLIDEDIT 命令后从命令主提示开始进行选择操作。

14.3.14　使用小控件工具编辑三维实体对象

AutoCAD 2016 提供了移动、旋转和缩放等三维小控件工具，如图 14-49 所示。在设定为使用三维视觉样式（例如隐藏）的三维视图中使用小控件，可方便地实现对选中的对象进行沿轴或平面的移动、围绕指定轴旋转、沿指定平面或轴或沿全部三条轴统一缩放的操作。

在使用 3DMOVE、3DROTATE 或 3DSCALE 命令时，AutoCAD 将自动显示移动、旋转或缩放小控件工具。

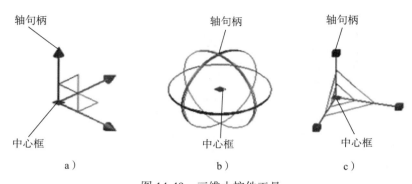

图 14-49　三维小控件工具

a）三维移动小控件　b）三维旋转小控件　c）三维缩放小控件

〈操作说明〉

1）发出三维移动、三维旋转或三维缩放操作命令。

2）选定要进行移动、旋转或者缩放的对象后，相应的小控件将自动出现在选择集的中心位置。

3）将鼠标指针悬停在小控件的轴控制柄上，直到鼠标指针变为黄色并显示矢量，然后单击轴控制柄。

4）按空格键在各种类型的小控件之间循环，直至显示想要使用的小控件。

5）完成相应的操作。

例 14-6　图 14-50 给出了使用小控件移动和旋转长方体的过程。

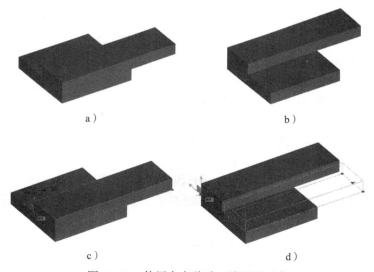

图 14-50　使用夹点移动三维图形对象

a）移动前　b）移动后　c）选择移动基点　d）确定移动目标点

〈命令说明〉

1）可以通过在小控件的中心框（基准夹点）上右击，从弹出的快捷菜单中选择"重新定位小控件"选项，然后在绘图区域中单击以指定新位置的方法来重新定位小控件在屏幕中显示的位置。

2）如果将视觉样式设定为"二维线框"，则输入"3DMOVE""3DROTATE"或"3DSCALE"命令会自动将视觉样式转换为三维线框。

3）同小控件显示相关的系统变量有"DEFAULTGIZMO""GRIPSUBOBJMODE""GTAUTO""GTDEFAULT"和"GTLOCATION"。

14.4　组合体实体造型实例

【实例一】

按图 14-51 所示的三视图，构造组合体模型。

构造组合体模型前应进行形体分析和尺寸分析，根据其特点和 AutoCAD 2016 提供的实体造型命令，确定造型的步骤如下：

1）绘制底板图形，创建面域，拉伸成底板三维模型。

2）以底板中心为底面圆心，构建直径为60mm，高为 65mm 的直立大圆柱，对直立大圆柱与底板进行"并"操作，生成模型主体。

3）用 UCS 命令建立新的用户坐标系，其XOY 平面与已建模型的左右对称面重合，Y 轴与圆柱轴线重合，原点可位于底面中心或直立与水平圆柱轴线交点处。

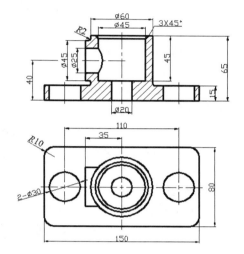

图 14-51　组合体三视图

4）以直立与水平圆柱轴线交点为底面圆心，进行向左（Z 轴正方向）生长的大、小两个水平圆柱。先对模型主体与大圆柱进行"并"操作，再将结果"减"去小圆柱。

5）用 UCS 命令返回前一个坐标系（通常为 WCS），以大圆柱的顶面中心为圆心向下绘制两个直立圆柱，将已建成的模型主体"减"去新建的两个圆柱。

6）利用倒角、圆角命令创建倒角、圆角，完成的组合模型如图 14-52 所示。

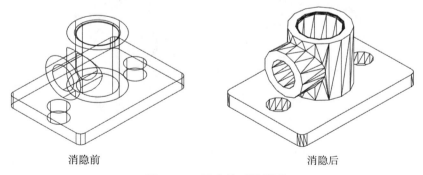

消隐前　　　　　　　　　　　　消隐后

图 14-52　组合体三维模型

【实例二】

按图 14-53 所示的安全阀阀盖的两个视图，构造安全阀阀盖的三维模型。

从造型方便角度可将图示阀盖分为上、下两部分，下部端盘部分可看作拉伸体，上部可看作回转体，分别完成这两部分后，通过"移动"定位对准，再进行"并"操作即可完成。步骤如下：

1）绘制端盘端面图形，创建面域，拉伸创建端盘的三维模型。

2）用 UCS 命令设置新的用户坐标系，其 XOY 平面应包含阀盖轴线，可以该轴线为 OY 轴。

3）绘制上部回转体的断面图，将断面旋转创建回转体。

4）应用移动命令和对象捕捉功能，将回转体底面中心与端盘顶面中心对准。

5）对回转体和端盘进行"并"操作，完成三维模型的构建。安全阀阀盖的三维模型如图 14-54 所示。

〈实例说明〉

如果用户已绘制好安全阀阀盖的三视图，则可直接利用三视图构建三维模型，其主要步骤如下：

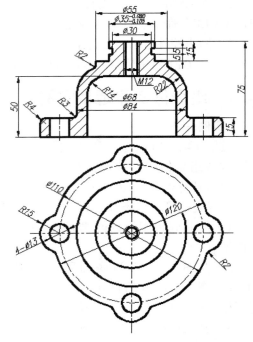

图 14-53　安全阀阀盖的两个视图

1）在俯视图上删除不属于端盘部分的投影，补画内孔 $\phi 68$ 的圆，即可拉伸成型。

2）在主视图上通过删除、修剪获得回转体的断面图，即可旋转成形。

3）上述结果两部分的轴线方向相差 90°，可用 3DROTATE 命令将其中之一（如回转体部分）旋转 90°，使两者轴线同方向，再进行移动和并操作即可完成。

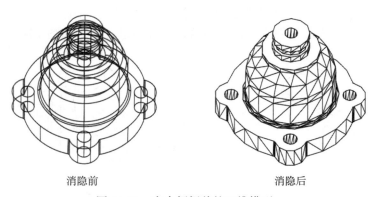

消隐前　　　　　　　　　　　消隐后

图 14-54　安全阀阀盖的三维模型

14.5　渲染对象

AutoCAD 2016 提供的渲染功能通过三维场景来创建二维图像，在渲染中使用已经设置好的光源、已应用的材质和环境设置（例如背景和雾化），为场景中的几何图形着色。

AutoCAD 的渲染器属于通用型渲染器，可以创建真实准确的模拟光照效果，包括光线跟踪反射和折射以及全局照明。通过一系列标准渲染预设参数和可重复使用的渲染参数，可以完成快速的渲染预览，其他预设则适用于质量较高的渲染。

AutoCAD 中的渲染功能通过选择"可视化"选项卡或"渲染"工具栏实现，如图 14-55 所示。

图 14-55　"渲染"面板和工具栏

14.5.1　在渲染窗口中快速渲染对象

单击"可视化"选项卡→"渲染"面板→"渲染"按钮，或单击"渲染"工具栏 →"渲染"按钮 🫖，AutoCAD 即打开"渲染"窗口，快速渲染当前视口中的图形，如图 14-56 所示。

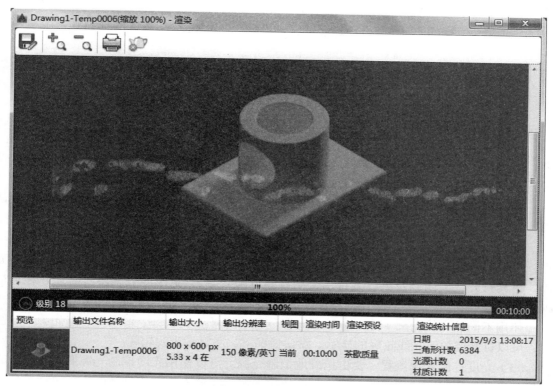

图 14-56　"渲染"窗口

"渲染"窗口中显示了当前视口中三维图形的渲染效果图。下方的列表给出了图像的预览图、输出文件名称、输出大小、输出分辨率、渲染时间和渲染预设等信息，并在视图下方给出渲染级别。在文件列表中右击，从弹出的快捷菜单中可以选择"再次渲染"、"保存"、"从列表中删除"等命令，如图 14-57 所示。

图 14-57　渲染图形快捷菜单

14.5.2　设置光源

　　为了加强渲染效果，在渲染场景中设置合适的光源非常重要，光源由强度和颜色来决定。AutoCAD 2016 提供了环境光、点光源、平行光源和聚光灯光源，用以照亮物体的特殊区域。通过"可视化"选项卡→"光源"面板或"光源"工具栏，可以创建和管理各种光源，如图 14-58 所示。

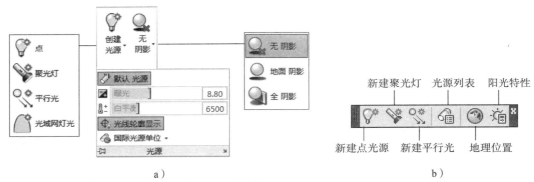

a）　　　　　　　　　　　　　　b）

图 14-58　"可视化"选项卡→"渲染"面板和"光源"工具栏
a）"可视化"选项卡→"渲染"面板　b）"光源"工具栏

1. 光源的基本概念

　　（1）默认光源　当场景中没有定义光源时，系统将使用默认光源对场景进行着色或渲染。默认光源来自视点后面的两个平行光源。模型中的所有面均被照亮可见。此时可以控制亮度和对比度，但不需要创建或放置光源。

　　插入自定义光源或启用阳光时，系统将会提供禁用默认光源的选项，用户可以将默认光源仅仅应用到当前视口，将自定义光源应用到渲染图形。

　　（2）标准光源流程　添加光源可为场景提供真实感外观，增强场景的清晰度和三维性，可通过创建点光源、聚光灯和平行光达到想要的效果。使用夹点工具移动或旋转光源，将其打开或关闭以及更改其特性（例如颜色和衰减），更改的效果将实时显示在当前视口中。

　　使用不同的光线轮廓（图形中显示光源位置的符号）表示每个聚光灯和点光源。绘图时，可以打开或关闭光线轮廓的显示。默认情况下，不显示光线轮廓。

　　（3）光度控制光源流程　要更精确地控制光源，可以使用光度控制光源照亮模型。光度控制光源使用光度（光能量）值，光度值按光源将在渲染输出中显示的样子更精确地进行定义。

（4）阳光与天光　阳光是一种类似于平行光的特殊光源。用户为模型指定的地理位置以及指定的日期和当日时间定义了阳光的角度，并可以更改阳光的强度及其光源的颜色。天光照明可以用于将额外的光源添加到场景中，从而在整个场景中模拟由大气散射造成的光线效果。阳光与天光是自然照明的主要来源。使用"阳光与天光模拟"，用户可以调整它们的特性。

在光度控制流程中，阳光在视口和渲染输出中均遵循物理上更加精确的光源模型。在光度控制流程中，还可以启用天空照明（通过天光背景功能），这样会添加由于阳光和大气之间的相互作用而产生的柔和、微薄的光源效果。

2. 创建光源

通过"光源"面板或"光源"工具栏，可以选择 POINTLIGHT 命令、SPOTLIGHT 命令和 DISTANTLIGHT 命令来创建点光源、聚光灯和平行光。

3. 浏览已建光源列表

通过"光源"面板或"光源"工具栏用户可以执行 LIGHTLIST 命令，以打开"模型中的光源"选项板，进行管理已经创建的光源，如图 14-59 所示。

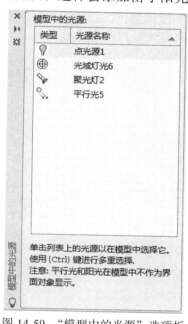

图 14-59　"模型中的光源"选项板

14.5.3　设置地理位置

在使用太阳光时，如果需要根据地理位置来调节渲染效果，则可用执行选择地理位置命令 GEOGRAPHICLOCATION 进而选择"地图"选项，打开"地理位置"对话框（2016 版 CAD 需要先行注册才能使用地图），在地图上右击出现"在此处放置标记"设置光源的地理位置，可在地图上随意放置，自动确定纬度、经度等信息。单击"下一步"按钮设置坐标系，然后在 CAD 绘图界面选择位置所在的点，默认在原点，设置好后会自动弹出"地理位置"功能区，如图 14-60 所示。

图 14-60　"地理位置"功能区

14.5.4　设置渲染材质

渲染材质的设置可以增强渲染输出图形的真实感。用户可在如图 14-61 所示的"材质编辑器"选项板中对渲染材质设置。

〈访问方法〉

选项卡:"可视化"选项卡→"材质"面板→"对话框启动程序"按钮■。"视图"选项卡→"选项板"面板→"材质编辑器"按钮■。

菜　单:"视图（V）"→"渲染（E）"→"材质编辑器（B）"选项■。

工具栏:"渲染"→"材质编辑器"按钮■。

命令行:MATEDITOROPEN。

在"材质编辑器"选项板中,可以设置场景、环境和渲染设置,单击"创建或复制材质"按钮■在打开的下拉列表中选择材质样板,同时设定材质的反射比、透明度、剪切、自发光和凹凸等参数。

图 14-61　"材质编辑器"选项板

14.5.5　设置贴图模式（MATERIALMAP 命令）

在把材质映射到图形对象上时,可以选择平面贴图、长方体贴图、柱面贴图和球面贴图等四种不同的贴图模式。从"可视化"选项卡→"材质"面板,或单击"贴图"工具栏→"材质贴图"按钮,即可设置平面、长方体、柱面和球面材质的贴图模式,如图 14-62 所示。

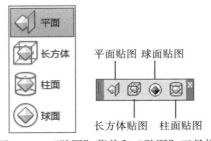

图 14-62　"贴图"菜单和"贴图"工具栏

14.5.6　设置渲染环境和曝光

　　通过对渲染对象的雾化处理，能够提供较为真实的渲染效果。在"渲染"面板或"渲染"工具栏中单击"渲染环境和曝光"按钮，打开"渲染环境和曝光"选项板，如图14-63所示。在"启用雾化"打开时，利用该选项板可以设置背景雾化、雾化颜色、雾化远近距离及雾化百分比。图14-64是雾化渲染效果对比。

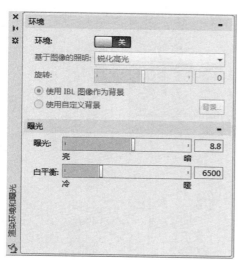

图 14-63　"渲染环境和曝光"选项板

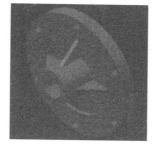

图 14-64　雾化渲染效果对比

14.5.7　高级渲染参数设置

　　"渲染预设管理器"选项板（见图14-65）用于进行高级渲染参数的设置，例如可以进一步修改该类渲染设置的基本参数、渲染时间、光源和材质等内容。

　　〈访问方法〉

　　选项卡："可视化"选项卡→"渲染"面板→"对话框启动程序"按钮☒。"视图"选项卡→"选项板"面板→"高级渲染设置"按钮🔲。

　　菜　单："视图（V）"→"渲染（E）"→"高级渲染设置（D）"选项🔲。

　　工具栏："渲染"→"高级渲染设置"按钮🔲。

　　命令行：RPREF。

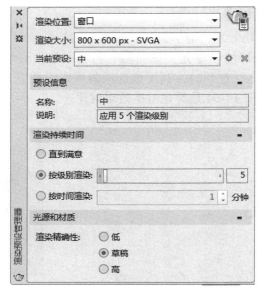

图 14-65 "渲染预设管理器"选项板

第15章

输出图形

15.1 使用绘图仪打印输出

15.1.1 打印工程图纸

在 AutoCAD 2016 中，使用 PLOT 命令打开"打印 - 模型"对话框，可在其中打印输出工程图纸、设置图纸幅面、设置打印样式，如图 15-1 所示。对话框中右下角的"更多选项"按钮用于控制是否显示对话框的其他选项。

图 15-1 "打印 - 模型"对话框

〈访问方法〉

选项卡："输出"选项卡→"打印"面板→"打印"按钮。

应用程序菜单："打印"→"打印"选项。

菜　单："文件（F）"→"打印（P）"选项。

工具栏："标准"→"打印"按钮。

命令行：PLOT。

〈操作过程〉

（1）"打印机/绘图仪"选项组　在"打印 - 模型"对话框的"打印机/绘图仪"选项组，从"名称（M）"下拉列表框中选择一种绘图仪。

（2）"图纸尺寸"选项组　在"图纸尺寸（Z）"选项组的下拉列表框中选择图纸尺寸。

（3）"打印份数"选项组　在"打印份数（B）"数值框中输入要打印的份数。

（4）"打印区域"选项组　在"打印区域"选项中的"打印范围（W）"下拉列表框中指定图形中要打印的区域。指定打印范围的方式有"图形界限""显示""窗口"和"范围"四种。

1）"图形界限"选项。打印范围为用 LIMITS 命令定义的图形界限。

2）"显示"选项。打印范围为 AutoCAD 当前显示的内容。

3）"窗口"选项。打印范围为在 AutoCAD 绘图区域指定的矩形窗口。选择此选项后，AutoCAD 暂时将"打印"对话框挂起，返回到绘图区域指定一个矩形窗口。

4）"范围"选项。打印范围为图形的实际扩展范围，即实际有图线的部分。

（5）"打印比例"选项组　"打印比例"选项组用来设置绘图仪打印缩放比例。

1）"布满图纸（I）"复选框。将选定的矩形窗口区域的图形填满整个图纸幅面。

2）"比例（S）"下拉列表框。设置绘图仪打印比例值。可以在"比例（S）"下拉列表框选择一种 AutoCAD 预先定义的比例值；或者在"比例（S）"下拉列表框选择"自定义"选项，并在其下的文本框中输入比例值和单位，如图 15-2 所示。

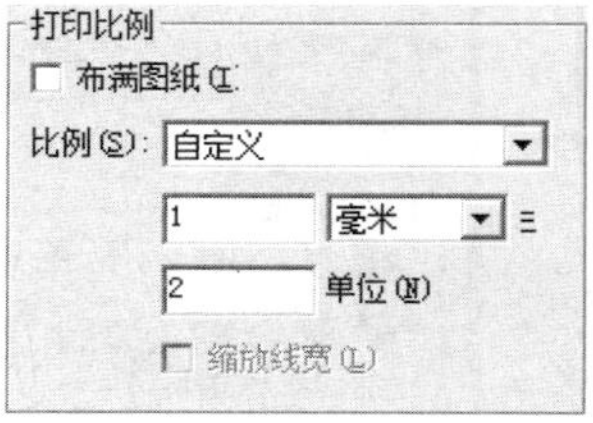

（6）"打印偏移（原点设置在可打印区域）"选项组　如果选中"居中打印（C）"复选框，则绘图仪打印输出时按照图纸的尺寸居中打印。

（7）"打印样式表（画笔指定）（G）"选项组　该选项组用

图 15-2　自定义的比例值

来选择和编辑打印样式。在下拉列表框中选择一个已经定义好的打印样式，为绘图仪打印输出打印样式。如果单击"编辑"按钮则弹出如图 15-3 所示的"打印样式编辑器"对话框，用于修改选定的打印样式表。

使用"打印样式编辑器"对正在建立的打印样式表进行编辑。其中，"常规"选项卡列出了打印样式表的一般说明信息。"表视图"和"表格视图"选项卡都能设置打印样式。"表格视图"选项卡中各部分内容如下：

1）"打印样式（P）"列表框显示的是 AutoCAD 标准颜色（1~255 号颜色），每一种颜色与一种 AutoCAD 实体颜色相对应。

2）"特性"选项组用来设置绘图仪打印图形的颜色、线宽、线型和笔号等打印特性。

3）"线宽（W）"下拉列表框用来设置绘图仪打印线宽。"线宽（W）"下拉列表框中列有多种 AutoCAD 标准打印线宽，一般选择"使用对象线宽"，使得绘图仪打印线宽与 AutoCAD 实体线宽保持一致。

图 15-3 "打印样式表编辑器"对话框中的"表格视图"选项卡

具体操作步骤如下：

① 在"打印样式（P）"列表框中选择 AutoCAD 实体的某一颜色。

② 在"颜色（C）"下拉列表框选择一种颜色，即为绘图仪打印颜色。

打印黑白工程图纸时，应将 AutoCAD 实体所有颜色在"颜色（C）"下拉列表框中均设置为"黑色"。打印彩色工程图纸时，应将 AutoCAD 实体所有颜色在"颜色（C）"下拉列表框中均设置为"使用对象颜色"选项，使得绘图仪打印颜色与 AutoCAD 实体颜色保持一致。

（8）"打印选项"选项组　在"打印选项"选项组只选中"按样式打印（E）"复选框，以便用设置好的打印样式控制绘图仪打印输出效果。

（9）"图形方向"选项组　该选项组用于指定图形在图纸上的打印方向，根据需要选择"横向"或"竖向"。

（10）"预览"按钮　单击"预览"按钮 预览(P)... ，预览打印输出效果。

（11）"确定"按钮　单击"确定"按钮 确定 ，结束 PLOT 命令，等待绘图仪打印输出。

15.1.2　输出电子文档

使用 AutoCAD 的 ePlot 特性，可以向互联网发送电子文档，并可在网络浏览器和 AutodeskExpressViewer 打开、观察和打印，建立的文件存为".dwf"格式。

1. 建立 DWF 文件

建立 DWF 文件的操作方法如下：

1）执行 PLOT 命令，弹出"打印 - 模型"对话框，如图 15-1 所示。

2）在"打印机 / 绘图仪"选项组中，从"名称（**M**）"下拉列表框中选择打印设备配置文件"DWF6ePlot.pc3"。

3）在"打印区域"选项组中的"打印范围（**W**）"下拉列表框中选择"窗口"打印方式，单击 窗口(0)< 按钮，在 AutoCAD 绘图区域指定窗口。

4）在"打印机 / 绘图仪"选项组右下方的"打印到文件（F）"复选框的"文件名和路径（L）"文本框中输入一个 ePlot 文件名。

5）单击 确定 按钮。

2. 在外部浏览器中观察 DWF 文件

如果在系统中安装有 AutodeskExpressViewer，则可以使用 MicrosoftInternetExplorer 查看 DWF 文件。具体步骤如下：

1）在互联网浏览器或资源管理器中打开 DWF 文件。

2）在 DWF 文件中右击，激活的快捷菜单如图 15-4 所示。

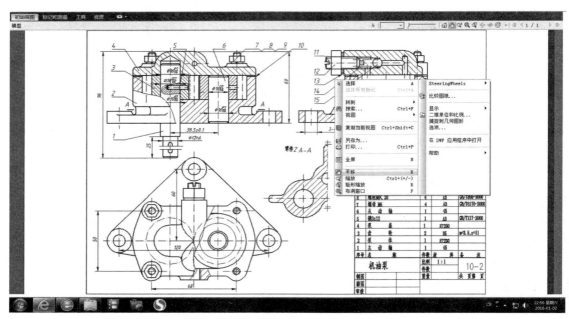

图 15-4　浏览 DWF 文件及其快捷菜单

从弹出的快捷菜单中选择"平移（**N**）"或"缩放（**Z**）"选项，即可方便地实现移屏或缩焦变换。如果当前 DWF 文件包含有层信息，则选择"图层"选项，即会显示层控制框，从中选择某个想要关闭的图层，然后在"开"域单击灯泡按钮，可以将选中的层关闭。若要重新打开关闭的层，再次单击灯泡图标即可。在建立 DWF 文件时，只有当前 UCS 确定的命名视图被写入 DWF 文件，其他 UCS 方向确定的命名视图被排除在 DWF 文件之外。

15.2 模型空间、图纸空间和布局

15.2.1 模型空间和图纸空间

模型空间（ModelSpace）是供用户建立和编辑修改二维、三维模型的工作环境。AutoCAD 默认的工作环境是模型空间环境。用户可以在模型空间建立互不重叠的平铺视口，其位置和大小不能随意改变，打印输出时，只有当前视口的内容被打印。

图 15-5 显示的是在模型空间建立的三维模型。绘图区域底部的三个选项卡表示当前图形中，除"模型"外，还设有"布局 1"和"布局 2"两个布局。切换至"模型"选项卡即进入模型空间，切换至"布局"选项卡则进入相应的布局中。

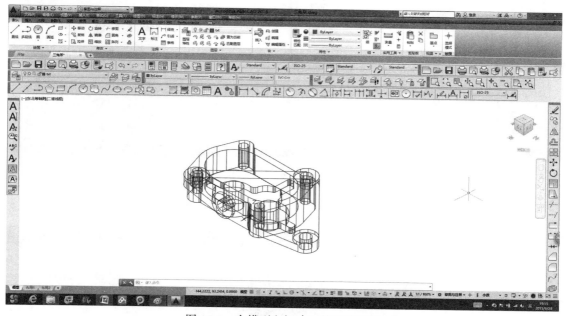

图 15-5 在模型空间建立的三维模型

图纸空间是二维图形环境，用于输出图样。大多数 AutoCAD 命令都能用于图纸空间，在图纸空间建立的二维实体，在模型空间不能显示。

在图纸空间，用户可以设置布局；在布局上，用户可以建立浮动视口。浮动视口是图纸空间的实体，其数量、形状、大小及位置可根据需要设定。浮动视口的位置和大小可以随时调整，浮动视口间可以相互重叠。打印输出时，所有打开的视口的可见内容都能被打印。

通过浮动视口，用户可以观察、编辑在模型空间建立的模型。在一个浮动视口对模型空间所做的修改将影响各个浮动视口的显示内容。

15.2.2 布局

布局类似于一张纸，是图纸空间的作图环境。在图纸空间可以设置一个或多个布局，每一个布局与输出的一张图样相对应。

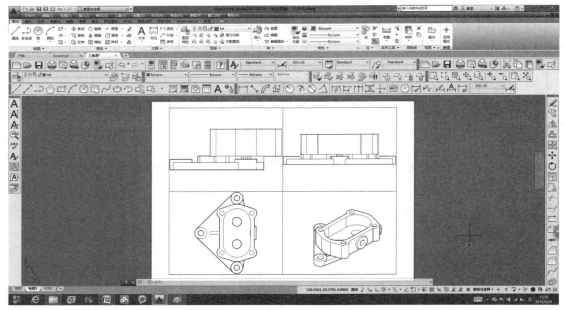

图 15-6　三维模型的 Layout1 布局

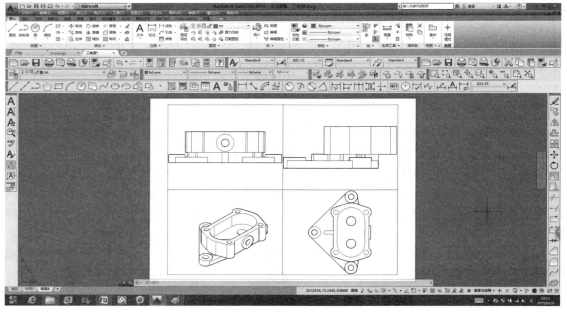

图 15-7　三维模型的 Layout2 布局

在布局中可以建立浮动视口，用以观察在模型空间建立的三维或二维实体。在布局中通常安排有注释、标题块等。图 15-6 和图 15-7 分别表示一个三维模型的不同布局。通过页面设置可以对布局指定不同的打印样式表，同一个布局可以获得不同的打印效果。一个图形只有一个模型空间和一个图纸空间，但在图纸空间中可以设置多个布局。多个布局共享模型空间的信息，分别与不同的页面设置关联，实现输出结果的多样性。

切换至绘图区域下方的"模型"和"布局"选项卡，可以实现模型空间和布局之间的切换。切换至"模型"选项卡或输入"MODEL"命令，即从图纸空间或布局切换到模型空间。切换至"布局"选项卡，即切换到相应的布局。

15.2.3 建立新布局（LAYOUT 命令）

用户可以使用 LAYOUT 命令的"新建（N）"选项在图纸空间建立新的布局。

〈访问方法〉

选项卡："布局"选项卡→"布局"面板→"布局"按钮 ▦ 。

菜　单："插入（I）"→"布局（L）"→"新建布局（N）"选项 ▦ 。

工具栏："布局"→"新建布局"按钮 ▦ 。

快捷菜单：右击"模型"或"布局"选项卡，在弹出的快捷菜单中选择"新建布局（N）"

命令行输入命令：LAYOUT。

执行 LAYOUT 命令后，AutoCAD 出现如下提示：

输入布局选项 [复制 (C)/ 删除 (D)/ 新建 (N)/ 样板 (T)/ 重命名 (R)/ 另存为 (SA)/ 设置 (S)/?] 〈设置〉：N
输入新布局名〈布局 3〉：　（输入新的布局名）

当完成"新建布局"命令后，进入该布局，在自动建立的单个浮动视口中将显示模型空间的内容。

15.2.4 布局的页面设置（PAGESETUP 命令）

PAGESETUP 命令用于对每个新建布局的页面布局、打印设备、图纸尺寸等进行设置。

〈访问方法〉

选项卡："布局"选项卡→"布局"面板→"页面设置管理器"按钮 ▣ 。"输出"选项卡→"打印"面板→"页面设置管理器"按钮 ▣ 。

菜　单："文件"选项卡→"页面设置管理器（G）"选项 ▣ 。

应用程序菜单："打印"→"页面设置"选项 ▣ 。

命令行：PAGESETUP。

快捷菜单：在绘图区域下方的"模型"和"布局"选项卡上右击，然后在弹出的快捷菜单中选择"页面设置管理器（G）"选项。

〈操作过程〉

执行 PAGESETUP 命令后，AutoCAD 将弹出如图 15-8 所示的"页面设置管理器"对话框。在该对话框中，用户可以建立新的布局页面设置；也可以对已有布局的页面设置进行修改。随后将会弹出与图 15-1"打印 - 模型"对话框相类似的布局中的"页面设置"对话框，在该对话框中可以对当前布局中的打印机、图纸尺寸、打印区域、图纸方向、出图比例等进行设置，在此不再赘述。

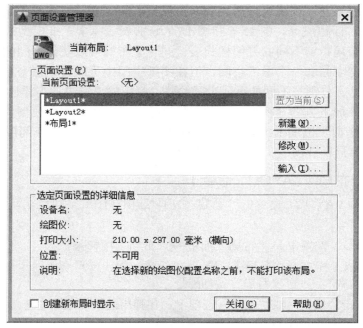

图 15-8 "页面设置管理器"对话框

15.3　设置布局中的视口

　　布局中的视口是在图纸空间观察、修改在模型空间所建立模型的窗口，是在布局中组织图形输出的重要手段。由于布局中的视口本身是图纸空间的 AutoCAD 对象，因此可被编辑，浮动视口之间还可以互相重叠。本节使用的"视口"工具栏如图 15-9 所示。

图 15-9　"视口"工具栏

15.3.1　在布局中建立浮动视口（VPORTS 命令）

　　VPORTS 命令可用于在布局中建立多个浮动视口。

〈访问方法〉

　　菜　单："视图（V）"→"视口（V）"→"新建视口（E）"选项 。

　　工具栏："视口"或者"布局"→"显示视口对话框"按钮 。

　　命令行：VPORTS。

　　执行 VPORTS 命令后，AutoCAD 将弹出"视口"对话框，如图 15-10 所示。

　　具体步骤如下：

　　1）在"视口"对话框的"新建视口"选项卡中选择一种标准配置方案。

　　2）在"设置（S）"下拉列表框中选择"二维"或"三维"选项。

　　①"二维"选项。各个视口中配置的都是当前屏幕所显示的图形。

　　②"三维"选项。一组默认的标准的三维视图被应用于配置每一个视口。如果需要出立体的三视图，通常选择该选项。

　　3）在"预览"选项组中选择要改变视图配置的视口。

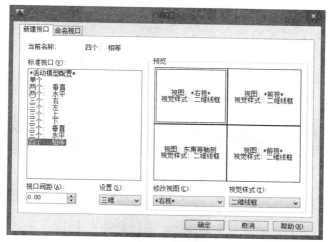

图 15-10 "视口"对话框

4）在"修改视图（C）"下拉列表框中的标准视图列表中，选择一个要在该视口中显示的视图。标准视图列表中包括前视、俯视、仰视、左视、右视、后视、轴测图等。如果当前图形中存在有使用 VIEW 命令定义的视图，其名称也会显示在"修改视图（C）"下拉列表框中。

5）在"视觉样式（T）"下拉列表框中指定该视口中模型显示的视觉效果。

6）各个视图设置完成后，单击"确定"按钮 确定 结束视口对话框，在布局中指定视口矩形区域，或者使用默认的"布满（F）"选项将当前的视口范围指定为新视口的创建范围。

15.3.2 重新排列浮动视口

在图纸空间，可以用"ERASE""MOVE""SCALE""STRETCHT"等命令编辑视口。当移动浮动视口时，视口内的视图也跟随移动。当改变浮动视口的边框大小时，视图的显示比例不变，超出视口边框的部分被修剪。当浮动视口被删除时，视口边框和其中的视图都消失。也可以用夹点编辑浮动视口。

15.3.3 布局中模型空间和图纸空间之间的切换

为了方便，可以直接从布局的视口中访问模型空间，以进行编辑对象、冻结和解冻图层以及调整视图等其他一些操作。

布局中的模型空间和图纸空间之间的切换方法如下：

1）从布局的图纸空间切换到模型空间。在布局的图纸空间的任意视口中双击，即进入模型空间，并且使光标所在的视口成为当前视口，边界加粗显示。当只在当前视口中显示十字光标时，可以对模型空间的实体进行编辑。绘图区域左下角的图纸空间 UCS 图标消失，各个浮动视口均显示模型空间 UCS 图标，状态行显示"模型"。也可以直接从命令行输入"MS"进行切换。

2）从布局的模型空间切换到图纸空间。在布局的浮动视口外任一区域双击，即切换到图纸空间。所有浮动视口的边框都用细线显示，十字光标在整个绘图区域显示，绘图区域左下角显示图纸空间 UCS 图标，各个浮动视口不显示 UCS 图标，状态行显示"图纸"。

也可以直接从命令行输入"PS"进行切换。

3）在布局中也可以单击选择状态行上的 图纸 按钮或 模型 按钮，在布局的图纸空间和模型空间之间进行切换。

图 15-11a 和图 15-11b 所示分别为布局中的图纸空间和模型空间。请注意布局中的图纸空间和模型空间左下角的不同标记。

a）

b）

图 15-11 布局中的模型空间和图纸空间

a）布局中的图纸空间　b）布局中的模型空间

15.3.4 改变视口的特性

使用"特性"选项板修改视口的特性，设置视口显示比例值。在布局的图纸空间中，先选择要修改特性的视口，再执行命令。

〈访问方法〉

选项卡："视图"选项卡→"选项板"面板→"特性"按钮图。

菜　单："修改（M）"→"特性（P）"选项图。

工具栏："标准"→"特性"按钮图。

命令行输入命令：PROPERTIES。

浮动视口的"特性"选项板如图 15-12 所示。在"特性"选项板中，选择要修改的视口特性，然后输入新值，或者在列表中选择一新值，新值被赋予当前视口。

1. 设置比例

默认情况下，三维实体在各个视口均以填满视口的方式显示视图，各个视图的比例是不一致的。为按精确比例打印图形，保持各个视图间的比例关系，需要给各个视图设置相同的比例，方法有两种：

（1）"标准比例"选项　从列表中选择一个标准比例值。

（2）"自定义"选项　在文本框中输入一个新比例因子。

图 15-12 浮动视口的"特性"选项板

例如，在图 15-6 中，主视图、俯视图和左视图三个视口中视图显示的比例不一致，将这三个视口的比例设置一致后，视图显示如图 15-13 所示。

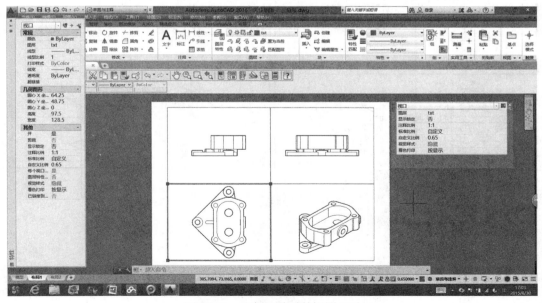

图 15-13 比例一致时的视图显示

2.视口比例锁定控制

在"显示锁定"下拉列表框中选择"是",锁定视口比例,布局默认的打印比例为1:1。

3.打开或关闭浮动视口

在"开"处选择"是"或"否"以打开或关闭所选视口。浮动视口关闭后,视口内原来显示的内容消失,视口边框仍然显示,关闭的视口不能成为当前视口。

4.消除视口中的隐藏线

在"着色打印"处选择"消隐",则打印时将消除指定视口中的三维实体隐藏线。该特性仅影响打印输出,不影响屏幕显示。

15.3.5 在浮动视口中对齐视图

在排列浮动视口、调整视口显示内容的过程中,相关的视口应该具有精确、一致的显示比例,保持视图间的位置对准关系,线型图案的显示比例一致等要求。

在布局中组织图形输出时,常需要调整视口的大小、位置和显示比例。为符合投影关系,不同视口间,还应保持一定的对齐关系。使用 MVSETUP 命令可以按角度、水平、竖直对齐视图,在一个视口中相对另一个视口的基点平移视图。

〈访问方法〉

命令行:MVSETUP。

〈操作过程〉

以下的示例将图 15-14a 中左右两个视口中的图形在水平方向对齐,结果如图 15-14b所示。

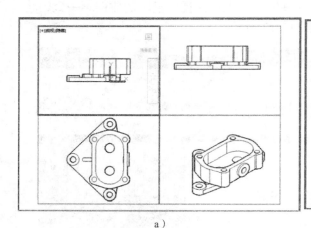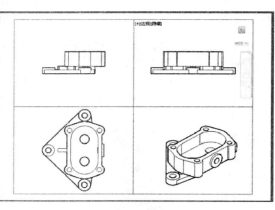

a)   b)

图 15-14 在浮动视口中对齐视图

a）两视口中的内容对齐之前 b）两视口中的内容对齐之后

其命令过程如下:

命令:MVSETUP

正在初始化 ...

输入选项 [对齐 (A)/ 创建 (C)/ 缩放视口 (S)/ 选项 (O)/ 标题栏 (T)/ 放弃 (U)] : A(选择对齐操作)

输入选项 [角度 (A)/ 水平 (H)/ 垂直对齐 (V)/ 旋转视图 (R)/ 放弃 (U)] : H(选择水平对齐)

指定基点 : (选择含有不动视图的上视口为当前视口，然后指定基点)

　　　　(在图 15-14a 中，选择主视图所在的视口为当前视口，捕捉下侧端点为基点)

指定视口中平移的目标点 : (选择含有要重新排列的图形的视口，然后对准点)

　　　　　　(在图 15-14a 中，选择左视图所在的视口为当前视口，捕捉左上角对准点)

输入选项 [角度 (A)/ 水平 (H)/ 垂直对齐 (V)/ 旋转视图 (R)/ 放弃 (U)]:(按〈Enter〉键结束本选项操作，返回主提示，对齐后如图 15-14b 所示。)

输入选项 [对齐 (A)/ 创建 (C)/ 缩放视口 (S)/ 选项 (O)/ 标题栏 (T)/ 放弃 (U)]:(按〈Enter〉键结束命令)

〈选项说明〉

（1）"水平（H）" 使视图中的指定点与另一视图的指定基点在一条水平线上。

（2）"垂直对齐（V）" 使视图中的指定点与另一视图的指定基点在一条竖直线上。

（3）"角度（A）" 将视图中的一点与另一视图中，以基点、距离和角度定位的点对准。

15.3.6　将打印样式表连接到布局

通过图 15-8 所示的"页面设置管理器"对话框，用户还可以将打印样式表连接到模型选项卡或指定的布局。具体步骤如下：

1）在"页面设置（P）"选项组选择一个布局，单击 修改(M)... 按钮，系统弹出"页面设置 - 布局 1"对话框，如图 15-15 所示。

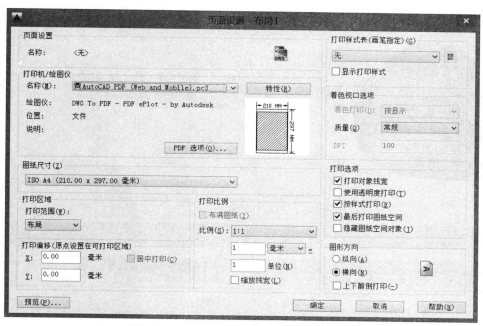

图 15-15　"页面设置 - 布局 1"对话框

2）在"打印机 / 绘图仪"选项组的"名称（M）"下拉列表框中选择一个打印机。

3）在"打印样式表（画笔指定）（G）"下拉列表框中选择"Acad.cbt"打印样式。如果选择的是"无"，表示没有应用打印样式表，则打印时反映实体的默认特性。

4）单击 确定 按钮完成设置。

15.4 在布局中创建三维模型的多面正投影图和轴测图

AutoCAD 中的基础视图是指放置在图形中的第一个工程视图。基础视图通常是国家标准《机械制图》中定义的主视图、俯视图、左视图、仰视图、后视图及右视图六个基本视图中的一个，此外也可使用东南、西南、东北、西北方向等四个方向的正等轴测投影图。其中，"前视图"在国家标准《机械制图》中称为"主视图"，它也是最主要的一个基本视图。

在布局中创建三维实体模型的三视图和剖视图的方法有多种，可以使用 FLATSHOT 命令，也可以结合使用 VPORTS 命令和 SOLPROF 命令等。本节以图 15-16 所示的三维实体模型为例介绍两种较为简单的方法。

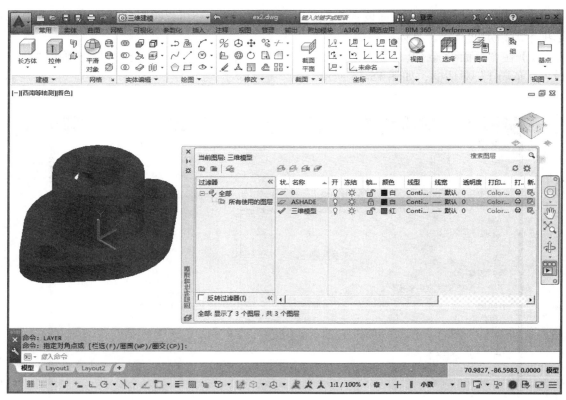

图 15-16　三维模型

在建立三视图的过程中涉及对于一些图层的操作，请读者注意当前文件中只建立了一个名称为"三维模型"的图层。另外，为了后面操作上的方便，在当前图形中已经加载了隐藏线（Hidden）线型。

15.4.1 使用 VIEWBASE 命令

VIEWBASE 命令用于从模型空间或 Autodesk Inventor 模型创建基础视图和投影视图。

〈访问方法〉

选项卡:"布局"选项卡→"创建视图"面板→"基点"按钮组→"从模型空间"按钮。

命令行:VIEWBASE。

〈操作步骤〉

1)切换至绘图区域下方的"布局 1"选项卡,进入布局 1。如果布局中包含视口,则将此视口删除。

2)如果需要改变图纸尺寸等页面设置,则可以使用 PAGESETUP 命令进行相关设置。

3)在执行 VIEWBASE 命令后,功能区会自动增加名为"工程视图创建"选项卡和相应的面板,如图 15-17 所示。用户可以结合命令功能区面板和命令行完成基础视图和投影视图的创建。

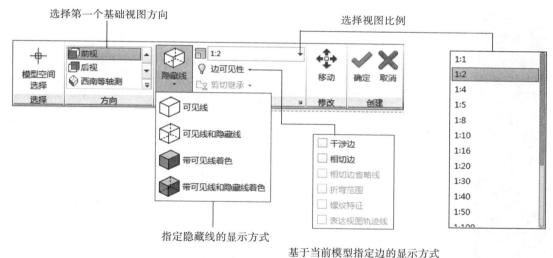

图 15-17 "工程视图创建"选项卡和相应的面板

例 15-1 使用 VIEWBASE 命令建立图 15-18 所示的多面正投影图和轴测图布局一。
命令过程如下:

命令:VIEWBASE

指定模型源 [模型空间 (M)/ 文件 (F)]〈模型空间〉:(指定三维模型的来源,按〈Enter〉键接受当前模型源为模型空间)

类型 = 基础和投影样式 = 可见线和隐藏线 (I) 比例 =1 : 2

指定基础视图的位置或 [类型 (T)/ 选择 (E)/ 方向 (O)/ 隐藏线 (H)/ 比例 (S)/ 可见性 (V)]〈类型〉:T

输入视图创建选项 [仅基础 (B)/ 基础和投影 (P)]〈仅基础〉:P(选择要创建基础视图及其投影视图)

指定基础视图的位置或 [类型 (T)/ 选择 (E)/ 方向 (O)/ 隐藏线 (H)/ 比例 (S)/ 可见性 (V)]〈类型〉:O

选择方向 [当前 (C)/ 俯视 (T)/ 仰视 (B)/ 左视 (L)/ 右视 (R)/ 前视 (F)/ 后视 (BA)/ 西南等轴测 (SW)/ 东南等轴测 (SE)/ 东北等轴测 (NE)/ 西北等轴测 (NW)]〈前视〉:F(要创建的第一个视图为主视图方向)

指定基础视图的位置或 [类型 (T)/ 选择 (E)/ 方向 (O)/ 隐藏线 (H)/ 比例 (S)/ 可见性 (V)] 〈类型〉: (指定主视图的中心位置)

选择选项 [选择 (E)/ 方向 (O)/ 隐藏线 (H)/ 比例 (S)/ 可见性 (V)/ 移动 (M)/ 退出 (X)] 〈退出〉: (按〈Enter〉键接受当前默认的比例、隐藏线的显示方式、边的可见性设置等)

指定投影视图的位置或〈退出〉: (指定主视图下方, 为俯视图)

指定投影视图的位置或 [放弃 (U)/ 退出 (X)] 〈退出〉: (指定主视图上方, 为仰视图)

指定投影视图的位置或 [放弃 (U)/ 退出 (X)] 〈退出〉: (指定主视图右方, 为左视图)

指定投影视图的位置或 [放弃 (U)/ 退出 (X)] 〈退出〉: (指定主视图左方, 为右视图)

指定投影视图的位置或 [放弃 (U)/ 退出 (X)] 〈退出〉: (指定主视图右下方, 为西北方向正等轴测图)

指定投影视图的位置或 [放弃 (U)/ 退出 (X)] 〈退出〉: (指定主视图右上方, 为西南方向正等轴测图)

指定投影视图的位置或 [放弃 (U)/ 退出 (X)] 〈退出〉: (指定主视图左上方, 为东南方向正等轴测图)

指定投影视图的位置或 [放弃 (U)/ 退出 (X)] 〈退出〉: (指定主视图左下方, 为东北方向正等轴测图)

已成功创建基础视图和 8 个投影视图。

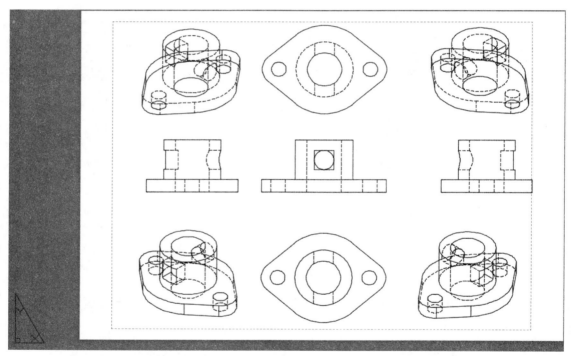

图 15-18　使用 VIEWBASE 命令建立的多面正投影图和轴测图布局一

〈操作说明〉

1) 基础视图理论上可以是任意方向的视图, 为了操作上的直观方便, 建议读者选择主视图方向开始创建。当然用户也可以在 "工程视图创建" 的选项卡的 "方向" 面板中选择或者在 "指定基础视图的位置或 [类型 (T)/ 选择 (E)/ 方向 (O)/ 隐藏线 (H)/ 比例 (S)/ 可见性 (V)] 〈类型〉" 提示下选择 "O" 来选择其他方向的基本视图作为第一个视图即基础视图。

2) 在创建视图的过程中, 如果要设置隐藏线的显示方式, 可以在 "指定基础视图的

位置或 [类型（T）/选择（E）/方向（O）/隐藏线（H）/比例（S）/可见性（V）]〈类型〉"提示下选择"H"进行设置。

3）如果在"类型（T）"选项中选择"基础和投影（P）"指定在创建了第一个视图，即基础视图以后继续创建投影视图，则后面创建的视图和已经创建的第一个视图始终保持我国《机械制图国家标准》中的"长对正、高平齐、宽相等"的三等投影关系，因而所指定的投影视图的位置只是一个大概的位置，并不需要很精确。并且，除了第一个视图以外的其他视图的创建顺序也无关紧要。在位置的配置上也与《机械制图国家标准》中六个基本视图的配置规定相一致，始终保证投影关系的准确性。以图 15-18 为例，如果移动主视图，那么俯视图、仰视图、左视图和右视图会同时自行随之移动以确保"三等"关系；而俯视图、仰视图、左视图和右视图在移动时受限于"三等"关系而不能够随便移动。

4）完成了多面正投影图和轴测图创建以后，打开当前文件中的"图层特性管理器"面板，如图 15-19 所示。与之前图 15-16 中的图层相比，系统自动创建了 MD_ 可见、MD_隐藏、MD_ 可见窄线及 MD_隐藏窄线四个图层，分别应用于多面投影图中可见的粗实线、不可见的隐藏线、轴测图中回转面和平面可见的相切边线、不可见的相切边线，并自动加载了相应的线型和设置了线宽。通过对相应图层可见性的控制，可以控制图形当中各种线型的显示情况。

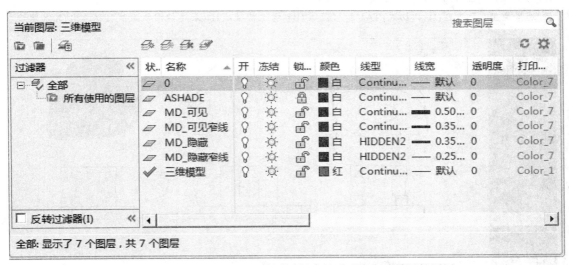

图 15-19　多面正投影图和轴测图创建以后系统自动设置的图层

5）VIEWBASE 命令中的选项说明。

① 类型（T）。指定在创建基础视图后是退出命令还是继续创建投影视图。AutoCAD 进一步提示：

输入视图创建选项 [仅基础 (B)/ 基础和投影 (P)]〈基础和投影〉：

② 选择（E）。指定要添加或删除的对象。AutoCAD 进一步提示：

选择要添加的对象或 [删除 (R)/ 整个模型 (E)/ 布局 (LAY)]〈返回到布局〉：

③ 方向（O）。指定基础视图的方向。AutoCAD 进一步提示：

选择方向 [当前 (C)/ 俯视 (T)/ 仰视 (B)/ 左视 (L)/ 右视 (R)/ 前视 (F)/ 后视 (BA)/ 西南等轴测 (SW)/ 东南等轴测 (SE)/ 东北等轴测 (NE)/ 西北等轴测 (NW)]〈当前值〉：

④ 隐藏线（H）。指定视图中不可见的隐藏线的显示方式。不同的隐藏线显示方式下的效果如图 15-20 所示。AutoCAD 进一步提示：

选择样式 [可见线 (V)/ 可见线和隐藏线 (I)/ 带可见性着色 (S)/ 带可见线和隐藏线着色 (H)]〈当前值〉：

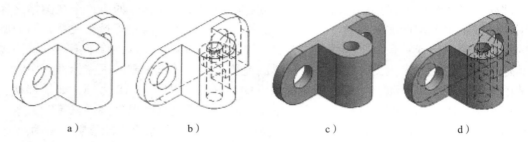

a）   b）   c）   d）

图 15-20 不同的隐藏线显示方式

a）可见线 b）可见线和隐藏线 c）带可见性着色 d）带可见线和隐藏线着色

⑤ 比例（S）。指定基础视图的绝对比例，并且从此基础视图导出的投影视图都按照相同的比例绘制。

⑥ 可见性（V）。基于当前模型指定基础视图的可见性选项，如相切边是否显示等。不同的隐藏线显示方式下的效果如图 15-21 所示。AutoCAD 进一步提示如下：

选择类型 [干涉边 (I)/ 相切边 (TA)/ 折弯范围 (B)/ 螺纹特征 (TH)/ 表达视图轨迹线 (P)/ 退出 (X)]〈退出 〉：

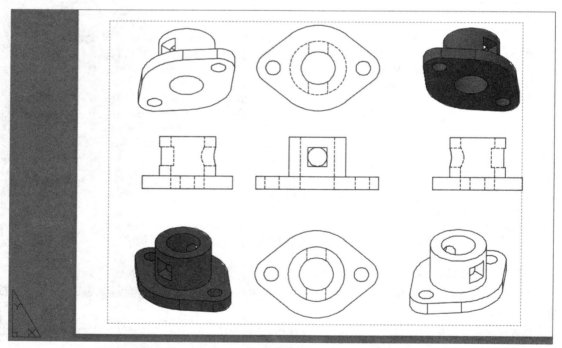

图 15-21 使用 VIEWBASE 命令建立的多面正投影图和轴测图布局二

6）使用同一个 VIEWBASE 命令创建的第一个基础视图可以看作其他视图的"父"视图，其后创建的视图都是基于第一个视图基础之上的投影视图，可看作"父"视图的"子"视图，在比例、隐藏线的显示方式、边的可见性设置等方面和父视图保持一致。如果需要设置各个视图不同的比例、隐藏线的显示方式和边的可见性，可以在视图创建结束后双击需要更改的视图（也可以单击"布局"选项卡→"修改视图"面板→"编辑视图"按钮　，或者直接输入"VIEWEDIT"命令后选择视图），然后用户就可以结合功能区自动增加"工程视图编辑器"选项卡和相应的面板及命令行提示进行设置更改。如图 15-20 所示，图纸布局中的四个正等轴测图中两个消除了隐藏线，另外两个使用了带可见性着色的方式。

　　7）如果需要以已有的某个基础视图作为"父"视图创建投影视图，可以使用 VIEWPROJ 命令，其操作和 VIEWBASE 命令类似。

　　8）当新建文件时选择的图形样板文件为公制模板时，例如"acadiso.dwt"样板，系统默认的投影类型是第一角投影，与我国《工程制图》的国家标准一致。反之，当新建文件时选择的图形样板文件为英制模板时，例如"acad.dwt"样板，系统默认的投影类型则是第三角投影。可以通过 VIEWSTD 命令或者单击"布局"选项卡→"样式和标准"面板→"对话框启动器"按钮　，打开图 15-22 所示的"绘图标准"对话框对新工程图的投影类型进行设置。

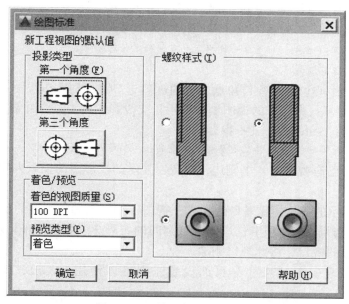

图 15-22　"绘图标准"对话框

15.4.2　使用 SOLVIEW 命令和 SOLDRAW 命令

　　SOLVIEW 命令用于在布局中创建浮动视口、生成三维模型的多面正投影图和剖视图，并自动创建 VPORTS 的图层放置浮动视口的边框。

　　〈访问方法〉

　　选项卡："常用"选项卡→"建模"面板→"实体视图"按钮　。

　　命令行：SOLVIEW。

　　执行 SOLVIEW 命令后，AutoCAD 将出现如下提示：

　　输入选项 [UCS(U)/ 正交 (O)/ 辅助 (A)/ 截面 (S)]：

〈选项说明〉

（1）"UCS（U）" 按指定的坐标系创建浮动视口，并在视口中创建实体在当前 UCS 的 XOY 面上的投影图。选择该选项后，AutoCAD 进一步提示：

输入选项 [命名 (N)/ 世界 (W)/?/ 当前 (C)]〈当前〉:（指定使用的坐标系）

输入视图比例〈1〉:（指定投影图在视口中的比例，或滚动鼠标的滚轮动态指定）

指定视图中心:（指定视图中心位置，直到满意为止）

（2）"辅助（A）" 由已有的视图创建斜视图及视口。斜视图是将立体的倾斜部分结构向与该倾斜表面平行的投影垂直面上进行投影而得到的。选择该选项后，AutoCAD 进一步提示：

指定斜面的第一个点:（当前视口中确定与投影方向垂直的倾斜投影面上的一点）

指定斜面的第二个点:（在当前视口中确定与投影方向垂直的倾斜投影面上的另一点）

指定要从哪侧查看:（在上述两点确定的投影面位置线一侧拾取一点，确定投影方向）

随后确定投影图中心位置、视口角点位置和视图名称的过程与 UCS 选项相同。

（3）"截面（S）" 创建实体的截面轮廓。选择该选项后，AutoCAD 进一步提示：

指定剪切平面的第一个点:（在当前视图中，指定剖切位置线上一点）

指定剪切平面的第二个点:（在当前视图中，指定剖切位置线上另一点）

指定要从哪侧查看:（在剖切位置线一侧指定一点，确定投影方向）

输入视图比例〈当前值〉:

随后确定视图中心位置、视口角点位置的过程与 UCS 选项相同。

（4）"正交（O）" 由已有的视图创建显示正交投影图的视口，并显示指定的正交投影图。选择该选项后，AutoCAD 进一步提示：

指定视口要投影的那一侧:（选择已有视口要创建新投影的那一侧边）

用户通过选择已有视口的一个侧边，指定要显示的投影图的投影方向。

〈操作过程〉

在图 15-16 所示的三维模型基础上建立三视图、剖视图和轴测图的步骤如下：

1）切换至"布局 2"选项卡，进入图纸空间的布局 2。此时屏幕上会自动显示一个内容与模型空间一致的视口，将此视口删除。

2）如果需要改变图纸尺寸等页面设置，则可以使用 PAGESETUP 命令进行相关设置。

3）执行 SOLVIEW 命令创建并命名主视图视口。

命令: SOLVIEW

输入选项 [UCS(U)/ 正交 (O)/ 辅助 (A)/ 截面 (S)] : U

输入选项 [命名 (N)/ 世界 (W)/?/ 当前 (C)]〈当前〉:（指定在当前 UCS 的 XOY 平面上创建主视图）

输入视图比例〈1〉:（指定视图的比例）

指定视图中心:（只是指定一个大概的中心位置，该提示将反复出现，允许调整直到满意为止）

指定视图中心〈指定视口〉:（按〈Enter〉键指定视口的位置）

指定视口的第一个角点:（指定主视图视口的一个角点，可使用自动捕捉）

指定视口的对角点:（指定主视图视口的另一个对角点）

输入视图名: 主视图（输入当前视口的名称）（如图 15-23a 所示）

输入选项 [UCS(U)/ 正交 (O)/ 辅助 (A)/ 截面 (S)]：O(将要以主视图为父视图创建俯视图)

指定视口要投影的那一侧：(选择主视图视口上方边框线上一点，表明投影方向是从上往下)

指定视图中心：(指定俯视图中心位置并调整至满意。俯视图与主视图中心在垂直方向上保持对齐)

指定视图中心〈指定视口〉：(按〈Enter〉键指定视口的位置)

指定视口的第一个角点：(指定俯视图视口的一个角点)

指定视口的对角点：(指定俯视图视口的另一个对角点)

输入视图名：俯视图 (输入当前视口的名称)(如图 15-23b 所示)

输入选项 [UCS(U)/ 正交 (O)/ 辅助 (A)/ 截面 (S)]：S(要创建的左视图是剖视图)

指定剪切平面的第一个点：(在主视图中捕捉剖切平面上的第一个点)

指定剪切平面的第二个点：(在主视图中捕捉剖切平面上的第二个点)

指定要从哪侧查看：(选择主视图视口左侧边框线上一点，表明投影方向是从左向右)

输入视图比例〈当前值〉：

指定视图中心：(指定左视图中心位置并调整至满意。左视图与主视图中心在水平方向上保持对齐)

指定视图中心〈指定视口〉：(按〈Enter〉键指定视口的位置)

指定视口的第一个角点：(指定左视图视口的一个角点)

指定视口的对角点：(指定左视图视口的另一个对角点)

输入视图名：左视图 - 全剖 (输入当前视口的名称)(如图 15-23c 所示)

输入选项 [UCS(U)/ 正交 (O)/ 辅助 (A)/ 截面 (S)]：U(建立轴测图视口，暂使用当前的左视图方向，后面调整)

输入选项 [命名 (N)/ 世界 (W)/?/ 当前 (C)]〈当前〉：

输入视图比例〈当前值〉：

指定视图中心：(指定轴测图中心位置并调整至满意)

指定视图中心〈指定视口〉：(按〈Enter〉键)

指定视口的第一个角点：(指定轴测图视口的一个角点)

指定视口的对角点：(指定轴测图视口的另一个对角点)

输入视图名：轴测图 (输入当前视口的名称)(如图 15-23d 所示)

4）此时轴测图视口中显示的并不是轴测图，先选中该视口，然后单击"可视化"选项卡→"视图"面板→"视图管理器"按钮，或者选择"视图（V）"菜单→"命名视口（N）"选项中选择"西南等轴测"方向，则得到图 15-24a 所示的图形。此时，系统已自动进入浮动视口中的模型空间（从四个浮动视口的左下角是否有坐标系标记可以看出，图 15-24a 与前面四个图的不同之处在于前者处于布局的模型空间，而后者则处于布局的图纸空间）。为了便于阅读，对轴测图进行了消隐处理。

5）从键盘输入"PS"或者在布局中的模型空间视口外双击，切换到布局中的图纸空间。

6）在建立以上四个视口的过程中，可能会有图形比例不一致的情况发生，可选中这四个视口，使用 PROPERTIES 命令打开图 15-25 所示的"特性"选项板，从中指定一致的"自定义比例"，并且将"显示锁定"设置为"是"，使得四个视口中图形比例相同，如图 15-24b 所示。

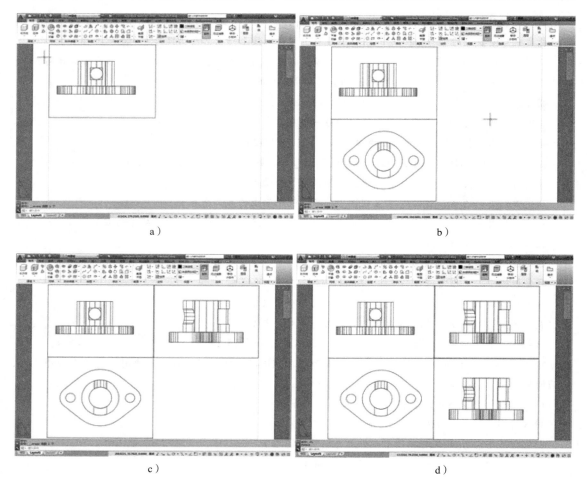

图 15-23　创建布局中的四个视口一

a）创建主视图视口　b）创建俯视图视口　c）创建左视图视口　d）创建轴测图视口

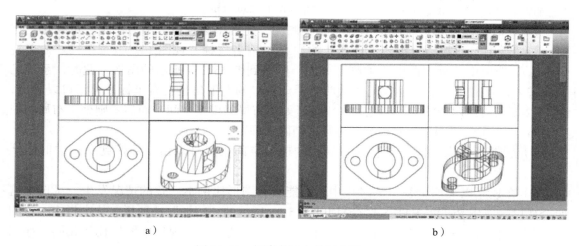

图 15-24　创建布局中的四个视口二

a）修改右下角视口为西南方向轴测图（布局的模型空间）　b）统一比例后的四个视口（布局的图纸空间）

7）此时在布局视口中的图形都仍是参考模型空间中的三维实体模型，并未真正转化为由点、线、线框构成的二维视图。需要在 SOLVIEW 命令创建的布局视口中单击"常用"选项卡→"建模"面板→"实体图形"按钮，或者输入"SOLDRAW"命令生成投影图和剖视图。在"选择对象："的提示下选择四个视口即可，得到如图 15-26 所示的图形。

8）从键盘输入"MS"或者在布局的任意图纸空间视口内部双击，进入布局中的模型空间。使用 HATCHEIT 命令选择左视图视口中的系统自动填上的剖面线，将其修改为符合我国《工程制图》国家标准规定的 45° 方向剖面线。

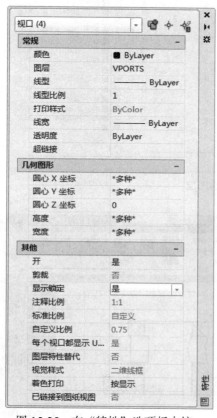

图 15-25 在"特性"选项板中统一修改视口比例

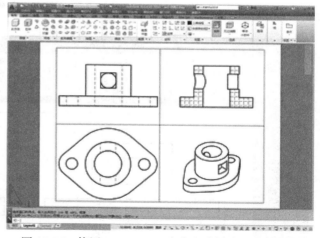

图 15-26 使用 SOLDRAW 命令生成投影图和剖视图

9）使用 LAYER 命令打开如图 15-27 所示的"图层特性管理器"，就会发现与原来的图 15-19 中的图层相比，系统自动创建了多个图层。其中名为 VPORTS 的图层，是用于放置布局中视口的边框线。对于已经命名的"主视图""俯视图""左视图"和"轴测图"四个视口，都分别建立了带有"-DIM""-HID""-VIS"的图层分别用于控制四个视口中的标注、不可见的隐藏线（虚线）和可见的粗实线；并且自动为"-HID"图层设置了虚线线型（HIDDEN）。此外，对于采用剖视图绘制的左视图还单独建立了一个名称为"左视图 - 全部 -HAT"的图层用于放置剖面线。这些图层在颜色、线型和线宽及打开 / 关闭、冻结 / 解冻等一般采用同 0 层相同的设置，用户可以对其进行调整，使得到的图样更加符合《工程制图》国家标准的要求。例如，可将"VPORTS"图层关闭以不显示各视口的边框；将

所有 -VIS 图层的线宽设置为粗线 1.0；关闭"轴测图 -HID"图层，使轴测图上的隐藏线不显示，然后单击图形状态栏的"显示线宽"图标 ，最后得到的三维模型的三视图、剖视图及轴测图如图 15-28 所示。

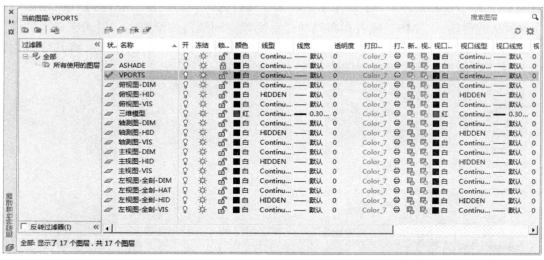

图 15-27　系统自动创建的图层

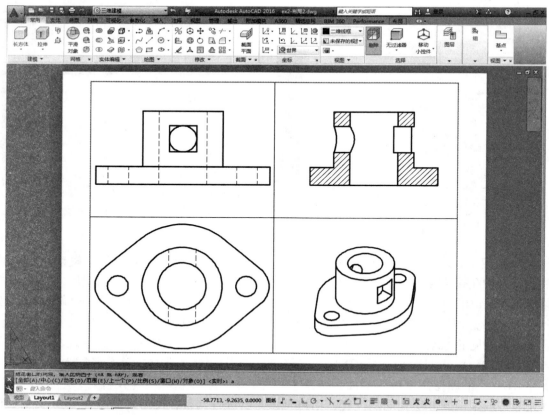

图 15-28　在布局中创建的三维模型的三视图、剖视图和轴测图

〈**操作说明**〉

1）SOLVIEW 命令只能在布局中执行，如果当前处于模型空间，执行命令后，AutoCAD 将自动切换到布局中。

2）对于模型空间、布局中的模型空间、布局中的图纸空间概念要有明确认识。如一些命令例如视口的特性调整只能在布局的图纸空间中执行；而需要修改剖面线时需要进入布局的模型空间。

3）最终输出的图样是布局图纸空间中视口的内容。

4）在进行上述操作后，如果进入模型空间，就会发现模型空间的模型已经非常凌乱甚至难以辨认，而在布局中的一些操作又不是很方便，此时可以使用 EXPORTLAYOUT 命令打开"将布局输出到模型空间图形"对话框，将当前布局中的所有可见对象输出到模型空间生成新的 .DWG 文件。

参 考 文 献

[1] 孙海波，谭超，姚新港，等 . AutoCAD 2012 使用教程 [M]. 北京：机械工业出版社，2013.
[2] 周芳 . 中文版 AutoCAD 2014 技术大全 [M]. 北京：人民邮电出版社，2014.